"十三五"国家重点图书出版规划项目

先进制造理论研究与工程技术系列

MECHATRONICS CONTROL SYSTEMS

机电系统控制基础

（第2版）

主编　董惠娟　石胜君　彭高亮

内 容 简 介

全书包括8章内容，主要介绍工程上应用广泛的经典控制论中信息处理和系统分析与综合的基本方法，具体包括控制系统的数学模型、控制系统的时域分析和频率特性分析、控制系统的稳定性分析、控制系统的性能分析与校正、计算机离散控制等内容。在论述上，注重深入浅出、精讲多练、简洁实用。在实用上，每章附有例题与习题；附录中的拉普拉斯变换内容可供阅读时查阅。

本书可作为机械设计制造及其自动化、材料成形及控制和其他非电类专业学生的教材，也可供相关技术人员参考。

图书在版编目(CIP)数据

机电系统控制基础/董惠娟，石胜君，彭高亮主编.
—2版.—哈尔滨：哈尔滨工业大学出版社，2018.9(2022.9重印)
ISBN 978-7-5603-7639-4

Ⅰ.①机… Ⅱ.①董… ②石… ③彭… Ⅲ.①机电系统-自动控制系统-高等学校-教材 Ⅳ.①TH-39

中国版本图书馆CIP数据核字(2018)第203627号

责任编辑 张 荣
封面设计 卞秉利
出版发行 哈尔滨工业大学出版社
社 址 哈尔滨市南岗区复华四道街10号 邮编150006
传 真 0451-86414749
网 址 http://hitpress.hit.edu.cn
印 刷 哈尔滨市工大节能印刷厂
开 本 787mm×1092mm 1/16 印张17.25 字数399千字
版 次 2016年8月第1版 2018年9月第2版
2022年9月第2次印刷
书 号 ISBN 978-7-5603-7639-4
定 价 46.00元

总　　序

自 1999 年教育部对普通高校本科专业设置目录调整以来，各高校都对机械设计制造及其自动化专业进行了较大规模的调整和整合，制定了新的培养方案和课程体系。目前，专业合并后的培养方案、教学计划和教材已经执行和使用了几个循环，收到了一定的效果，但也暴露出一些问题。由于合并的专业多，而合并前的各专业又有各自的优势和特色，在课程体系、教学内容安排上存在比较明显的“拼盘”现象；在教学计划、办学特色和课程体系等方面存在一些不太完善的地方；在具体课程的教学大纲和课程内容设置上，还存在比较多的问题，如课程内容衔接不当、部分核心知识点遗漏、不少教学内容或知识点多次重复、知识点的设计难易程度还存在不当之处、学时分配不尽合理、实验安排还有不适当的地方等。这些问题都集中反映在教材上，专业调整后的教材建设尚缺乏全面系统的规划和设计。

针对上述问题，哈尔滨工业大学机电工程学院从“机械设计制造及其自动化”专业学生应具备的基本知识结构、素质和能力等方面入手，在校内反复研讨该专业的培养方案、教学计划、培养大纲、各系列课程应包含的主要知识点和系列教材建设等问题，并在此基础上，组织召开了由哈尔滨工业大学、吉林大学、东北大学等 9 所学校参加的机械设计制造及其自动化专业系列教材建设工作会议，联合建设专业教材，这是建设高水平专业教材的良好举措。因为通过共同研讨和合作，可以取长补短、发挥各自的优势和特色，促进教学水平的提高。

会议通过研讨该专业的办学定位、培养要求、教学内容的体系设置、关键知识点、知识内容的衔接等问题，进一步明确了设计、制造、自动化三大主线课程教学内容的设置，通过合并一些课程，可避免主要知识点的重复和遗漏，有利于加强课程设置上的系统性、明确自动化在本专业中的地位、深化自动化系列课程内涵，有利于完善学生的知识结构、加强学生的能力培养，为该系列教材的编写奠定了良好的基础。

本着“总结已有、通向未来、打造品牌、力争走向世界”的工作思路，在汇聚多所学校优势和特色、认真总结经验、仔细研讨的基础上形成了这套教材。参加编写的主编、副主编都是这几所学校在本领域的知名教授，他们除了承担本科生教学外，还承担研究生教学和大量的科研工作，有着丰富的教学和科研经历，同时有编写教材的经验；参编人员也都是各学校近年来在教学第一线工作的骨干教师。这是一支高水平的教材编写队伍。

这套教材有机整合了该专业教学内容和知识点的安排，并应用近年来该专业领域的科研成果来改造和更新教学内容、提高教材和教学水平，具有系列化、模块化、现代化的特点，反映了机械工程领域国内外的新发展和新成果，内容新颖、信息量大、系统性强。我深信：这套教材的出版，对于推动机械工程领域的教学改革、提高人才培养质量必将起到重要推动作用。

蔡鹤皋

哈尔滨工业大学教授

中国工程院院士

丁酉年8月

第 2 版前言

本书是作者在多年教学和科研工作的基础上，通过总结同类教材的经验，吸收国内外相关课程最新教学和科研成果，并根据上一年度授课过程中的体会及同学们的反馈意见，精心组织编写而成的。

本书主要针对机械类专业，以自动控制理论为基础、机电系统为研究对象的一门专业基础课教材。内容紧密结合工程需要，力求在讲清自动控制基本概念的前提下，有针对性地结合机电系统工程实例讲解自动控制的基本理论，自动控制系统的分析方法、设计方法及其在机电系统中的应用。本书在阐明自动控制原理的基本概念、基本知识与基本方法的基础上，紧密结合机电系统实际应用，注重结合机械工程实际。

第 2 版在第 1 版的基础上修改了大部分习题和部分内容，增加了针对机电控制系统稳定性、准确性和快速性的要求，分别举例说明模拟控制器设计方法的内容。

全书包括 8 章内容，主要介绍工程上应用广泛的经典控制论中信息处理和系统分析与综合的基本方法，具体包括控制系统的数学模型、控制系统的时域分析和频率特性分析、控制系统的稳定性分析、控制系统的性能分析与校正、计算机离散控制等内容。在论述上，注重深入浅出、精讲多练、简洁实用。在实用上，每章附有例题与习题，书后配有部分习题参考答案，供解题时参考；附录中的拉普拉斯变换内容可供阅读时查阅。

本书可作为机械设计制造及其自动化、材料成形及控制和其他非电类专业学生的教材，也可供有关技术人员参考。

本书第 1 ~4 章由彭高亮教授编写，第 5、6 章由石胜君副教授编写，第 7、8 章由董惠娟教授编写，全书由董惠娟教授统稿。

本书参考了兄弟院校的同类教材和论文，在此对这些教材的编著者和论文作者表示诚挚的感谢！

由于作者水平有限，书中难免有疏漏和不妥之处，恳请读者批评指正。

作　者

2018 年 5 月

目　　录

第 5 章　机电控制系统的稳定性分析

第 6 章　机电控制系统的误差分析和计算

第 7 章　机电控制系统的设计与校正

第 8 章　计算机控制系统

附录　数学基础

第 1 章 绪论

本章主要介绍自动控制理论和机电一体化系统的基本概念,控制系统的分类和基本要求,以及本课程的特点与学习方法。

1.1 概述

1.1.1 自动控制技术

自动控制是工程科学的一个分支,自动控制技术的研究及应用有利于将人类从复杂、危险、烦琐的劳动环境中解放出来,并大大提高了工作效率。自动控制技术在现代科学技术的众多领域中起着越来越重要的作用。例如,数控车床按照预定程序自动地切削工件,化学反应炉的温度或压力自动地维持恒定,雷达和计算机组成的导弹发射和制导系统自动地将导弹引导到敌方目标,无人驾驶飞机按照预定航线自动升降和飞行,人造卫星准确地进入预定轨道运行并回收等,这一切都是以高水平的自动控制技术为前提的。

自动控制是指在没有人直接参与的情况下,利用外加的设备或装置(称控制装置或控制器),使机器、设备或生产过程(统称被控对象)的某个工作状态或参数(即被控制量)自动地按照预定的规律运行。为了实现各种复杂的控制任务,首先要将被控对象和控制装置按照一定的方式连接起来,组成一个有机整体,这就是自动控制系统。在自动控制系统中,被控对象的输出量,即被控量是需要严格加以控制的物理量,它可以要求保持为某一恒定值,例如温度、压力、液位等。也可要求按照某个给定规律运行,例如,火炮根据雷达指挥仪传来的信息,能够自动地改变方位角和俯仰角,随时跟踪目标;人造卫星能够按照预定的轨道运行并返回地面;数控机床能够按预先排定的工艺程序自动地进刀切削,加工出预期几何形状的零件;焊接机器人能自动地跟踪预期轨迹移动,焊接出高质量的产品。这些例子中尽管自动控制系统的结构和功能各不相同,但它们有共同的规律,即它们被控制的物理量均保持恒定,或者按照一定的规律变化。

自动控制理论是研究自动控制共同规律的技术科学。发展初期它是以反馈理论为基础的自动调节原理,并主要应用于工业控制。第二次世界大战期间,通过设计和制造飞机及船用自动驾驶仪、火炮定位系统、雷达跟踪系统以及其他基于反馈原理的军用装备,进一步促进并完善了自动控制理论的发展。自动控制理论于 20 世纪 50 年代趋于成熟,并形成了完整的自动控制理论体系,这就是以传递函数为基础的经典控制理论,其特点是以传递函数为数学工具,采用频域方法,主要研究单输入单输出线性定常控制系统的分析与设计问题。但它存在着一定的局限性,即对多输入多输出系统不宜采用经典控制理论解决,特别是对非线性时变系统更是无能为力。

20 世纪 60 年代初期,随着现代应用数学新成果的产生和电子计算机技术的应用,为适应宇航技术的发展,自动控制理论跨入了一个新阶段——现代控制理论。现代控制理论主要研究具有高性能、高精度的多变量系统变参数的控制问题,采用的方法是以状态方程为基础的时域法,其研究内容非常广泛,主要包括 3 个基本内容:多变量线性系统理论、最优控制理论及最优估计与系统辨识理论。现代控制理论从理论上解决了系统的可控性、可观测性、稳定性以及许多复杂系统的控制问题。目前,自动控制理论还在继续发展,并且已跨越学科界限,正向以控制论、信息论、仿生学为基础的智能控制理论领域深入。

1.1.2 机械与控制

机械可以代替人类从事各种工作,这就大大弥补了人类体力和能力的不足。从机械的发展史可看出,机械的发展和进步与控制是密不可分的。一方面,广义地讲机械运转本身也可称为控制,只有配备一定的控制装置才可以达到某些较复杂的工作目的(尽管这种控制装置最初是通过纯粹的机械机构来实现的)。另一方面,机械广泛深入的应用,也促进了控制科学的产生和发展。例如,作为工业革命象征的蒸汽机当时主要用于各种机械驱动,为了消除蒸汽机因负荷变化而对转速造成的影响,19 世纪末詹姆斯 · 瓦特发明了离心调速器。但离心调速器在某种使用条件下,蒸汽机的转速和调速器套筒的位置依然会周期性地发生很大变化,形成异常运转状态。蒸汽机和调速器能单独地、各自稳定地工作,为什么在组合的情况下就出现不稳定状态呢? 这一问题促使人们展开了相关的研究和探索。直至 19 世纪后半叶,麦克斯韦提出了系统特性,劳斯 · 胡尔维兹发现了系统稳定工作的条件(即稳定判据)后上述问题才得以解决,这也可以说是控制理论的开始。

生产工艺的发展对机械系统也提出了更高的要求,为达到工作目的,机械已不再是纯机械结构,更多的是与电气、电子装置结合在一起,形成了机电一体化系统。例如,一些精密机床要求加工精度达百分之几毫米,甚至几微米;重型镗床为保证加工精度和粗糙度,要求在极慢的稳定条件下进给,即要求在很宽的范围内调速;为了提高效率,由数台或数十台设备组成的自动生产线,要求统一控制和管理等。这些要求都是靠驱动装置及其控制系统和机械传动装置的有机结合来实现的。

由此也可得出自动控制和机电控制的关系:自动控制是以一般系统为对象,广泛地使用控制方法进行控制系统的理论设计;而机电控制就是应用自动控制工程学的研究结果,把机电系统作为控制对象,研究怎样通过采用一定的控制方法来适应对象特性变化,从而达到期望的性能指标。

1.1.3 机电一体化系统

机电一体化又称机械电子学,英文为 Mechatronics,它由英文机械学 Mechanics 的前半部分与电子学 Electronics 的后半部分组合而成。"机电一体化"最早出现在 1971 年日本杂志《机械设计》的副刊上,随着机电一体化技术的快速发展,机电一体化的概念被我们广泛接受和普遍应用。日本机械振兴协会经济研究所给出的定义为"机电一体化系统是指在机械主功能、动力功能、信息功能和控制功能上引入微电子技术,并将机械装置与电子装置用相关软件有机结合而构成系统的总称”。

机电一体化技术是将机械技术、电工电子技术、微电子技术、信息技术、传感器机电一体技术、接口技术、信号变换技术等多种技术进行有机地结合,并将其综合应用到实际中的综合技术。现代化的自动生产设备可以说几乎都是机电一体化的设备。随着计算机技术的迅猛发展和广泛应用,机电一体化技术获得了前所未有的发展。现在的机电一体化技术,是机械和微电子技术紧密结合的一门技术,它的发展使木讷的机器变得人性化、智能化。

传统的机械制造技术与控制技术、信息技术的有机结合,不仅促使了生产经营模式的发展和变革,而且促进了开发性能优越的、机电相结合的机械产品,创造了新的制造工艺和加工手段,使系统(产品)高附加值化,即多功能、高效率、高可靠性、节省能源,提高了产品的质量和性能,增强了企业的市场竞争力。

随着数控技术的发展,计算机的应用特别是微型计算机的出现和应用,又使自动控制系统发展到了一个新阶段——计算机数字控制,这是一种断续控制,但是和最初的断续控制不同,它的控制间隔(采样周期)比控制对象的变化周期短得多,因此在客观上完全等效于连续控制,它把晶闸管技术与微电子技术、计算机技术紧密地结合在一起,使晶体管与晶闸管控制具有广泛的应用性。20 世纪 70 年代初,计算机数字控制系统应用于数控机床和加工中心,这不仅加强了自动化程度,而且提高了机床的通用性和加工效率,在生产上得到了广泛应用。工业机器人的诞生,为实现机械加工全面自动化创造了物质基础。20 世纪 80 年代以来,相继出现了由数控机床、工业机器人、自动搬运车等组成的统一由中心计算机控制的机械加工自动线——柔性制造系统(FMS),它是实现自动化车间和自动化工厂的重要组成部分。机械制造自动化的高级阶段是走向设计和制造一体化,即利用计算机辅助设计(CAD)与计算机辅助制造(CAM)形成产品设计与制造过程的完整系统,对产品构思和设计直至装配、试验和质量管理这一全过程实现自动化,以达到制造过程的高效率、高柔性和高质量标准,最终实现计算机集成制造系统(CIMS)。

1.2 控制系统的分类

自动控制系统的种类繁多,其结构、性能也各有不同,因而分类方法也很多,不同的分类原则导致不同的分类结果。

1.2.1 按照反馈情况分类

1. 开环控制

开环控制方式是指控制装置与被控对象之间只有顺向作用而没有反向联系的控制过程,按这种方式组成的系统称为开环控制系统,其特点是系统的输出量不会对系统的控制作用产生影响。

按给定量控制的开环控制系统,其控制作用直接由系统的输入量产生,给定一个输入量,就有一个输出量与之相对应,控制精度完全取决于所用的元件及校准的精度。因此,这种开环控制方式没有自动修正偏差的能力,抗扰动性较差,但由于其结构简单、调整方便、成本低,在精度要求不高或扰动影响较小的情况下,这种控制方式还有一定的实用价值。目前,用于国民经济各部门的一些自动化装置,如自动售货机、自动洗衣机、产品生产自动线、数控车床以及指挥交通的红绿灯的转换等,一般都是开环控制系统。

【例 1.1】 图 1.1 为一驱动盘片匀速旋转的转台速度开环控制系统原理及框图,这种转台在 CD 机、计算机磁盘驱动器等许多现代装置中应用广泛。该系统利用电池提供与预期速度成比例的电压,直流放大器将给定信号做功率放大后,用来驱动直流电机。作为执行机构,直流电机的转速与加在其电枢上的电压成比例,系统的结构如图 1.1(a)所示。

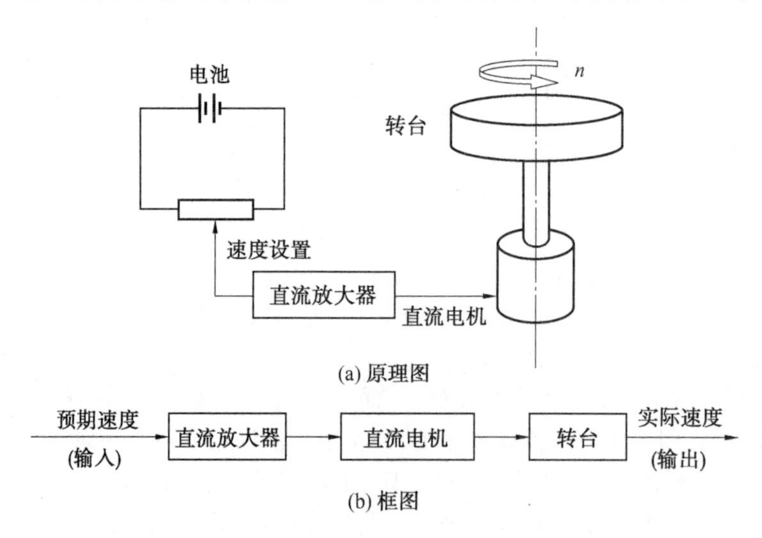

图 1.1 转台速度开环控制系统原理及框图

由图 1.1 可见,系统的被控量没有反馈到系统的输入端与给定量进行比较,即被控量不对系统的控制产生作用,故属于开环控制系统。

这种转台需要在电机和其他部件的参数发生变化的情况下,仍然保持恒定转速,但在开环控制下做不到这一点。直流电机和直流放大器受到任何扰动,如电网电压的波动、环境温度变化引起的放大系数变动,都会引起电机速度 n 的变化。而这种变化未能被反馈到控制装置并影响控制过程,因此,系统无法克服由此产生的偏差。

2. 反馈控制

反馈控制又称闭环控制,是机电系统最基本的控制方式,也是应用最广泛的一种控制系统。在反馈控制系统中,控制装置对被控对象施加的控制作用,是取自被控量的反馈信息,可用来不断修正被控量的偏差,从而实现对被控对象进行控制的任务,这就是反馈控制的原理。

事实上,人的一切活动都体现了反馈控制的原理,人本身就是一个具有高度复杂控制能力的反馈控制系统。例如,人用手拿取桌上的书,汽车司机操纵方向盘驾驶汽车沿公路平稳行驶等,这些日常生活中习以为常的平凡动作都渗透着反馈控制的深奥原理。

下面通过人工调节炉温的操作过程,阐述其所包含的反馈控制机理。如图 1.2 所示,期望炉温是人对调压器进行操作的指令信息,称为输入信号。调节温度时,首先人要用眼睛目测温度计显示的温度值,并将这个信息送入大脑(称为位置反馈信息)。然后,由大脑判断期望温度与温度计显示值之间的差距,产生偏差信号,并根据其大小发出控制手调节调压器的命令(称为控制作用或操纵量),逐渐使期望炉温与温度计显示温度之间的偏差减小。只要这个偏差存在,上述过程就要反复进行,直到偏差减小为零,炉内温度便调节到期望值。可以看出,大脑控制手调节调压器的过程,是一个利用偏差(期望温度与温度计显示温度之间差值)产生控制作用,并不断使偏差减小直至消除的运动过程。显然,反馈控制实质上是一个按偏差进行控制的过程,因此,它也称为按偏差的控制,反馈控制原理就是按偏差控制的原理。

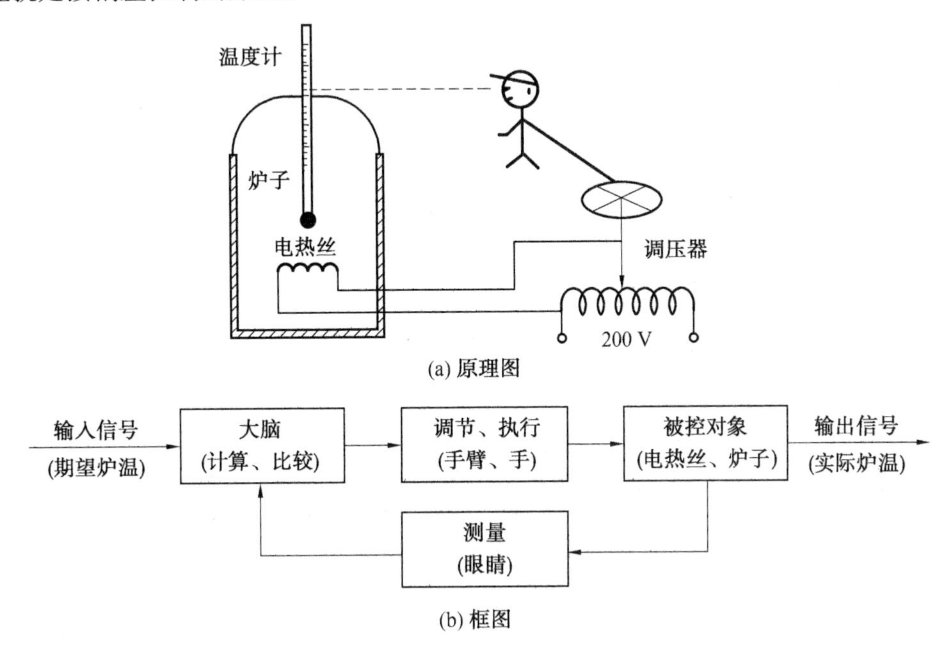

图1.2 手动控制炉温系统原理及框图

通常,把取出的输出量送回到输入端,并与输入信号相比较产生偏差信号的过程,称为反馈。若反馈的信号是与输入信号相减,使产生的偏差越来越小,则称为负反馈,反之,则称为正反馈。反馈控制就是采用负反馈并利用偏差进行控制的过程,而且,由于引入了被控量的反馈信息,整个控制过程是闭合的,因此反馈控制也称闭环控制。下面通过几个例子说明反馈控制的基本原理与特点。

【例1.2】 图1.3为转台速度闭环控制系统原理及框图,测速发电机是一种传感器,它提供与转速成比例的电压信号。偏差电压信号是由对应预期速度的给定电压与测速发电机输出电压比较相减后得到的。当预期速度为定值,而实际速度受到扰动的影响发生变化时,偏差电压也会随之变化,通过系统的调节,使实际速度接近或等于预期速度,从而消除扰动对速度的影响,提高系统的控制精度。

【例1.3】 图1.4是一个角位置模拟式火炮随动系统原理及框图,该系统用直流测速发电机作为位置检测元件,并形成比较电路。如果从自整角发送机手动输入一个转角

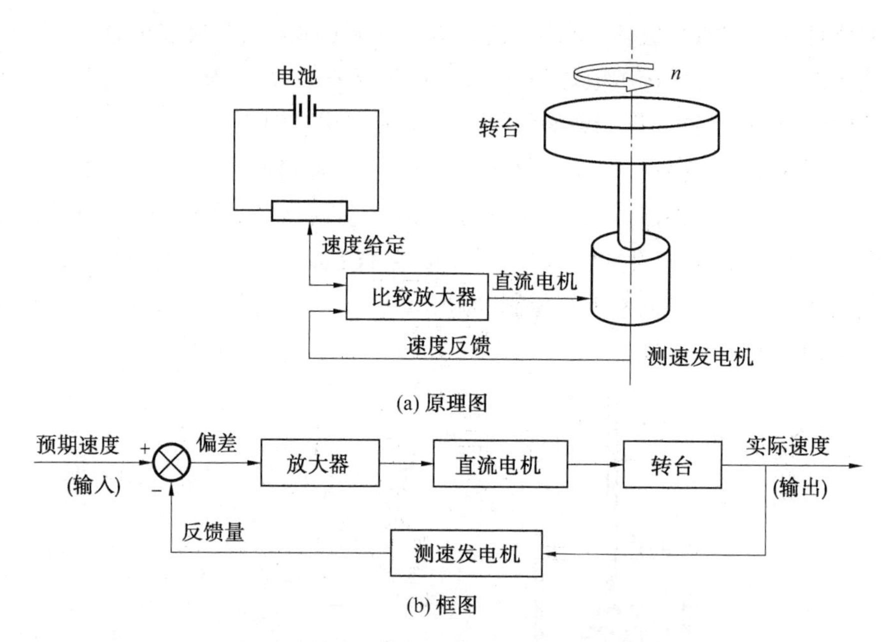

图 1.3　转台速度闭环控制系统原理及框图

θ_1，而此时自整角机（或称自整角变压器）由火炮驱动的转角为 θ_2，则自整角接收机就输出一个正比于角度差 $\Delta\theta=\theta_1-\theta_2$ 的电压，直流测速发电机的输出电压正比于 $\mathrm{d}\theta/\mathrm{d}t$，并负反馈到直流放大器的输入端。这时直流放大器的输入电压为 $K_1\Delta\theta-K_2\mathrm{d}\theta/\mathrm{d}t$，其中 K_1 为前置放大器的放大倍数，K_2 为测速发电机输出特性的斜率。

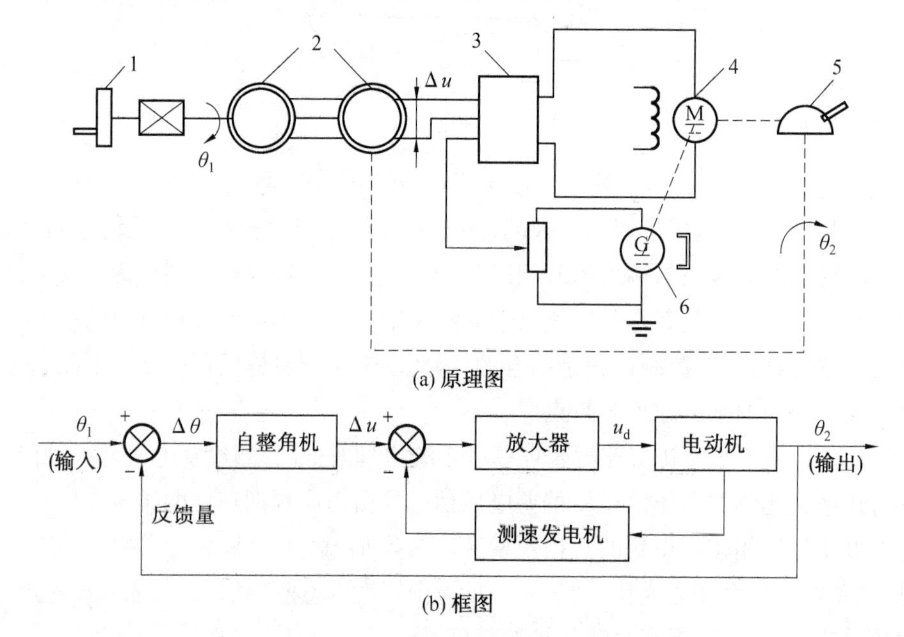

图 1.4　角位置模拟式火炮随动系统原理及框图

1—手轮；2—自整角机；3—直流放大器；4—直流伺服电动机；5—控制对象（火炮）；6—直流测速发电机

如果没有直流测速发电机，直流伺服电动机的转速仅正比于信号电压 $K_1\Delta\theta$，电动机旋转使 θ_2 增大，$\Delta\theta$ 减小，当 $\Delta\theta=0$ 时，直流伺服电动机的输入信号为 $K_1\Delta\theta=0$，电动机应停转，但由于电动机及其轴上负载的机械惯性，电机转速并不立即为零，而是继续向 θ_2 增大方向转动，使 $\theta_2>\theta_1$，此时自整角机又输出反极性的误差信号，电动机将会在此反极性的信号作用下变为反转。同样由于惯性，反转又过了头，这样系统就会产生振荡。

接上直流测速发电机后，当 $\theta_1=\theta_2$ 时，虽然 $K_1\Delta\theta=0$，但由于 $\mathrm{d}\theta/\mathrm{d}t\neq0$，故直流放大器的信号电压为 $K_2\mathrm{d}\theta/\mathrm{d}t$，由于此信号负反馈到直流放大器，此电压使电动机产生与原来转向相反的制动转矩，以阻止由于惯性而使电动机继续向 θ_2 增大方向转动，因而电动机很快停留在 $\theta_1=\theta_2$ 的位置。

由上述例子可知，反馈控制系统具有如下特点：

(1)由于系统的控制作用通过给定值与反馈量的差值进行，不论什么原因使被控量偏离期望值而出现偏差，必定会产生一个相应的控制作用去减小或消除这个偏差，使被控量与期望值趋于一致。故这种控制常称为偏差控制。

(2)这类系统具有两种传输信号通道：由给定值至被控量的通道称为前向通道；由被控量至系统输入端的通道称为反馈通道。

(3)不论采用什么物理量进行反馈，作用在反馈环内前向通道上的扰动所引起的被控量的偏差值，都会得到减小或消除，使得系统的被控量基本不受该扰动的影响。正是由于这种特性，使得反馈控制系统在控制工程中得到了广泛的应用。

总体来说反馈控制系统具有抑制任何内外扰动对被控量产生影响的能力，有较高的控制精度。但这种系统使用的元件多，线路复杂，特别是系统的性能分析和设计也较麻烦。尽管如此，它仍是一种重要的并被广泛应用的控制方式，自动控制理论主要的研究对象就是采用这种控制方式组成的系统。

3. 复合控制

反馈控制是在外部(给定及扰动)作用下，系统的被控量发生变化后才做出的相应调节和控制，在受控对象具有较大时滞的情况下，其控制作用难以及时影响被控量，进而形成快速有效的反馈控制。前馈补偿控制则是在测量出外部作用的基础上，形成与外部作用相反的控制量，该控制量与相应的外部作用共同作用的结果，使被控量基本不受影响，即在偏差产生之前就进行了防止偏差产生的控制。在这种控制方式中，由于被控量对控制过程不产生任何影响，故它也属于开环控制。前馈补偿控制和反馈控制相结合，就构成了复合控制。复合控制有两种基本形式：按输入前馈补偿的复合控制和按扰动前馈补偿的复合控制，如图 1.5 所示。

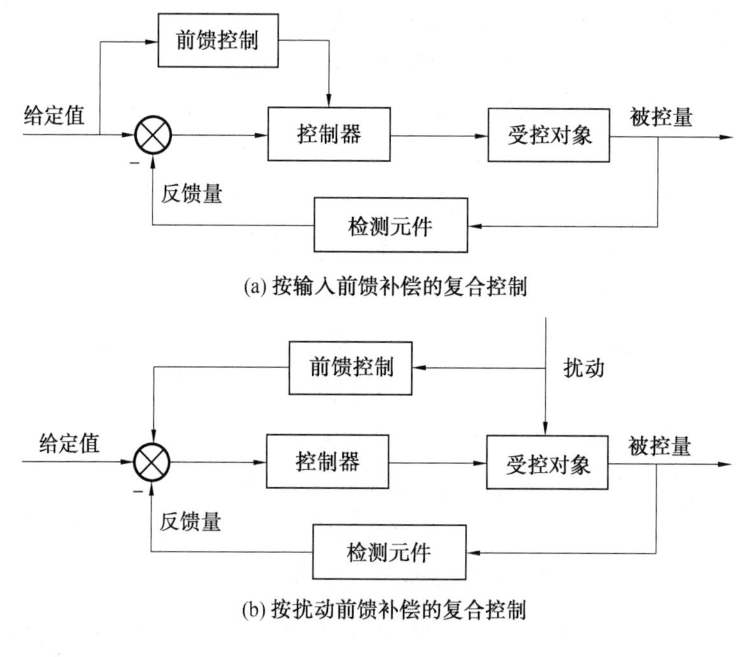

(a) 按输入前馈补偿的复合控制

(b) 按扰动前馈补偿的复合控制

图 1.5 复合控制

1.2.2 按照输入量的变化规律分类

1. 恒值控制系统

系统的输入量是恒值,并要求系统的输出量也相应地保持恒定。这类控制系统的任务是保证在扰动作用下被控量始终保持在给定值上。恒值控制系统是最常见的一类自动控制系统,如自动调速系统(恒转速控制)、恒温控制系统和恒张力控制系统,以及工业生产中的恒压(压力)、稳压(电压)、稳流(电流)和恒频(频率)、恒流量控制,恒液位高度控制等大量的自动控制系统均属于恒值控制系统。对于恒值控制系统,着重研究各种扰动对输出量的影响,以及如何抑制扰动对输出量的影响,使输出量保持在预期值。

2. 随动控制系统

若系统的输入量按一定规律变化(或随机变化),要求输出量能够准确、迅速跟随输入量的变化,此类系统称为随动控制系统。这种控制系统通常以功率很小的输入信号操纵大功率的工作机械。随动控制系统广泛地应用于刀架跟随系统、火炮控制系统、雷达自动跟踪系统、机器人控制系统和轮舵控制系统等。对于随动控制系统,由于系统的输入量是随时变化的,所以研究的重点是系统输出量跟随输入量的准确性和快速性。

3. 程序控制系统

程序控制系统的输入量不为常值,它是按预先编制的程序变化的,并要求输出量与给定量的变化规律相同,此类系统称为程序控制系统。例如,热处理炉温度控制系统的升温、保温、降温过程都是按照预先设定的规律(程序)进行控制的,所以该系统属于程序控制系统。此外,数控机床的工作台移动系统、自动生产线等都属于程序控制系统。程序控制系统可以是开环系统,也可以是闭环系统。

1.2.3 按照被控量分类

1. 运动控制系统

运动控制系统的特点是以电动机、液压马达、超声电机等执行元件为被控制对象来控制机械运动的，其中包括恒值控制系统，如恒速控制，亦包括随动控制系统，如仿真转台位置速度曲线跟踪。

2. 生产过程自动控制系统（简称过程控制系统）

这里的生产过程通常指在某设备中将原料放在一定的外界条件下，经过物理或化学变化而制成产品的过程。如化工、石油、造纸中的原料生产，冶金、发电中的热力过程等。在这些过程中，往往要求自动提供一定的外界条件，如温度、压力、流量、液位、黏度、浓度等参量保持恒定或按一定的规律变化。

1.2.4 按照系统传递信号的特点分类

1. 连续控制系统

连续控制系统也称为模拟控制系统。从系统中传递的信号来看，若系统中各环节的信号都是时间的连续函数，即模拟量，此类系统称为连续控制系统。连续控制系统的性能一般是用微分方程来描述的。信号的时间函数允许有间断点，或者在某一时间范围内为连续函数。

2. 断续控制系统

断续控制系统中包含断续元件，其输入量是连续量，而输出量是断续量。常见的断续控制系统有：①继电器控制系统：亦称开关控制系统，如常规的机床电气控制系统。②离散控制系统：也称采样数据控制系统，如脉冲信号或数码信号，其脉冲的幅值、宽度及符号取决于采样时刻的输入量。该系统的特点是有的信号是断续量，如脉冲序列、采样数据量和数字量等。这类信号在特定的时刻才取值，而在相邻时刻的间隔中信号是不确定的，即系统中有一处或多处信号为时间的离散信号。离散控制系统的特性通常用差分方程来描述。③数字控制系统：信号以数码形式传递，如计算机控制系统。

除了以上的分类方法外，还有其他一些分类方法。例如，按系统主要组成元件的类型来分类，可分为电气控制系统、机械控制系统、液压控制系统和气动控制系统等。

1.3 控制系统的组成与基本要求

1.3.1 反馈控制系统的组成

典型的反馈控制系统一般由5部分组成，如图1.6所示。图中，“⊗”代表比较环节，它将测量环节检测到的被控量与输入量进行比较；“-”号表示两者符号相反，即负反馈；“+”号表示两者符号相同，即正反馈。信号从输入端沿箭头方向到达输出端的传输通道称为前向通道；系统输出量经测量环节反馈到输入端的传输通道称为反馈通道。前向通道与主反馈通道共同构成主回路。此外,还有局部反馈通道以及由它构成的内回路。只包含一个主反馈通道的系统称为单回路系统;有两个或两个以上反馈通道的系统称为多回路系统。

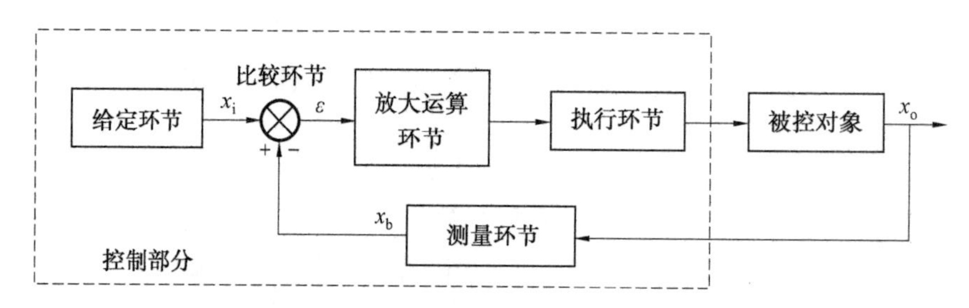

图 1.6 典型反馈控制系统的组成框图

控制系统各环节的主要功能为:

(1)给定环节:即给出输入信号的环节,用于确定被控对象的目标值。

(2)比较环节:将输入信号与反馈信号相比较获得偏差信号,常用的比较元件有差动放大器、机械差动装置、电桥电路等。

(3)放大运算环节:将偏差信号处理放大,用来推动执行元件去控制被控对象,通常的电压偏差信号可用电子管、晶体管、集成电路、晶闸管组成的电压放大器和功率放大器加以放大。

(4)执行环节:接收放大运算环节的信号,驱动被控对象按照预期的规律运行。执行环节直接推动被控对象,使被控量发生变化,完成特定的任务,如零件的加工或物料的输送。根据不同的用途,执行机构具有不同的工作原理、运作规律、性能参数和结构形状,如车床、铣床、送料机械手等,它们结构上也有千差万别。用来作为执行元件的有阀、电动机、液压马达等。

(5)测量环节:测量被控制的物理量,如执行机构的运动参数、加工状况等,这些参数通常有位移、速度、加速度、转角、压力、流量、温度等,如果被控制的物理量是非电量,一般再转换为电量。

(6)被控对象:用来控制系统要操纵的对象。它的输出量即为系统的被调量(或被控量),如机床、工作台、设备或生产线等。

如图 1.6 所示,在控制系统中,各通道的信号定义如下。

(1)输入信号 x_i:(输入量、控制量、给定量)是指控制输出量变化规律的信号。

(2)输出信号 x_o:(输出量、被控量、被调节量)输出是输入的结果,它的变化规律通过控制应与输入信号之间保持确定的关系。

(3)反馈信号 x_b:输出信号经反馈元件变换后加到输入端的信号称为反馈信号。

(4)偏差信号 ε:输入信号与主反馈信号之差。

(5)误差信号:输出量实际值与期望值之差。

(6)扰动信号:偶然或随机的无法加以人为控制的信号。

要对机电控制系统进行分析与设计,首先要按照控制系统组成进行分析,并建立控制系统组成框图,主要步骤包括:

(1)分析控制系统的工作原理,找出被控对象;

(2)分清系统的输入量和输出量;

(3)按照控制系统各环节的定义,找出相应的各个环节;

(4)按信息流动的方向将各个环节用元件方框和连线连接起来。

以数控机床加工为例,该控制系统主要由自动控制器、驱动电机、执行机构和传感器组成。操作人员将加工信息(如尺寸、形状、精度等)输入到自动控制器,控制器发出启动命令,启动驱动电机运转,带动执行机构进行加工。测量元件实时检测加工状态,通过传感器将信息反馈到计算机,经计算机分析、处理后,发出相应的控制指令,实时地控制执行机构运动,如此反复进行,自动地将工件按输入的加工信息完成加工。通过上述对数控机床加工过程基本组成的分析,建立机床工作台的闭环控制系统结构框图如图1.7所示。

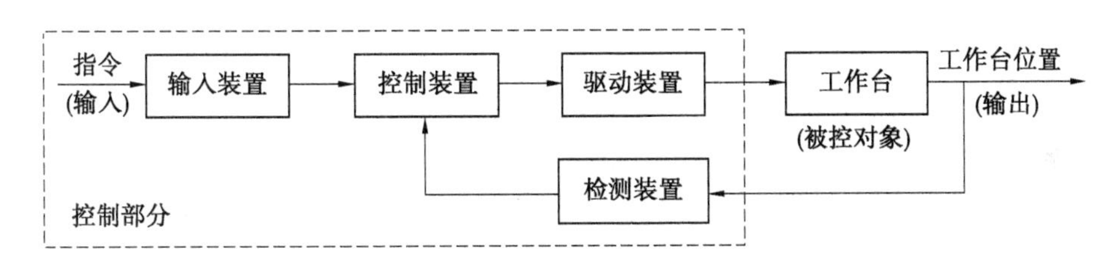

图1.7 机床工作台的闭环控制系统结构框图

1.3.2 机电系统控制的基本要求

尽管机电控制系统有不同的类型,而且每个系统也都有不同的特殊要求,但对于各类系统来说,在已知系统的结构和参数时,我们感兴趣的都是系统在某种典型输入信号下,其被控量变化的全过程。例如,对恒值控制系统是研究扰动作用引起被控量变化的全过程;对随动控制系统是研究被控量如何克服扰动影响并跟随参考量的变化过程。但对每一类控制系统中被控量变化全过程提出的基本要求都是一样的,且可以归结为稳定性、准确性和快速性,即稳、准、快的要求。

一个理想的控制系统,系统的输入量和输出量应在运行中没有偏差,完全不受干扰的影响。而实际上,由于机械质量和惯性的存在,电路中储能元件的存在,以及能源的功率限制,使得运动部件的加速度不会太大,速度和位移不能突变,所以当系统输入量变化或有干扰信号作用时,其输出量可能要经历一个逐渐变化的过程才能达到一个稳定值。系统受到外加信号作用后,输出量随时间变化的全过程称为动态过程。输出量处于相对稳定的状态,称为静态或稳态。

系统的动态品质和稳态性能可采用相应的指标衡量。工程上常从稳定性(简称稳)、快速性(简称快)和准确性(简称准)3个方面分析系统的性能。

1. 稳定性

稳定性是指系统重新恢复平衡状态的能力。当系统受到外作用后产生振荡,经过一段时间的调整,系统能抑制振荡,使其输出量趋近于期望值。对于稳定系统,随着时间的增长其输出量趋近于期望值,如图1.8所示。对于不稳定系统,其输出量逐渐发散,远离期望值,如图1.9所示。显然,不稳定的系统是无法工作的。因此任何一个自动控制系统必须是稳定的，这是对自动控制系统提出的最基本的要求。

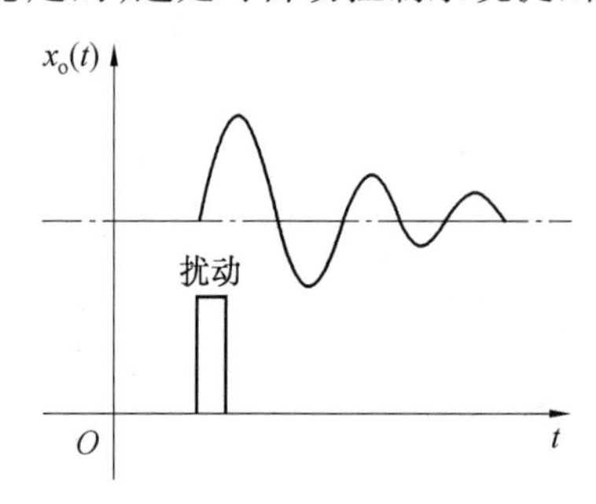

图 1.8 稳定系统的动态过程

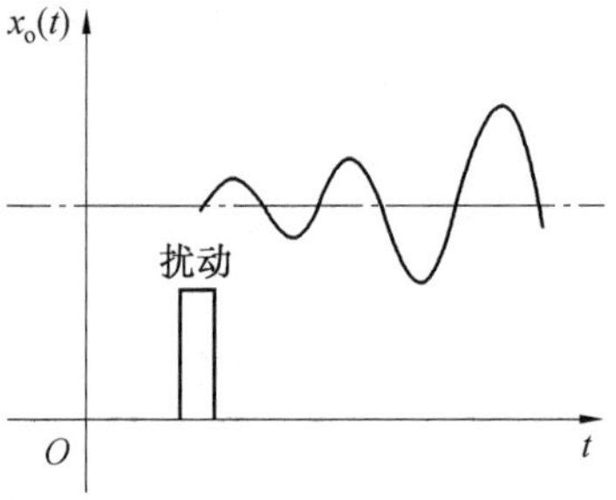

图 1.9 不稳定系统的动态过程

2. 快速性

快速性是指系统动态过程经历时间的长短。表征这个动态过渡过程的性能指标称为动态性能指标(又称为动态响应指标)。动态过渡过程时间越短，系统的快速性越好，即具有较高的动态精度。通常，系统的动态过程多是衰减振荡过程，输出量变化很快，以致输出量产生超出期望值的波动；经过几次振荡后，达到新的稳定工作状态。稳定性和快速性是反映系统动态过程好坏的尺度。

3. 准确性

准确性是指过渡过程结束后被控制量与期望值接近的程度，通常也称为系统的稳态性能指标，用稳态误差来表示。所谓稳态误差，指的是动态过程结束后系统又进入稳态，此时系统输出量的期望值和实际值之间的偏差值，它表明了系统控制的准确程度。稳态误差越小，则系统的稳态精度越高。若稳态误差为零，则系统称为无静差系统；若稳态误差不为零，则系统称为有静差系统。自动控制系统的稳态性能如图 1. 10 所示。

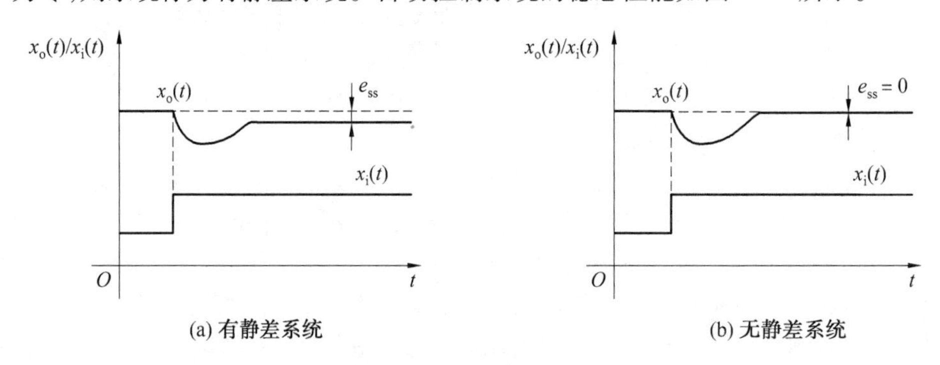

图 1. 10 自动控制系统的稳态性能

考虑到控制系统的动态过程在不同阶段的特点，工程上常常从稳、快、准 3 方面来评价系统的总体精度。例如，恒值控制系统对准确性要求较高，随动控制系统则对快速性要求较高。同一系统中，稳定性、快速性和准确性往往是相互制约的。提高了快速性，可能会增大振荡幅值，加剧了系统的振荡，甚至引起不稳定；而改善了稳定性又有可能使过渡过程变得缓慢，增长了过渡时间，甚至导致稳态误差增大，降低了系统的精度。所以，需要根据具体控制对象所提出的要求，在保证系统稳定的前提下，对其中的某些指标有所侧重，同时又要注意兼顾其他性能指标。此外，在考虑提高系统的性能指标的同时，还要考虑系统的可靠性和经济性。这些问题是机电控制所必须解决的重要课题。

1.4 本课程的特点及学习方法

本课程是一门非常重要的技术基础课,是机械工程专业的平台课程。它是针对机械对象的控制,结合经典控制理论形成的一门课程。本门课程以机电系统为研究对象,主要介绍经典控制理论,研究怎样将其与机电系统相结合,并应用于机电系统。值得指出的是,尽管经典控制理论在20世纪60年代已完全发展成熟,但它并不过时,经典控制理论是整个自动控制理论(包括现代控制理论)的基础。

本课程同理论力学、机械原理、电工学等技术基础课程相比较,更抽象、更概括、涉及的范围更为广泛,实际上是概括了它们的有关内容。读者学习后,将会清楚地了解到这一点。确实,本课程几乎涉及机械工程类专业学生在学习本课程前所学的全部数学知识,特别是复变函数(包括积分变换);要用到所接触过的有关动力学知识,特别是机械振动理论与交流电路理论。因此,在学习本课程前,应有良好的数学、力学、电学的基础,有一定的机械工程(包括机械制造)方面的专业知识,还要有一些其他学科领域的知识。

本课程力求在阐明自动控制理论的基本概念、基本知识与基本方法的基础上,紧密结合机电系统实际应用,特别是结合机械工程实际,以便沟通与加强数理基础与专业知识之间的联系。本课程具有如下主要特色:

(1)在知识体系结构上,遵循“减少学时、降低重心、拓宽面向、精选内容、更新知识”的原则,形成以自动控制理论为基础,机电系统为研究对象的知识框架,针对机电系统讲解自动控制的基本理论、自动控制系统的分析与设计方法及其在机电系统自动控制中的应用。通过典型工程实例分析与实验使学生掌握自动控制的基本概念、控制系统在时域和频域中的数学模型建立、单输入单输出线性时不变系统稳定性和稳态误差的分析、线性控制系统的设计校正方法,最后使学生掌握计算机离散控制的基本方法。

(2)紧密结合工程需要,力求在讲清自动控制基本概念的前提下,有针对性地结合机电系统工程实例讲解自动控制的基本理论、自动控制系统的分析方法和设计方法及其在机电系统中的应用。通过典型工程实例分析与实验使学生掌握自动控制的基本概念、基本原理和基本方法。更多地结合机电系统的工程实际,以帮助读者学会应用控制理论来解决机电系统控制的实际问题。突出知识点的实用性和操作性,真正地实现学懂会用,体现了教材的应用性和实践性特色。

(3)采用案例教学法,本书每章节在论述基本知识点的基础上,提供了大量工程实际案例作为例题和习题,使学生理解理论、学会应用,真正突出“机控结合、控为机用”的特点。结合实际案例分析,对系统的理论知识进行应用,以体现教材知识点的价值和意义。

习 题

1. 日常生活中有许多闭环控制系统,试举几个具体例子,并说明它们的工作原理。
2. 机电控制系统按照反馈情况可以分为哪几类?其各自特点又是什么?
3. 开环控制系统和闭环控制系统各自的特点是什么?

4. 如图 1.11 所示为一液面控制系统。图中 K_a 为放大器的增益，D 为执行电机，N 为减速器。试分析该系统的工作原理，并在系统中找出控制量、扰动量、被控量、控制器和被控对象。若将此自动控制系统改为人工控制系统，试画出相应的系统控制方框图。

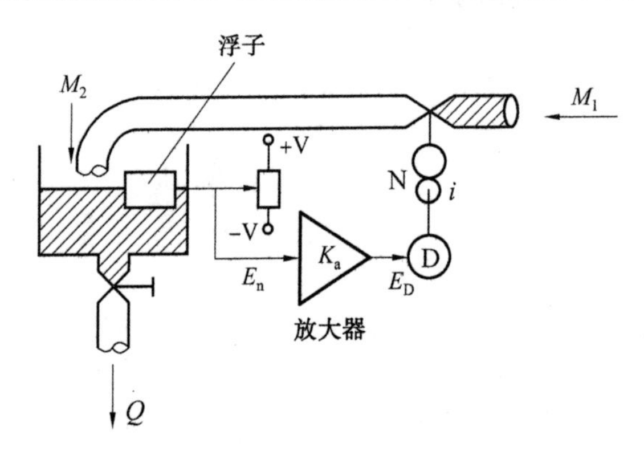

图 1.11 液面控制系统

5. 机电系统控制的基本要求是什么？

第2章 机电系统的数学模型

研究与分析一个机电系统，首先要定性地了解其工作原理。但是如果想对机电系统进行控制，或处理系统在运行过程中出现的故障，或要进一步改善系统的性能，那么，仅仅了解工作原理和特性是完全不够的，还要定量地描述系统的动态性能，揭示系统的结构、参数与动态性能之间的关系。这就需要建立系统的数学模型，即描述这一系统运动规律的数学表达式，用来描述系统输入量、输出量以及内部各变量之间的定量关系。系统的数学模型揭示了系统结构及其参数与其性能之间的内在关系。对于同一系统，可以建立多种形式的数学模型，如微分方程、传递函数、时间响应函数、频率特性及状态空间等。

建立系统数学模型的方法有解析法和实验法。解析法依据经典定律对系统各部分的运动机理进行分析，如机械系统中的牛顿力学定律、电系统中的电压和电流的基尔霍夫定律等；实验法通过施加测试信号，记录输入与输出，采用模型拟合数学模型。

本章首先给出控制系统数学模型的基本概念；然后重点讨论如何列写机电系统的微分方程；接着着重阐明线性系统的传递函数的定义与概念，并介绍典型线性环节的传递函数及其特性；然后介绍传递函数的方框图与简化方法；最后通过工程实例介绍机电控制系统数学模型的建立。

2.1 控制系统数学模型的基本概念

分析和设计控制系统的第一步是建立实际系统的数学模型。所谓数学模型就是根据系统运动过程的物理、化学等规律，所写出的描述系统运动规律、特性、输出与输入关系的数学表达式。主要有3种比较常用的描述方法：第一种是把系统的输出量与输入量之间的关系用数学方式表达出来，称之为输入输出描述，如微分方程、传递函数和差分方程；第二种不仅可以描述系统输入与输出间的关系，而且还可以描述系统的内部特性，称之为状态变量描述，或内部描述，它特别适用于多输入、多输出系统，也适用于时变系统、非线性系统和随机控制系统；第三种是应用比较直观的方框图模型来进行描述。同一控制系统的数学模型可以表示为不同的形式，需要根据不同情况对这些模型进行取舍，以利于对控制系统进行有效的分析与设计。

2.1.1 数学模型的类型

数学模型是对系统运动规律的定量描述，表现为各种形式的数学表达式，从而具有不同的类型。下面介绍几种主要类型。

1. 静态数学模型与动态数学模型

根据数学模型的功能不同，数学模型具有不同的类型。描述系统静态（工作状态不变或慢变过程)特性的模型,称为静态数学模型。静态数学模型一般是以代数方程表示的,数学表达式中的变量不依赖于时间,是输入与输出之间的稳态关系。描述系统动态或瞬态特性的模型,称为动态数学模型。动态数学模型中的变量依赖于时间,一般是微分方程等形式。静态数学模型可以看成是动态数学模型的特殊情况。

2. 输入输出描述模型与内部描述模型

描述系统输出与输入之间关系的数学模型称为输入输出描述模型,如微分方程、传递函数、频率特性等数学模型。而状态空间模型描述了系统内部状态和系统输入、输出之间的关系,所以又称为内部描述模型。内部描述模型不仅描述了系统输入与输出之间的关系,而且描述了系统内部的信息传递关系,所以比输入输出描述模型更深入地揭示了系统的动态特性。

3. 连续时间模型与离散时间模型

根据数学模型所描述的系统中是否存在离散信号,数学模型可分为连续时间模型和离散时间模型,简称连续模型和离散模型。连续数学模型有微分方程、传递函数、状态空间表达式等。离散数学模型有差分方程、Z 传递函数、离散状态空间表达式等。

4. 参数模型与非参数模型

从描述方式上看,数学模型可分为参数模型和非参数模型两大类。参数模型是用数学表达式表示的数学模型,如传递函数、差分方程、状态方程等。非参数模型是直接或间接从物理系统的实验分析中得到的响应曲线表示的数学模型,如脉冲响应、阶跃响应、频率特性曲线等。

数学模型虽然有不同的表示形式,但它们之间可以互相转换,可以由一种形式的模型转换为另一种形式的模型。例如,一个具体的机电系统,可以用参数模型表示,也可以用非参数模型表示;可以用输入输出模型表示,也可以用状态空间模型表示;可以用连续时间模型表示,也可以用离散时间模型表示。

2.1.2 建立数学模型的方法

建立系统的数学模型简称为建模。系统建模有两大类方法:一类是机理分析建模方法,亦称为分析法;另一类是实验建模方法,亦称为系统辨识法。

机理分析建模方法就是通过对系统内在机理的分析,运用各种物理、化学等定律,推导出描述系统的数学关系式,通常称为机理模型。采用机理建模必须清楚地了解系统的内部结构,所以常称为“白箱”建模方法。机理建模得到的模型展示了系统的内在结构与联系,较好地描述了系统特性。但是,机理分析建模方法具有局限性,特别是当系统内部过程变化机理还不很清楚时,很难采用机理分析建模方法。而且,当系统结构比较复杂时,所得到的机理模型往往比较复杂,难以满足实时控制的要求。并且,机理建模总是基于许多简化和假设之上的,所以,机理模型与实际系统之间存在建模误差。

实验建模方法是利用系统输入、输出的实验数据或者正常运行数据来构造数学模型的建模方法。因为实验建模方法只依赖于系统的输入与输出关系,即使对系统内部机理不了解,也可以建立模型,所以常称为“黑箱”建模方法。由于系统辨识是基于建模对象的实验数据或者正常运行数据,所以,建模对象必须已经存在,并能够进行实验。而且,辨识得到的模型只反映系统输入与输出的特性,不能反映系统的内在信息,难以描述系统的本质。

最有效的建模方法是将机理分析建模方法与实验建模方法结合起来。事实上,人们在建模时,对系统不是一点都不了解,只是不能准确地描述系统的定量关系,但了解系统的一些特性,如系统的类型、阶次等,因此,系统像一只“灰箱”。实用的建模方法是尽量利用人们对物理系统的认识,由机理分析提出模型结构,然后用观测数据估计出模型参数,这种方法常称为“灰箱”建模方法,实践证明这种建模方法是非常有效的。

实际工程应用中建立一个系统的、合理的数学模型并非是件容易的事,这需要对其元件和系统的构造原理、工作情况等有足够的了解。所谓合理的数学模型是指它具有最简化的形式, 但又能正确地反映所描述系统的特性。在工程上,常常是做一些必要的假设和简化,忽略对系统特性影响小的因素,并对一些非线性关系进行线性化,建立一个比较准确的近似数学模型。本章主要介绍机理分析建模方法,并着重介绍几种常用的数学模型。

2.2 控制系统的微分方程

微分方程是自动控制系统最基本的数学模型,它是根据系统内在运动规律建立的,是时域中描述系统(或元件)的动态特性的数学模型。微分方程的建立通常基于物理学定律,如机械系统的牛顿力学定律、能量守恒定律,电气系统中的基尔霍夫定律,液压系统中的流体力学定律等。许多控制系统,不管它们是机械的、电气的、热力的、液压的,都可以用微分方程加以描述。通过对微分方程的求解,就可以获得控制系统对输入量(或称为作用函数)的响应,即可以得到系统的输出量随时间变化的响应曲线。因此,微分方程具有明显的物理意义,可以很直观地对系统性能进行评价。

2.2.1 控制系统微分方程的建立步骤

要建立一个控制系统的微分方程,首先必须了解整个系统的组成结构和工作原理,然后根据系统或各组成元件所遵循的运动规律和物理、化学定律,列出整个系统的输出变量和输入变量之间的动态关系表达式,得到一个微分方程组,再消去中间变量,即得到控制系统总的关于输入和输出的微分方程。运用分析法建立控制系统微分方程的一般步骤为:

(1) 确定系统的输入与输出变量,找出系统或各物理量(变量)之间的关系。

(2) 从输入端开始,按照信号的传递顺序,依据各变量所遵循的物理、化学等定律,列写出各变量之间的动态方程,一般为微分方程组。

(3) 按照系统的工作条件,忽略一些次要因素,对建立的原始动态微分方程进行数学处理,如简化处理、对非线性项的线性化处理等,并且要考虑相邻元件之间是否存在负载效应。

(4) 消去微分方程的中间变量,得到描述系统输入、输出变量之间关系的微分方程。

(5) 将微分方程标准化,将与输入有关的各项放在等号右边,与输出有关的各项放在等号左边,并且分别按降幂排列,最后将系数归化为如时间常数等反映系统动态特性的参数。

对线性定常系统,其微分方程的一般形式为

$$
\left.\begin{aligned}
a_n\frac{\mathrm{d}^n}{\mathrm{d}t^n}x_{\mathrm{o}}(t)+a_{n-1}\frac{\mathrm{d}^{n-1}}{\mathrm{d}t^{n-1}}x_{\mathrm{o}}(t)+\cdots+a_1\frac{\mathrm{d}}{\mathrm{d}t}x_{\mathrm{o}}(t)+a_0x_{\mathrm{o}}(t)\\
b_m\frac{\mathrm{d}^m}{\mathrm{d}t^m}x_{\mathrm{i}}(t)+b_{m-1}\frac{\mathrm{d}^{m-1}}{\mathrm{d}t^{m-1}}x_{\mathrm{i}}(t)+\cdots+b_1\frac{\mathrm{d}}{\mathrm{d}t}x_{\mathrm{i}}(t)+b_0x_{\mathrm{i}}(t)
\end{aligned}\right\} \tag{2.1}
$$

式中 $x_{\mathrm{o}}(t)$——系统输出量;

$x_{\mathrm{i}}(t)$——系统输入量;

$a_0,a_1,\cdots,a_n$ 及 $b_0,b_1,\cdots,b_m$——由系统结构参数决定的实常数。

2.2.2 机械系统的微分方程

机械系统的微分方程通常都可以用牛顿定律来建立,机械系统中以各种形式出现的物理现象,均可以用质量、弹性和阻尼 3 个要素来描述。因此,可以将任意机械系统抽象成质量、弹性和阻尼这 3 种理想化基本元件。惯性和刚度较大的构件可以忽略其弹性,简化为质量块;惯性小、柔度大的构件可以简化为弹簧。机械系统的 3 种基本元件及其物理定律见表 2.1。

表 2.1 机械系统的 3 种基本元件及其物理定律

元件名称及代号	符号	所遵循的物理定律
质量元件 m	y, $f_m(t)$, m, $v(t)$, O, $x(t)$, x	$f_m(t)=m\frac{\mathrm{d}}{\mathrm{d}t}v(t)=m\frac{\mathrm{d}^2}{\mathrm{d}t^2}x(t)$
弹性元件 k	$f_k(t)$, k, $x_1(t)$, $x_2(t)$	$f_k(t)=k[x_1(t)-x_2(t)]=k\Delta x(t)$ $=k\int_{-\infty}^{t}[v_1(t)-v_2(t)]\mathrm{d}t$ $=k\int_{-\infty}^{t}v(t)\mathrm{d}t$
阻尼元件 B	$v_1(t)$, $x_1(t)$, $v_2(t)$, $x_2(t)$, $f_B(t)$, B, $f_B(t)$	$f_B(t)=B[v_1(t)-v_2(t)]=B\Delta v(t)$ $=B\left[\frac{\mathrm{d}x_1(t)}{\mathrm{d}t}-\frac{\mathrm{d}x_2(t)}{\mathrm{d}t}\right]$ $=B\frac{\mathrm{d}x(t)}{\mathrm{d}t}$

机械系统中元件的运动有直线运动和旋转运动两种基本形式,下面将机械系统分为机械平移系统、机械转动系统和机械传动系统,并分别用几个工程实例阐述其微分方程的建立方法。

1. 机械平移系统

对于机械平移系统来说,有 3 种阻止运动的力:惯性力、弹簧力和阻尼力。需要注意当力较大、质量块获得较大速度时,不能忽略空气阻尼力的影响。在黏性摩擦系统中,阻尼力与速度成正比。

【例2.1】 图2.1(a)为组合机床动力滑台铣平面时的情况,当切削力$f(t)$变化时,动力滑台可能产生振动,从而降低被加工工件的表面质量和精度。试建立切削力与动力滑台质量块位移之间的动力学模型。

解 为了分析这个系统,首先将动力滑台连同铣刀抽象成图2.1(b)所示的质量-弹簧-阻尼系统的力学模型(其中,m为受控质量;k为弹性刚度;B为黏性阻尼系数;$y(t)$为输出位移)。根据牛顿第二定律,有

$$f(t)-B\frac{\mathrm{d}y(t)}{\mathrm{d}t}-ky(t)=m\frac{\mathrm{d}^2y(t)}{\mathrm{d}t^2}$$

将输出变量项写在等号的左边,输入变量项写在等号的右边,并将各阶导数项按降幂排列,得

$$m\frac{\mathrm{d}^2y(t)}{\mathrm{d}t^2}+B\frac{\mathrm{d}y(t)}{\mathrm{d}t}+ky(t)=f(t)$$

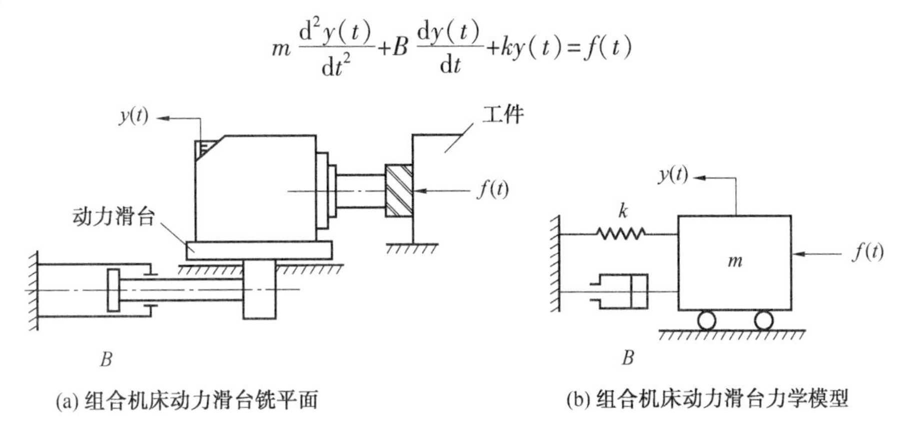

图2.1 组合机床动力滑台及其力学模型

2. 机械转动系统

机械转动系统中有3个相应的基本元件:转动惯量、扭簧和黏滞阻尼器,如图2.2所示。对应于这3个基本元件的3种阻止运动的力为外力矩$M(t)$、阻力矩$M_B(t)$和扭簧力矩$M_k(t)$。

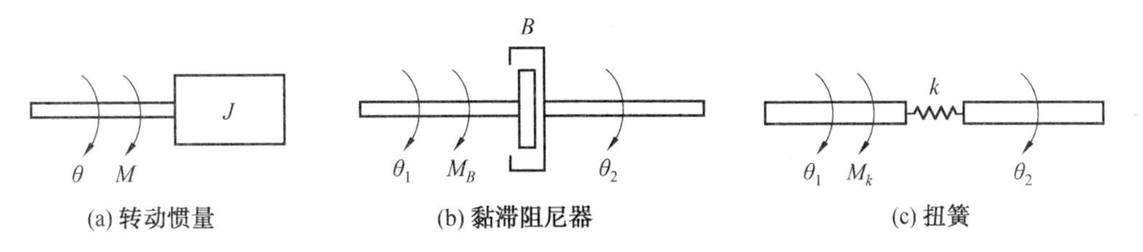

图2.2 机械转动系统基本元件

【例2.2】 图2.3所示为定轴转动系统,旋转体的转动惯量等效为J,转动轴所受的摩擦设为黏性摩擦,阻尼系数为B,转动轴连接刚度为K,等效模型如图2.3(b)所示。

解 若驱动力矩为T,则根据转矩平衡方程,有

$$T=J\frac{\mathrm{d}^2\theta}{\mathrm{d}t^2}+B\frac{\mathrm{d}\theta}{\mathrm{d}t}+K\theta$$

3. 机械传动系统

【例2.3】 伺服控制系统的执行机构常包括齿轮传动,用来进行减速并扩大扭矩。

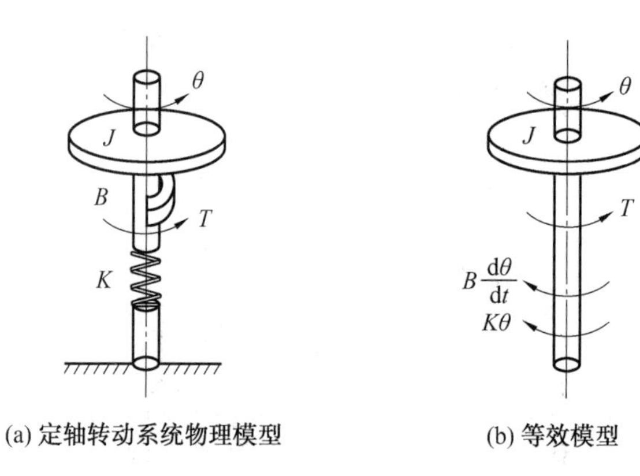

图 2.3　定轴转动系统

图 2.4 为一齿轮传动机构,假设齿轮传动无间歇,试求该系统输入力矩 $M(t)$ 与输出转角 $\theta_1(t)$ 之间的动态数学模型。

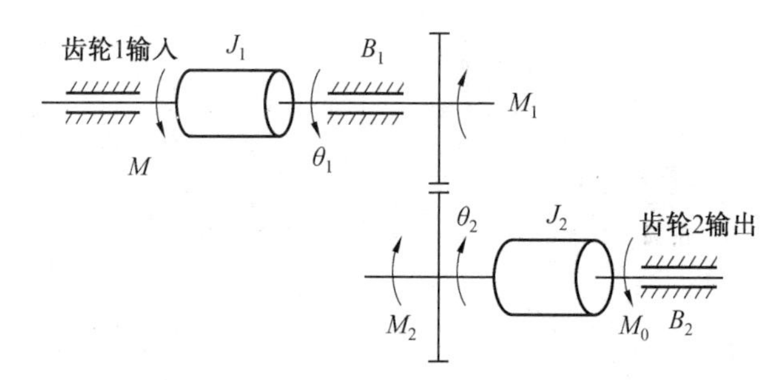

图 2.4　齿轮传动机构

M—齿轮 1 输入力矩;M_1—齿轮 2 传到齿轮 1 的力矩;

M_2—齿轮 1 传到齿轮 2 的力矩;M_0—齿轮 2 负载力矩

解　忽略两轴及齿轮的扭转弹性变形,分别对输入轴和输出轴列写旋转运动方程如下:

输入轴为
$$J_1\frac{d^2\theta_1(t)}{dt^2}+B_1\frac{d\theta_1(t)}{dt}+M_1(t)=M(t) \tag{2.2}$$

输出轴为
$$J_2\frac{d^2\theta_2(t)}{dt^2}+B_2\frac{d\theta_2(t)}{dt}+M_0(t)=M_2(t) \tag{2.3}$$

式中　J_1、J_2——输入轴及齿轮 1、输出轴及齿轮 2 的转动惯量;

B_1、B_2——输入轴及齿轮 1、输出轴及齿轮 2 的黏滞阻尼系数;

$M(t)$、$M_1(t)$——齿轮 1 上的驱动力矩,齿轮 2 传到齿轮 1 的力矩;

$M_2(t)$、$M_0(t)$——齿轮 2 上的驱动力矩和输出轴的负载力矩;

$\theta_1(t)$、$\theta_2(t)$——输入轴、输出轴的转角;

D_1、D_2——齿轮 1、齿轮 2 分度圆直径。

设齿轮减速比 i 为

$$i=\frac{z_2}{z_1}=\frac{mz_2}{mz_1}=\frac{D_2}{D_1}=\frac{r_2}{r_1}=\frac{\theta_1}{\theta_2}$$

即

$$\theta_2=\frac{\theta_1}{i}$$

式中　z_1、z_2——齿轮齿数。

忽略能量损失，有 $M_1=M_2\cdot i$，将式(2.3)代入式(2.2)可得

$$\left(J_1+\frac{J_2}{i^2}\right)\frac{\mathrm{d}^2\theta_1(t)}{\mathrm{d}t^2}+\left(B_1+\frac{B_2}{i^2}\right)\frac{\mathrm{d}\theta_1(t)}{\mathrm{d}t}+\frac{M_0(t)}{i}=M(t) \tag{2.4}$$

引入以下符号：

$J_{1e}=J_1+J_2/i^2$——折算到输入轴上的转动惯量；

$B_{1e}=B_1+B_2/i^2$——折算到输入轴上的阻尼系数；

$M_{0e}(t)=M_0(t)/i$——折算到输入轴上的负载转矩。

则式(2.4)可以改写为

$$J_{1e}\frac{\mathrm{d}^2\theta_1(t)}{\mathrm{d}t^2}+B_{1e}\frac{\mathrm{d}\theta_1(t)}{\mathrm{d}t}+M_{0e}(t)=M(t)$$

从上面表达式可知负载力矩折算到输入轴时，缩小了 i 倍；输出轴 J、B 折算到输入轴时缩小了 i^2 倍，所以起主要作用的是输入轴的 J、B；间隙很大程度取决于最后一对齿轮间隙。当总传动比确定后，传动比的分配原则本着等效的转动惯量小的原则，前级传动比应尽量小。

4. 机械传动系统中基本物理量的折算

在建立机械传动系统数学模型的过程中，经常会遇到物理量的折算问题，在此结合数控机床进给系统，介绍建模中的物理量的折算问题。

【例2.4】　如图2.5所示，图2.5(a)为丝杠螺母传动机构，图2.5(b)为齿轮齿条传动机构，图2.5(c)为同步齿形带传动机构，求3种传动方式下，负载 m 折算到驱动电机轴上的等效转动惯量 J。

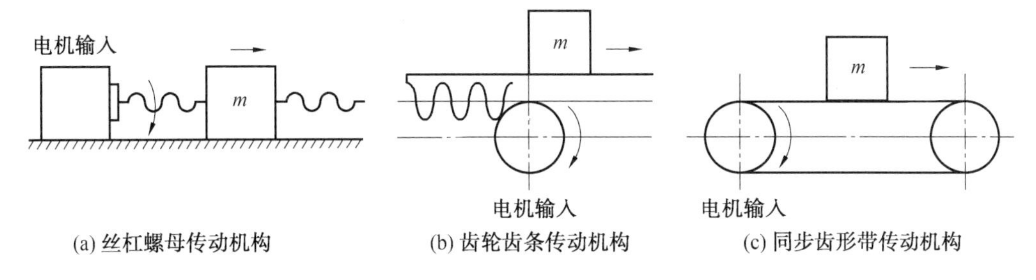

图2.5　由旋转到直线运动的控制

解　对于图2.5(b)和图2.5(c)所示的情况，设齿轮或皮带轮的分度圆半径为 r，负载 m 可以看作一个质点绕齿轮或带轮转动，则负载折算到电机轴上的等效转动惯量为

$$J=mr^2$$

而对图2.5(a)所示的丝杠螺母传动情况，设丝杠的导程为 L，即电机或丝杠旋转一周，质量 m 平移 L。原则上，图2.5(a)和图2.5(b)的两个系统是等价的，而在图2.5(b)中，齿轮每转一周，负载平移的距离 $L=2\pi r$，则图2.5(a)中质量负载 m 折算到电机轴上的等效转动惯量为

$$J=m\left(\frac{L}{2\pi}\right)^2$$

或可由转动惯量定理知，电机输入转矩 $T=J\alpha$ 满足：

$$T=m\frac{\mathrm{d}v}{\mathrm{d}t}\cdot\frac{L}{2\pi}=m\left(\frac{L}{2\pi}\right)^2\frac{\mathrm{d}^2\theta}{\mathrm{d}t^2}$$

则可得

$$J=m\left(\frac{L}{2\pi}\right)^2$$

【例 2.5】 数控机床进给系统如图 2.6 所示。电动机通过两级减速齿轮 G_1、G_2、G_3、G_4及丝杠螺母机构驱动工作台做直线运动。设 J_1 为轴Ⅰ部件和电动机转子构成的转动惯量；J_2、J_3 为轴Ⅱ、Ⅲ部件构成的转动惯量；K_1、K_2、K_3 分别为轴Ⅰ、Ⅱ、Ⅲ的扭转刚度系数；K 为丝杠螺母副及螺母底座部分的轴向刚度系数；m 为工作台的质量；B 为工作台导轨的黏性阻尼系数；T_1、T_2、T_3 分别为轴Ⅰ、Ⅱ、Ⅲ的输入转矩。

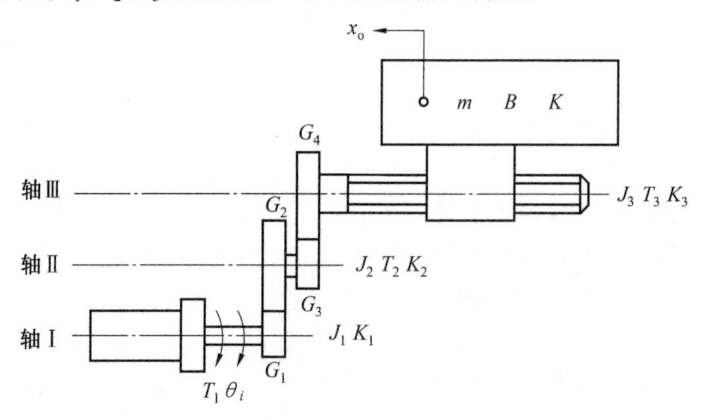

图 2.6 数控机床进给系统

（1）轴Ⅰ、Ⅱ、Ⅲ转动惯量及工作台质量的折算。

把轴Ⅰ、Ⅱ、Ⅲ上的转动惯量和工作台的质量都折算到轴Ⅰ上，作为系统的等效转动惯量。设 z_1、z_2、z_3、z_4 分别为 4 个齿轮的齿数。

轴Ⅱ的转动惯量 J_2 折算到轴Ⅰ为 J_2'，有

$$J_2'=J_2\left(\frac{z_1}{z_2}\right)^2$$

轴Ⅲ的转动惯量 J_3 折算到轴Ⅰ为 J_3'，有

$$J_3'=J_3\left(\frac{z_1}{z_2}\cdot\frac{z_3}{z_4}\right)^2$$

工作台的质量 m 折算到轴Ⅲ的转动惯量为 J_m，有

$$J_m=m\left(\frac{L}{2\pi}\right)^2$$

J_m 折算到轴Ⅰ的转动惯量为 J_m'，有

$$J_m'=m\left(\frac{L}{2\pi}\right)^2\left(\frac{z_1}{z_2}\cdot\frac{z_3}{z_4}\right)^2$$

轴Ⅰ的总转动惯量为

$$J_{\Sigma}=J_1+J_2\left(\frac{z_1}{z_2}\right)^2+J_3\left(\frac{z_1}{z_2}\cdot\frac{z_3}{z_4}\right)^2+m\left(\frac{z_1}{z_2}\cdot\frac{z_3}{z_4}\right)^2\left(\frac{L}{2\pi}\right)^2$$

(2)轴Ⅰ、Ⅱ、Ⅲ传动刚度的折算。

传动轴的刚度分为扭转刚度和轴向刚度,轴Ⅱ的扭转刚度 K_2 折算到轴Ⅰ为 K_2',有

$$K_2'=K_2\left(\frac{z_1}{z_2}\right)^2$$

工作台的轴向刚度 K 折算到轴Ⅲ为 K',有

$$K'=K\left(\frac{L}{2\pi}\right)^2$$

轴Ⅲ的总等效刚度 $K_{\text{Ⅲ}}$ 为

$$K_{\text{Ⅲ}}=\frac{1}{\frac{1}{K_3}+\frac{1}{K'}}$$

$K_{\text{Ⅲ}}$ 折算到轴Ⅰ的等效刚度 K_3' 为

$$K_3'=\frac{1}{\frac{1}{K_3}+\frac{1}{K'}}\left(\frac{z_1}{z_2}\cdot\frac{z_3}{z_4}\right)^2=\frac{1}{\frac{1}{K_3}+\frac{1}{K\left(\frac{L}{2\pi}\right)^2}}\left(\frac{z_1}{z_2}\cdot\frac{z_3}{z_4}\right)^2$$

轴Ⅰ的总刚度 K 为

$$K_{\Sigma}=\frac{1}{\frac{1}{K_1}+\frac{1}{K_2\left(\frac{z_1}{z_2}\right)^2}+\frac{1}{\frac{1}{\frac{1}{K_3}+\frac{1}{K\left(\frac{L}{2\pi}\right)^2}}\left(\frac{z_1}{z_2}\cdot\frac{z_3}{z_4}\right)^2}}$$

(3) 黏性阻尼系数的折算。

工作台导轨阻尼系数 B 折算到轴Ⅲ为 B',有

$$B'=B\left(\frac{L}{2\pi}\right)^2$$

B'折算到轴Ⅰ为 B^*,有

$$B^*=B\left(\frac{L}{2\pi}\right)^2\left(\frac{z_1}{z_2}\cdot\frac{z_3}{z_4}\right)^2$$

(4) 工作台位移的归算。

电机轴转角为输入 θ_i,工作台导轨位移 x_o 归算到轴Ⅰ角位移 θ_o,有

$$\theta_o=\left(\frac{2\pi}{L}\right)\left(\frac{z_2}{z_1}\cdot\frac{z_4}{z_3}\right)x_o \tag{2.5}$$

(5) 数学模型的建立(x_o 和 θ_i 的方程)。

建立的数控机床进给系统数学模型如图2.7所示。

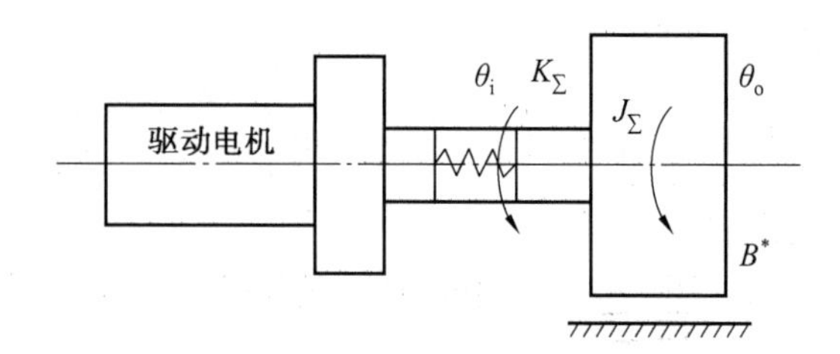

图 2.7 数控机床进给系统数学模型

机械旋转系统的微分方程为

$$K_\Sigma(\theta_i-\theta_o)-B^*\frac{d\theta_o}{dt}=J_\Sigma\frac{d^2\theta_o}{dt^2}$$

整理得

$$J_\Sigma\frac{d^2\theta_o}{dt^2}+B^*\frac{d\theta_o}{dt}+K_\Sigma\theta_o=K_\Sigma\theta_i \tag{2.6}$$

将式(2.5)代入式(2.6)中,可得

$$J_\Sigma\left(\frac{2\pi}{L}\right)\left(\frac{z_2}{z_1}\cdot\frac{z_4}{z_3}\right)\frac{d^2x_o}{dt^2}+B^*\left(\frac{2\pi}{L}\right)\left(\frac{z_2}{z_1}\cdot\frac{z_4}{z_3}\right)\frac{dx_o}{dt}+K_\Sigma\left(\frac{z_2}{z_1}\cdot\frac{z_4}{z_3}\right)x_o=K_\Sigma\theta_i \tag{2.7}$$

2.2.3 流体系统的微分方程

流体系统比较复杂,但经过适当简化也可以用微分方程加以描述。

【例 2.6】 图 2.8 所示为一简单的液位控制系统。在此系统中,箱体通过输出端的节流阀对外供液。设流入箱体的流量 $q_i(t)$ 为系统输入量,液面高度 $H(t)$ 为输出量,下面列出液位波动的运动微分方程。

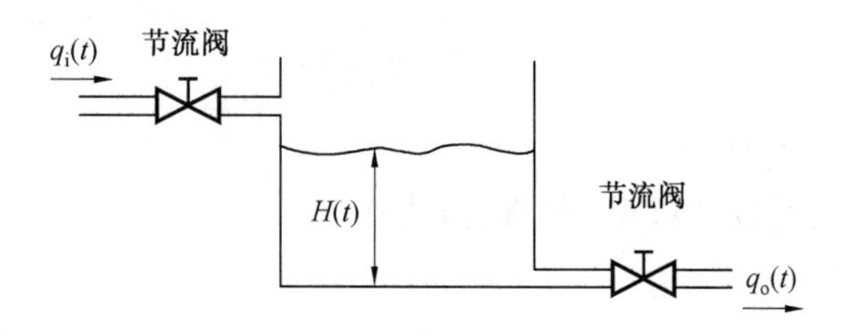

图 2.8 液位控制系统

解 根据流体连续方程,可得

$$A\frac{dH(t)}{dt}=q_i(t)-q_o(t)$$

式中 A——箱体的截面积。

设液体是不可压缩的,通过节流阀的液流是紊流,则其流量公式为

$$q_o(t)=a\sqrt{H(t)}$$

式中 a——节流阀的流量系数,由节流阀通流面积和通流口结构形式决定的系数,当节流阀的开度不变时,a 为常数。

消去中间变量 $q_o(t)$ 得到液位变动过程的微分方程数学模型为

$$A\frac{\mathrm{d}H(t)}{\mathrm{d}t}+a\sqrt{H(t)}=q_{\mathrm{i}}(t) \tag{2.8}$$

显然,式(2.8)是一个非线性微分方程。

2.2.4 电气系统的微分方程

电气系统主要包括电阻、电容和电感等基本元件,其基本物理定律见表2.2。列写微分方程采用基尔霍夫电流定律和基尔霍夫电压定律。基尔霍夫电流定律为流进节点的电流之和,等于流出同一节点的电流之和。基尔霍夫电压定律为在任意瞬间,在电路中任意环路的电压的代数和等于零,或者可以描述为沿某一环路的电压降之和,等于沿该环路的电压升高之和。运用基尔霍夫电流定律时应注意电流流向及元件两端电压的参考极性。

表2.2 电气系统基本元件及其物理定律

元件名称及代号	符号	所遵循的物理定律
电阻 R	$i(t)$ R $u(t)$	$u(t)=R\cdot i(t)$
电容 C	$i(t)$ C $u(t)$	$u(t)=\frac{1}{C}\int i(t)\mathrm{d}t$
电感 L	$i(t)$ L $u(t)$	$u(t)=L\frac{\mathrm{d}i(t)}{\mathrm{d}t}$

下面用几个工程实例阐述其电气系统微分方程的建立方法。

【例2.7】 建立如图2.9所示的 *RLC* 电路系统的数学模型。

解 根据基尔霍夫电压定律,得出回路的电压平衡方程为

$$L\frac{\mathrm{d}i(t)}{\mathrm{d}t}+Ri(t)+\frac{1}{C}\int i(t)\mathrm{d}t=u_{\mathrm{i}}(t)$$

$$\frac{1}{C}\int i(t)\mathrm{d}t=u_{\mathrm{o}}(t)$$

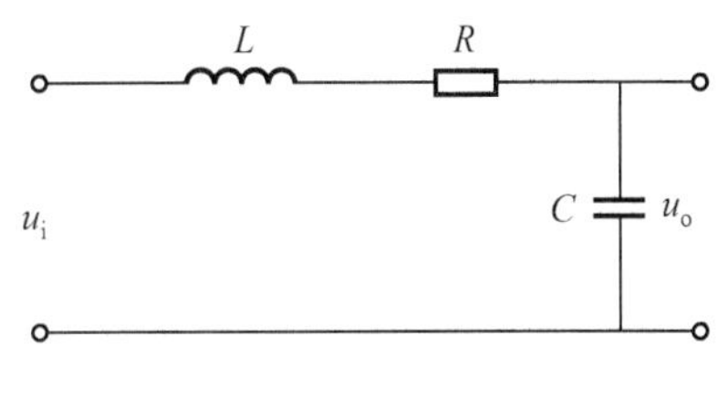

图2.9 *RLC* 电路系统

由以上两个式子,消去 $i(t)$,并写成标准形式,得

$$LC\frac{\mathrm{d}^2}{\mathrm{d}t^2}u_{\mathrm{o}}(t)+RC\frac{\mathrm{d}}{\mathrm{d}t}u_{\mathrm{o}}(t)+u_{\mathrm{o}}(t)=u_{\mathrm{i}}(t) \tag{2.9}$$

一般 R、L、C 均为常数,故式(2.9)为二阶常系数线性微分方程,它描述了输入 $u_{\mathrm{i}}(t)$ 和输出 $u_{\mathrm{o}}(t)$ 之间的动态关系。将它与例2.2比较,可以看出这两个方程都为二阶常系数线性微分方程,仅前面的系数不同。由此可得它们为同一类型的系统。

【例2.8】 图2.10所示为一个采用运算放大器的一阶滞后电路,求其微分方程。

解 首先定义

$$i_1=\frac{u_i-u'}{R_1},\quad i_2=C\frac{d(u'-u_o)}{dt},\quad i_3=\frac{u'-u_o}{R_2}$$

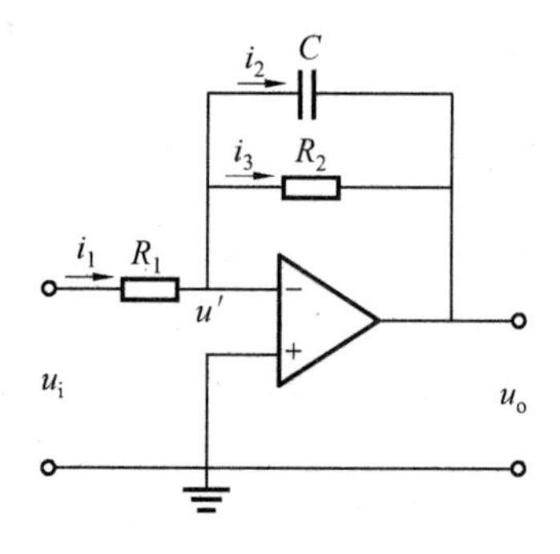

图 2.10 采用运算放大器的一阶滞后电路

注意到流进放大器的电流可以忽略不计，所以

$$i_1=i_2+i_3$$

因此

$$\frac{u_i-u'}{R_1}=C\frac{d(u'-u_o)}{dt}+\frac{u'-u_o}{R_2}$$

因 $u'\approx 0$，得到

$$\frac{u_i}{R_1}=-C\frac{du_o}{dt}-\frac{u_o}{R_2}$$

2.2.5 机电系统的微分方程

分析上述系统模型可以看出，描述系统运动的微分方程系数都是系统的结构参数及其组合，这就说明系统的动态特性是系统的固有特性，取决于系统结构及其参数。

【例 2.9】 试列写图 2.11 所示电枢控制直流电动机的微分方程，要求取电枢电压 $u_a(t)$（V）为输入量，电动机转速 $\omega_m(t)$（rad/s）为输出量。图中 R_a（Ω）、L_a（H）分别是电枢电路的电阻和电感，M_c（N · m）是折合到电动机轴上的总负载转矩。激磁磁通为常值，忽略刚度变形与能量损失。

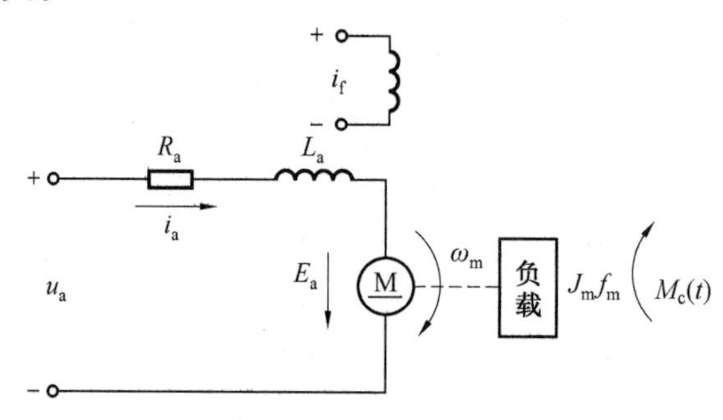

图 2.11 电枢控制直流电动机原理图

解 控制直流电动机是控制系统中常用的控制对象，其工作实质是将输入的电能转换为机械能，也就是由输入的电枢电压 $u_a(t)$ 在电枢回路中产生电枢电流 $i_a(t)$，再由电流 $i_a(t)$ 与激磁磁通相互作用产生电磁转矩 $M_m(t)$，从而拖动负载运动。因此直流电动机的运动方程可以由以下 3 部分组成。

（1）电枢回路电压平衡方程为

$$u_a(t)=L_a\frac{di_a(t)}{dt}+R_ai_a(t)+E_a \tag{2.10}$$

式中 E_a——电枢反电势，它是当电枢旋转时产生的反电势，其大小与激磁磁通及转速成正比，方向与电枢电压 $u_a(t)$ 相反，即 $E_a=C_e\omega_m(t)$ 是反电势。

(2)电磁转矩方程为

$$M_{\mathrm{m}}(t)=C_{\mathrm{m}}i_{\mathrm{a}}(t) \tag{2.11}$$

式中 C_{m}——电动机转矩系数;

$M_{\mathrm{m}}(t)$——电枢电流产生的电磁转矩。

(3)电动机轴上的转矩平衡方程为

$$J_{\mathrm{m}}\frac{\mathrm{d}\omega_{\mathrm{m}}(t)}{\mathrm{d}t}+f_{\mathrm{m}}\omega_{\mathrm{m}}(t)=M_{\mathrm{m}}(t)-M_{\mathrm{c}}(t) \tag{2.12}$$

式中 f_{m}——电动机和负载折合到电动机轴上的黏性摩擦系数;

J_{m}——电动机和负载折合到电动机轴上的转动惯量;

M_{c}——惯性负载转矩。

由式(2.10)、式(2.11)和式(2.12)中消去中间变量 $i_{\mathrm{a}}(t)$、E_{a} 及 $M_{\mathrm{m}}(t)$ 便可得到以 $\omega_{\mathrm{m}}(t)$ 为输出量、以 $u_{\mathrm{a}}(t)$ 为输入量的直流电动机微分方程,即

$$L_{\mathrm{a}}J_{\mathrm{m}}\frac{\mathrm{d}^2\omega_{\mathrm{m}}(t)}{\mathrm{d}t^2}+(L_{\mathrm{a}}f_{\mathrm{m}}+R_{\mathrm{a}}J_{\mathrm{m}})\frac{\mathrm{d}\omega_{\mathrm{m}}(t)}{\mathrm{d}t}+(R_{\mathrm{a}}f_{\mathrm{m}}+C_{\mathrm{m}}C_{\mathrm{e}})\omega_{\mathrm{m}}(t)$$

$$=C_{\mathrm{m}}u_{\mathrm{a}}(t)-L_{\mathrm{a}}\frac{\mathrm{d}M_{\mathrm{c}}(t)}{\mathrm{d}t}-R_{\mathrm{a}}M_{\mathrm{c}}(t) \tag{2.13}$$

在工程应用中,由于电枢电路电感 L_{a} 较小,通常忽略不计,因而式(2.13)可简化为

$$T_{\mathrm{m}}\frac{\mathrm{d}\omega_{\mathrm{m}}(t)}{\mathrm{d}t}+\omega_{\mathrm{m}}(t)+K_2M_{\mathrm{c}}(t)=K_1u_{\mathrm{a}}(t) \tag{2.14}$$

式中 T_{m}——电动机机电时间常数,$T_{\mathrm{m}}=R_{\mathrm{a}}J_{\mathrm{m}}/(R_{\mathrm{a}}f_{\mathrm{m}}+C_{\mathrm{m}}C_{\mathrm{e}})$;

K_1、K_2——电动机传递系数,$K_1=C_{\mathrm{m}}/(R_{\mathrm{a}}f_{\mathrm{m}}+C_{\mathrm{m}}C_{\mathrm{e}})$,$K_2=R_{\mathrm{a}}/(R_{\mathrm{a}}f_{\mathrm{m}}+C_{\mathrm{m}}C_{\mathrm{e}})$。

如果电枢电阻 R_{a} 和电动机的转动惯量 J_{m} 都很小且忽略不计时,式(2.14)还可进一步简化为

$$C_{\mathrm{e}}\omega_{\mathrm{m}}(t)=u_{\mathrm{a}}(t)$$

这时,电动机的转速 $\omega_{\mathrm{m}}(t)$ 与电枢电压 $u_{\mathrm{a}}(t)$ 成正比,于是电动机可作为测速发电机使用。

2.3 控制系统的传递函数

求解控制系统的微分方程,可以得到在确定的初始条件及外作用下系统输出响应的表达式,并可画出时间响应曲线,因而可直观地反映出系统的动态过程。但当系统的某个参数发生变化时,就需要重新列写微分方程进行求解。微分方程阶次越高,计算就越复杂。因此,仅仅从系统分析的角度来看,就会发现采用微分方程这种数学模型,当系统阶次较高时,是相当不方便的。以后将会看到,对于系统的综合校正及设计,采用微分方程这种数学模型将会遇到更大的困难。因此,经典控制理论通常采用拉氏变换将线性微分方程转换为复数域的数学模型——传递函数,从而间接地分析系统结构参数对时间响应的影响。通过传递函数之间的运算和拉氏变换得到时域解,简化了计算求解过程。

2.3.1 传递函数的基本概念

线性定常系统的传递函数定义为在零初始条件下,系统输出变量的拉普拉斯

(Laplace)变换(简称拉氏变换)与输入变量的拉氏变换之比。传递函数是在初始条件为零(称零初始条件)时定义的。控制系统的零初始条件有两方面含义:①指输入作用是在 $t=0$ 以后才作用于系统。因此,系统输入量及其各阶导数在 $t=0$ 时的值为零。②指输入作用加于系统之前,系统是“相对静止”的,处于稳定状态。因此,系统输出量及其各阶导数在 $t=0$ 时的值也为零。实际的工程控制系统多属此类情况,这时,传递函数一般都可以完全表征线性定常系统的动态性能。

设线性定常系统的微分方程一般式为

$$a_n \frac{\mathrm{d}^n}{\mathrm{d}t^n}x_o(t)+a_{n-1}\frac{\mathrm{d}^{n-1}}{\mathrm{d}t^{n-1}}x_o(t)+\cdots+a_1\frac{\mathrm{d}}{\mathrm{d}t}x_o(t)+a_0x_o(t)$$

$$=b_m \frac{\mathrm{d}^m}{\mathrm{d}t^m}x_i(t)+b_{m-1}\frac{\mathrm{d}^{m-1}}{\mathrm{d}t^{m-1}}x_i(t)+\cdots+b_1\frac{\mathrm{d}}{\mathrm{d}t}x_i(t)+b_0x_i(t) \tag{2.15}$$

设初始条件为零,对式(2.15)两边进行拉氏变换,得

$$(a_ns^n+a_{n-1}s^{n-1}+\cdots+a_1s+a_0)X_o(s)=(b_ms^m+b_{m-1}s^{m-1}+\cdots+b_1s+b_0)X_i(s)$$

则系统的传递函数为

$$G(s)=\frac{X_o(s)}{X_i(s)}=\frac{b_ms^m+b_{m-1}s^{m-1}+\cdots+b_1s+b_0}{a_ns^n+a_{n-1}s^{n-1}+\cdots+a_1s+a_0} \tag{2.16}$$

传递函数是一种以系统参数表示线性定常系统的输入量与输出量之间的关系式,它表达了系统本身的特性,与输入量无关。传递函数分母中 s 的最高阶数,就是输入量最高阶导数的阶数。如果 s 的最高阶数等于 n,这种系统就称为 n 阶系统。

从线性定常系统传递函数的定义式(2.16)可知,传递函数具有以下性质:

(1)系统的传递函数是一种数学模型,它表示联系输出变量与输入变量的微分方程的一种运算方法。

(2)传递函数是系统本身的一种属性,它与输入量或驱动函数的大小和性质无关。

(3)传递函数包含联系输入量与输出量的单位,但是它不提供有关系统物理结构的任何信息(许多物理上完全不同的系统,可以具有相同的传递函数,称之为相似系统)。

(4)如果系统的传递函数已知,则可以针对各种不同形式的输入量研究系统的输出或响应,以便掌握系统的性质。

(5)如果不知道系统的传递函数,则可通过引入已知输入量并研究系统输出量的实验方法,确定系统的传递函数。系统的传递函数一旦被确定,就能对系统的动态特性进行充分描述,它不同于对系统的物理描述。

必须指出,用传递函数来描述系统动态特性,也有一定的局限性。首先,对于非零初始条件,传递函数不能完全描述系统的动态特性。因为传递函数只反映零初始条件下,输入作用对系统输出的影响,对于非零初始条件的系统,只有同时考虑由非零初始条件对系统输出的影响,才能对系统动态特性有完全的了解。其次,传递函数只是通过系统的输入变量与输出变量之间的关系来描述系统,亦即为系统动态特性的外部描述,而对系统内部其他变量的情况却不完全知道,甚至完全不知道。当然,现代控制理论采用状态空间法描述系统,可以克服传递函数的这一缺点。尽管如此,传递函数作为经典控制理论的基础,仍是十分重要的数学模型。

系统的传递函数建立步骤如下：

(1)写出系统的微分方程；

(2)假设全部初始条件等于零，取微分方程的拉氏变换；

(3)求输出 $X_o(s)$ 与输入量 $X_i(s)$ 之比，这一比值就是传递函数。

在例2.7中，曾建立了 RC 网络微分方程，可表示为

$$RC\frac{\mathrm{d}u_o}{\mathrm{d}t}+u_o(t)=u_i(t)$$

假定初始值 $u_o(0)=0$，对上式微分方程进行拉氏变换，则有

$$(RCs+1)U_o(s)=U_i(s)$$

得到系统的传递函数为

$$G(s)=\frac{U_o(s)}{U_i(s)}=\frac{1}{RCs+1}$$

可见，如果 $U_i(s)$ 给定，则输出 $U_o(s)$ 的特性完全由 $G(s)$ 决定。$G(s)$ 反映了系统自身的动态本质。这很显然，因为 $G(s)$ 是由微分方程经拉氏变换得到的，而拉氏变换又是一种线性变换，只是将变量从实数 t 域变换(映射)到复数 s 域，所得结果不会改变原方程所反映的系统本质，对照 $G(s)$ 与原微分方程的形式，也可看出二者的联系。

输出、输入与传递函数三者之间的关系，还可以用图2.12所示的方框图形象地表示输入经 $G(s)$ 传递到输出。对具体的系统或元部件，只要将其传递函数的表达式写入方框图的方框中，即为该系统或该元部件的传递函数方框图，又称结构图。如上述网络，只需在方框中写入$\frac{1}{RCs+1}$，即表示了 RC 网络的结构图。有关传递函数的方框图将在2.4节中详细介绍。

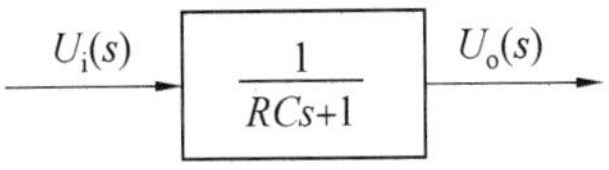

$U_i(s)$ → $\boxed{\frac{1}{RCs+1}}$ → $U_o(s)$

图2.12　RC 网络的方框图

2.3.2　传递函数的标准形式

系统的传递函数 $G(s)$ 是复变量 s 的函数，为便于分析系统，传递函数通常可写为零极点形式和典型环节形式。

1. 零极点形式

零极点形式是将传递函数分子、分母最高次项(首项)系数均化为1，又称之为首1标准型；因式分解后也称为传递函数的零、极点形式，其表达式为

$$G(s)=\frac{X_o(s)}{X_i(s)}=\frac{K^*\prod\limits_{j=1}^{m}(s-z_j)}{\prod\limits_{i=1}^{n}(s-p_i)}=\frac{K^*(s-z_1)(s-z_2)\cdots(s-z_m)}{(s-p_1)(s-p_2)\cdots(s-p_n)} \tag{2.17}$$

传递函数分母的多项式反映系统的固有特性，称为系统的特征多项式，令特征多项式

等于零得到的方程称为特征方程,方程的解称为特征根。式中 $z_1,z_2,\cdots,z_m$ 为传递函数分子多项式 $X_o(s)$ 等于零的根,称为传递函数的零点;$p_1,p_2,\cdots,p_n$ 为传递函数分母多项式 $X_i(s)$ 等于零的根,称为传递函数的极点。把传递函数的零点和极点同时表示在复平面 s 上的图形,就称为传递函数的零、极点分布图。例如,传递函数 $G(s)=\dfrac{s+2}{s(s+3)(s^2+2s+2)}$ 的零、极点分布情况如图 2.13 所示,图中零点用"∘"表示,极点用"×"表示。

式(2.17)中常数"K^*"称为传递函数的根轨迹增益。K^* 与 K 之间的关系为

$$K^*=K\frac{\tau_1\tau_2^2\cdots}{T_1T_2^2\cdots}$$

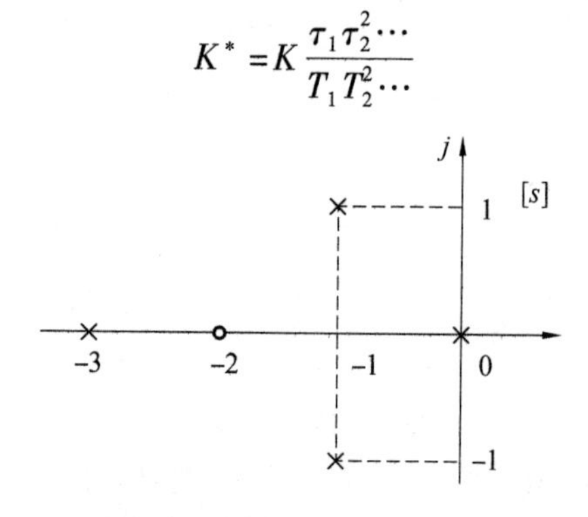

图 2.13 零、极点分布图

2. 典型环节形式

将传递函数分子、分母最低次项(尾项)系数均化为 1,称之为尾 1 标准型。因式分解后也称为传递函数典型环节形式,其表达形式为

$$G(s)=K\frac{\prod_{k=1}^{m_1}(\tau_k s+1)\prod_{l=1}^{m_2}(\tau_l^2s^2+2\xi\tau_l s+1)}{s^\nu\prod_{i=1}^{n_1}(T_i s+1)\prod_{j=1}^{n_2}(T_j^2s^2+2\xi T_j s+1)} \tag{2.18}$$

式中每个因子都对应一个典型环节。这里,K 称为"增益",此处 K 与零极点形式中的 K^* 的关系为

$$K=\frac{K^*\prod_{j=1}^{m}|z_j|}{\prod_{i=1}^{n}|p_i|}$$

式(2.18)分母中的 s^ν 的指数 ν 随系统不同可取 0,1,2,3,…;则相应的系统称为 0 型、Ⅰ型、Ⅱ型……系统。

2.3.3 典型环节的传递函数的数学模型

工程中常见各式各样的系统,虽然物理结构和工作原理不同,但从传递函数的结构来看,都是由一些典型环节的传递函数组成的,它们是:比例环节、惯性环节、积分环节、微分环节、振荡环节和延时环节。熟练掌握这些典型环节的传递函数,有助于分析和研究复杂系统。下面逐一介绍这些典型环节的传递函数及其数学模型。

将式(2. 18)改写成如下所谓“典型环节”的形式：

$$G(s)=\frac{X_o(s)}{X_i(s)}=\frac{K\prod_{k=1}^{m_1}(\tau_k s+1)\prod_{l=1}^{m_2}(\tau_l^2 s^2+2\xi_l\tau_l s+1)}{s^{\nu}\prod_{i=1}^{n_1}(T_i s+1)\prod_{j=1}^{n_2}(T_j^2 s^2+2\xi_j T_j s+1)}$$

式(2. 18)中的每一个因子都对应着物理上的一个环节，我们称之为典型环节，它们的数学表达形式及名称见表2. 3。

表2. 3　典型环节的数学表达形式及名称

数学表达形式	名称
K	放大(比例)环节
$\frac{1}{s}$	积分环节
$\frac{1}{Ts+1}$	惯性环节或非周期环节
$\frac{1}{T^2s^2+2\xi Ts+1}$	振荡环节
$\tau s+1$	一阶微分环节
$\tau^2s^2+2\xi\tau s+1$	二阶微分环节

我们所研究的机电控制系统，都可以看成是由这些典型环节组合而成。本节所讨论的典型环节并不是按照它们的作用原理和结构分类的，而是按照它们的动态特性或数学模型来区分。因为机电控制系统的运动情况只决定于所有各组成环节的动态特性及连接方式，而与这些环节具体结构和进行的物理过程不直接相关。从这一点出发，组成控制系统的环节可以抽象为几种典型环节，逐个研究和掌握这些典型环节的特性，就不难进一步综合研究整个系统的特性。把复杂的物理系统划分为若干个典型环节，利用传递函数和框图来进行研究，这是研究机电控制系统的一种重要方法。

1. 比例环节

比例环节又称放大环节，输入量与输出量的关系为一种固定的比例关系，其传递函数为

$$G(s)=\frac{X_o(s)}{X_i(s)}=K$$

这表明，输出量与输入量成正比，动态关系与静态关系都一样，不失真也不迟延，所以又称为“无惯性环节”，其输入与输出关系如图2. 14所示。比例环节的特征参数只有一个，即放大系数K。工程上如无弹性变形的杠杆传动、电子放大器检测仪表、比例式执行机构等都是比例环节的实际例子。

【例2. 10】　求图2. 15所示3个系统的传递函数。

解　根据图2. 15，分别得到传递函数如下：

由图2. 15(a)有　$$G(s)=\frac{\theta_o(s)}{\theta_i(s)}=\frac{z_1}{z_1'}=K$$

由图 2.15(b)有 $$G(s)=\frac{I(s)}{U(s)}=\frac{1}{R}=K$$

由图 2.15(c)有 $$q(t)=A\cdot V(t)$$

经拉氏变换得到传递函数为

$$G(s)=\frac{V(s)}{q(s)}=\frac{1}{A}=K$$

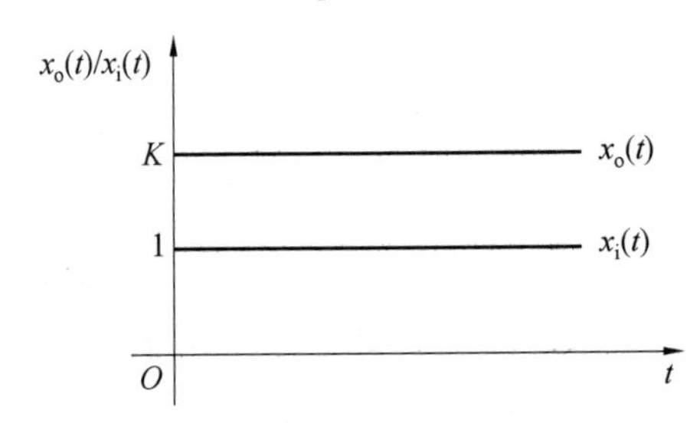

图 2.14 比例环节的输入与输出关系

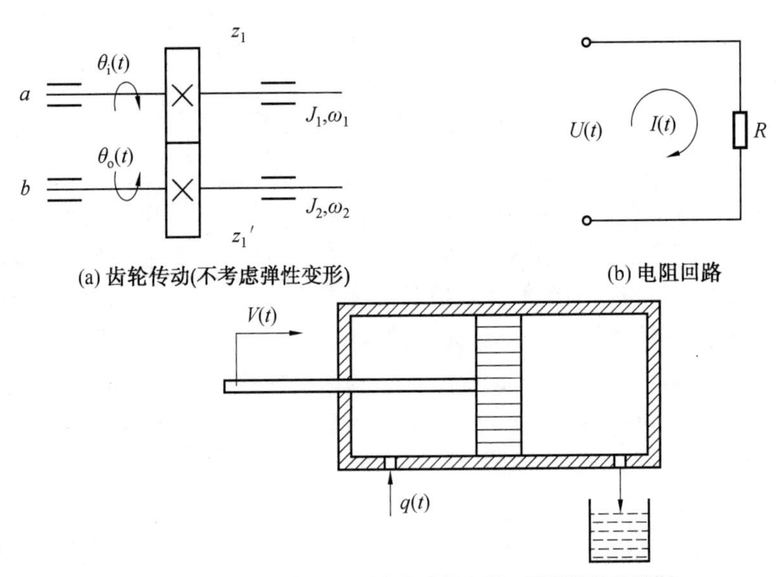

图 2.15 比例环节工程实例

2. 惯性环节

惯性环节又称为非周期环节,其传递函数为

$$G(s)=\frac{X_o(s)}{X_i(s)}=\frac{K}{Ts+1}$$

式中 T——惯性环节的时间常数;

K——比例系数。

其特点是只包含一个储能元件,使其输出量不能立即随输入量的变化而变化,存在时间上的延迟。当输入信号为单位阶跃函数(在本书 3.1 节中会详细介绍典型输入信号)时,其环节的输出为

$$x_o(t)=L^{-1}[G(s)X_i(s)]=L^{-1}\left[\frac{K}{Ts+1}\cdot\frac{1}{s}\right]=K(1-e^{-t/T})$$

如图2.16为一条指数曲线，当时间 $t=3T\sim4T$ 时，输出量才接近其稳态值。实际系统中，惯性环节是比较常见的，如直流电机的励磁回路等。

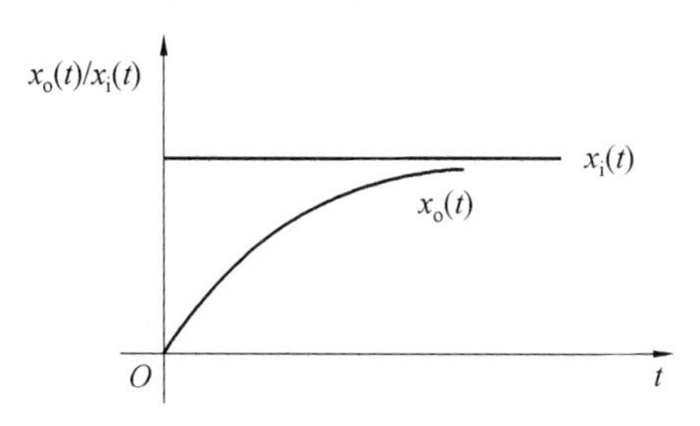

图2.16　惯性环节的输入与输出关系

【例2.11】　如图2.17所示 RC 无源滤波电路，其中 $u_i(t)$ 为输入电压，$u_o(t)$ 为输出电压，R 为电阻，C 为电容。

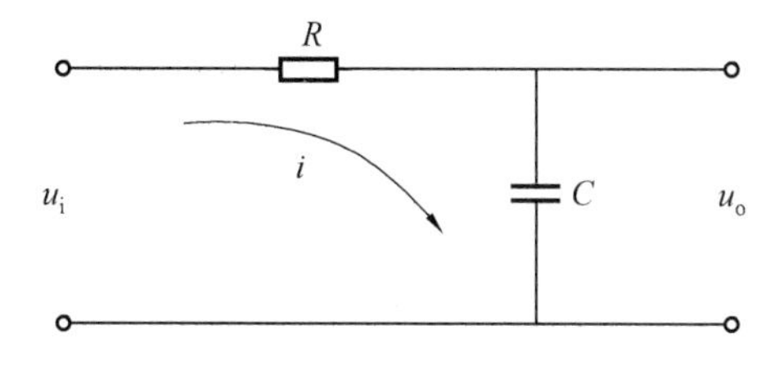

图2.17　RC 无源滤波电路

解　已知

$$\begin{cases}u_i(t)=i(t)R+\dfrac{1}{C}\displaystyle\int i(t)\,dt\\ u_o(t)=\dfrac{1}{C}\displaystyle\int i(t)\,dt\end{cases}$$

拉氏变换后得

$$\begin{cases}U_i(s)=I(s)R+\dfrac{1}{Cs}I(s)\\ U_o(s)=\dfrac{1}{Cs}I(s)\end{cases}$$

消去 $I(s)$，得

$$U_i(s)=(RCs+1)U_o(s)$$

则

$$G(s)=\frac{U_o(s)}{U_i(s)}=\frac{1}{Ts+1}$$

其中，$T=RC$。

3. 积分环节

积分环节的传递函数为

$$G(s)=\frac{X_o(s)}{X_i(s)}=\frac{K}{s}$$

在单位阶跃输入的作用下,积分环节的输出为

$$x_o(t)=L^{-1}[G(s)X_i(s)]=L^{-1}\left[\frac{K}{s}\cdot\frac{1}{s}\right]=Kt$$

积分环节的特点是输出量为输入量对时间的累积,输出幅值呈线性增长(图 2. 18)。这表明,只要有一个恒定的输入量作用于积分环节,其输出量就与时间成正比地无限增加。积分环节具有记忆功能,当输入信号突然除去时,输出总要变化下去。在控制系统设计中,常用积分环节来改善系统的稳态性能。

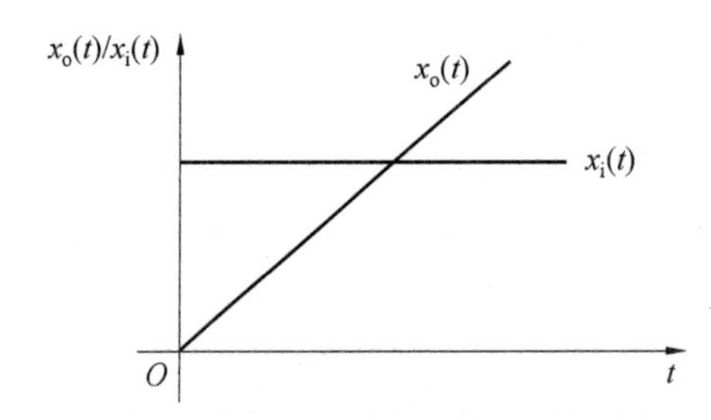

图 2. 18 积分环节的输入与输出关系

【例 2. 12】 一齿轮齿条传动机构,齿轮的转速 n 为输入量,齿条的位移 x 为输出量,求传递函数。

解 微分方程如下:

$$\frac{\mathrm{d}x}{\mathrm{d}t}=\pi Dn$$

$$G(s)=\frac{X(s)}{N(s)}=\pi D/s$$

4. 微分环节

微分环节的传递函数为

$$G(s)=\frac{X_o(s)}{X_i(s)}=Ts$$

理想的微分环节是积分环节的逆运算,其输出量反映了输入信号的变化趋势(图 2. 19)。系统的输出量与输入量的变化速度成正比。在阶跃输入作用下的输出响应为一理想脉冲,由于微分环节能预示输出信号的变化趋势,所以常用来改善系统的动态特性。实践中,理想的微分环节难以实现。

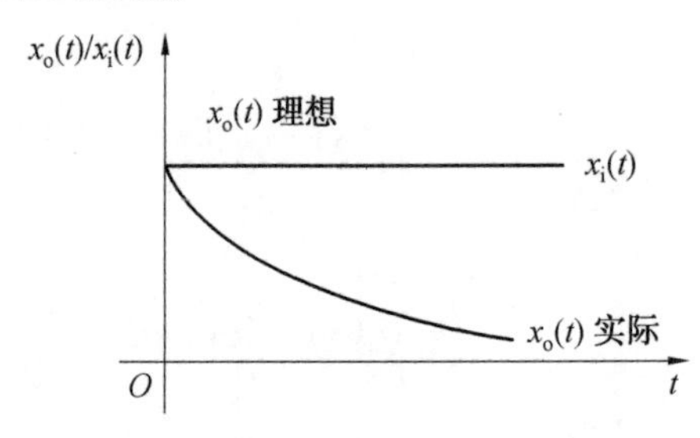

图 2. 19 微分环节的输入与输出关系

实际上可实现的微分环节都具有一定的惯性，其传递函数为

$$G(s)=\frac{X_o(s)}{X_i(s)}=\frac{Ts}{Ts+1}$$

它有一个负极点和一个位于 s 平面原点的零点。实际微分环节在单位阶跃输入作用下的输出为

$$x_o(t)=\mathscr{L}^{-1}[G(s)X_i(s)]=\mathscr{L}^{-1}\left[\frac{Ts}{Ts+1}\cdot\frac{1}{s}\right]=e^{-\frac{t}{T}}$$

【例2.13】 液压缸驱动系统如图2.20所示，图中 A 为活塞面积，k 为弹簧刚度，R 为液体流过节流阀上阻尼小孔时的液阻，p_1 和 p_2 分别为油缸左、右腔单位面积上的压力，x_i 为活塞位移，x_o 为油缸的位移。试建立液压缸活塞运动位移和液压缸运动长度的关系。

解 油缸的力平衡方程为

$$A(p_2-p_1)=kx_o$$

通过节流阀的流量为

$$q=A(\dot{x}_i-\dot{x}_o)=\frac{p_2-p_1}{R}$$

经过拉氏变换得

$$\frac{k}{A^2R}X_o(s)+sX_o(s)=sX_i(s)$$

得到传递函数为

$$G(s)=\frac{X_o(s)}{X_i(s)}=\frac{s}{s+\frac{k}{A^2R}}$$

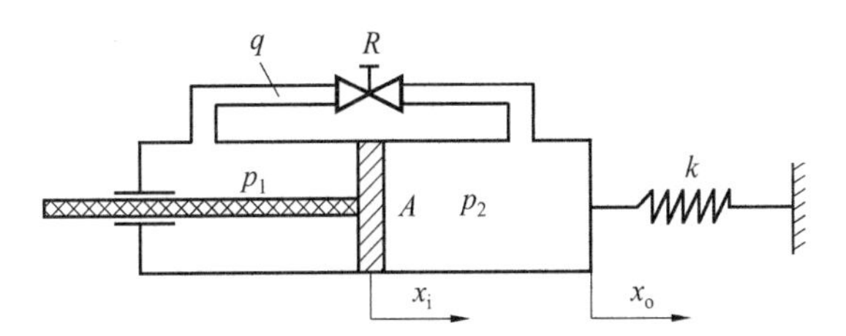

图2.20 液压缸驱动系统原理图

5. 振荡环节

振荡环节是二阶环节，其传递函数为

$$G(s)=\frac{\omega_n^2}{s^2+2\xi\omega_n s+\omega_n^2}$$

或分子分母同除以 ω_n^2，并令 $T=\frac{1}{\omega_n}$，则可写成

$$G(s)=\frac{1}{T^2s^2+2\xi Ts+1}$$

式中 ω_n——无阻尼自由振动固有角频率；

ξ——振荡环节的阻尼比，$0\leqslant\xi<1$；

T——振荡环节的时间常数，$T=1/\omega_n$。

如图2.21所示，输入一个阶跃信号的输出曲线，可以看出振荡的程度与阻尼系数有

关。在本书3.3节中会继续对阻尼比进行讲解。

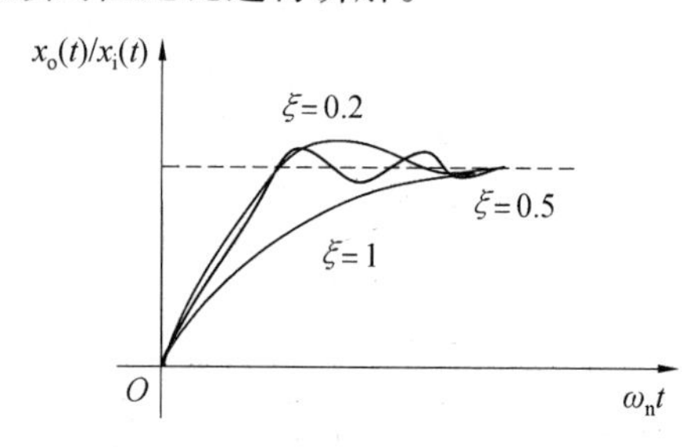

图2.21 振荡环节的输入与输出关系

【例2.14】 对在例2.5中建立的数控机床进给系统微分方程(2.6),式中J_Σ、B^*、K_Σ均为常数,通过对式(2.6)进行拉氏变换,可得到该系统的传递函数为

$$G(s)=\frac{X_o(s)}{X_i(s)}=\frac{1}{\frac{L}{2\pi}\frac{z_1}{z_2}\cdot\frac{z_3}{z_4}}\cdot\frac{K_\Sigma}{J_\Sigma s^2+B's+K_\Sigma}$$

上式可以化简成标准二阶系统的形式,即

$$G(s)=\frac{1}{\frac{L}{2\pi}\frac{z_1}{z_2}\cdot\frac{z_3}{z_4}}\cdot\frac{\omega_n^2}{s^2+2\xi\omega_n s+\omega_n^2}$$

上例中:$\omega_n=\sqrt{\frac{K_\Sigma}{J_\Sigma}}$为系统的固有频率,$\xi=\frac{B'}{2\sqrt{J_\Sigma K_\Sigma}}$,它们是二阶系统的两个特征参数,对于不同的系统可由不同的物理量确定,对于机械系统而言,它们是由质量、阻尼系数和刚度系数等结构参数决定的,与机械系统的结构参数密切相关。

6. 延迟环节(时滞环节、滞后环节)

延迟环节的传递函数为

$$G(s)=\frac{X_o(s)}{X_i(s)}=e^{-Ts}$$

延迟环节在单位阶跃输入作用下的输出响应为$x_o(t)=1(t-T)$,其特点是输出完全复现输入,只是延迟了T时间,其输入与输出关系如图2.22所示。T为延迟环节的特征参数,称为“延迟时间”或“滞后时间”。

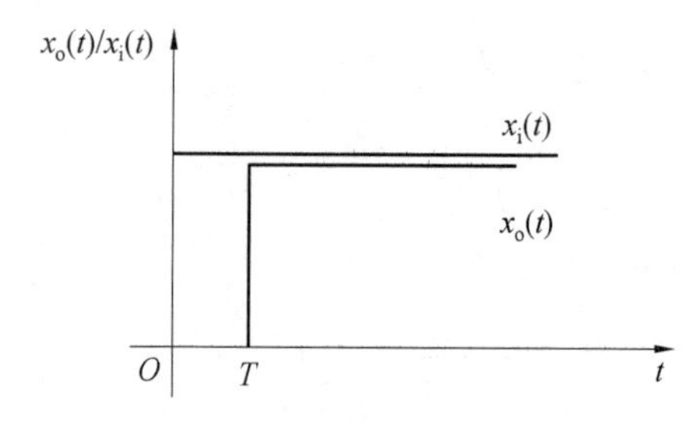

图2.22 延迟环节的输入与输出关系

【例2.15】 如图2.23所示为轧钢时的带钢厚度检测示意图。带钢在A点轧出时,产生厚度偏差Δh_1(图中为$h+\Delta h_1$,h为要求的理想厚度)。但是,这一厚度偏差在到达B

点时才被测厚仪所检测到。测厚仪检测到的带钢厚度偏差 Δh_2，即为其输出信号 $x_o(t)$。若测厚仪距机架的距离为 L，带钢速度为 v，则延迟时间为 $\tau = L/v$。故测厚仪输出信号 Δh_2 与厚度偏差这一输入信号 Δh_1 之间有如下关系：

$$\Delta h_2 = \Delta h_1(t-\tau)$$

此式表示在 $t<\tau$ 时，$\Delta h_2 = 0$，即测厚仪不反映 Δh_1 的量。这里，Δh_1 为延时环节的输入量 x_i，Δh_2 为其输出量 x_o。故有

$$x_o(t) = x_i(t-\tau)$$

因而有

$$G(s) = \frac{X_o}{X_i(s)} = e^{-\tau s}$$

这是纯时间延迟的例子。但在控制系统中，单纯的延时环节是很少的，延时环节往往与其他环节一起出现。

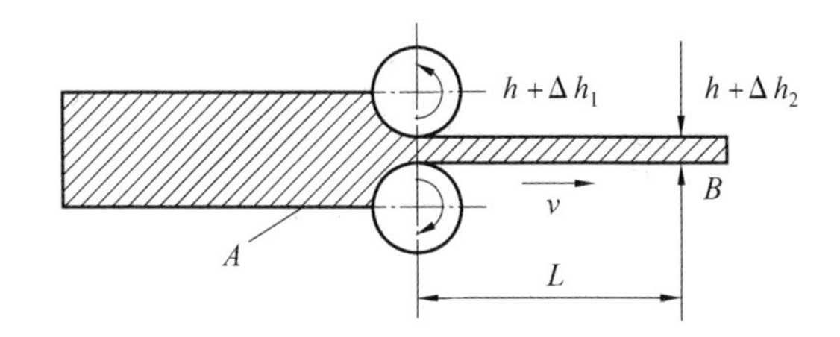

图 2.23 轧钢时带钢厚度检测示意图

在液压、气动系统中，施加输入后，往往由于管长而延缓了信号传递的时间，因而出现延时环节。切削过程实际上也是一个具有延时环节的系统。许多机械传动系统也表现出具有延时环节的特性。然而，读者应注意，机械传动副（如齿轮副、丝杠螺母副等）中的间隙，不是延时环节，而是典型的所谓死区的非线性环节。它们的相同之处是在输入开始一段时间后，才有输出；而它们的输出却非常不同：延时环节的输出完全等于从一开始起的输入，而死区的输出只反映同一时间的输入的作用，而对开始一段时间中的输入的作用，输出无任何反映。

2.3.4 相似原理

通过上述对机械系统、电气系统模型建立分析并进行比较，可清楚地看到，物理本质不同的系统，可以有相同的数学模型。反之，同一数学模型可以描述物理性质完全不同的系统。因此，从控制理论来说，可抛开系统的物理属性，用同一方法进行普遍意义的分析研究，这就是信息方法，即从信息在系统中传递、转换方面来研究系统的功能。而从动态性能来看，在相同形式的输入作用下，数学模型相同而物理本质不同的系统其输出响应相似，若方程系数等值则响应完全一样，这样就有可能利用电系统来模拟其他系统，进行实验研究。这就是控制理论中的功能模拟方法的基础。

相似原理这一概念，在实践中是很有用的，因为一种系统可能比另一种系统更容易通过实验来处理。例如，可以通过建造和研究一个与机械系统相似的电模拟系统模型来代替对机械系统进行研究，因为一般来说，电气或电子系统更容易通过实验进行研究。在研

究中，需转换相似系统的相似变量，相似系统的相似变量见表2.4。

表2.4 相似系统的相似变量

机械平移系统	机械转动系统	电气系统
力 F	转矩 T	电压 u
质量 m	转动惯量 J	电感 L
黏性摩擦系统 B	黏性摩擦系统 B	电阻 R
弹簧系数 k	扭转系数 k	电容的倒数 $1/C$
位移 x	角位移 θ	电荷 q
速度 v	角速度 ω	电流 I

【例2.16】 如图2.24所示的两个相似系统，建立其传递函数并进行比较。

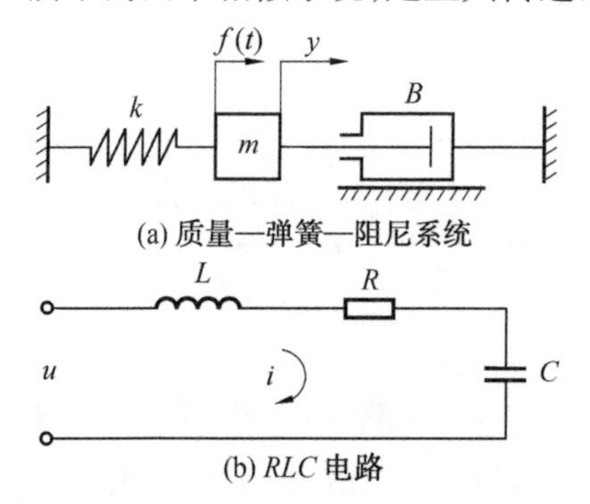

(a) 质量—弹簧—阻尼系统

(b) RLC 电路

图2.24 两个相似系统

解 可以分别求出两个相似系统的传递函数，如图2.24(a)所示，系统有

$$m\ddot{y}+B\dot{y}+ky=f$$

$$G(s)=\frac{Y(s)}{F(s)}=\frac{1}{ms^2+Bs+k} \tag{2.19}$$

如图2.23(b)所示，系统有

$$L\frac{\mathrm{d}i}{\mathrm{d}t}+Ri+\frac{1}{C}\iint i\mathrm{d}t=u$$

$$L\frac{\mathrm{d}^2q}{\mathrm{d}t^2}+R\frac{\mathrm{d}q}{\mathrm{d}t}+\frac{q}{C}=u$$

$$G(s)=\frac{Q(s)}{U(s)}=\frac{1}{Ls^2+Rs+\frac{1}{C}} \tag{2.20}$$

比较式(2.19)和式(2.20)可以看出，两个系统的传递函数结构完全相同，只有系数不同，因此这两个系统是相似系统。

2.4 控制系统的传递函数方框图

一个系统可由若干个环节组成，将这些环节以方框表示，方框间用相应的变量及信号

流向联系起来,就构成了系统的方框图,它是系统数学模型的一种图解表示方法。采用方框图表示系统有如下优点:

(1)可形象地表示系统的内部结构及各变量间的关系。

(2)可以由局部环节的方框图联成整个系统的框图,再将方框图简化,易于写出整个系统的传递函数。

(3)可以揭示和评价各个环节对系统的影响。

因此传递函数方框图也是系统分析的一种有效工具。用方框图表示系统的优点是:只要依据信号的流向,将各元件的方块连接起来,就能容易地组成整个系统的方框图,通过方框图,还可以评价每个元件对系统性能的影响。

总之,方框图比物理控制系统本身更容易体现系统的函数功能。方框图包含了与系统动态特性有关的信息,但它不包括与系统物理结构有关的信息。因此,许多完全不同及根本无关的系统,都可以用同一个方框图来表示。此外,由于分析角度的不同,对于同一个系统,可以画出许多不同的方框图。

2.4.1 方框图的结构要素及建立

1. 方框图的结构要素

方框图是控制系统数学模型的图解形式,可以形象直观地描述控制系统中各元件间的相互关系及其功能以及信号在控制系统中的传递、变换过程。如图2.25所示,控制系统方框图的结构由4种基本单元组成:

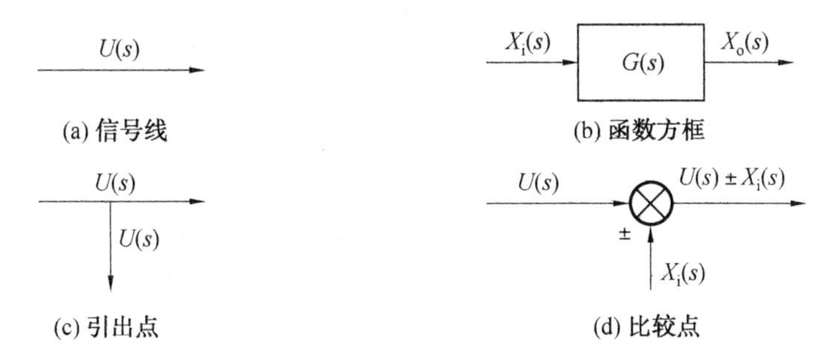

图2.25 控制系统方框图结构的4种基本单元

(1) 信号线。信号线是带有箭头的直线,箭头表示信号的流向,直线旁标记信号的时间函数或时间函数的拉氏变换表达式。

(2) 函数方框(或环节)。箭头指向方框的信号线表示该方框的输入信号,箭头离开方框的信号线表示该方框的输出信号,方框中写入元件或系统的传递函数,应当指出,方框输出信号等于输入信号与方框中传递函数的乘积,即$X_o(s)=G(s)X_i(s)$。

(3) 引出点(或测量点)。引出点表示信号引出或测量的位置,从同一位置引出的信号在数值和性质上完全相同。

(4) 比较点(或综合点或加减点)。比较点表示两个或两个以上的信号进行加减运算,"+" 表示相加,"-"表示相减,习惯上"+"可省略不写。需要指出的是,比较点的输入信号须具有相同的物理属性和单位,比较点的输出信号只有一个。

2. 方框图的建立步骤

(1) 列写元件微分方程,注意负载效应。

(2) 令初始条件为零,对微分方程进行拉氏变换,根据元件拉氏变换方程,绘出每个元件的单元结构图。

(3) 输入置于最左端,输出置于最右端,按信号流向,把信号连接起来,就是控制系统的方框图。该绘制方法使用套画法画出系统方框图。

【例 2.17】 两级 RC 无源网络电路图如图 2.26 所示,试采用复数阻抗法画出系统方框图。

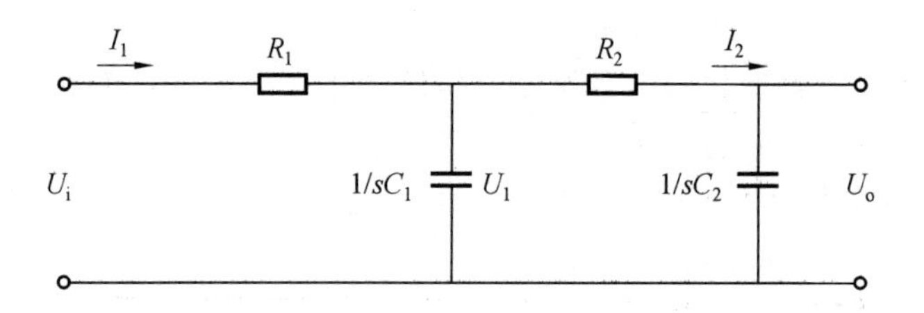

图 2.26 两级 RC 无源网络电路图

解 从左向右列方程组:

$$\begin{cases} I_1(s)=\dfrac{U_i(s)-U_1(s)}{R_1} \\ U_1(s)=[I_1(s)-I_2(s)]\cdot\dfrac{1}{sC_1} \\ I_2(s)=\dfrac{U_1(s)-U_o(s)}{R_2} \\ U_o(s)=I_2(s)\cdot\dfrac{1}{sC_2} \end{cases}$$

绘图:$U_i(s)$为输入,画在最左边,绘制的方框图如图 2.27 所示。

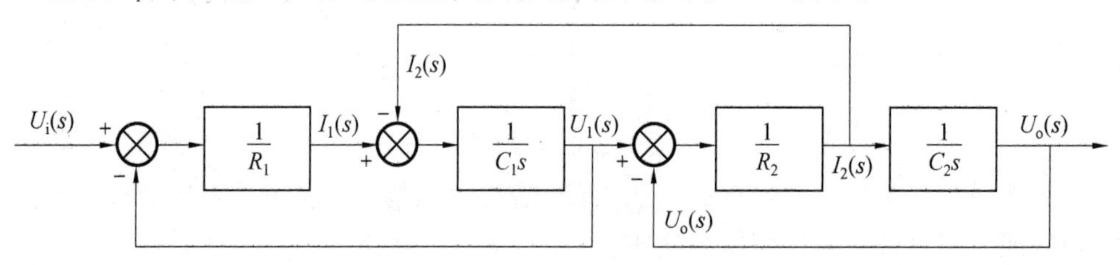

图 2.27 两级 RC 无源网络方框图

本例不是通过列写微分方程组→列写代数方程组→画方框图的方法得到系统方框图,而是直接由复数阻抗法列写电路在 s 域中的代数方程,然后画出的系统方框图。因此对电路系统往往直接采用复数阻抗法建立系统的传递函数。

【例 2.18】 试建立图 2.28 所示机械转动系统的方框图。

解 分别建立各部分的微分方程如下:

$$T_1(t)=k_1[\theta_i(t)-\theta_1(t)]$$

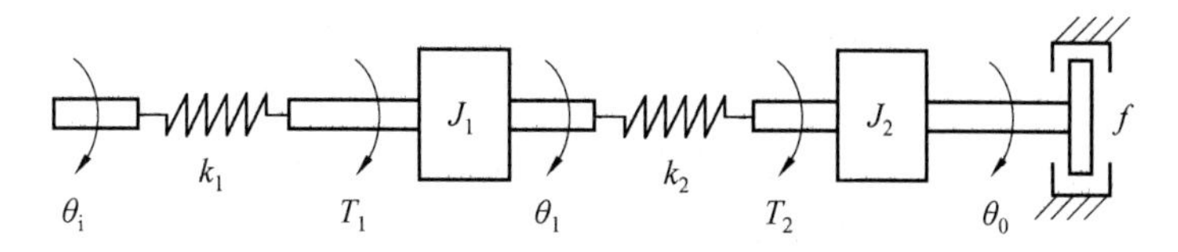

图2.28　机械转动系统的示意图

$$T_1(t)-T_2(t)=J_1\frac{d^2\theta_1(t)}{dt^2}$$

$$T_2(t)=k_2[\theta_1(t)-\theta_o(t)]$$

$$T_2(t)=J_2\frac{d^2\theta_o(t)}{dt^2}+f\frac{d\theta_o(t)}{dt}$$

对上述各式进行拉氏变换：

$$T_1(s)=k_1[\theta_i(s)-\theta_1(s)]$$

$$T_1(s)-T_2(s)=J_1s^2\theta_1(s)$$

$$T_2(s)=k_2[\theta_1(s)-\theta_o(s)]$$

$$T_2(s)=J_2s^2\theta_o(s)+fs\theta_o(s)$$

根据上述各式，画出机械转动系统的方框图如图2.29所示。

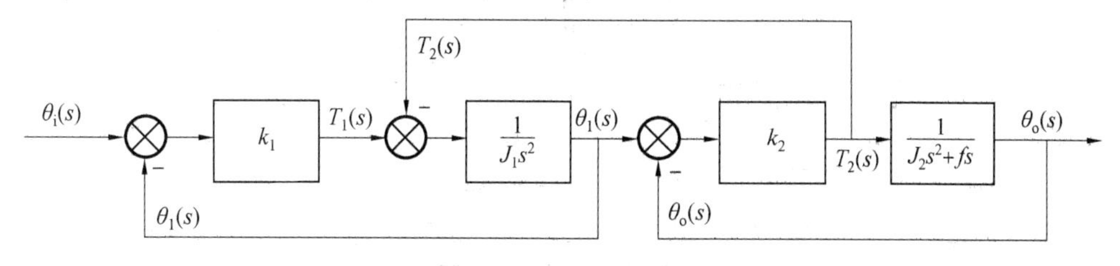

图2.29　机械转动系统的方框图

2.4.2　传递函数方框图的等效变换

控制系统中传递函数方框图的连接方式主要有3种：串联、并联和反馈连接，下面分别讨论各种连接方式及其等效传递函数的方法。

1. 串联环节的等效变换

前一环节的输出为后一环节的输入的连接方式称为环节的串联，如图2.30所示，当各环节之间不存在或可忽略负载效应时，串联后的传递函数为

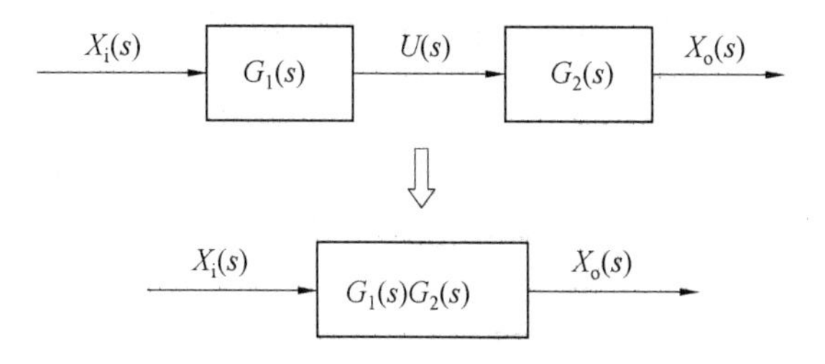

图2.30　串联环节的等效传递函数

由图可知：$U(s)=G_1(s)X_i(s)$，$X_o(s)=G_2(s)U(s)$，消去变量 $U(s)$ 得

$$X_o(s)=G_1(s)G_2(s)X_i(s)=G(s)X_i(s)$$

这种情况可以推广到 n 个环节串联的情况，在没有负载效应的情况下，串联环节的等效传递函数等于所有环节传递函数的乘积，即

$$G(s)=\prod_{i=1}^{n}G_i(s)$$

应当指出，只有当没有负载效应，即前一环节的输出量不受后面环节影响时，上式才有效。

2. 并联环节的等效变换

各环节的输入相同，输出相加或相减的连接方式称为环节的并联，如图 2.31 所示。

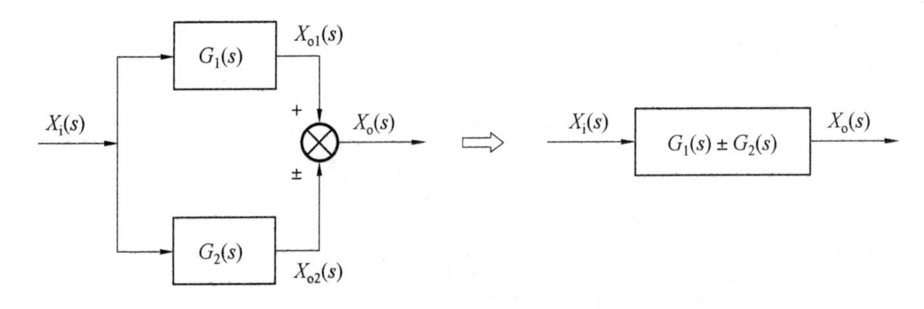

图 2.31 并联环节的等效传递函数

由图 2.31 有

$$X_{o_1}(s)=G_1(s)X_i(s),\quad X_{o_2}(s)=G_2(s)X_i(s)$$

$$X_o(s)=X_{o_1}(s)\pm X_{o_2}(s)$$

消去 $X_{o_1}(s)$ 和 $X_{o_2}(s)$，得

$$X_o(s)=[G_1(s)\pm G_2(s)]X_i(s)=G(s)X_i(s)$$

这种情况可以推广到 n 个环节并联的情况，环节并联后等效的传递函数等于各并联环节传递函数的代数和。

$$G(s)=\sum_{i=1}^{n}G_i(s)$$

3. 反馈连接的等效变换

将系统或某一环节的输出量全部或部分地通过反馈回路回输到输入端，进而又重新输入到系统中的连接方式称为反馈。它是闭环系统传递函数方框图的最基本形式，反馈与输入相加称为正反馈，反馈与输入相减称为负反馈，如图 2.32 所示。

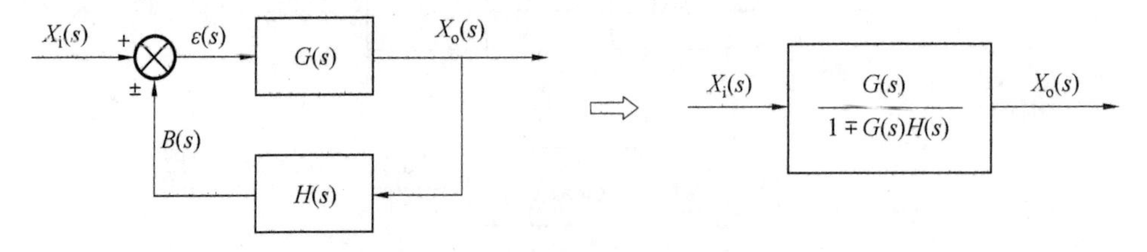

图 2.32 反馈环节的等效传递函数

图2.32作为一个典型的闭环系统结构图，其各环节及其组合对应的传递函数都有专门术语，便于以后分析系统，定义如下：

前向通道传递函数 $G(s):\varepsilon(s)\rightarrow X_o(s)$；

反馈通道传递函数 $H(s):X_o(s)\rightarrow B(s)$。

当 $H(s)=1$ 时，称为单位反馈系统。

开环传递函数 $G(s)H(s):\varepsilon(s)\rightarrow B(s)$。

由图2.32可得：$X_o(s)=G(s)\varepsilon(s)$，$B(s)=H(s)X_o(s)$，$\varepsilon(s)=X_i(s)\pm B(s)$。

消去 $B(s)$ 和 $\varepsilon(s)$，得

$$X_o(s)=G(s)[X_i(s)\pm H(s)X_o(s)]$$

$$\frac{X_o(s)}{X_i(s)}=\frac{G(s)}{1\mp G(s)H(s)}$$

上式称为闭环传递函数，是反馈连接的等效传递函数。

进一步可得到一般计算公式：

$$闭环传递函数=\frac{前向通道传递函数}{1\pm 开环传递函数}$$

其中，负反馈时取“+”号，正反馈时取“-”号。

2.4.3 传递函数方框图的简化

对于实际系统，特别是自动控制系统，通常要用多回路的方框图来表示，存在多个反馈回路，其方框图十分复杂。在对系统进行分析时，需要通过对方框图做一定的变换、组合和化简，以便求出系统总的传递函数。这里的变换主要指对某些函数方框图做位置上的变换，以及增加或取消一些方框图。变换前后系统输入与输出总的数学关系保持不变，因此方框图的简化需要遵循两条基本原则：

(1)前向通道的传递函数的乘积保持不变。

(2)回路的传递函数保持不变。

下面讨论方框图简化的变换规则。

1. 分支点移动规则

(1) 分支点前移：分支点由某一方框之后移到该方框之前，为了保持移动后分支信号不变，应在分支路上串入具有相同传递函数的方框。

(2) 分支点后移：分支点由某一方框之前移到该方框之后，为了保持移动后分支信号不变，应在分支路上串入具有相同传递函数倒数的方框。

2. 相加点移动规则

(1) 相加点前移：相加点由某一方框之后移到该方框之前，为了保持移动后总输出信号不变，应在移动支路上串入具有相同传递函数倒数的方框。

(2) 相加点后移：分支点由某一方框之前移到该方框之后，为了保持移动后总输出信号不变，应在移动支路上串入具有相同传递函数的方框。

3. 分支点之间、相加点之间相互移动规则

分支点之间、相加点之间相互移动，均不改变原有的数学关系，因此可以移动。但分支点和相加点之间不能相互移动，因为它们并不等效。

前移是逆着信号输出方向移动，后移是顺着输出信号方向移动。

在表 2.5 中，列举了一些比较常见的方框图代数法则。这些代数法则说明，同一个方程式可以用不同的方法表示。通过重新排列和代换，将方框图简化后，可以使以后的数学分析工作很容易进行。

表 2.5　方框图代数法则

	原始框图	转换后框图
分支点前移	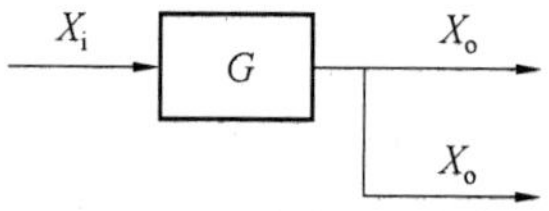 X_i, G, X_o, X_o	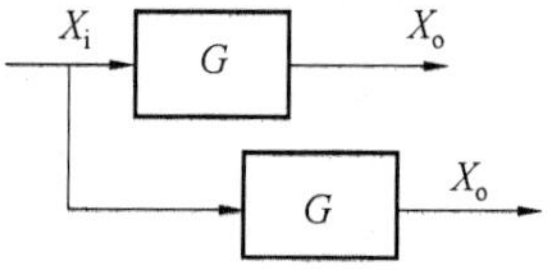 X_i, G, X_o, G, X_o
分支点后移	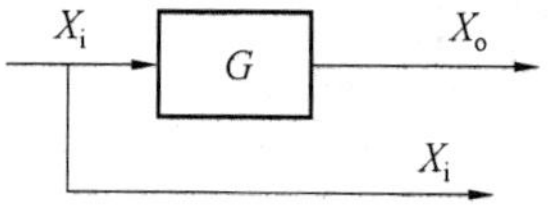 X_i, G, X_o, X_i	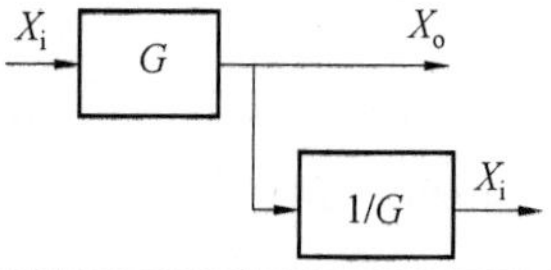 X_i, G, X_o, $1/G$, X_i
相加点前移	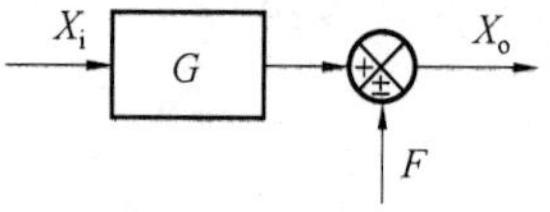 X_i, G, $\pm$, X_o, F	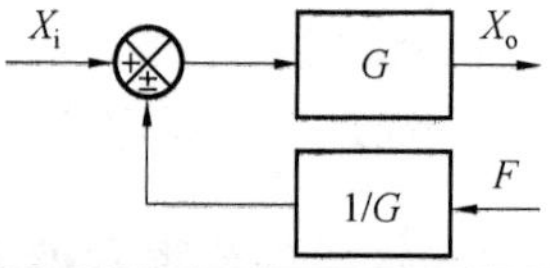 X_i, $\pm$, G, X_o, $1/G$, F
相加点后移	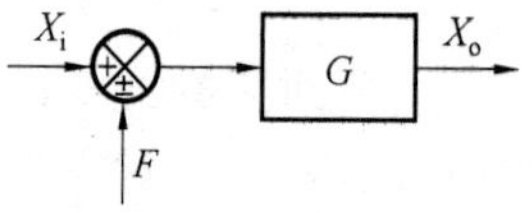 X_i, $\pm$, G, X_o, F	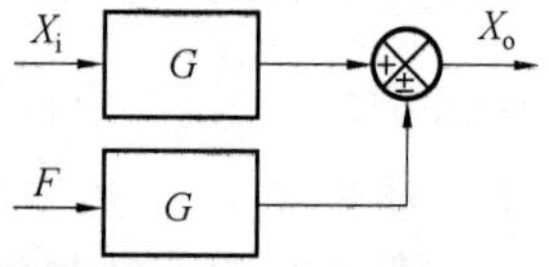 X_i, G, $\pm$, X_o, F, G

【例 2.19】 对图 2.27 建立的方框图进行化简，简化过程如图 2.33 所示。

下面举例说明机电系统方框图的建立、化简，并说明上面讲述的扰动信号输入问题。机电控制系统模型的建立，可以根据前述的建模方法分别建立各个组成环节的数学模型，然后根据各环节的连接和信号传递关系，最后组成整个系统的动态数学模型，下面就以一个直流伺服系统的建模过程为例说明这一过程。

【例 2.20】 设一直流伺服系统原理框图如图 2.34 所示。该系统的工作原理为：用一对电位计作为系统的误差测量装置，它们可以将输入和输出角位置转换为与之成比例的电压信号。输入电位计电刷臂的角位置 r 由控制输入信号确定。角位置 r 就是系统的参考输入量，电刷臂上的电位与电刷臂的角位置成正比。输出电位计电刷臂的角位置 c 由输出轴的位置确定。输入角位置 r 和输出角位置 c 之间的差，就是误差信号 e，即

$$e=r-c$$

电位差 $e_V=e_r-e_c$ 为误差电压，其中 e_r 与 r 成比例，e_c 与 c 成比例，它们的比例系数设为 K_0。电位计输出端上的误差电压被增益常数为 K_1 的放大器放大。放大器的输出电压作用到直流伺服电机的电枢电路上。即误差一出现，电机就会产生力矩带动负载旋转，并使误差减小到零或很小值。电机产生的转矩为

$$T=C_m i_d$$

式中　C_m——电机的转矩系数；

　　i_d——电枢电流。

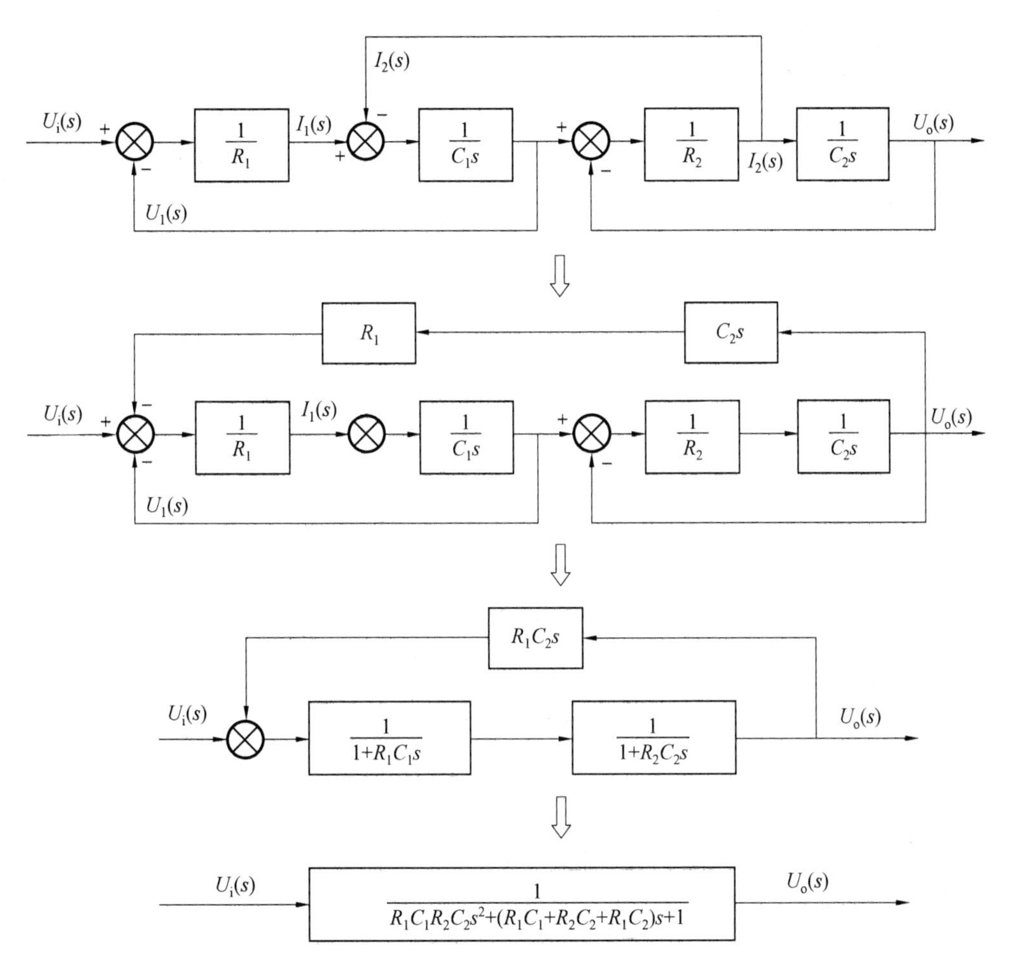

图 2.33　方框图简化过程

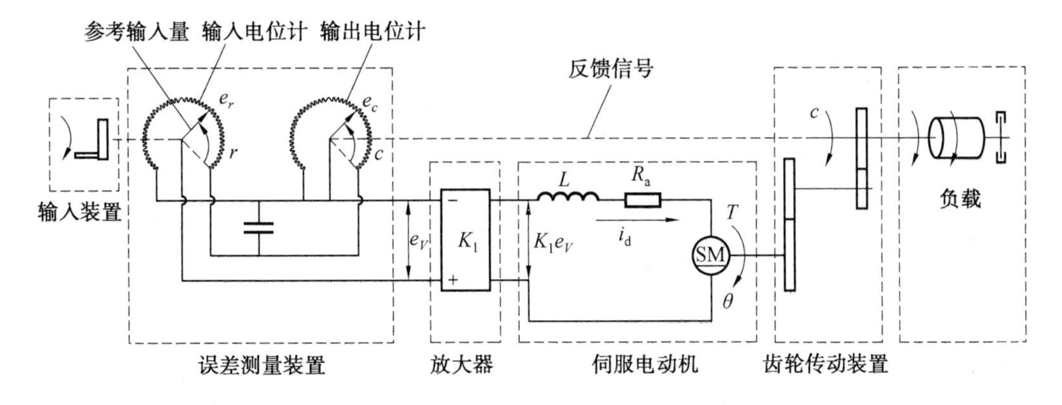

图 2.34　直流伺服系统原理框图

当电枢旋转时，在电枢中将感应出一定的电压，它的大小与角速度成正比，即

$$e_b = C_e \frac{\mathrm{d}\theta}{\mathrm{d}t}$$

式中　e_b——反电动势；

C_e——电机的反电动势系数；

θ——电机轴的角位移。

试求电机转角位移 θ 与误差电压 e_V 之间的传递函数。此外，当电枢回路电感 L 可以忽略时，试求这个系统的动态结构图。

解　在前面例子的基础上，列出各部分的微分方程：

电枢回路电压平衡方程为

$$L\frac{\mathrm{d}i_d}{\mathrm{d}t}+R_a i_d+e_b=K_1 e_V$$

即

$$L\frac{\mathrm{d}i_d}{\mathrm{d}t}+R_a i_d+C_e\frac{\mathrm{d}\theta}{\mathrm{d}t}=K_1 e_V \tag{2.21}$$

电机的力矩平衡方程为

$$J_e\frac{\mathrm{d}^2\theta}{\mathrm{d}t^2}+B_e\frac{\mathrm{d}\theta}{\mathrm{d}t}=T=C_m i_d \tag{2.22}$$

式中　J_e——电机转子、传动装置、负载等折算到电机输出轴上的等效转动惯量；

B_e——电机、传动装置、负载等折算到电机轴上的阻尼系数。

对式(2.21)和式(2.22)在零初始条件下进行拉氏变换，并从中消去中间变量 i_d，得

$$\frac{\Theta(s)}{E_V(s)}=\frac{K_1 C_m}{s(Ls+R_a)(J_e)+C_m C_e s} \tag{2.23}$$

假设齿轮传动装置的传动比为 n，即负载转速是电机输出转数的 n 倍，因此

$$C(s)=n\Theta(s) \tag{2.24}$$

$E_V(s)$、$R(s)$ 和 $C(s)$ 之间的关系为

$$E_V(s)=K_0[R(s)-C(s)] \tag{2.25}$$

则这个系统的动态结构图可以根据式(2.23)、式(2.24)和式(2.25)绘出，如图 2.35(a)所示。根据该结构图，前向通道的传递函数为

$$G(s)=\frac{G(s)}{\Theta(s)}\cdot\frac{\Theta(s)}{E_V(s)}\cdot\frac{E_V(s)}{E(s)}=\frac{K_0K_1C_m n}{s[(Ls+R_a)(J_e s+B_e)+C_m C_e]}$$

当电枢回路电感 L 很小，可以忽略时，前向通道的传递函数简化为

$$G(s)=\frac{K_0K_1C_m n}{s[R_a(J_e s+B_e)+C_m C_e]}=\frac{K_0K_1C_m n/R_a}{J_e s^2+\left(B_e+\dfrac{C_m C_e}{R_a}\right)s} \tag{2.26}$$

式中 $(B_e+C_m C_e/R_a)s$ 一项表明，电动机的反电动势有效地增大了系统的阻尼。转动惯量 J_e 和 $B_e+C_m C_e/R_a$ 都是折算到电机轴上的物理量。当 J_e 和 $B_e+C_m C_e/R_a$ 都乘以 $1/n^2$ 时，转动惯量和阻尼系数便折算到了输出轴上。如果定义：$J=J_e/n^2$ 为折算到输出轴上的转动惯量，$B=(B_e+C_m C_e/R_a)/n^2$ 为折算到输出轴上的阻尼系数，$K=K_0K_1C_m/nR_a$，则由方程(2.26)给出的传递函数 $G(s)$ 可以简化为

$$G(s)=\frac{K}{Js^2+Bs}$$

即

$$G(s)=\frac{K_m}{s(T_m s+1)}$$

式中

$$K_m=\frac{K}{B},\quad T_m=\frac{J}{B}=\frac{R_a J_e}{R_a B_e+C_m C_e}$$

于是，图2.35(a)表示的系统可以简化为图2.35(b)表示的形式。

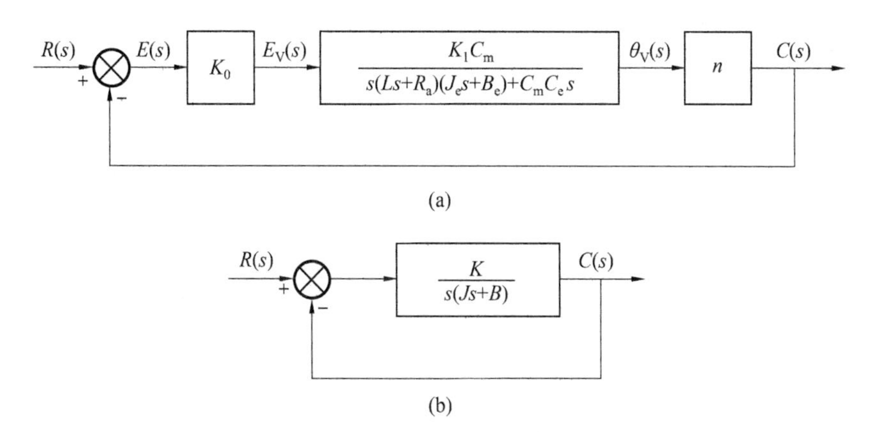

图2.35　直流伺服系统动态结构图

2.4.4　输入和干扰同时作用下的系统传递函数

如图2.36所示，当两个输入量（参考输入量和扰动输入量）作用于线性系统时，可以对每个输入量单独进行处理。将与每个输入量单独作用时的输出量进行叠加，即可得到系统的总输出量。每个输入量加进系统的方式，用相加点上的加号或减号来表示，$D(s)$表示扰动输入量。

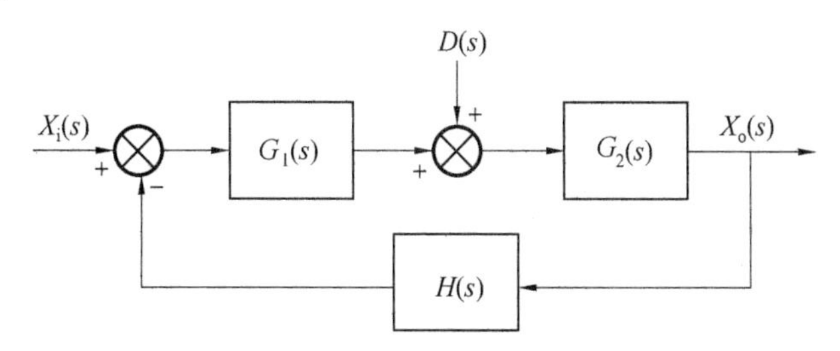

图2.36　扰动作用下的闭环系统

在研究扰动量$D(s)$对系统的影响时，可以假设参考输入量为零，然后只计算在扰动量作用下的响应$X_D(s)$。该响应为

$$\frac{X_D(s)}{D(s)}=\frac{G_2(s)}{1+G_1(s)G_2(s)H(s)}$$

另一方面，在研究系统对参考输入量$X_i(s)$的响应时，可以假设扰动输入量为零，然后只计算在参考输入量作用下的响应$X_{io}(s)$。该响应为

$$\frac{X_{io}(s)}{X_i(s)}=\frac{G_1(s)G_2(s)}{1+G_1(s)G_2(s)H(s)}$$

将上述两个单独的响应相加,可以得到参考输入量和扰动量同时作用下的响应。当两输入同时作用时,系统的响应为

$$X_o(s)=X_{io}(s)+X_D(s)=\frac{G_2(s)}{1+G_1(s)G_2(s)H(s)}[G_1(s)X_i(s)+D(s)]$$

可以看出,当$|G_1(s)H(s)|>>1$和$|G_1(s)G_2(s)H(s)|>>1$时,闭环传递函数$X_D(s)/D(s)$几乎等于零,亦即扰动的影响可以被有效地抑制。这正是闭环系统的一个优点。

另一方面,当$G_1(s)G_2(s)H(s)$的增益加大时,闭环传递函数$X_{io}(s)/X_i(s)$趋于$1/H(s)$。这表明,当$|G_1(s)G_2(s)H(s)|>>1$时,闭环传递函数$X_{io}(s)/X_i(s)$将与$G_1(s)$和$G_2(s)$无关,而只与$H(s)$成反比关系。因此,$G_1(s)$和$G_2(s)$的变化不影响闭环传递函数$X_{io}(s)/X_i(s)$,这是闭环系统的另一个优点。可以容易地看出,任何闭环系统,当反馈传递函数$H(s)=1$时,系统的输出量与输入量将趋于相等。

2.5 数学模型的 MATLAB 描述

1. MATLAB 中数学模型表示

控制系统常用的数学模型有3种:传递函数、零极点增益和状态空间。每种模型均有连续/离散之分,它们各有特点,有时需在各种模型之间进行转换。本节主要介绍它们的 MATLAB 表示及3种模型之间的相互转换。

(1)传递函数模型。

当传递函数为

$$G(s)=\frac{X_o(s)}{X_i(s)}=\frac{num(s)}{den(s)}=\frac{b_0s^m+b_1s^{m-1}+\cdots+b_{m-1}s+b_m}{a_0s^n+a_1s^{n-1}+\cdots+a_{n-1}s+a_n} \tag{2.27}$$

时,则在 MATLAB 中,直接用分子/分母的系数表示:

$num=[b_0,b_1,...,b_m]$; $den=[a_0,a_1,...,a_n]$; $G(s)=tf(num,den)$

(2)零极点增益模型。

当传递函数为

$$G(s)=\frac{X_o(s)}{X_i(s)}=k\frac{(s-z_0)(s-z_1)\cdot\cdots\cdot(s-z_m)}{(s-p_0)(s-p_1)\cdot\cdots\cdot(s-p_n)} \tag{2.28}$$

时,则在 MATLAB 中,用$[\boldsymbol{Z},\boldsymbol{P},\boldsymbol{K}]$矢量组表示,即

$\boldsymbol{Z}=[z_0,z_1,\cdots,z_m]$, $\boldsymbol{P}=[p_0,p_1,\cdots,p_m]$, $\boldsymbol{K}=[k]$, $G(s)=\boldsymbol{ZPK}(\boldsymbol{Z},\boldsymbol{P},\boldsymbol{K})$

(3)状态空间模型。

当系统的数学模型状态空间表达式为

$$\begin{cases}x=Ax+Bu\\y=Cx+Du\end{cases} \tag{2.29}$$

时,在 MATLAB 中,该控制系统可用矩阵组表示,即 $\mathbf{ss}[A,B,C,D]$。

2. MATLAB 中数学模型之间的转换

同一个控制系统均可用上述3种不同的模型表示,为分析系统的特性,有必要在3种

模型之间进行转换。MATLAB 的信号处理和控制系统工具箱中，提供了模型变换的函数：ss2tf、ss2zp、tf2ss、tf2zp、zp2ss、zp2tf，它们的关系可用图 2.37 所示的结构来表示。

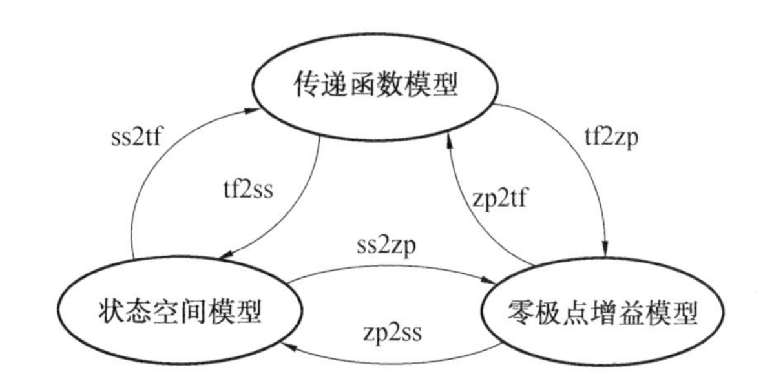

图 2.37　3 种模型之间的转换

【说明】

ss2tf 命令：将状态空间模型转换成传递函数模型。

格式为：[num,den] = ss2tf (A,B,C,D,iu)

其中，iu 为输入的序号。

ss2zp 命令：将状态空间模型转换成零极点增益模型。

格式为：[Z, P, K] = ss2zp (A, B, C, D, iu)

其中，iu 为输入的序号。

tf2ss 命令：将传递函数模型转换成状态空间模型。

格式为：[A, B, C, D] = tf2ss (num, den)

tf2zp 命令：将传递函数模型转换成零极点增益模型。

格式为：[Z, P, K] = tf2zp (num, den)

zp2ss 命令：将零极点增益模型转换成状态空间模型。

格式为：[A, B, C, D] = zp2ss (Z, P, K)

zp2tf 命令：将零极点增益模型转换成传递函数模型。

格式为：[num, den] = zp2tf (Z, P, K)

3. 控制系统建模

对简单系统的建模可直接采用 3 种基本模型：传递函数、零极点增益和状态空间模型。但实际中经常遇到几个简单系统组合成一个复杂系统的情况。常见的形式有并联、串联、闭环及单位反馈等连接。

(1)并联：将两个系统按并联方式连接，在 MATLAB 中可用 parallel 函数实现。

命令格式为：[nump, denp] = parallel (num1, den1, num2, den2)

其对应的结果为：$G_p(s) = G_1(s)+G_2(s)$

(2)串联：将两个系统按串联方式连接，在 MATLAB 中可用 series 函数实现。

命令格式为：[nums, dens] = series (num1, den1, num2, den2)

其对应的结果为：$G_s(s) = G_1(s)+G_2(s)$

(3)闭环：将系统通过正负反馈连接成闭环系统，在 MATLAB 中可用 feedback 函数实现。

命令格式为：[numf, denf] = feedback (num1, den1, num2, den2, sign)

其中,sign 为可选参数,sign=-1 为负反馈,而 sign=1 对应为正反馈。缺省值为负反馈。

其对应的结果为

$$G_{f}(s)=\frac{G(s)}{1+G_{1}(s)G_{2}(s)}$$

(4)单位反馈:将两个系统按反馈方式连接成闭环系统(对应于单位反馈系统),在 MATLAB 中可用 cloop 函数实现。

命令格式为:[numc, denc] = cloop (num, den, sign)

其中,sign 为可选参数,sign=-1 为负反馈,而 sign=1 对应为正反馈。缺省值为负反馈。

其对应的结果为

$$G_{c}(s)=\frac{G(s)}{1+G(s)}$$

【例 2.21】 试用 MATLAB 表示传递函数 $G(s)=\frac{s+2}{s^{2}+2s+1}$。

解 在 MATLAB 的命令窗口中键入下列代码即可,注意在程序中由%引导的部分是注释语句。

```
num=[1  2];            %分子多项式
Den=[1  2  1];         %分母多项式
Sys=tf(num,den)        %求传递函数表达式
```

2.6 设计实例:工作台位置自动控制系统的数学模型建立

本节将介绍数控直线运动工作台位置控制系统的数学模型建立。实际的数控机床控制系统十分复杂,既有位置控制,又有速度控制。由于现在尚未学到控制器的设计,所以暂时不考虑其中的控制器,让由比例放大器的输出信号直接通过功率放大器后驱动直流伺服电动机转动,这相当于只有比例控制的情况,此时系统如图 2.38 所示,控制原理方框图如图 2.39 所示。其中,直流伺服电动机为电枢控制式直流电动机,工作台采用滚珠丝杠传动,而工作台移动采用直线滚动导轨。

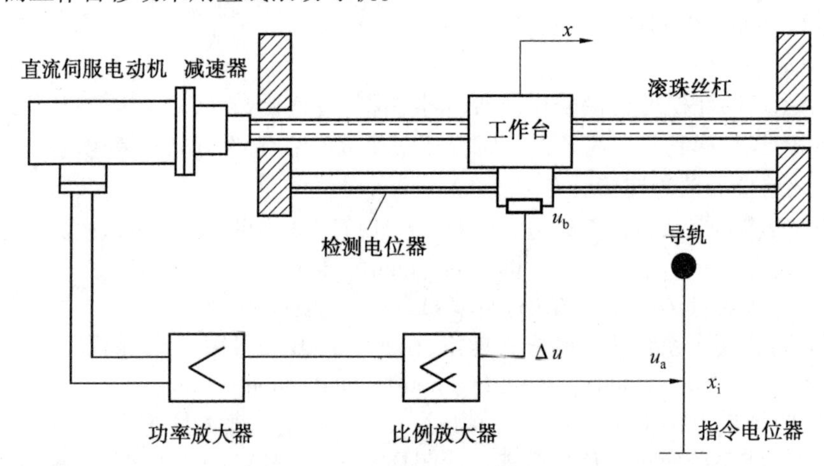

图 2.38 工作台位置控制系统

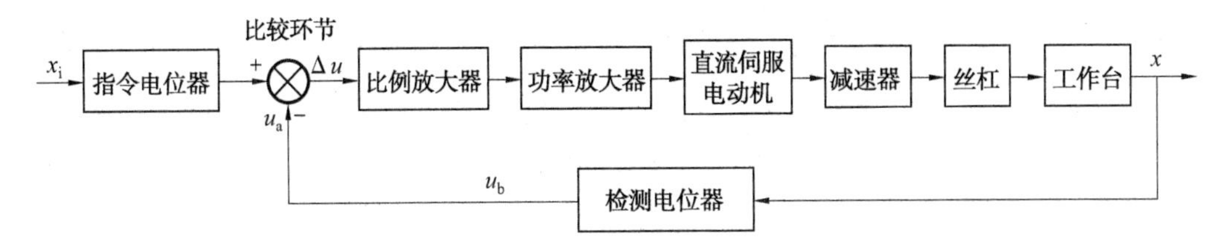

图 2.39　控制原理方框图

将图 2.39 进一步简化,并将其中的方框名称用相应的传递函数代替,如图 2.40 所示。

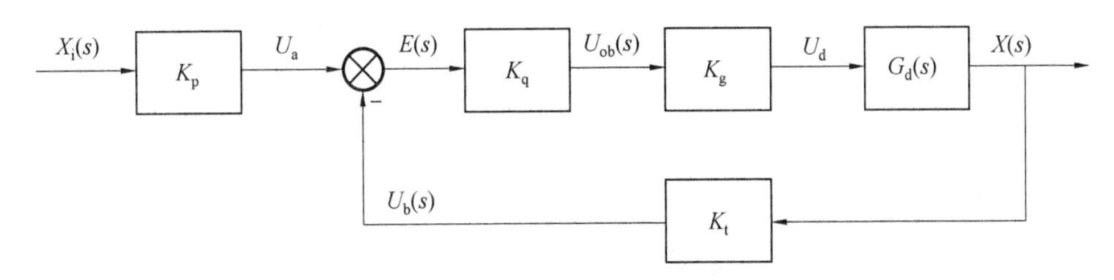

图 2.40　工作台位置控制系统方框图

(1)指令电位器可看作一个比例环节,输入为期望的位置 $x_i(t)$,输出为 $u_o(t)$,它们之间的关系为

$$u_a(t)=K_p x_i(t)$$

传递函数为

$$K_p=\frac{U_a(s)}{X_i(s)}$$

式中　K_p——指令转换系数。

(2)比例放大器为比例环节,其输入为电压信号 $\Delta u(t)$,输出为电压信号 $u_{ob}(t)$,它们之间的关系为

$$u_{ob}(t)=K_q \Delta u(t)$$

传递函数为

$$K_q=\frac{U_{ob}(s)}{E(s)}$$

(3)功率放大器为比例环节,其输入为电压信号 $u_{ob}(t)$,输出为电压信号 $u_d(t)$,它们之间的关系为

$$u_d(t)=K_g u_{ob}(t)$$

传递函数为

$$K_g=\frac{U_d(s)}{U_{ob}(s)}$$

(4)直流伺服电动机、减速器、丝杠和工作台。将直流伺服电动机的输入电压 u_d 作为输入,减速器、丝杠和工作台相当于电动机的负载。可以应用 2.1 节中例 2.9 的结果得其微分方程,即

$$R_aJ\frac{d^2\theta_0(t)}{dt^2}+(R_aB+K_TK_e)\frac{d\theta_0(t)}{dt}=K_Tu_d(t) \tag{2.30}$$

这里需要注意的是，上面的微分方程是对电动机转轴所建立的，需将减速器、滚珠丝杠和工作台的惯性和黏性阻尼系数等效到电动机轴上。首先需要建立电动机转角至工作台位移的对应关系。

若减速器的减速比为 i_1，丝杠到工作台的减速比为 i_2，则从电动机转子到工作台的减速比为

$$i=\frac{\theta_0(t)}{x(t)}=i_1i_2 \tag{2.31}$$

其中，$i_2=\frac{2\pi}{L}$，$\omega=1$ 为丝杠螺距。

①等效到电动机轴的转动惯量。电动机转子的转动惯量为 J_1；减速器的高速轴与电动机转子相连，而且，通常产品样本所给出的减速器的转动惯量为高速轴上的，减速器的转动惯量为 J_2；滚珠丝杠的转动惯量为 J_s（定义在丝杠轴上），滚珠丝杠的转动惯量等效到电动机转子为 $J_3=\frac{J_s}{i_1^2}$；工作台的运动为平移，若工作台的质量为 m_t，其等效到转子的转动惯量为 $J_4=\frac{m_t}{i^2}$。从而，电动机、减速器、滚珠丝杠和工作台等效到电动机转子上的总转动惯量为

$$J=J_1+J_2+J_3+J_4=J_1+J_2+\frac{J_s}{i_1^2}+\frac{m_t}{i^2}$$

②等效到电动机轴的黏性阻尼系数。在电动机、减速器、滚珠丝杠和工作台上分别有黏性阻力和库仑摩擦阻力，各运动件之间的相对运动会产生摩擦。同时，为了降低表面的干摩擦作用，通常会在运动件之间施加润滑，而润滑本身也会产生相应的流体黏性能量损耗，将这些因素完全考虑进来是一个非常复杂的问题，为简化起见，工程上可以通过黏性阻尼系数与部件相对速度的乘积来表达摩擦阻尼力。根据等效前后阻尼耗散能量相等的原则，类似于转动惯量等效方法，等效到电动机轴的黏性阻尼系数为

$$B=B_d+B_i+\frac{B_s}{i_1^2}+\frac{B_t}{i^2}$$

式中 B_t——工作台与导轨间的黏性阻尼系数；

B_s——丝杠转动黏性阻尼系数；

B_i——减速器的黏性阻尼系数；

B_d——电动机的黏性阻尼系数。

③输入为电动机电枢电压，输出为工作台位置时的微分方程。将式(2.31)代入式(2.30)得电动机至工作台的微分方程为

$$R_aJ\frac{d^2x(t)}{dt^2}+(R_aB+K_TK_e)\frac{dx(t)}{dt}=\frac{K_Tu_d(t)}{i} \tag{2.32}$$

④输入为电动机电枢电压，输出为工作台位置时的传递函数。对式(2.32)两边取拉氏变换得

$$G_d(s)=\frac{X(s)}{U_d(s)}=\frac{K_T}{i(R_aB+K_eK_T)}\cdot\frac{1}{s\left(\dfrac{R_aJ}{R_aB+K_eK_T}s+1\right)}=\frac{K}{s(Ts+1)}$$

$$T=\frac{R_aJ}{R_aB+K_eK_T},\quad K=\frac{K_T}{i(R_aB+K_eK_T)}$$

(5)检测电位器将所得到的位置信号变换为电压信号,相当于比例环节,其输入为工作台的位移 $x(t)$,输出为电压 $u_b(t)$,微分方程为

$$u_b(t)=K_fx(t)$$

反馈通道的传递函数为

$$K_f=\frac{U_b(s)}{X(s)}$$

根据系统方框图(图 2.40),系统的开环传递函数为

$$G_k(s)=\frac{U_b(s)}{E(s)}=K_pK_qK_gG_d(s)K_f=\frac{K_pK_qK_gK_fK}{s(Ts+1)}$$

系统的闭环传递函数为

$$G_b(s)=\frac{K_pK_qK_gK}{Ts^2+s+K_qK_gK_fK}$$

常取 $K_p=K_f$,此时上式可简化为

$$G_b(s)=\frac{\omega_n^2}{s^2+2\xi\omega_ns+\omega_n^2} \tag{2.33}$$

式中

$$\omega_n=\sqrt{\frac{K_qK_gK_fK}{T}},\quad \xi=\frac{1}{2\sqrt{K_qK_gK_fKT}}$$

可见,此时的工作台自动控制系统是二阶系统。二阶系统的无阻尼固有频率 ω_n 和阻尼比 ξ 决定系统的动态特性。由式(2.33)可知有关参数对 ω_n 和 ξ 的影响关系。由于 T 和 K 由系统的结构参数(即机械结构惯量、电动机参数及减速比)所确定,要提高系统的动态特性需要设计适当的控制器。有关该系统的性能分析以及控制器的设计将在后续章节中讨论。

习　题

1. 什么是控制系统的数学模型?常用的数学模型有哪些?

2. 什么是线性系统?其最重要的特性是什么?其频率响应又是什么?

3. 图 2.41 中 4 个图分别表示 4 个机械系统,求出它们各自的微分方程,图中 x_i 表示输入位移,x_o 表示输出位移(假设输出端无负载效应)。

4. 在初始条件为 0,试求解下列微分方程。

(1) $2\dot{x}+x(t)=t$;

(2) $\ddot{x}(t)+\dot{x}(t)+2x(t)=\delta(t)$;

(3) $\ddot{x}(t)+3\dot{x}(t)+x(t)=1(t)$。

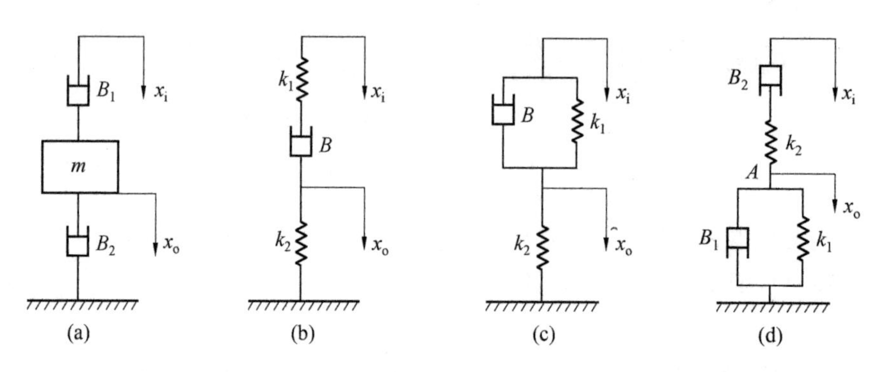

图 2.41　3 题图

5. 试建立如图 2.42 所示各系统的微分方程并说明这些微分方程有什么特点？其中电压 $u_i(t)$ 和位移 $x_i(t)$ 为输入量；电压 $u_o(t)$ 和位移 $x_o(t)$ 为输出量；k、k_1 和 k_2 为弹簧弹性系数；f 为阻尼系数；C 为电容。

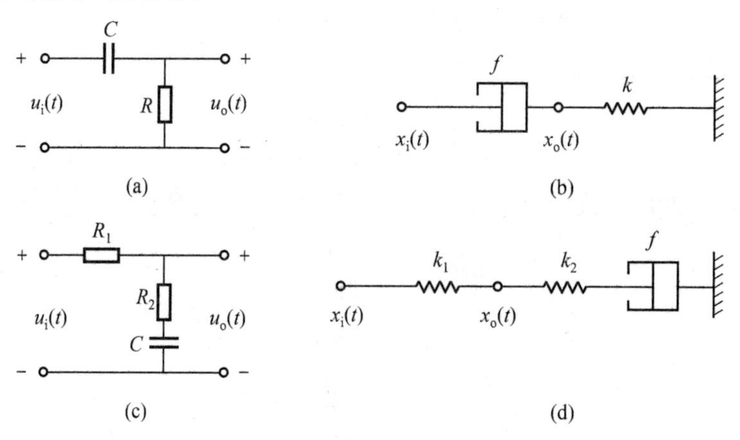

图 2.42　5 题图

6. 试求图 2.43 所示各电路的传递函数。

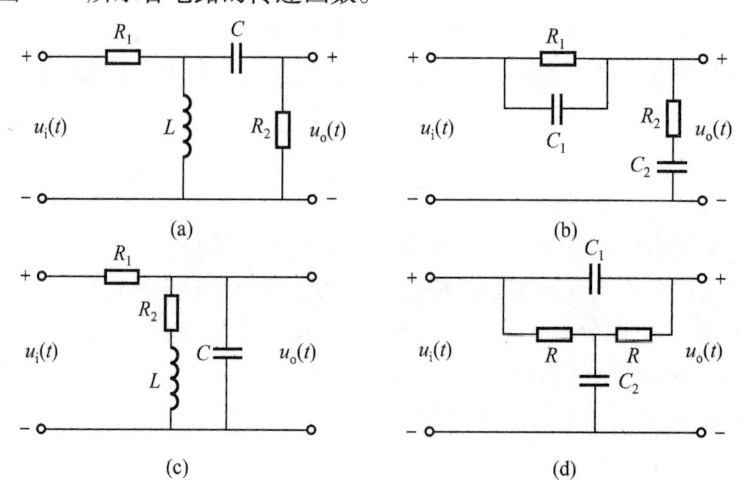

图 2.43　6 题图

7. 试求图 2.44 所示两系统的微分方程。

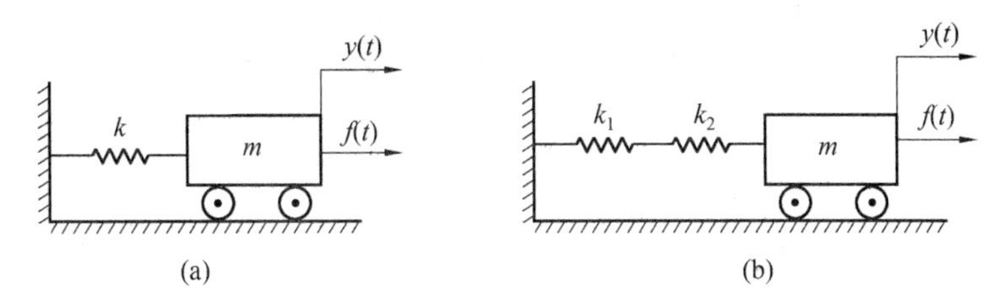

图 2.44　7 题图

8. 试求图 2.45 所示机械系统的微分方程输出 θ。图中 M 为输入转矩，C_m为圆周阻尼，J 为转动惯量，R 为卷筒半径。

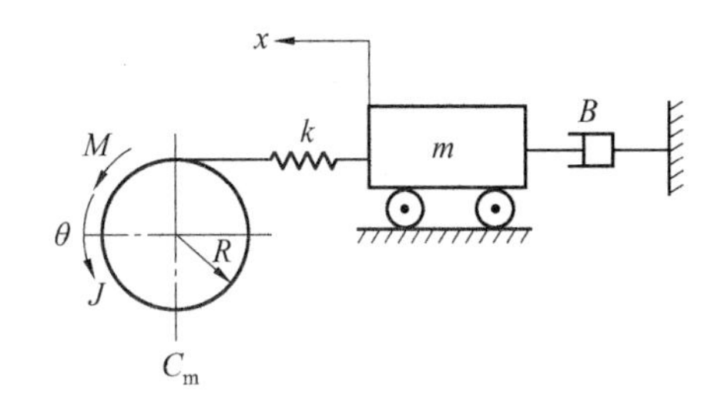

图 2.45　8 题图

9. 试求图 2.46 所示系统的传递函数。

10. 若系统传递函数方框图如图 2.47 所示，求：

(1) 以 $X_i(s)$ 为输入，当 $N(s)=0$ 时，分别以 $X_o(s)$、$Y(s)$、$B(s)$、$E(s)$ 为输出的闭环传递函数。

(2) 以 $N(s)$ 为输入，当 $X_i(s)=0$ 时，分别以 $X_o(s)$、$Y(s)$、$B(s)$、$E(s)$ 为输出的闭环传递函数。

(3) 比较以上各传递函数的分母，从中可以得出什么结论？

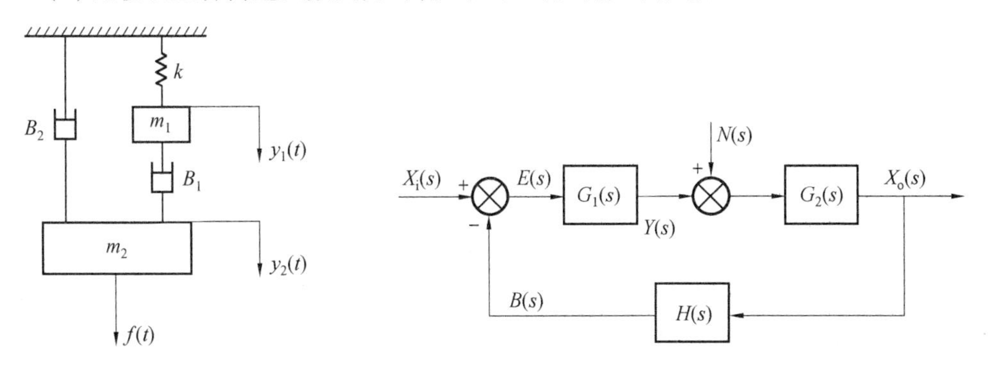

图 2.46　9 题图　　　　图 2.47　10 题图

11. 试求图 2.48 所示的传递系统方框图。

12. 试化简图 2.49 所示的传递系统方框图。

13. 试求出图 2.50 所示系统的传递函数 $X_o(s)/X_i(s)$。

14. 试求出图 2.51 所示系统的传递函数 $X_o(s)/X_i(s)$。

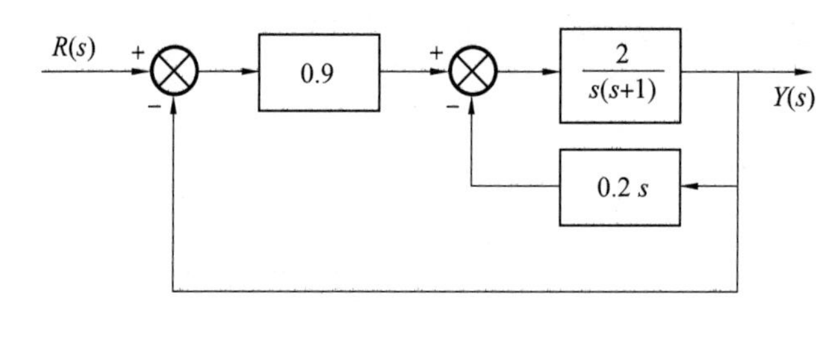

图 2.48 11 题图

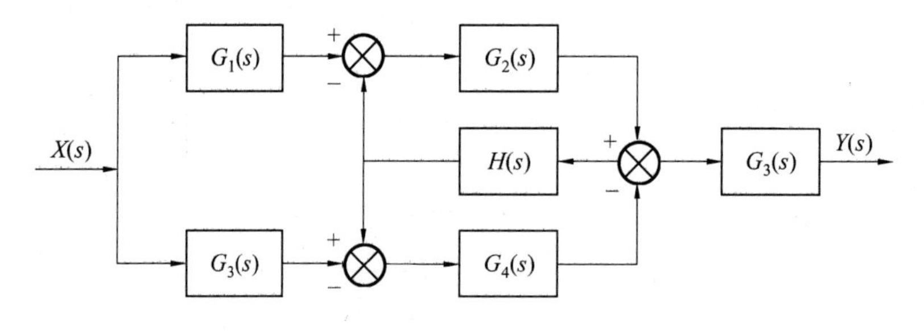

图 2.49 12 题图

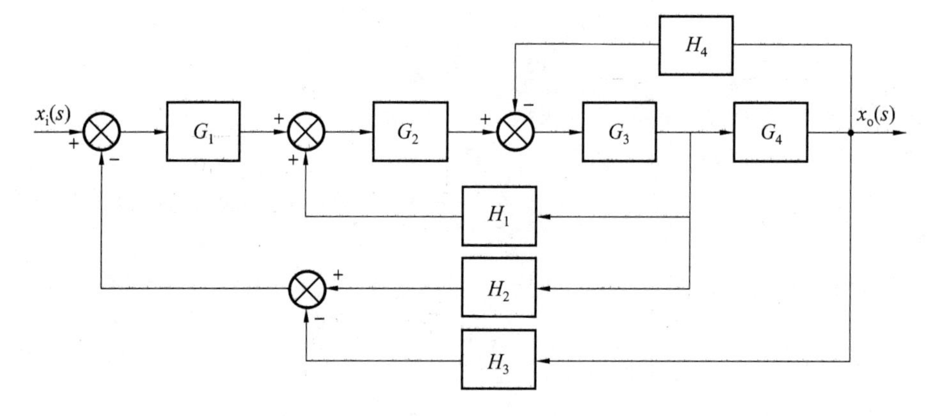

图 2.50 13 题图

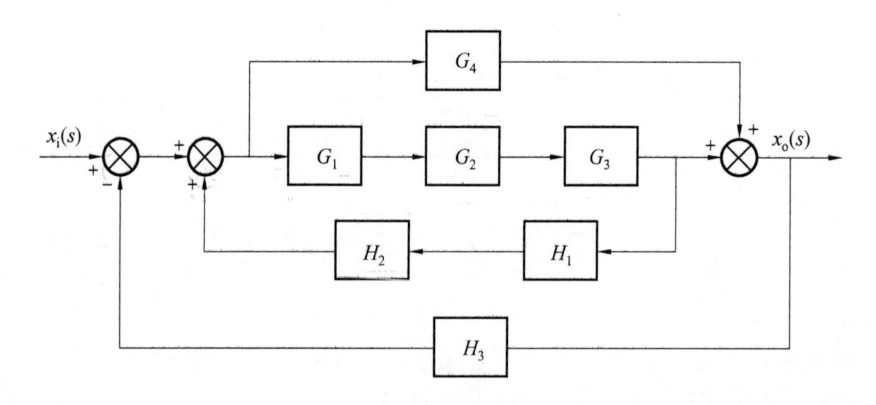

图 2.51 14 题图

15. 图 2.52 所示为一个单轮汽车支撑系统的简化模型。m_1 代表汽车质量，B 代表振动阻尼器，k_1 为弹簧系数，m_2 为轮子的质量，k_2 为轮胎的弹性系数，试建立系统的数学模型。

16. 液压阻尼器原理如图 2.53 所示。其中，弹簧与活塞刚性连接，忽略运动件的惯性力，且设 x_i 为输入位移，x_o 为输出位移，k 弹簧刚度，c 为黏性阻尼系数，求输出与输入之间的传递函数。

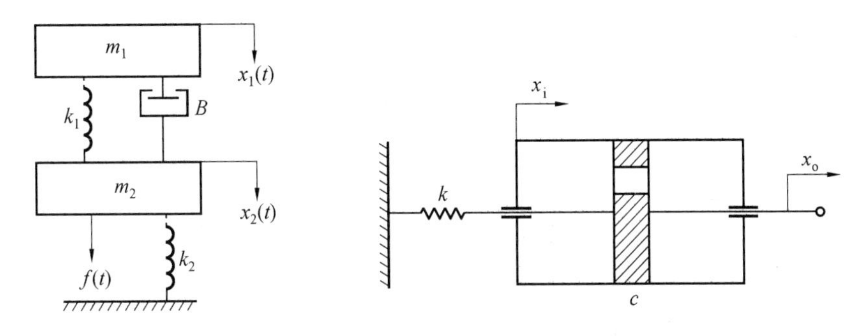

图 2.52　15 题图　　图 2.53　16 题图

17. 由运算放大器组成的控制系统模拟电路图如图 2.54 所示，试求闭环传递函数 $U_c(s)/U_r(s)$。

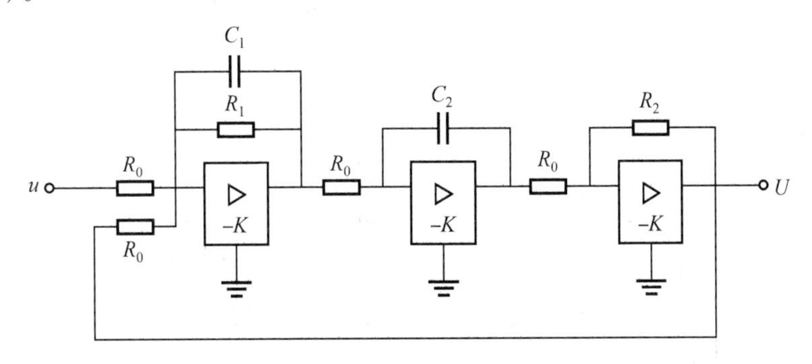

图 2.54　17 题图

18. 某位置随动系统原理方框图如图 2.55 所示。已知电位器最大工作角度 $\theta_{max}=330°$，功率放大器放大系数为 K_3，求：

(1) 分别求出电位器传递系数 K_0、第一级和第二级放大器的比例系数 K_1 和 K_2；

(2) 画出系统方框图；

(3) 简化方框图，求系统传递函数 $\theta_o(s)/\theta_i(s)$。

19. 设直流电动机双闭环调速系统的原理图如图 2.56 所示，求：

(1) 分别求速度调节器和电流调节器的传递函数；

(2) 画出系统方框图（设可控电路传递函数为 $K_3/(\tau_3 s+1)$；电流互感器和测速发电机的传递函数分别为 K_4 和 K_5）；

(3) 简化系统方框图，求系统传递函数 $\Omega(s)/U_i(s)$。

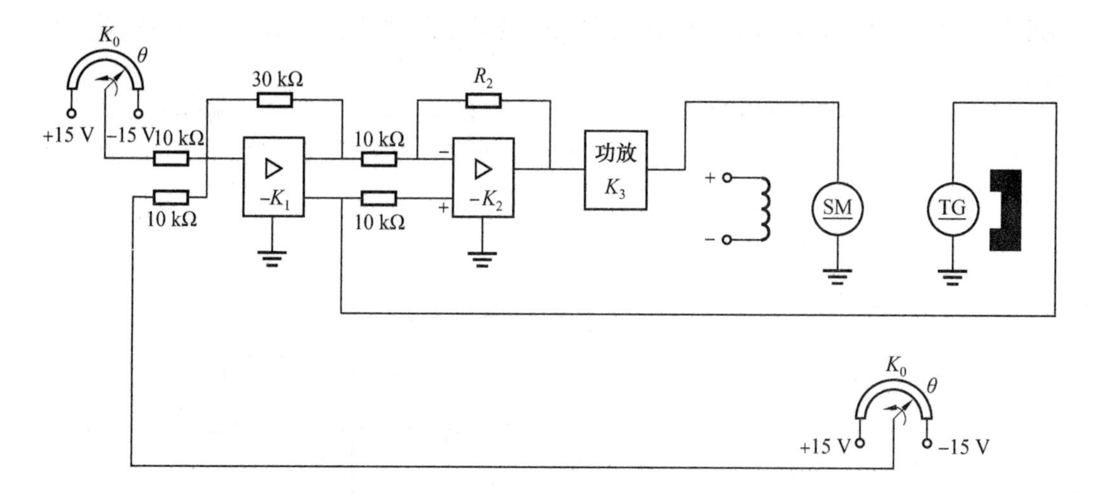

图 2.55 某位置随动系统原理方框图(18 题图)

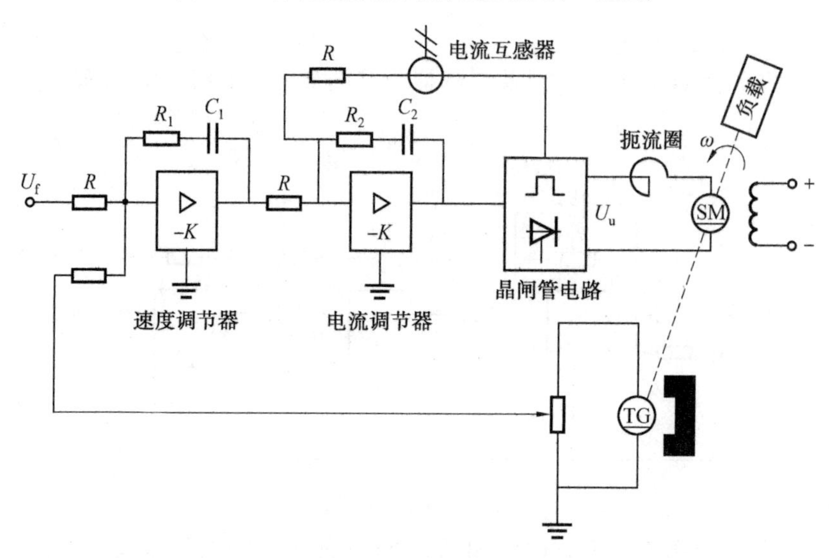

图 2.56 直流电动机双闭环调速系统的原理图(19 题图)

第3章 系统的时域分析

建立系统数学模型后，就可以采用不同的方法，通过系统的数学模型来分析系统的特性，时域分析法是控制系统最基本的分析方法，也是频域分析法的基础。时域分析法是通过研究控制系统在输入信号作用下，其输出随时间变化的情况，来分析系统的稳定性、瞬态性能和稳态性能。时域分析法具有直观和准确的优点，可以从响应表达式或曲线上得到系统时间响应的全部信息。

在控制理论发展初期，由于计算机还没有充分发展，时域瞬态响应分析只限于较低阶次的简单系统。随着计算机技术的不断发展，很多复杂系统可以使用时域直接分析，使时域分析法在现代控制理论中得到了广泛应用。

本章首先介绍系统的时间响应及其组成；接着介绍工程中常用的典型输入信号；其次对一阶、二阶系统的典型时间响应进行分析，重点讨论一阶和二阶系统的瞬态响应性能指标；最后讨论高阶系统的瞬态响应。

3.1 时域响应及典型输入信号

3.1.1 时域响应的概念

机电系统在外加作用的激励下，其输出量随时间变化的函数关系称为系统的时域响应，通过对时域响应的分析可以揭示系统本身的动态特性。

在分析和设计系统时，需要有一个对各种系统性能进行比较的基础，这种基础就是预先规定一些具有特殊形式的试验信号作为系统的输入，然后比较各种系统对这些信号的响应。在时域分析法中，常采用典型的输入信号，如阶跃函数、速度函数、加速度函数、脉冲函数、正弦函数等，这些都是最简单的时间函数。不同的系统或参数不同的同一系统，它们对同一典型输入信号的时间响应不同，反映出各种系统动态性能的差异，从而可定出相应的性能指标对系统的性能予以评定。

线性动力系统可以用微分方程来描述，系统的时域响应的数学表达式就是微分方程式的解。时域分析法以线性定常微分方程的解来讨论系统的特性和性能指标。设微分方程为

$$a_n x_o^{(n)}(t)+a_{n-1}x_o^{(n-1)}(t)+\cdots+a_0 x_o(t)=b_m x_i^{(m)}(t)+b_{m-1}x_i^{(m-1)}(t)+\cdots+b_0 x_i(t)$$

式中 $x_i(t)$——输入信号；

$x_o(t)$——输出信号。

我们知道，微分方程的全解可表示为 $y(t)=y_h(t)+y_p(t)$，其中，$y_h(t)$ 为对应的齐次方程的通解，只与微分方程（系统本身的特性或系统的特征方程的根）有关。对于稳定的系

统,当时间趋于无穷大时,通解趋于零。所以根据通解或特征方程的根可以分析系统的稳定性。$y_p(t)$为特解,与微分方程和输入有关。一般来说,当时间趋于无穷大时特解趋于一个稳态的函数。

因此,对于稳定系统的有界的输入,当时间趋于无穷大时,微分方程的全解将趋于一个稳态的函数,使系统达到一个新的平衡状态。工程上称为进入稳态过程。系统达到稳态过程之前的过程称为瞬态过程。理论上说,只有当时间趋于无穷大时,才进入稳态过程,但这在工程上显然是无法实现的。在工程上只讨论输入作用加入一段时间里的瞬态过程,在这段时间里,反映了主要的瞬态性能指标。

瞬态响应:系统受到外加作用激励后,从初始状态到最终状态的响应过程称为瞬态响应。如图 3.1 所示,当系统在单位阶跃信号激励下在 0 到 t_s时间内的响应过程为瞬态响应,当 $t>t_s$时,则系统趋于稳定。

稳态响应:时间趋于无穷大时,系统的输出状态称为稳态响应。如图 3.1 所示,当 $t\to\infty$ 时的稳态输出 $x_o(t)$。若 $t\to\infty$ 时系统的输出为稳态值,则系统是稳定的,若 $x_o(t)$为等幅振荡或发散,则系统不稳定。

因此,系统的瞬态响应反映了系统的动态性能,而稳态响应偏离系统期望值的程度可以用来衡量系统的精确程度。

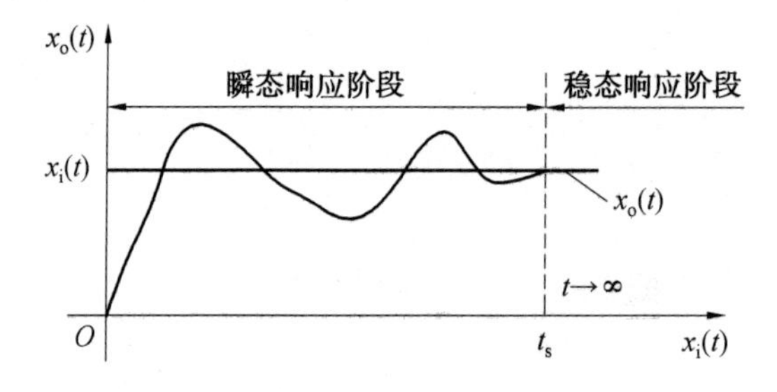

图 3.1 单位阶跃信号作用下的时间响应

3.1.2 典型输入信号

时域响应表现了系统的动态性能,这不仅取决于系统本身的特性,还与输入信号的形式有关。系统工作时,外加输入信号是随机的,系统分析和设计时,为了对各种系统性能进行比较分析,需要预先规定一些具有特殊形式的代表性的实验信号作为输入,然后比较系统的响应,从而评价系统性能的优劣。

典型输入信号需要满足以下条件:① 在典型输入信号作用下,系统的性能应反映出系统在实际工作条件下的性能,考虑系统的极限工作情况;② 典型输入信号的数学表达要简单,便于数学分析和理论计算;③ 在控制现场或者实验室中容易产生,便于实验分析和检验。

常见的典型输入信号有阶跃函数、斜坡函数、加速度函数、脉冲函数和正弦函数,下面对这几种典型输入信号进行介绍。

1. 阶跃函数

阶跃函数指输入变量有一个突然的定量变化,如输入量的突然加入或突然停止等,如

图3.2所示，其数学表达式为

$$x_i(t)=\begin{cases}a, & t\geqslant 0\\0, & t<0\end{cases}$$

其中，a为常数。当$a=1$时，该函数称为单位阶跃函数。

2. 斜坡函数

斜坡函数指输入变量是等速度变化的，如图3.3所示，其数学表达式为

$$x_i(t)=\begin{cases}at, & t\geqslant 0\\0, & t<0\end{cases}$$

其中，a为常数。当$a=1$时，该函数称为单位斜坡函数。

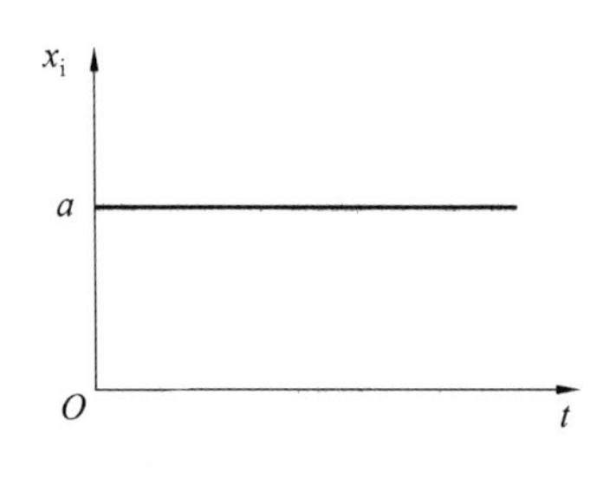

图3.2 阶跃函数

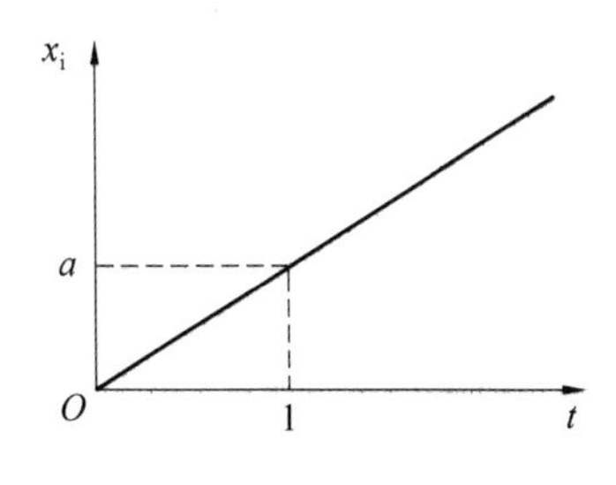

图3.3 斜坡函数

3. 加速度函数

加速度函数指输入变量是等加速度变化的，如图3.4所示，其数学表达式为

$$x_i(t)=\begin{cases}at^2, & t\geqslant 0\\0, & t<0\end{cases}$$

其中，a为常数。当$a=\frac{1}{2}$时，该函数称为单位加速度函数。

4. 脉冲函数

脉冲函数的数学表达式为

$$x_i(t)=\begin{cases}\lim\limits_{t_0\to 0}\dfrac{a}{t_0}, & 0\leqslant t<t_0\\0, & t<0 \text{ 或 } t>t_0\end{cases}$$

脉冲函数如图3.5所示，其脉冲高度a/t_0为无穷大，持续时间为无穷小，脉冲面积为a，因此，通常脉冲强度是以其面积a衡量的。当面积$a=1$时，脉冲函数称为单位脉冲函数，又称δ函数。单位脉冲函数的表达式为

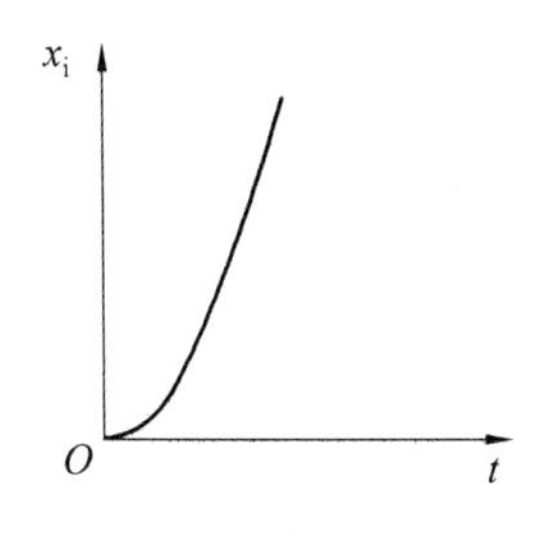

图3.4 加速度函数

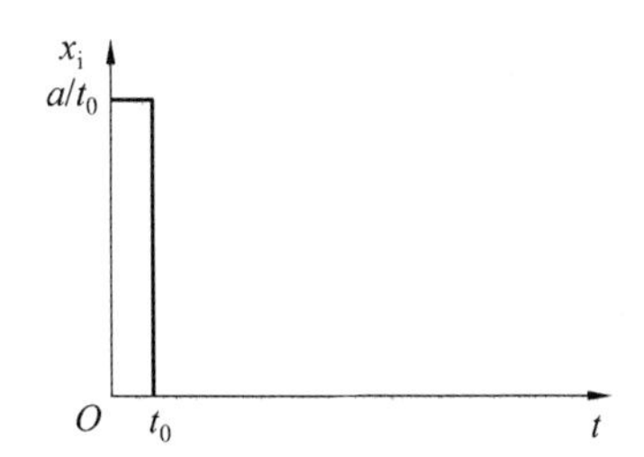

图3.5 脉冲函数

$$\delta(t)=\begin{cases}\infty,\ t=0\\0,\ t\neq 0\end{cases},且\int_{-\infty}^{+\infty}\delta(t)\mathrm{d}t=1$$

单位脉冲函数的拉氏变换为

$$X_{\mathrm{i}}(s)=\mathscr{L}[\delta(t)]=1$$

当系统输入为单位脉冲函数时,其输出响应称为脉冲响应函数。由于 δ 函数有一个很重要的性质,即其拉氏变换等于 1,因此系统传递函数即为脉冲响应函数的象函数。

5. 正弦函数

正弦函数如图 3.6 所示,其数学表达式为

$$x_{\mathrm{i}}(t)=\begin{cases}a\sin\omega t,t\geqslant 0\\0,t<0\end{cases}$$

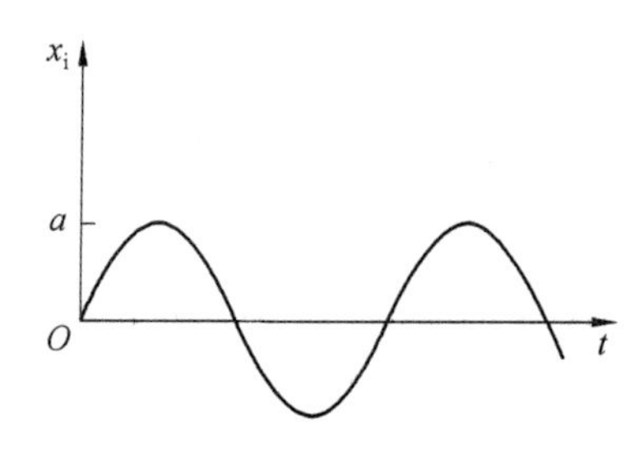

图 3.6 正弦函数

选择哪种函数作为典型输入信号,应视不同系统的具体工作状况而定。例如,如果控制系统的输入量是随时间逐渐变化的函数,像机床、雷达天线、火炮、控温装置等,则选择斜坡函数较为合适;如果控制系统的输入量是冲击量,像导弹发射,则选择脉冲函数较为适当;如果控制系统的输入量是随时间变化的往复运动,像研究机床振动,则选择正弦函数为好;如果控制系统的输入量是突然变化的,像突然合电、断电,则选择阶跃函数为宜。在一般工程应用中,时域的性能指标往往是选择阶跃函数作为输入来定义的。另外,对于正弦函数作为典型输入的情况,将在第 4 章着重讨论。

3.2 一阶系统的瞬态响应

能够用一阶微分方程描述的系统称为一阶系统,如图 3.7 所示为典型的一阶系统原理图,建立其数学模型为

$$k(x_{\mathrm{i}}-x_{\mathrm{o}})=c\dot{x}_{\mathrm{o}}$$

微分方程为

$$T\frac{\mathrm{d}x_{\mathrm{o}}(t)}{\mathrm{d}t}+x_{\mathrm{o}}(t)=x_{\mathrm{i}}(t)$$

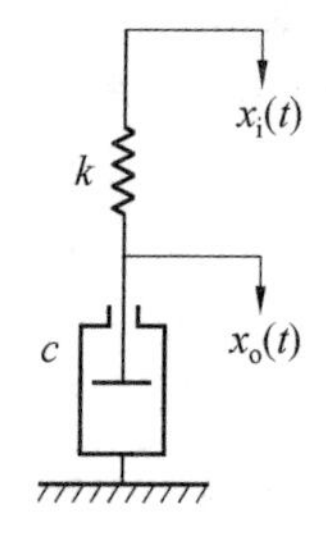

图 3.7 典型的一阶系统原理图

传递函数为

$$G(s)=\frac{X_{\mathrm{o}}(s)}{X_{\mathrm{i}}(s)}=\frac{1}{Ts+1}$$

其中,T 为系统的时间常数,$T=c/k$,可以看出该系统为一阶惯性环节。

下面将以一阶惯性环节为例,讲解传递函数为 $G(s)=\dfrac{X_{\mathrm{o}}(s)}{X_{\mathrm{i}}(s)}=\dfrac{1}{Ts+1}$ 时,输入不同典型输入信号所得的响应。

3.2.1 一阶系统的单位阶跃响应

当输入单位阶跃函数 $x_i(t)=1(t)$ 时，有 $X_i(s)=\frac{1}{s}$，则系统输出为

$$X_o(s)=G(s)\cdot X_i(s)=\frac{X_o(s)}{X_i(s)}X_i(s)=\frac{1}{Ts+1}\cdot\frac{1}{s}=\frac{1}{s}-\frac{T}{Ts+1}=\frac{1}{s}-\frac{1}{s+\frac{1}{T}}$$

对上式进行拉氏反变换，得

$$x_o(t)=(1-e^{-\frac{1}{T}t})\cdot 1(t) \tag{3.1}$$

根据式(3.1)可绘出一阶惯性环节在单位阶跃输入下的响应曲线，如图3.8所示。

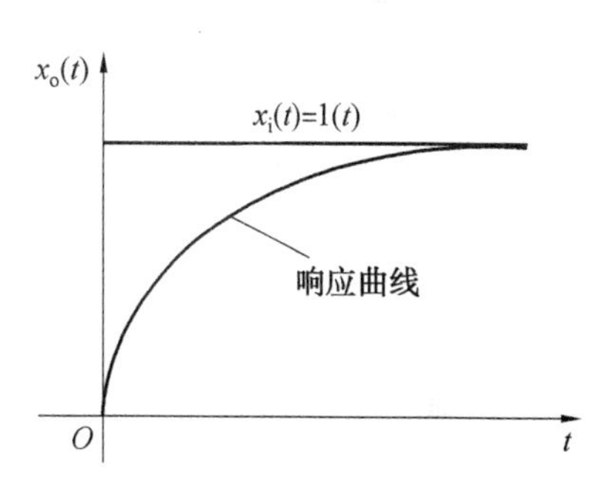

图3.8 一阶系统的单位阶跃响应曲线

3.2.2 一阶系统的单位斜坡响应

当输入单位斜坡函数 $X_i(t)=t\cdot 1(t)$ 时，有 $X_i(t)=\frac{1}{s^2}$，则系统的输出为

$$X_o(s)=G(s)\cdot X_i(s)=\frac{X_o(s)}{X_i(s)}X_i(s)=\frac{1}{Ts+1}\cdot\frac{1}{s^2}=\frac{1}{s^2}-\frac{T}{s}+\frac{T}{s+\frac{1}{T}}$$

对上式进行拉氏反变换，得

$$x_o(t)=(t-T+Te^{-\frac{1}{T}t})\cdot 1(t) \tag{3.2}$$

根据式(3.2)可得出一阶惯性环节的单位斜坡响应曲线，如图3.9所示。由图可以看出，随着时间的增加，输出量总落后于输入量，二者误差为 $e(t)=x_i(t)-x_o(t)=T(1-e^{-t/T})$，当 $t\to\infty$ 时，$e(\infty)=T$。故当输入为单位斜坡函数时，一阶惯性环节的稳态误差为 T。显然，时间常数越小，则该环节的稳态误差越小。

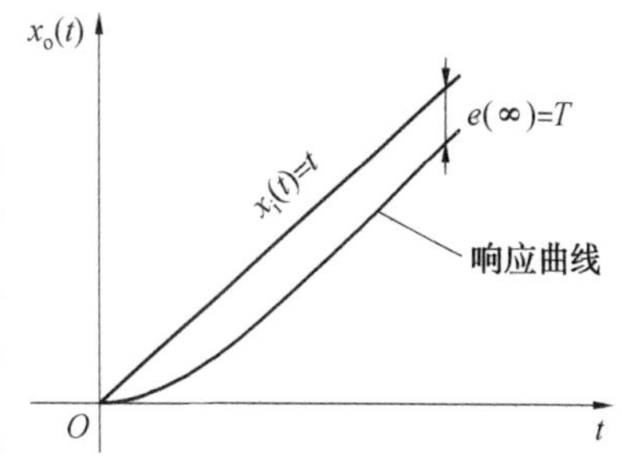

图3.9 一阶系统的单位斜坡响应曲线

3.2.3 一阶系统的单位脉冲响应

当输入单位脉冲函数 $x_i(t)=\delta(t)$ 时，有 $X_i(s)=1$，则系统的输出为

$$X_o(s)=G(s)\cdot X_i(s)=\frac{X_o(s)}{X_i(s)}X_i(s)=\frac{1}{Ts+1}\times 1=\frac{\frac{1}{T}}{s+\frac{1}{T}}$$

对上式进行拉氏反变换，得

$$x_o(t)=(\frac{1}{T}e^{-\frac{1}{T}t})\cdot 1(t) \tag{3.3}$$

根据式(3.3)，绘制出一阶惯性环节的单位脉冲响应曲线如图3.10所示。

已知 $\delta(t)=\dfrac{\mathrm{d}}{\mathrm{d}t}[1(t)]$，$1(t)=\dfrac{\mathrm{d}}{\mathrm{d}t}[t\cdot 1(t)]$，由式(3.1)~式(3.3)可知

$$x_{o\delta}(t)=\frac{\mathrm{d}x_{o1}(t)}{\mathrm{d}t}$$

$$x_{o1}(t)=\frac{\mathrm{d}x_{ot}(t)}{\mathrm{d}t}$$

由此可见，系统对输入信号导数的响应，可通过把系统对输入信号响应求导得出，而系统对输入信号积分的响应，等于系统对原输入信号响应的积分，其积分常数由初始条件确定。这是线性定常系统的一个重要特性。

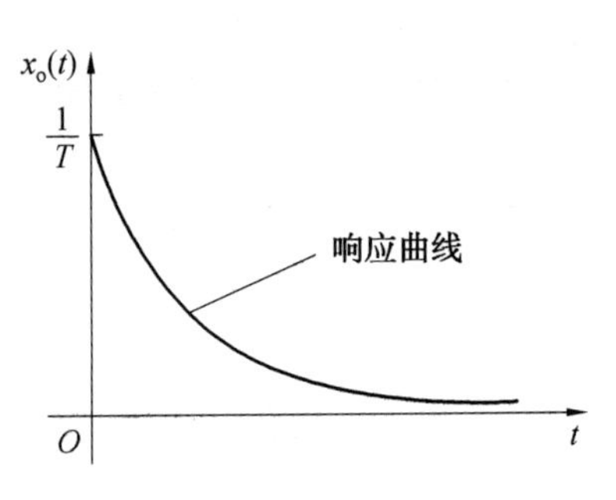

图 3.10 一阶系统的单位脉冲响应曲线

3.3 二阶系统的瞬态响应

用二阶微分方程描述的系统称为二阶系统。从物理意义上讲，二阶系统至少包含两个储能元件，能量有可能在两个元件之间交换，引起系统具有往复振荡的趋势，当阻尼不够大时，系统呈现出振荡的特性。所以，典型的二阶系统也称为二阶振荡环节。图 3.11 所示为弹簧-质量-阻尼系统即为典型的二阶系统，f 表示 m 所受的力，x_o 表示位移。其运动微分方程为

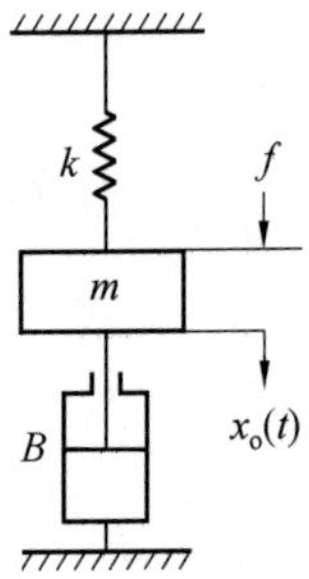

$$m\frac{\mathrm{d}^2x_o(t)}{\mathrm{d}t^2}+B\frac{\mathrm{d}x_o(t)}{\mathrm{d}t}+kx_o(t)=f$$

图 3.11 典型的二阶系统

其传递函数为

$$G(s)=\frac{X_o(s)}{F(s)}=\frac{1}{ms^2+Bs+k}$$

为使研究具有普遍意义，引入新的参变量

$$\omega_n^2=\frac{k}{m}$$

有

$$\omega_n=\sqrt{\frac{k}{m}}$$

$$2\xi\omega_n=\frac{B}{m}$$

则二阶系统的典型传递函数可表示为

$$G(s)=\frac{X_o(s)}{F(s)}=\frac{1}{k}\cdot\frac{\omega_n^2}{s^2+2\xi\omega_n s+\omega_n^2} \tag{3.4}$$

式中 $1/k$——系统增益；

ξ——阻尼比；

ω_n——无阻尼自然频率。

下面仅讨论此二阶系统的典型形式，分析参数 ξ 和 ω_n 对系统动态性能的影响。

3.3.1 二阶系统的单位阶跃响应

公式(3.4)所示二阶系统的特征方程为

$$s^2+2\xi\omega_n s+\omega_n^2=0 \tag{3.5}$$

特征根为

$$s_{1,2}=-\xi\omega_n\pm\omega_n\sqrt{\xi^2-1} \tag{3.6}$$

特征根在 s 平面上的分布情况如图3.12所示。

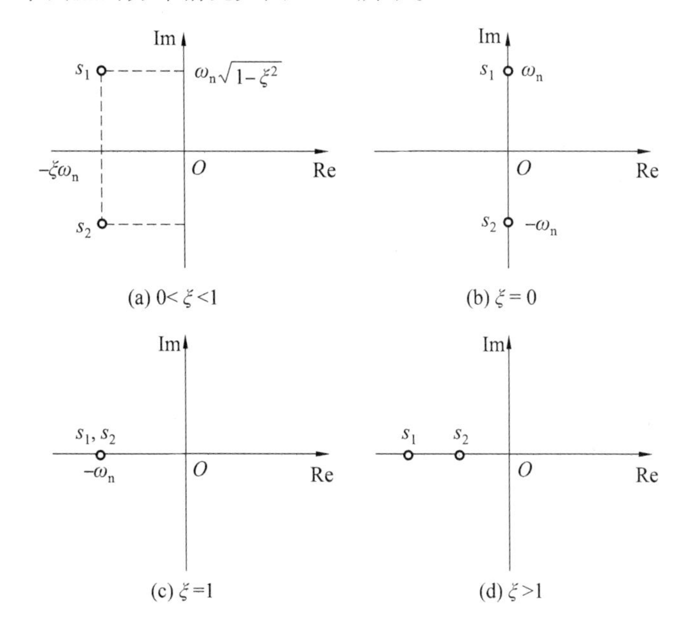

图3.12 特征根在 s 平面上的分布情况

根据上式，特征根存在4种情况，分别予以说明。

1. 欠阻尼($0<\xi<1$)

由式(3.6)可知，若 $0<\xi<1$，二阶系统有一对共轭复根，可表示为

$$s_{1,2}=-\xi\omega_n\pm j\omega_n\sqrt{1-\xi^2}=-\xi\omega_n\pm j\omega_d$$

式中 ω_d——阻尼自然频率，$\omega_d=\omega_n\sqrt{1-\xi^2}$，此时特征根在 s 平面上的分布情况如图3.12(a)所示，其传递函数为

$$\frac{X_o(s)}{X_i(s)}=\frac{\omega_n^2}{(s+\xi\omega_n+j\omega_d)(s+\xi\omega_n-j\omega_d)}$$

当输入单位阶跃函数 $x_i(t)=1(t)$ 时，有 $X_i(s)=\dfrac{1}{s}$，则

$$X_o(s)=\frac{\omega_n^2}{(s+\xi\omega_n+j\omega_d)(s+\xi\omega_n-j\omega_d)}\cdot\frac{1}{s}$$

$$=\frac{1}{s}-\frac{s+\xi\omega_n}{(s+\xi\omega_n)^2+\omega_d^2}-\frac{\xi\omega_n}{(s+\xi\omega_n)^2+\omega_d^2}$$

对上式进行拉氏反变换，可得系统的单位阶跃响应为

$$x_o(t)=1-e^{-\xi\omega_n t}\cos\omega_d t-\frac{\xi}{\sqrt{1-\xi^2}}e^{-\xi\omega_n t}\sin\omega_d t$$

$$=1-\frac{e^{-\xi\omega_n t}}{\sqrt{1-\xi^2}}(\sqrt{1-\xi^2}\cos\omega_d t+\xi\sin\omega_d t)$$

整理得

$$x_o(t)=\left[1-\frac{e^{-\xi\omega_n t}}{\sqrt{1-\xi^2}}\sin\left(\omega_d t+\arctan\frac{\sqrt{1-\xi^2}}{\xi}\right)\right]\cdot 1(t) \tag{3.7}$$

由式(3.7)可知，在欠阻尼情况下，二阶系统对单位阶跃输入的响应为衰减的振荡，其振荡角频率等于阻尼自然频率 ω_d，振幅按指数衰减，它们均与阻尼比 ξ 有关。ξ 越小则 ω_d 越接近于 ω_n，同时振幅衰减得越慢；ξ 越大则阻尼越大，ω_d 将减小，振幅衰减则会越快。

2. 无阻尼($\xi=0$)

若 $\xi=0$，系统有一对共轭虚根，此时特征根在 s 平面上的分布如图 3.12(b)所示，其传递函数可写为

$$\frac{X_o(s)}{X_i(s)}=\frac{\omega_n^2}{s^2+\omega_n^2}$$

针对单位阶跃输入，有

$$X_o(s)=X_i(s)\cdot\frac{1}{s}=\frac{\omega_n^2}{s^2+\omega_n^2}\cdot\frac{1}{s}=\frac{1}{s}-\frac{s}{s^2+\omega_n^2}$$

进行拉氏反变换得到系统在零阻尼下的单位阶跃响应为

$$x_o(t)=(1-\cos\omega_n t)\cdot 1(t) \tag{3.8}$$

此时系统以无阻尼自然频率 ω_n 做等幅振荡。

3. 临界阻尼($\xi=1$)

若 $\xi=1$，二阶系统有一对相等的负实根

$$s_{1,2}=-\xi\omega_n$$

此时特征根在 s 平面上的分布情况如图 3.12(c)所示，对于单位阶跃输入，系统输出可写为

$$X_o(s)=\frac{\omega_n^2}{(s+\omega_n)^2}\cdot\frac{1}{s}=\frac{1}{s}-\frac{\omega_n}{(s+\omega_n)^2}-\frac{1}{s+\omega_n}$$

进行拉氏反变换，得响应为

$$x_o(t)=(1-\omega_n t e^{-\omega_n t}-e^{-\omega_n t})\cdot 1(t) \tag{3.9}$$

此时达到振荡衰减的极限，系统不再振荡，称作临界阻尼情况。

4. 过阻尼($\xi>1$)

若 $\xi>1$，系统有两个不相等的负实根

$$s_{1,2}=-\xi\omega_n\pm\omega_n\sqrt{\xi^2-1}$$

此时，特征根在 s 平面上的分布情况如图3.12(d)所示，此时有

$$\frac{X_o(s)}{X_i(s)}=\frac{\omega_n^2}{(s+\xi\omega_n+\omega_n\sqrt{\xi^2-1})(s+\xi\omega_n-\omega_n\sqrt{\xi^2-1})}$$

对单位阶跃输入，系统的输出可表示为

$$X_o(s)=\frac{\omega_n^2}{(s+\xi\omega_n+\omega_n\sqrt{\xi^2-1})(s+\xi\omega_n-\omega_n\sqrt{\xi^2-1})}\cdot\frac{1}{s}$$

$$=\frac{1}{s}-\frac{\frac{1}{2(-\xi^2-\xi\sqrt{\xi^2-1}+1)}}{s+\xi\omega_n+\omega_n\sqrt{\xi^2-1}}-\frac{\frac{1}{2(-\xi^2+\xi\sqrt{\xi^2-1}+1)}}{s+\xi\omega_n-\omega_n\sqrt{\xi^2-1}}$$

进行拉氏反变换，得

$$x_o(t)=\left[1-\frac{1}{2(-\xi^2+\xi\sqrt{\xi^2-1}+1)}e^{-(\xi-\sqrt{\xi^2-1})\omega_n t}-\frac{1}{2(-\xi^2-\xi\sqrt{\xi^2-1}+1)}e^{-(\xi+\sqrt{\xi^2-1})\omega_n t}\right]\cdot 1(t) \tag{3.10}$$

式中包含了两个指数衰减项，由过阻尼 $\xi>1$，则 $|s_1|>|s_2|$，故式(3.10)括号中的第二项远较第一项衰减得快，因此可忽略第二项。此时，二阶系统蜕变为一阶系统。

根据式(3.7)、式(3.8)、式(3.9)和式(3.10)可作出不同阻尼比 ξ 下($1\geqslant\xi>0$)的响应曲线，上述4种情况系统对单位阶跃函数的响应曲线如图3.13所示，其横坐标为无量纲变量，输入信号为单位阶跃函数。

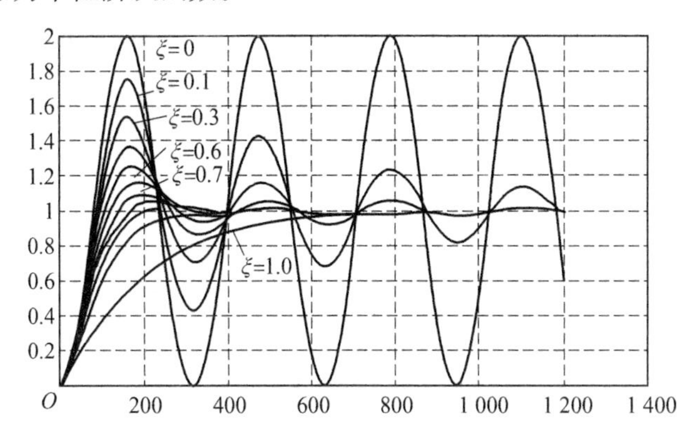

图3.13 不同阻尼下二阶系统的单位阶跃响应曲线

【例3.1】 已知二阶系统的单位阶跃响应为 $x_o(t)=1+0.2e^{-60t}-1.2e^{-10t}$。求：(1)系统的传递函数；(2)系统阻尼比 ξ 和无阻尼固有频率 ω_n。

解 (1) $X_i(s)=\frac{1}{s}$， $X_o(s)=\mathscr{L}[x_o(t)]=\frac{1}{s}+\frac{0.2}{s+60}-\frac{1.2}{s+10}=\frac{600}{s(s+60)(s+10)}$

$$\Phi(s)=\frac{X_o(s)}{X_i(s)}=\frac{600}{(s+60)(s+10)}=\frac{600}{s^2+70s+600}$$

(2)对比二阶系统的标准形式：

$$\Phi(s)=\frac{\omega_n^2}{s^2+2\xi\omega_n s+\omega_n^2}$$

有

$$\begin{cases}\omega_n^2=600\\2\xi_n\omega_n=70\end{cases}$$

则

$$\begin{cases}\omega_n\approx 24.5\ \text{rad/s}\\\xi\approx 1.429\end{cases}$$

3.3.2 二阶系统的单位脉冲响应

类似于上述对单位阶跃函数的响应分析过程,分 3 种情况讨论二阶系统对单位脉冲函数的响应。输入的单位脉冲 $x_i(t)=\delta(t)$,其象函数为 $X_i(s)=1$。

1. 欠阻尼情况($0<\xi<1$)

$$X_o(s)=\frac{\omega_n^2}{(s+\xi\omega_n+j\omega_d)(s+\xi\omega_n-j\omega_d)}$$

$$=\frac{\dfrac{\omega_n}{\sqrt{1-\xi^2}}(\omega_n\sqrt{1-\xi^2})}{(s+\xi\omega_n)^2+(\omega_n\sqrt{1-\xi^2})^2}$$

经拉氏反变换,得

$$x_o(t)=\left[\frac{\omega_n}{\sqrt{1-\xi^2}}e^{-\xi\omega_n t}\sin(\omega_d t)\right]\cdot 1(t) \tag{3.11}$$

由式(3.11)可知,当 $0<\xi<1$ 时,二阶系统的单位脉冲响应是以 ω_d 为角频率的衰减振荡,且随着 ξ 的减小,其振荡幅度加大,如图 3.14 所示。

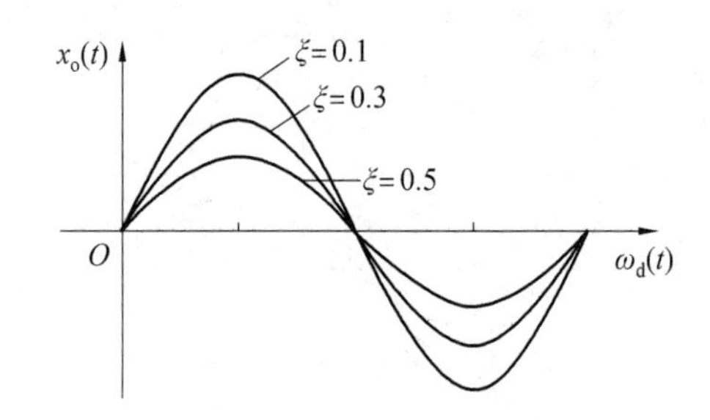

图 3.14 二阶系统的单位脉冲响应曲线($0<\xi<1$)

2. 临界阻尼情况($\xi=1$)

$$X_o(s)=\frac{\omega_n^2}{(s+\omega_n)^2}$$

经拉氏反变换,得

$$x_o(t)=\omega_n^2 t e^{-\omega_n t}\cdot 1(t)$$

其响应曲线如图 3.15 所示。

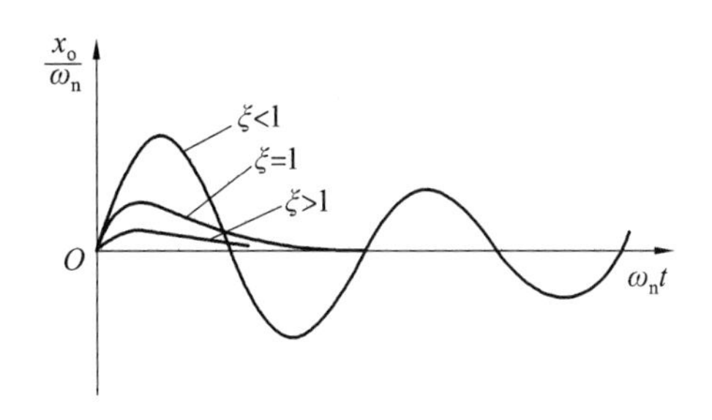

图 3.15 各种阻尼下二阶系统单位脉冲响应曲线

3. 过阻尼情况($\xi>1$)

$$X_o(s)=\frac{\omega_n^2}{(s+\xi\omega_n+\omega_n\sqrt{\xi^2-1})(s+\xi\omega_n-\omega_n\sqrt{\xi^2-1})}$$

对上式进行拉氏反变换,得

$$x_o(t)=\frac{\omega_n}{2\sqrt{\xi^2-1}}(e^{-p_2t}-e^{-p_1t})\cdot 1(t) \tag{3.12}$$

式中 $p_1=\omega_n(\xi+\sqrt{\xi^2-1})$, $p_2=\omega_n(\xi-\sqrt{\xi^2-1})$

如果$\xi>1$,则$|p_1|>|p_2|$,故上式e^{-p_1t}较e^{-p_2t}衰减得快,因此可以忽略e^{-p_1t},此时,二阶系统蜕变为一阶系统。

二阶系统的单位斜坡响应与上述分析过程类似,这里不再赘述。

3.4 系统时域性能指标

为了评价系统时间响应的性能指标,需要研究控制系统在典型输入信号作用下的响应过程。系统的响应过程由瞬态过程和稳态过程组成,本节首先定义与瞬态过程相关的时域性能指标。

3.4.1 时域性能指标定义

前面提到,对控制系统的基本要求是稳、准、快。工程上为了定量评价分析系统的性能,必须给出控制系统性能指标的确切定义和计算方法。稳定性是一个系统正常运行的基本条件。一个稳定系统的单位阶跃响应如图 3.16 所示。从图中可以看出,整个响应过程分为瞬态过程和稳态过程。对于具有储能元件的系统(即大于或等于一阶的系统),收到输入信号作用时,一般不能立即达到要求值,表现出一定的过渡过程。下面针对这两个过程分别定义系统的瞬态性能指标和稳态性能指标。

特别指出:时域分析性能指标是在初始条件为零的情况下,以系统对单位阶跃输入的瞬态响应形式给出的。因为阶跃输入对于系统来说,工作状态较为恶劣,如果系统在阶跃信号作用下具有良好的性能指标,则其他各种形式输入就能满足使用要求。

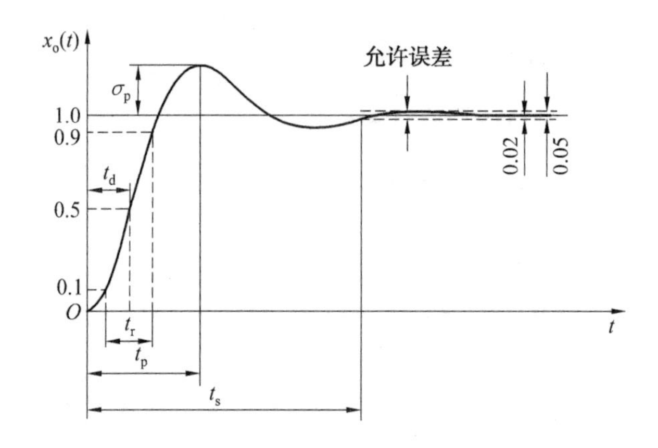

图 3.16　瞬态响应性能指标

1. 瞬态响应性能指标

(1)延迟时间 t_d:指响应曲线从零上升到稳态值 $x_o(\infty)$ 的 50% 所需要的时间。

(2)上升时间 t_r:指响应曲线从零时刻到首次到达稳态值的时间,即响应曲线从零上升到稳态值所需的时间。有些系统没有超调,理论上到达稳态值时间需要无穷大,因此,也将上升时间定义为响应曲线从稳态值的 10% 上升到稳态值的 90% 所需的时间。

(3)峰值时间 t_p:指响应曲线从零时刻越过稳态值 $x_o(\infty)$ 到达第一个峰值的时间。

(4)调整时间 t_s:指响应曲线达到并一直保持在终值 $x_o(\infty)\pm5\%$ 误差带内所需最短时间,有时也用终值 $x_o(\infty)\pm2\%$ 误差带来定义时间。

(5)最大超调量 σ_p:指单位阶跃输入时,响应曲线的最大峰值与稳态值的差。为方便评估通常用百分数表示为

$$\sigma_p=\frac{x_o(t_p)-x_o(\infty)}{x_o(\infty)}\times100\%$$

(6)振荡次数 N:指在调整时间 t_s 内响应曲线振荡的次数。

以上性能指标中,上升时间、峰值时间、调整时间、延迟时间反映快速性,而最大超调量振荡次数反映相对稳定性。在工程中最常用的是调整时间,超调量和峰值时间。应指出,除简单的一阶和二阶系统外,要精确计算这些动态指标的表达式是很困难的。因此,下面只重点讨论一阶和二阶系统的瞬态响应性能指标的计算方法。

2. 稳态响应性能指标

稳态误差是时间趋于无穷时系统实际输出与理想输出之间的误差,系统控制精度或抗干扰能力的一种度量,稳态误差有不同的定义,通常在典型输入下进行测定或计算,有关稳态误差及其计算将在本书第 5 章详细讨论。

3.4.2　一阶系统的时域性能指标

由 3.2.1 节可知,一阶系统对单位阶跃输入的响应表达式为

$$x_o(t)=(1-e^{-\frac{1}{T}t})\cdot1(t),(t\geqslant0) \tag{3.13}$$

根据式(3.13),可得出表 3.1 中的数据。一阶惯性环节在单位阶跃输入下的响应曲

线如图3.17所示。

表3.1 一阶惯性环节的单位阶跃响应

t	0	T	$2T$	$3T$	$4T$	$5T$	...	∞
$x_o(t)$	0	0.632	0.865	0.95	0.982	0.993	...	1

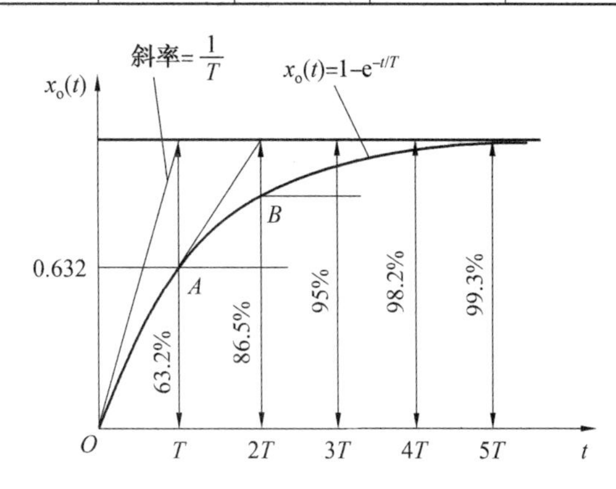

图3.17 一阶惯性环节的单位阶跃响应曲线

由上述数据可知,一阶系统的时间常数 T 是重要的特征参数,它表征了系统过渡过程的品质,T 越小,则系统响应越快,即很快达到稳定值。在上述机械系统中 $T=c/k$,则 c 和 k 均和系统动态性能有关。

在 $t=0$ 时刻,响应曲线的斜率为

$$\left.\frac{\mathrm{d}x_o(t)}{\mathrm{d}t}\right|_{t=0}=\left.\frac{1}{T}\mathrm{e}^{-\frac{1}{T}t}\right|_{t=0}=\frac{1}{T}$$

此外还可以得出,经过时间 T 曲线上升到0.632的高度,反过来,用实验的方法测出响应曲线达到稳态值的63.2%高度点所用的时间,即是惯性环节的时间常数 T。经过时间 $(3\sim4)T$,响应曲线已达稳态值的95%~98%,可以认为其调整过程已经完成,故一般取调整时间为 $(3\sim4)T$。

【例3.2】 设温度计能在1 min内指示出响应值的98%,并且假设温度计为一阶系统,传递函数为 $G(s)=\dfrac{1}{Ts+1}$,求时间常数 T。

解 一阶系统的单位阶跃函数的响应输出为

$$x_o(t)=1-\mathrm{e}^{-\frac{t}{T}}$$

一阶系统的响应达到98%,则说明其调整时间为1 min,则

$$1\times98\%=1-\mathrm{e}^{-\frac{1}{T}}$$

计算得

$$T=0.256\ \mathrm{min}$$

3.4.3 二阶系统的时域性能指标

从系统的单位阶跃响应曲线上确定上述各性能指标是比较容易的,但对于高阶系统,

要推导出各性能指标的解析式是比较困难的，现仅推导二阶系统的各项性能指标的计算公式。

以下推导欠阻尼二阶系统的时域性能指标的计算公式。

1. 上升时间 t_r

根据上升时间的定义，当 $t=t_r$ 时，$x_o(t_r)=1$ 可得

$$1=1-\frac{e^{-\xi\omega_n t_r}}{\sqrt{1-\xi^2}}\sin\left(\omega_d t_r+\arctan\frac{\sqrt{1-\xi^2}}{\xi}\right)$$

因为

$$e^{-\xi\omega_n t_r}\neq 0$$

所以

$$\sin\left(\omega_d t_r+\arctan\frac{\sqrt{1-\xi^2}}{\xi}\right)=0$$

令

$$\beta=\arctan\frac{\sqrt{1-\xi^2}}{\xi}=\arccos\xi \tag{3.14}$$

得

$$\omega_d t_r=\pi-\beta,2\pi-\beta,3\pi-\beta,\cdots$$

由于上升时间是输出响应首次达到稳态值的时间，故取 $\omega_d t_r=\pi-\beta$，所以

$$t_r=\frac{\pi-\beta}{\omega_d}=\frac{1}{\omega_n\sqrt{1-\xi^2}}\left(\pi-\arctan\frac{\sqrt{1-\xi^2}}{\xi}\right) \tag{3.15}$$

由式(3.15)可知，当 ξ 一定时，ω_n 增大，t_r 减小；当 ω_n 一定时，ξ 增大，t_r 增大。

2. 峰值时间 t_p

峰值点为极值点，将式(3.15)对时间求导，并令其为零，便可得峰值时间 t_p，即令 $\frac{dx_o(t)}{dt}=0$，得

$$\frac{\xi\omega_n e^{-\xi\omega_n t}}{\sqrt{1-\xi^2}}\sin(\omega_d t_p+\beta)-\frac{\omega_d e^{-\xi\omega_n t_p}}{\sqrt{1-\xi^2}}\cos(\omega_d t_p+\beta)=0$$

整理得

$$\tan(\omega_d t_p+\beta)=\frac{\sqrt{1-\xi^2}}{\xi}$$

因为 $\tan\beta=\sqrt{1-\xi^2}/\xi$，故上面的三角方程的解为 $\omega_d t_p=0,\pi,2\pi,3\pi,\cdots$因为是第一次超调时间，所以取 $\omega_d t_p=\pi$，于是峰值时间为

$$t_p=\frac{\pi}{\omega_d} \tag{3.16}$$

由上式可知，当 ξ 一定时，ω_n 增大，t_p 减小；当 ω_n 一定时，ξ 增大，t_p 增大，此情况与上升时间 t_r 相同。

3. 最大超调量 σ_p

因为最大超调量发生在峰值时间上，可得

$$\begin{aligned}\sigma_p &= [x_o(t_p)-1]\times100\% \\ &= -\frac{e^{-\xi\omega_n\left(\frac{\pi}{\omega_d}\right)}}{\sqrt{1-\xi^2}}(\sqrt{1-\xi^2}\cos\pi+\xi\sin\pi) \\ &= e^{-\xi\omega_n\left(\frac{\pi}{\omega_n\sqrt{1-\xi^2}}\right)}\times100\%\end{aligned}$$

故有

$$\sigma_p = e^{-\xi\pi/\sqrt{1-\xi^2}}\times100\% \tag{3.17}$$

依式(3.17)可见，超调量只与阻尼比 ξ 有关，而与无阻尼自然频率 ω_n 无关。因此系统的超调量直接反映系统的阻尼特性。换言之，当二阶系统的阻尼比 ξ 确定后，即可求出其超调量；反之，如果给出系统所需的超调量，可以由此确定系统的阻尼比。

4. 调整时间 t_s

由式(3.17)知，欠阻尼二阶系统的单位阶跃响应是一个衰减的正弦振荡，曲线 $1\pm\frac{e^{-\xi\omega_n t}}{\sqrt{1-\xi^2}}$ 是该响应曲线的包络线，如图 3.18 所示，单位阶跃响应曲线被包含在这一对称的包络线内。衰减速度取决于 $\xi\omega_n$ 的值。

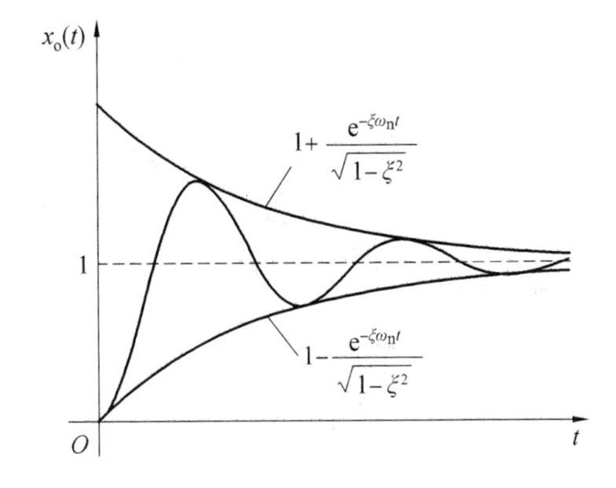

图 3.18 二阶系统单位阶跃响应包络线

根据调整时间的定义，考虑到 $x_o(\infty)=1$，设允许误差为 Δ，可得

$$|x_o(t)-x_o(\infty)|\leqslant\Delta\cdot x_o(\infty)\quad(t\geqslant t_s) \tag{3.18}$$

由式(3.18)计算调整时间非常烦琐，由于 $x_o(t)$ 是夹在两条包络线中间，如果包络线与 $x_o(\infty)$ 之间的差值小于允许误差，则 $x_o(t)$ 与 $x_o(\infty)$ 之间的偏差也小于允许误差，因此，可以用包络线进入允许误差带的时间，近似求解系统的调整时间 t_s。

包络线的函数为

$$F(t)=1\pm\frac{e^{-\xi\omega_n t}}{\sqrt{1-\xi^2}}$$

有

$$\left|\frac{e^{-\xi\omega_n t}}{\sqrt{1-\xi^2}}\right| \leqslant \Delta \quad (t \geqslant t_s)$$

$$t_s \geqslant \frac{1}{\xi\omega_n}\ln\frac{1}{\Delta\sqrt{1-\xi^2}}$$

若取 $\Delta=0.05$,即取±5%的误差范围,得

$$t_s \geqslant \frac{3+\ln\dfrac{1}{\sqrt{1-\xi^2}}}{\xi\omega_n} \tag{3.19}$$

若取 $\Delta=0.02$,即取±2%的误差范围,得

$$t_s \geqslant \frac{4+\ln\dfrac{1}{\sqrt{1-\xi^2}}}{\xi\omega_n} \tag{3.20}$$

当阻尼比 ξ 较小时,取 $0<\xi<0.7$,式(3.19)和式(3.20)的后两项可忽略,得到近似计算公式为

$$t_s \approx \frac{3}{\xi\omega_n} \quad (\Delta=0.05) \tag{3.21}$$

$$t_s \approx \frac{4}{\xi\omega_n} \quad (\Delta=0.02) \tag{3.22}$$

由式(3.21)和式(3.22)可见,当阻尼比 ξ 一定时,无阻尼自振角频率 ω_n 越大,调整时间 t_s 越短,即系统响应越快。

5. 振荡次数 N

振荡次数是指 $x_o(t)$ 在 $0\leqslant t\leqslant t_s$ 时间内所包含振荡周期的个数,而系统的振荡周期为 $2\pi/\omega_d$,所以振荡次数为

$$N=\frac{t_s}{2\pi/\omega_d}$$

因此,根据调整时间 t_s 的计算公式(3.21)和式(3.22)可得

$$N=\frac{1.5\sqrt{1-\xi^2}}{\pi\xi} \quad (\Delta=0.05) \tag{3.23}$$

$$N=\frac{2\sqrt{1-\xi^2}}{\pi\xi} \quad (\Delta=0.02) \tag{3.24}$$

由式(3.23)和式(3.24)可以看出,振荡次数只与阻尼比 ξ 有关,而与无阻尼自然频率 ω_n 无关,且随着 ξ 的增大而减少,因此振荡次数 N 直接反映系统的阻尼特性。

综上所述,二阶系统的瞬态响应指标均是系统特征参数 ξ 和 ω_n 的函数。要使系统具有满意的动态性能,必须选取合适的阻尼比 ξ 和无阻尼自然频率 ω_n。提高 ω_n,可以提高二阶系统的响应速度,缩短上升时间、峰值时间和调整时间。若增大 ξ,则可以减弱系统的振荡,即降低超调量、减少振荡次数,但是会延长系统的上升时间和峰值时间。

因此系统的响应速度和振荡特性之间往往是存在矛盾的,要减弱系统的振荡特性,又要使系统具有较快的响应速度,需要选择合适的 ξ 和 ω_n 来实现。所以上述瞬态性能指标

对系统的分析与设计是十分有用的。下面通过几个例题来介绍这些指标的计算和运用。

【例3.3】 图3.19(a)所示是由质量m、阻尼系数c、弹簧刚度k和外力$f(t)$组成的机械动力系统,$x_o(t)$是输出位移。当外力$f(t)$施加3 N阶跃力后,记录仪上记录质量m物体的时间响应曲线如图3.19(b)所示。试求该系统的质量m、阻尼系数c和弹簧刚度k。

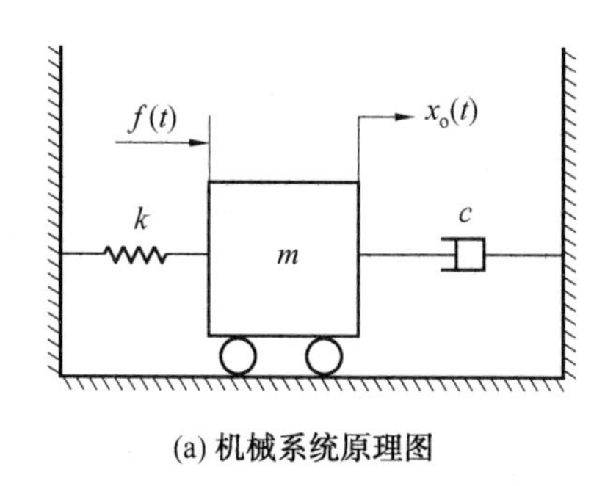

(a) 机械系统原理图

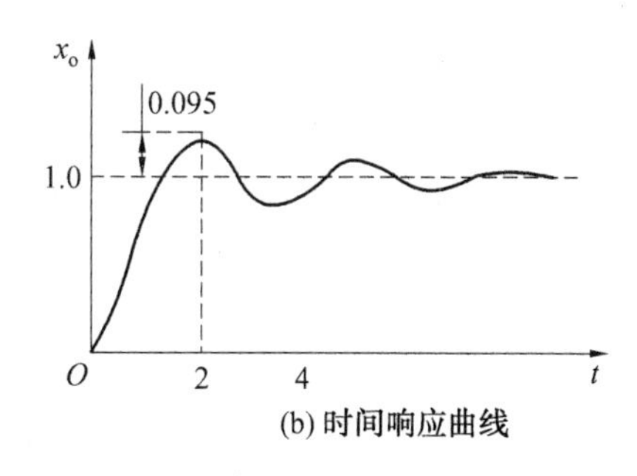

(b) 时间响应曲线

图3.19 机械动力系统

解 对于该系统,建立微分方程

$$m\frac{\mathrm{d}^2x_o(t)}{\mathrm{d}t^2}+c\frac{\mathrm{d}x_o(t)}{\mathrm{d}t}+kx_o(t)=f(t)$$

得到传递函数为

$$G(s)=\frac{1}{ms^2+cs+k}$$

(1)求k。

由拉氏变换的终值定理可知

$$\begin{aligned}x_o(\infty)&=\lim_{t\to\infty}x_o(t)=\lim_{s\to0}s\cdot X_o(s)\\&=\lim_{s\to0}s\frac{1}{ms^2+cs+k}\cdot\frac{3}{s}\\&=\frac{3}{k}\end{aligned}$$

而$x_o(\infty)=1.0$,因此$k=3$。

(2)求m。

由$\sigma_p=\dfrac{x_o(t_p)-x_o(\infty)}{x_o(\infty)}\times100\%$得

$$\sigma_p=\frac{0.095}{1.0}\times100\%=9.5\%$$

又由式$\sigma_p=\mathrm{e}^{\frac{-\xi\pi}{\sqrt{1-\xi^2}}}\times100\%$求得$\xi=0.6$。

将$t_p=2,\xi=0.6$代入$t_p=\dfrac{\pi}{\omega_d}=\dfrac{\pi}{\omega_n\sqrt{1-\xi^2}}$中,得$\omega_n=1.96$。

再由$\dfrac{k}{m}=\omega_n^2$求得$m=0.78$。

(3)求 c。

由 $2\xi\omega_n=\dfrac{c}{m}$,求得 $c=1.83$。

3.5 高阶系统的瞬态响应

工程中的所有控制系统都可以用高阶微分方程来描述,这种大于三阶的系统通常称为高阶系统。对于高阶系统的研究与分析比较复杂,一般的高阶机电系统可以分解成若干一阶惯性环节和二阶振荡环节的叠加。其瞬态响应即由这些一阶惯性环节和二阶振荡环节的响应函数叠加组成。

对于一般单输入-单输出的线性定常系统,其传递函数可表示为

$$\frac{X_o(s)}{X_i(s)}=\frac{b_m s^m+b_{m-1}s^{m-1}+\cdots+b_1 s+b_0}{a_n s^n+a_{n-1}s^{n-1}+\cdots+a_1 s+a_0}$$

系统特征方程式为 $a_n s^n+a_{n-1}s^{n-1}+\cdots+a_1 s+a_0=0$。特征方程有 n 个特征根,设其中 n_1 个为实数根个数,n_2 为共轭复数根对数,故 $n=n_1+n_2$。由此,特征方程可以分解为 n_1 个一次因式 $(s+p_j)$ $(j=1,2,\cdots,n_1)$ 和 n_2 个二次因式 $(s^2+2\xi_k\omega_{nk}s+\omega_{nk}^2)$ $(k=1,2,\cdots,n_2)$ 的乘积,也就是说系统的闭环传递函数具有 n_1 个实极点 $-p_j$,n_2 对共轭复数极点 $(-\xi_k\omega_{nk}\pm \mathrm{j}\omega_{nk}\sqrt{1-\xi_k^2})$。

设系统的传递函数有 m 个零点 $-z_i$ $(i=1,2,\cdots,m)$,则系统闭环传递函数可以写成

$$G(s)=\frac{X_o(s)}{X_i(s)}=\frac{K\prod_{i=1}^{m}(s+z_i)}{\prod_{j=1}^{n_1}(s+p_j)\prod_{k=1}^{n_2}(s^2+2\xi_k\omega_{nk}s+\omega_{nk}^2)}$$

输入为单位跃阶函数 $X_i(s)=1/s$,则高阶系统的输出为

$$X_o(s)=\frac{K\prod_{i=1}^{m}(s+z_i)}{s\prod_{j=1}^{n_1}(s+p_j)\prod_{k=1}^{n_2}(s^2+2\xi_k\omega_{nk}s+\omega_{nk}^2)}$$

对上式按部分分式展开,得

$$X_o(s)=\frac{A_0}{s}+\sum_{j=1}^{n_1}\frac{A_j}{s+p_i}+\sum_{k=1}^{n_2}\frac{B_k(s+\xi_k\omega_{nk})+C_k\omega_{nk}\sqrt{1-\zeta_k^2}}{s^2+2\xi_k\omega_{nk}+\omega_{nk}^2} \tag{3.25}$$

式中,A_0、A_j、B_k 和 C_k 是由部分分式所确定的常数,由留数定理可以求出。对上式进行拉氏反变换,可得高阶系统的单位阶跃响应为

$$X_o(t)=A_0+\sum_{j=1}^{n_1}A_j e^{-p_j t}+\sum_{k=1}^{n_2}\sqrt{B_k^2+C_k^2}\,e^{-\xi_k\omega_{nk}t}\sin(\omega_{dk}t+\beta_k)$$

式中 β_k——$\beta_k=\arctan^{-1}\dfrac{B_k}{C_k}$。

式(3.25)中,第一项为稳态分量,第二项为指数曲线(一阶系统),第三项为振荡曲线(二阶系统)。因此,高阶系统的响应曲线可以等效为多个一阶系统和二阶系统响应的叠加。为了在工程上处理方便,某高阶系统通过合理简化,可以用低阶系统近似。对于稳定系统,远离虚轴的极点对应的项因为收敛较快,只影响阶跃响应的初始段,而距离虚轴近的极点对应的项衰减缓慢,系统动态性能主要取决于这些极点对应的响应分量。此外,各瞬态分量的具体值还与其系数大小有关,根据部分分式理论,各瞬态分量的系数与零、极点分布有如下关系:①若某极点远离原点,则相应项系数小;②若某极点接近于一零点,而又远离其他极点和零点,则相应项系数也很小;③若某极点远离零点又接近原点或其他极点,则相应项系数就比较大,系数大而且衰减慢的分量在瞬态响应中起主要作用。因此,距离虚轴近而且附近又没有零点的极点对系统动态性能起到主导作用,称其为“主导极点”。

一般规定:若某极点的实部大于主导极点实部的5~6倍以上时,则忽略相应分量的影响;若两相邻零、极点间距离比它们本身的模值小一个数量级时,则称该对零、极点为“偶极子”,其作用近似抵消,则可以忽略相应分量影响。

下面的例子演示如何利用“主导极点”确定法及“偶极子”对消方法简化高阶系统,这里应注意使简化后系统与原高阶系统有相同增益,以保证阶跃响应终值相同。

【例3.4】 已知系统传递函数为

$$G(s)=\frac{(0.24s+1)}{(0.25s+1)(0.04s^2+0.24s+1)(0.0625s+1)}$$

试计算其动态性能指标。

解 先将传递函数写为零、极点形式

$$G(s)=\frac{383.693(s+4.17)}{(s+4)(s^2+6s+25)(s+16)}$$

可见,系统主导极点为$p_{1,2}=-3\pm j4$,忽略其非主导极点$p_4=-16$和一对偶极子($p_3=-4, z_1=-4.17$)。注意原系统增益为1,降阶处理后传递函数为

$$G(s)=\frac{383.693\times4.17}{4\times16}\cdot\frac{1}{s^2+6s+25}=\frac{25}{s^2+6s+25}$$

利用式(3.17)和式(3.19),估算系统动态指标,这里$\omega_n=5,\xi=0.6$,有

$$\sigma_p=e^{-\xi\pi/\sqrt{1-\xi^2}}\times100\%=9.5\%$$

$$t_s=\frac{3.5}{\xi\omega_n}=1.17$$

降阶前后系统阶跃响应曲线对比图如图3.20所示。

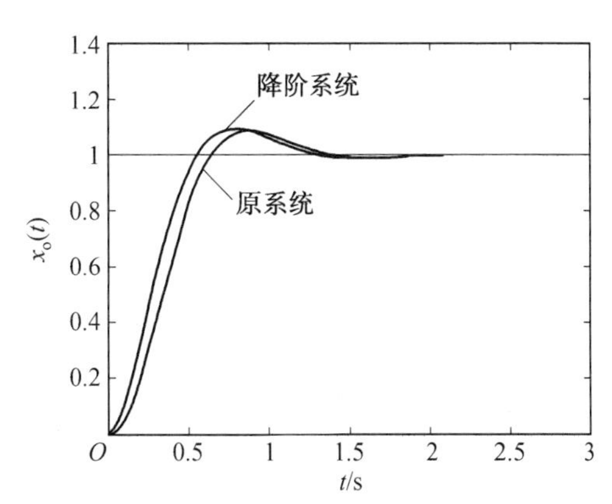

图3.20 降阶前后系统阶跃响应曲线对比

MATLAB程序如下:

```
t=[0:0.02:3];rh=ones(size(t));
tf1=tf([0.24,1],conv([0.25 1],conv
([0.04 0.24 1],[0.0625 1])))
```

```
c1=step(tf1,t);
tf2=tf(25,[1 6 25]);
c2=step(tf2,t);
plot(t,rh,'r-',t,c1,'b-',t,c2,'k-');
```

3.6 设计实例:工作台自动控制系统的时域分析

通过对本章的学习,就可以对“工作台自动控制系统”的性能进行时域分析了。时域分析是给自动控制系统一个典型的输入,如阶跃函数,通过系统对此输入的时间响应分析系统的性能。在此,给“工作台自动控制系统”输入一个单位阶跃函数。这相当于工作台的初始位置为零时,将给定电位器指针突然拨到位置1.0。在此单位阶跃输入下,工作台开始按着一定的规律运动。下面通过本章所学的知识求出工作台的运动规律,进而分析系统的时域特性。

在第2章建立了工作台位置自动控制系统的数学模型式为

$$G_b(s)=\frac{K_pK_qK_gK}{Ts^2+s+K_qK_gK_fK} \tag{3.26}$$

式中

$$T=\frac{R_aJ}{R_aD+K_eK_T},\quad K=\frac{K_T/i}{R_aD+K_eK_T}$$

其中,J为电动机、减速机、滚珠丝杠和工作台等效到电动机转子上的总转动惯量,设$J=0.012\,5\ \mathrm{kg\cdot m^2}$;$D$为折合到电动机转子上的总黏性阻尼系数,设$D=0.005(\mathrm{N\cdot m\cdot s})/\mathrm{rad}$;$R_a$为电动机转子线圈的电阻,设$R_a=4\ \Omega$;$K_T$为电动机的力矩常数,设$K_T=0.2(\mathrm{N\cdot m\cdot s})/\mathrm{A}$;$K_e$为反电动势常数,设$K_e=0.15(\mathrm{V\cdot s})/\mathrm{rad}$;$i$为传动比,设$i=4\,000$;$K_g$为功率放大器的放大倍数,设$K_g=10$;$K_p$为给定转换系数,设$K_p=10$;$K_f$为反馈转换系数,设$K_f=10$;$K_q$为前置放大器的放大倍数,设$K_q=10$。将这些参数代入上式得

$$T=\frac{R_aJ}{R_aD+K_eK_t}=\frac{4\times0.012\,5}{4\times0.005+0.15\times0.2}=1$$

$$K=\frac{K_T/i}{R_aD+K_eK_T}=\frac{0.2/4\,000}{4\times0.005+0.15\times0.2}=0.001$$

与二阶系统的标准传递函数比较可知其无阻尼固有频率和阻尼比分别为

$$\begin{cases}\omega_n=\sqrt{\dfrac{K_qK_gK_fK}{T}}\\ \xi=\dfrac{1}{2T\omega_n}\end{cases} \tag{3.27}$$

将上述系数代入式(3.26)得

$$G_b(s)=\frac{1}{s^2+s+1} \tag{3.28}$$

求得,$\xi=0.5$,$\omega_n=1\ \mathrm{rad/s}$。

将$\xi=0.5$和$\omega_n=1\ \mathrm{rad/s}$分别代入式(3.15)、式(3.16)、式(3.17)和式(3.18)计算

出其上升时间 $t_r=2.42$ s、峰值时间和最大超调量分别为 $t_p=3.63$ s，$\sigma_p=16.3\%$，误差限度系数为$\Delta=0.05$时，调整时间为 $t_s=6.93$ s。根据欠阻尼二阶系统在单位阶跃信号输入下的时间响应公式可以画出其相应曲线，如图3.21中曲线1所示。由图可见，在单位阶跃输入信号作用下工作台的位移响应曲线是减幅正弦振荡函数曲线，也是一个振荡特性适度而持续时间又较短的过渡过程。

当其他系数不变，等效到电动机转子上的总转动惯量减少时，系统的固有频率和阻尼比都将增加。例如，当 $J=0.008\ 75\ \text{kg}\cdot\text{m}^2$ 时，$\xi=0.6$，$\omega_n=1.2$ rad/s。如图3.21中曲线2所示，系统仍处于减幅振荡状态，比较曲线1和2可知，超调量取决于阻尼比，阻尼比越小，超调量越大，快速性主要取决于系统固有频率，固有频率越大，响应速度越快；当 $J=0.003\ 1\ \text{kg}\cdot\text{m}^2$ 时，$\xi=1$，$\omega_n=2$ rad/s，系统处于临界阻尼状态，不再呈现振荡特性，无超调现象，如图3.21中曲线3所示；当 $J=0.000\ 5\ \text{kg}\cdot\text{m}^2$ 时，$\xi=2.5$，$\omega_n=5$ rad/s，系统为过阻尼状态，如图3.21中曲线4所示。由图可见，系统响应速度较慢。在无超调条件下，临界阻尼状态系统响应速度最快。

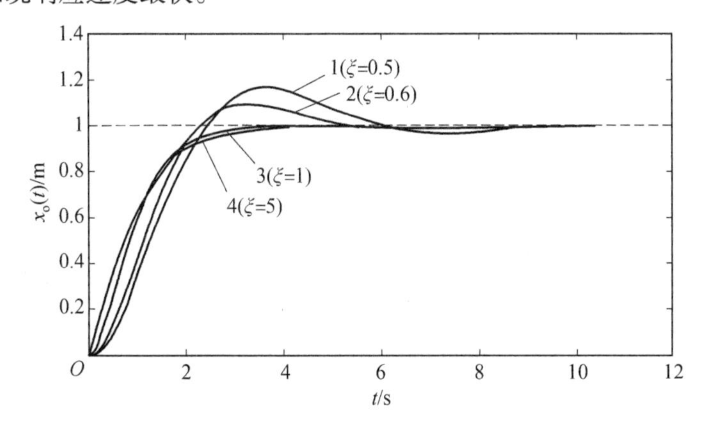

图3.21　不同负载惯量条件下的工作台位移输出相应曲线

在实际自动控制系统中常常把前置放大器的放大倍数做成可调整的，在系统调试过程中调整此放大器的放大倍数，以获得希望的系统性能。由公式(3.23)知，若前置放大器的放大倍数 K_p增大，则阻尼比 ξ 减小，当系统恰好处于临界阻尼状态时，增大前置放大器的放大倍数可将系统调整为欠阻尼状态。同理，也可以通过减小放大倍数把欠阻尼变成临界阻尼或者过阻尼，从而把有超调系统变成无超调系统。从这三条时域响应曲线还可以看出，该系统在阶跃函数输入时的稳态响应误差为零，在理论上这是正确的。这是由于把系统的阻尼假设成黏性阻尼的原因。但是实际上系统存在库仑阻尼，所以在此情况下实际系统的稳态误差不可能精确为零，这一点通过实验已经得到了证明。

习　题

1. 如图3.22所示的阻容网络中，$u_i(t)=[1(t)-1(t-30)]$(V)。当 $t=4$ s 时，输出 $u_o(t)$值为多少？当 t 为30 s 时，输出 $u_o(t)$又约为多少？

2. 某系统传递函数为 $\Phi(s)=\dfrac{s+1}{s^2+5s+6}$，试求其单位脉冲响应函数。

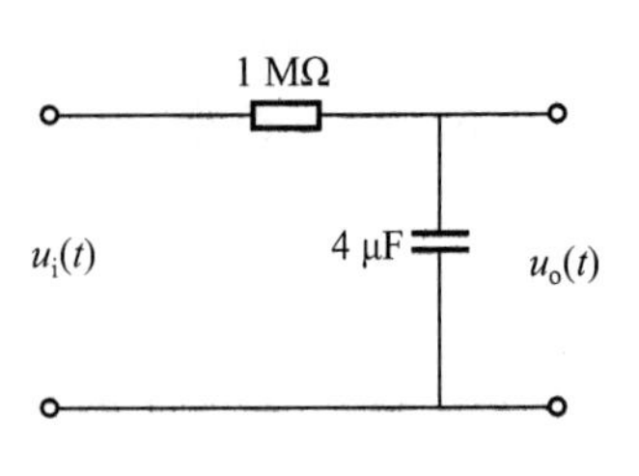

图 3.22　1 题图

3. 设单位反馈系统的开环传递函数为 $G(s)=\dfrac{4}{s(s+5)}$，试求该系统的单位阶跃响应和单位脉冲响应。

4. 设单位反馈系统的开环传递函数为 $G(s)=\dfrac{1}{s(s+1)}$，试求系统的上升时间、峰值时间、最大超调量和调整时间。当 $G(s)=\dfrac{K}{s(s+1)}$时，试分析放大倍数 K 对单位阶跃输入产生的输出动态过程特性的影响。

5. 已知一系统由下述微分方程描述：

$$\frac{d^2y}{dt}+2\xi\frac{dy}{dt}+y=x,\quad 0<\xi<1$$

当 $x(t)=1(t)$时，试求最大超调量。

6. 设有一系统的传递函数为 $G(s)=\dfrac{\omega_n^2}{s^2+2\xi\omega_n s+\omega_n^2}$，为使系统对阶跃响应有 5% 的超调量和 2 s 的调整时间，试求 ξ 和 ω_n。

7. 证明对于如图 3.23 所示系统，$\dfrac{X_o(s)}{X_i(s)}$在右半 s 平面上有零点，当 $X_i(t)$ 为单位阶跃时，求 $X_o(t)$。

8. 设一单位反馈系统的开环传递函数为 $G(s)=\dfrac{10}{s(s+1)}$，该系统的阻尼比为 0.157，无阻尼自振角频率为 3.16 rad/s，现将系统改变为如图 3.24 所示，使阻尼比为 0.5。试确定 K_n 值。

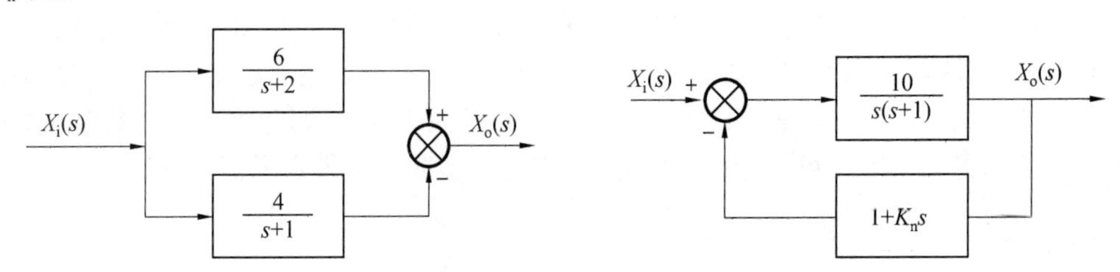

图 3.23　7 题图　　　　图 3.24　8 题图

9. 二阶系统在 s 平面中有一对复数共轭极点，试在 s 平面中画出与下列指标相应的极点可能分布的区域：

(1) $\xi\geqslant 0.707$，$\omega_n>2$ rad/s；

(2)$0 \leqslant \xi \leqslant 0.707, \omega_n \leqslant 2$ rad/s;

(3)$0 \leqslant \xi \leqslant 0.5$, 2 rad/s $\leqslant \omega_n \leqslant 4$ rad/s。

10. 设一系统如图3.25(a)所示。

(1)当控制器 $G_c(s)=1$ 时,求单位阶跃输入时系统的响应。设初始条件为零,讨论 L 和 J 对响应的影响。

(2)设 $G_c(s)=1+T_d s, J=1\ 000$, $L=10$,为使系统为临界阻尼,求 T_d 的值。

(3)现在要求得到一个没有过调的响应,输入函数形式如图3.25(b)所示。设$G_c(s)=1$,L 和 J 参数同前,求 K 和 t_1。

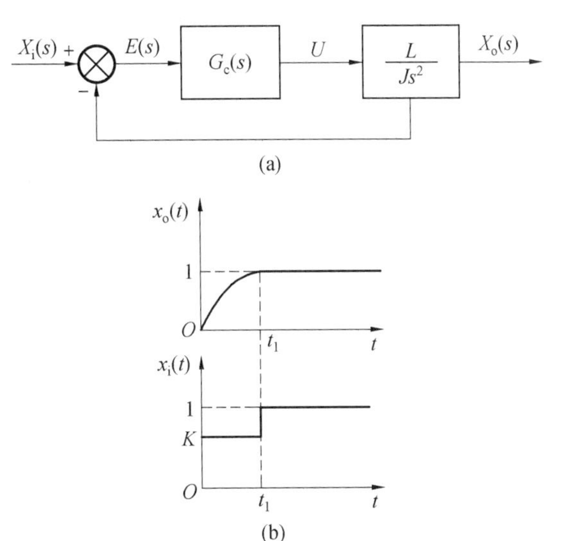

图3.25　10题图

11. 如图3.26所示为宇宙飞船姿态控制系统方块图。假设系统中控制器时间常数$T=3$ s,力矩与惯量比为$\frac{K}{J}=\frac{2}{9}\mathrm{rad/s^2}$。试求系统阻尼比。

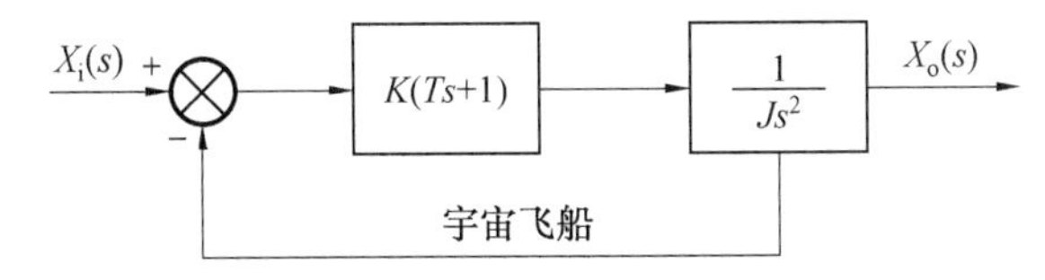

图3.26　11题图

12. 设一伺服电动机的传递函数为$\frac{\Omega(s)}{U(s)}=\frac{K}{Ts+1}$。假定电动机以 ω_0 的恒定速度转动,当电动机的控制电压 u_o突然降到0时,试求其速度响应方程式。

13. 对于如图3.27所示的系统,如果将阶跃输入 θ_i 作用于该系统,试确定表述角度位置 θ_0 的方程式。假定该系统为欠阻尼系统,初始状态静止。

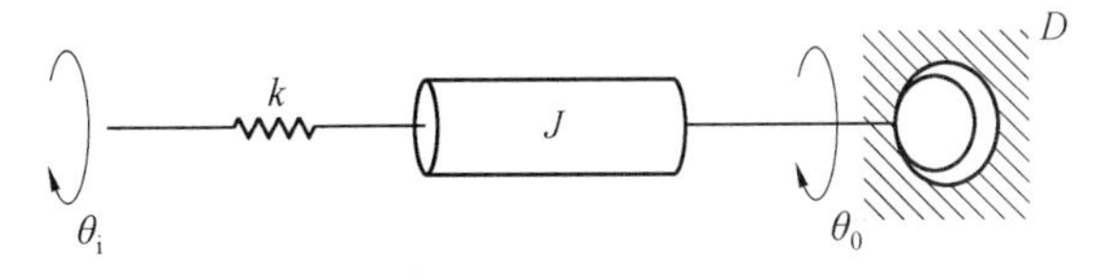

图3.27　13题图

14. 某系统如图3.28所示,试求单位阶跃响应的最大超调量 σ_p、上升时间 t_r和调整时间 t_s。

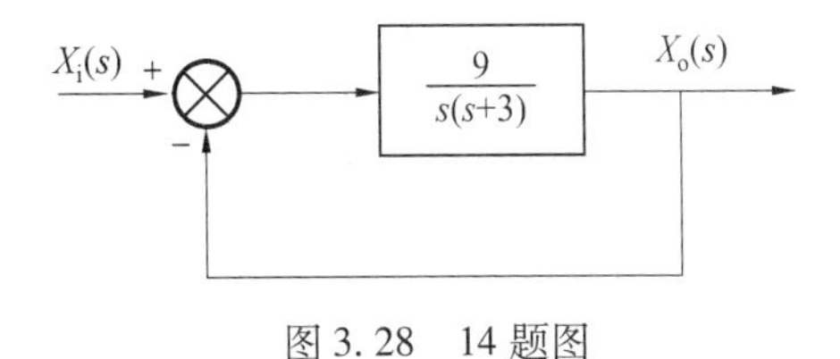

图3.28　14题图

15. 单位负反馈系统的开环传递函数为$G(s)=\frac{K}{s(Ts+1)}$。其中,$K>0, T>0$。问放大器增益减少多少方能使系统单位阶跃响应的最大超调由 75% 降到 25%？

16. 单位阶跃输入情况下测得某伺服机构的响应为 $x_o(t)=1+0.2e^{-60t}-1.2e^{-10t}$。试求：

(1)闭环传递函数；

(2)系统的无阻尼自振角频率及阻尼比。

17. 某单位负反馈系统的开环传递函数为 $G(s)=\dfrac{K}{s(s+10)}$，阻尼比为 0.5 时，求 K 值，并求单位阶跃输入时该系统的调整时间、最大超调量和峰值时间。

18. 试比较如图 3.29 所示两个系统的单位阶跃响应。

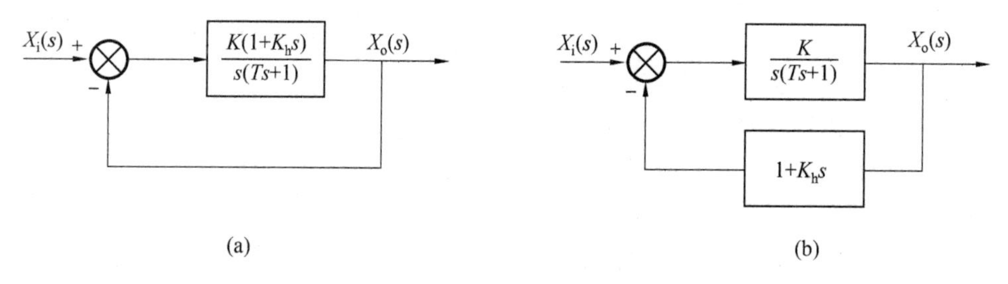

图 3.29　18 题图

19. 系统结构图如图 3.30 所示。已知系统单位阶跃响应的超稠量 $\sigma\%=16.3\%$，峰值时间 $t_p=1$ s，求系统的开环传递函数 $G(s)$；求系统的闭环传递函数 $\Phi(s)$；根据已知的性能指标 $\sigma\%$、t_p，确定系统参数 K 及 τ；计算等速输入 $r(t)=1.5t(°)/s$ 时系统的稳态误差。

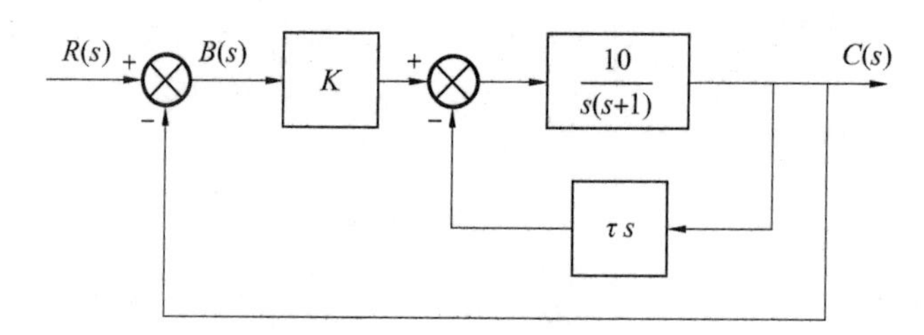

图 3.30　19 题图

20. 若某系统的输入为等加速住号 $r(t)=\dfrac{1}{2}t^2$ 时，其稳误差 $e_{ss}\to\infty$，则此系统可能为什么型系统？

21. 图 3.31 为仿型机床位置随动系统的方块图。试求该系统的：

(1)阻尼比 ξ 及无阻尼自振率 ω_n；

(2)反应单位阶跃函数过渡过程的超调量 σ、峰值时间 t_p、过渡过程时间 t_s 及振荡次数 N。

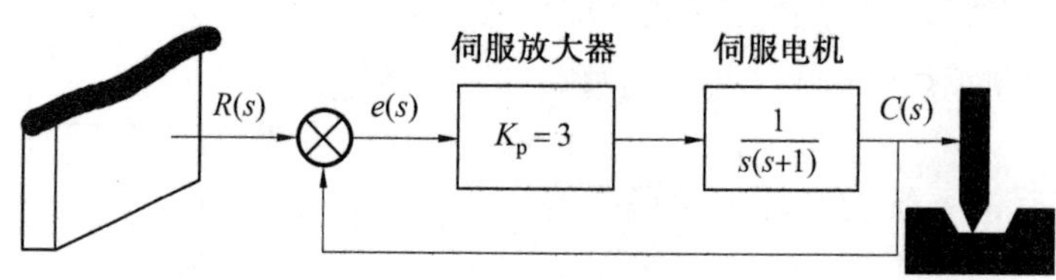

图 3.31　21 题图

22. 图3.32(a)所示系统的单位阶跃响应如图3.32(b)所示。试确定系统参数K_1、K_2和α。

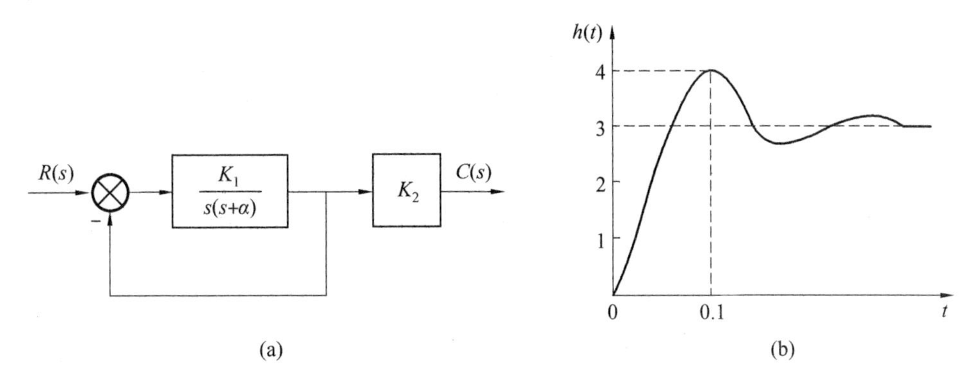

图3.32　22题图

第4章 系统的频率特性分析

时域状态响应法是分析控制系统的直接方法,比较直观,但是当系统是高阶系统时,不借助计算机工具进行分析是很困难的。而且系统的时间响应没有明确反映出系统响应与系统结构、参数之间的关系。

频域分析法是一种图解的研究方法,也是一种工程上广泛采用的控制系统分析和设计的经典方法,该方法通过系统的频率特性分析系统的稳定性、瞬态性能和稳态性能等。频率特性可以由微分方程或传递函数求得,还可以用实验方法测定。频域分析法不必直接求解系统的微分方程,而是间接地揭示系统的时域性能,它能方便地显示出系统参数对系统性能的影响,并可以进一步指明如何设计校正。

频率响应尽管不如阶跃响应那样直观,但同样能间接地表示系统的特性。除了电路特性和频率特性有着密切的关系外,在机械工程中机械振动与频率也有密切的关系。机械受到一定频率的作用力时产生强迫振动,内反馈还会引起自激振动。机械振动学中的共振频率、频谱密度、动刚度、抗振稳定性等概念都可以归结为机械系统在频率域中表现的特性,频域法能简便而清晰地建立这些概念。

本章将首先介绍频率响应、频率特性的基本概念,重点介绍频率特性的绘制,以及由频率特性分析系统性能、设计控制系统的方法。

4.1 频率特性的概念

4.1.1 频率响应与频率特性

用正弦信号输入时系统的响应来分析,但这种响应并不是单看某个频率的正弦信号输入时的瞬态响应,而是考查频率由低到高无数个正弦信号输入下所对应的每个输出的稳态响应。

1. 频率响应

线性定常系统对正弦信号输入的稳态响应称为频率响应,如图4.1所示。

根据微分方程解的理论,若对系统输入一谐波信号 $x_i(t)=X_i\sin\omega t$,则系统的稳态输出响应也为同一频率的正弦信号,但幅值和相位发生了变化。

$$x_o(t)=X_o\sin(\omega t+\varphi)$$

下面通过一个实例来分析当系统输入一个正弦信号时的稳态响应是否符合上述情况。

【例4.1】 一阶惯性系统的传递函数为 $G(s)=K/Ts+1$,试求当输入一个正弦信号 $x_i(t)=X_i\sin\omega t$ 时系统的稳态响应。

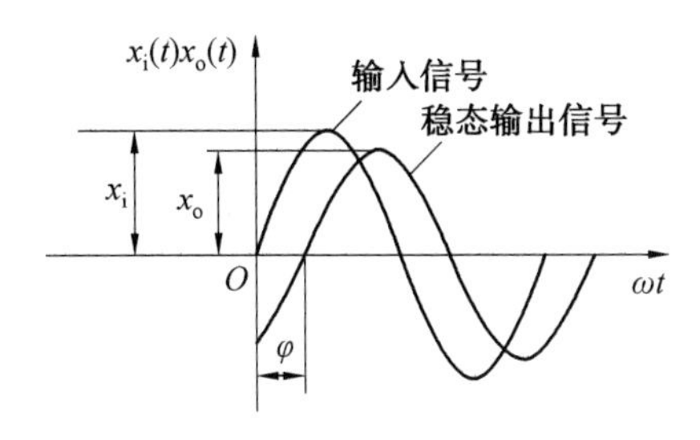

图4.1 输入正弦信号的频率响应

解 输入信号的拉氏变换为

$$X_i(s)=\frac{X_i\omega}{s^2+\omega^2}$$

输出信号的拉氏变换为

$$\begin{aligned}X_o(s)&=G(s)X_i(s)=\frac{K}{Ts+1}\cdot\frac{X_i\omega}{s^2+\omega^2}\\&=\frac{KX_iT^2\omega}{1+T^2\omega^2}\cdot\frac{1}{Ts+1}-\frac{KX_iT\omega}{1+T^2\omega^2}\cdot\frac{s}{s^2+\omega^2}+\frac{KX_i}{1+T^2\omega^2}\cdot\frac{\omega}{s^2+\omega^2}\end{aligned}$$

对上式进行拉氏反变换,得到输出信号为

$$X_o(t)=\frac{X_iKT\omega}{1+T^2\omega^2}\cdot e^{-t/T}+\frac{X_iK}{1+T^2\omega^2}(\sin\omega t-T\omega\cos\omega t)$$

进一步化简得

$$X_o(t)=\frac{X_iKT\omega}{1+T^2\omega^2}\cdot e^{-t/T}+\frac{X_iK}{\sqrt{1+T^2\omega^2}}\sin(\omega t-\arctan T\omega)\tag{4.1}$$

由式(4.1)可以看出,输出信号由两项组成,第一项是负指数函数,随着时间的推移,当 $t\to\infty$ 时,该项迅速衰减到零;第二项是正弦函数,振动频率是 ω,幅值是$\frac{X_iK}{\sqrt{1+T^2\omega^2}}$,相位是$-\arctan T\omega$,所以系统的稳态响应为

$$X_o(t)=\frac{X_iK}{\sqrt{1+T^2\omega^2}}\sin(\omega t-\arctan T\omega)\tag{4.2}$$

由上例验证,系统的稳态响应是与输入信号同频率的正弦信号,其幅值为 $X_o(\omega)=\frac{X_iK}{\sqrt{1+T^2\omega^2}}$,相位为 $\varphi(\omega)=-\arctan T\omega$。

上述分析表明,对于稳定的线性定常系统,加入一个正弦信号,它的稳态响应是一个与输入同频率的正弦信号,稳态响应与输入不同之处仅在于幅值和相位。其幅值放大了$\frac{K}{\sqrt{1+T^2\omega^2}}$倍,相位移动了$-\arctan T\omega$。幅值和相位的变化量都是频率 ω 的函数。

值得注意的是,当正弦信号的频率 ω 不同时,幅值 $X_o(\omega)$ 与相位 $\varphi(\omega)$ 也不同。系统的频率响应与系统的频率有一定的对应关系,这恰好提供了有关系统本身特性的重要信息。系统能否将特定频率信号不失真地传递过去,决定于系统的性能。从这个意义上说,研究频率响应或者频率特性就是在频域中研究系统的特性。

2. 频率特性

系统的频率特性指系统在正弦信号作用下系统的稳态响应的振幅、相位与所输入正弦信号频率之间的函数关系。

由上述可知，线性系统在正弦信号输入下的稳态响应为幅值和相位发生改变的正弦函数。因此，定义稳态响应的幅值与输入信号的幅值之比 $A(\omega)=\dfrac{X_o(\omega)}{X_i(\omega)}$ 为系统的幅频特性，它描述了系统对不同频率输入信号在稳态时的放大特性；定义稳态响应与正弦输入信号的相位差 $\varphi(\omega)$ 为系统的相频特性，它描述系统的稳态响应对不同频率输入信号的相位移特性。

幅频特性和相频特性总称为系统的频率特性，为便于利用复变函数这个数学工具对系统进行频率特性描述和分析，将其记为 $A(\omega)\angle\varphi(\omega)$ 或者 $A(\omega)e^{j\varphi(\omega)}$。可以看出，频率特性定义为 ω 的复变函数，其幅值为 $A(\omega)$，相位为 $\varphi(\omega)$。

幅频特性为复平面上复向量的幅值，相频特性为复向量的幅角，二者构成一个完整的复向量 $G(j\omega)$，$G(j\omega)=A(\omega)e^{j\varphi(\omega)}$ 也是 ω 的函数，$G(j\omega)$ 称为频率特性。

由于 $G(j\omega)$ 是一个复变函数，故可写成实部和虚部之和，即

$$G(j\omega)=U(\omega)+jV(\omega)$$

式中，$U(\omega)=\mathrm{Re}[G(j\omega)]$ 是频率特性的实部，称为实频特性；$V(\omega)=\mathrm{Im}[G(j\omega)]$ 是频率特性的虚部，称为虚频特性。

4.1.2 频率特性与传递函数的关系

下面根据系统的微分方程进行频率特性的数学推导，阐述频率特性与传递函数的关系。

若系统的微分方程为

$$a_n x_o^{(n)}(t)+a_{n-1}x_o^{(n-1)}(t)+\cdots+a_1 x_o'(t)+a_o x_o(t)=$$
$$b_m x_i^{(m)}(t)+b_{m-1}x_i^{(m-1)}(t)+\cdots+b_1 x_i'(t)+b_o x_i(t)$$

则系统的传递函数为

$$G(s)=\frac{X_o(s)}{X_i(s)}=\frac{b_m s^m+b_{m-1}s^{m-1}+\cdots+b_1 s+b_0}{a_n s^n+a_{n-1}s^{n-1}+\cdots+a_1 s+a_0}$$

输入信号为谐波信号为

$$x_i(t)=X_i\sin\omega t$$

系统输出为

$$X_o(s)=\frac{b_m s^m+b_{m-1}s^{m-1}+\cdots+b_1 s+b_0}{a_n s^n+a_{n-1}s^{n-1}+\cdots+a_1 s+a_0}\cdot\frac{X_i\omega}{s^2+\omega^2}$$

为方便推导并不失一般性，不妨设系统所有极点都是互异的单极点，则有

$$X_o(s)=\sum_{i=1}^{n}\frac{A_i}{s-s_i}+\left(\frac{B}{s-j\omega}+\frac{B^*}{s+j\omega}\right)$$

则系统的输出为

$$x_{o}(t)=\sum_{i=1}^{n}A_{i}e^{s_{i}t}+(Be^{j\omega t}+B^{*}e^{-j\omega t})$$

式中 s_i——特征根；

A_i、B、B^*（B 与 B^* 共轭）——待定系数。

对于稳定系统而言，系统的特征根 s_i 均具有负实部，则当 $t\to\infty$ 时，上式中的瞬态分量将衰减为零，系统 $x_o(t)$ 即为稳态响应，故系统的稳态响应为

$$x_{os}(t)=Be^{j\omega t}+B^{*}e^{-j\omega t}$$

系数 B 和 B^* 的值由留数定理求得

$$B=\lim_{s\to j\omega}G(s)\frac{X_{i}\omega}{(s-j\omega)(s+j\omega)}(s-j\omega)$$

$$=G(j\omega)\cdot\frac{X_{i}}{2j}=|G(j\omega)|e^{j\angle G(j\omega)}\cdot\frac{X_{i}}{2j}$$

$$B^{*}=\lim_{s\to -j\omega}G(s)\frac{X_{i}\omega}{(s-j\omega)(s+j\omega)}(s+j\omega)$$

$$=G(-j\omega)\cdot\frac{X_{i}}{-2j}=|G(j\omega)|e^{-j\angle G(j\omega)}\cdot\frac{X_{i}}{-2j}$$

所以根据定义，系统的稳态输出为

$$x_{os}(t)=\lim_{t\to\infty}x_{o}(t)=Be^{j\omega t}+B^{*}e^{-j\omega t}$$

由 B、B^* 求得系统的稳态响应为

$$x_{os}(t)=\lim_{t\to\infty}x_{o}(t)=|G(j\omega)|X_{i}\frac{e^{j[\omega t+\angle G(j\omega)]}-e^{-j[\omega t+\angle G(j\omega)]}}{2j}$$

$$=|G(j\omega)|X_{i}\sin[\omega t+\angle G(j\omega)]$$

故频率特性为

$$A(\omega)=\frac{X_{o}(\omega)}{X_{i}(\omega)}=|G(j\omega)|$$

$$\varphi(\omega)=\angle G(j\omega)$$

因此 $G(j\omega)=|G(j\omega)|e^{j\angle G(j\omega)}$ 就是系统的频率特性。

将 $G(j\omega)$ 与 $G(s)$ 比较不难看出，$G(j\omega)$ 就是 $G(s)$ 中的 $s=j\omega$ 时的结果，是 ω 的复变函数。显然，频率特性的量纲就是传递函数的量纲，也是输出信号与输入信号的量纲之比。

4.1.3 频率特性的求法

系统的频率特性有3种求解方法：

1. 根据频率响应求解

根据已知系统的微分方程，将正弦信号代入微分方程，求解系统的稳态输出，从而求出系统的稳态解与输入信号的幅值之比和相位差，即可求得系统的频率特性。

由 $X_{i}(s)=\dfrac{X_{i}\omega}{s^{2}+\omega^{2}}$，得 $\quad x_{o}(t)=\mathscr{L}^{-1}\left[G(s)\dfrac{X_{i}\omega}{s^{2}+\omega^{2}}\right]$

从 $x_o(t)$ 的稳态项中可得到频率响应的幅值和相位。然后，按幅频特性和相频特性的定义，就可分别求得幅频特性和相频特性。

在前面例 4.1 中得到系统的稳态输出为

$$x_o(t)=\frac{X_i K}{\sqrt{1+T^2\omega^2}}\sin(\omega t-\arctan T\omega)$$

根据频率特性的定义，可得

$$A(\omega)=\frac{K}{\sqrt{1+T^2\omega^2}}$$

$$\varphi(\omega)=-\arctan T\omega$$

2. 根据传递函数求解

系统的频率特性就是其传递函数 $G(s)$ 中用复变量 $\mathrm{j}\omega$ 替换 s，也称 $G(\mathrm{j}\omega)$ 为谐波传递函数。

对例 4.1，其传递函数为

$$G(s)=\frac{K}{Ts+1}$$

则频率特性为

$$G(\mathrm{j}\omega)=\frac{K}{1+\mathrm{j}T\omega}=\frac{K}{\sqrt{1+T^2\omega^2}}\mathrm{e}^{-\mathrm{j}\arctan T\omega}$$

根据频率特性 $G(\mathrm{j}\omega)=|G(\mathrm{j}\omega)|\mathrm{e}^{\mathrm{j}\angle G(\mathrm{j}\omega)}$，可知

$$A(\omega)=|G(\mathrm{j}\omega)|=\frac{K}{\sqrt{1+T^2\omega^2}}$$

$$\varphi(\omega)=\angle G(\mathrm{j}\omega)=-\arctan T\omega$$

可以看出通过传递函数求解的频率特性与前面根据稳态响应求解的结果一样，系统的频率响应为

$$x_o(t)=X_i|G(\mathrm{j}\omega)|\sin[\omega t+\angle G(\mathrm{j}\omega)]=\frac{X_i K}{\sqrt{1+T^2\omega^2}}\sin(\omega t-\arctan T\omega)$$

3. 根据实验法求解

若无法获得系统的传递函数或微分方程等，则不能使用上述两种方法求解，此时可以通过试验法求得频率特性后，反求传递函数。

步骤 1：改变输入谐波信号 $X_i\mathrm{e}^{\mathrm{j}\omega t}$ 的频率 ω，并测出与此相对应的输出幅值 $X_o(\omega)$ 与相移 $\varphi(\omega)$。

步骤 2：作出幅值比 $X_o(\omega)/X_i$ 对频率 ω 的曲线，即幅频特性曲线。

步骤 3：作出相移 $\varphi(\omega)$ 对频率 ω 的曲线，即相频特性曲线。

【例 4.2】 试求系统的幅频特性和相频特性，其传递函数为

$$G(\mathrm{j}\omega)=\frac{K}{\mathrm{j}\omega(T_1\mathrm{j}\omega+1)(T_2\mathrm{j}\omega+1)}$$

解 $G(\mathrm{j}\omega)=K\dfrac{1}{\mathrm{j}\omega}\dfrac{1}{(T_1\mathrm{j}\omega+1)}\dfrac{1}{(T_2\mathrm{j}\omega+1)}$

$$= K\frac{1}{\omega}e^{j(-\frac{\pi}{2})}\frac{1}{\sqrt{(T_1\omega)^2+1}}e^{j(-\arctan T_1\omega)}\frac{1}{\sqrt{(T_2\omega)^2+1}}e^{j(\arctan T_2\omega)}$$

$$=\frac{K}{\omega\sqrt{(T_1\omega)^2+1}\sqrt{(T_2\omega)^2+1}}e^{j(-\frac{\pi}{2}-\arctan T_1\omega-\arctan T_2\omega)}$$

所以

$$A(\omega)=\frac{K}{\omega\sqrt{(T_1\omega)^2+1}\sqrt{(T_2\omega)^2+1})}$$

$$\varphi(\omega)=-\frac{\pi}{2}-\arctan T_1\omega-\arctan T_2\omega$$

系统频率特性的表示方法很多,其本质上都是一样的,只是表示形式不同而已。工程上用频率法研究控制系统时,主要采用的是图解法。因为图解法可方便、迅速地获得问题的近似解。每种图解法都是基于某一形式的坐标图表示法。频率特性图示方法是描述频率 ω 从 $0\to\infty$ 变化时频率响应的幅值、相位与频率之间关系的一组曲线,由于采用的坐标系不同可分为两类图示法:即极坐标图示法和对数坐标图示法。

4.2 频率特性的极坐标图

4.2.1 基本概念

由于频率特性 $G(j\omega)$ 是复数,有幅值和相角,所以可以把它看成是复平面中的矢量。因此,频率特性 $G(j\omega)$ 可以用极坐标的形式表示为相角为 $\angle G(j\omega)$(符号定义为从正实轴开始,逆时针旋转为正,顺时针旋转为负),幅值为 $|G(j\omega)|$ 的矢量 ***OA***,如图 4.2 所示。与矢量 ***OA*** 对应的数学表达式为

$$G(j\omega)=|G(j\omega)|e^{j\angle G(j\omega)}$$

当频率 ω 从零连续变化至 ∞(或从 $-\infty\to0\to\infty$)时,矢量端点 A 的位置也随之连续变化并形成轨迹曲线,如图 4.2 中 $G(j\omega)$ 曲线所示。由这条曲线形成的图像就是频率特性的极坐标图,又称为 $G(j\omega)$ 的幅相频率特性。

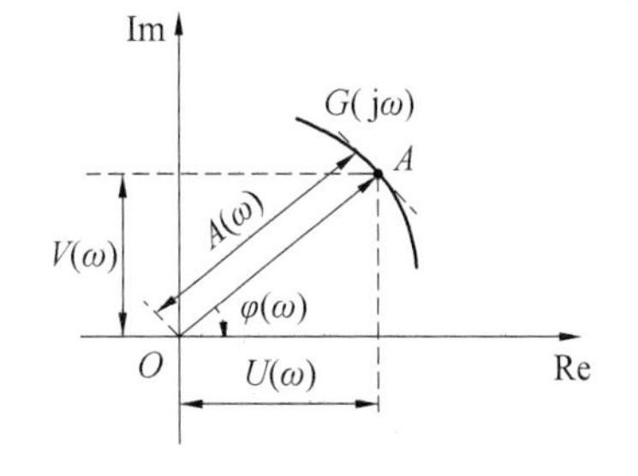

图 4.2 频率特性 $G(j\omega)$ 的图示法

如果 $G(j\omega)$ 以直角坐标形式表示,则

$$G(j\omega)=U(\omega)+jV(\omega)$$

因此,极坐标图是反映频率响应的几何表示。频率响应 $G(j\omega)$ 是输入频率 ω 的复变函数,是一种变换,当 ω 从 0 增长至 $+\infty$ 时,$G(j\omega)$ 作为一个矢量,其端点在复平面相对应的轨迹就是频率响应的极坐标图,亦称奈奎斯特(Nyquist)曲线。

4.2.2 典型环节的 Nyquist 图

由第 2 章已知,一个控制系统可由若干个典型环节所组成。要用频率特性的极坐标图示法分析控制系统的性能,首先要掌握典型环节频率特性的极坐标图。

1. 比例环节

比例环节的传递函数为

$$G(s)=K$$

所以比例环节的频率特性为

$$G(\mathrm{j}\omega)=K+\mathrm{j}0=K\mathrm{e}^{\mathrm{j}0}$$

有

$$|G(\mathrm{j}\omega)=K,\quad \angle G(\mathrm{j}\omega)|=0°$$

其频率特性极坐标图如图 4.3 所示。其中幅值 $A(\omega)=K$。相位移 $\varphi(\omega)=0°$。并且都与 ω 无关,它表示输出为输入的 K 倍,且相位相同。

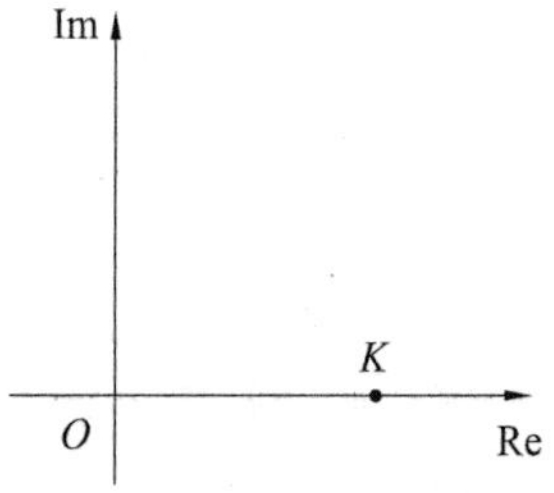

图 4.3　比例环节频率特性极坐标图

2. 积分环节

积分环节的传递函数为

$$G(s)=\frac{1}{s}$$

所以积分环节的频率特性为

$$G(\mathrm{j}\omega)=\frac{1}{\mathrm{j}\omega}=0-\mathrm{j}\frac{1}{\omega}=\frac{1}{\omega}\mathrm{e}^{-\mathrm{j}\frac{\pi}{2}}$$

有

$$|G(\mathrm{j}\omega)|=\sqrt{0+\left(\frac{1}{\omega}\right)^2}=\frac{1}{\omega},\quad \angle G(\mathrm{j}\omega)=\arctan(-\infty)=-\frac{\pi}{2}$$

其频率特性极坐标图如图 4.4 所示,它是整个负虚轴,且当 $\omega\to\infty$ 时,趋向原点 O,显然积分环节是一个相位滞后环节(因为 $\varphi(\omega)=-90°$,每当信号通过一个积分环节时,相位将滞后 90°)。

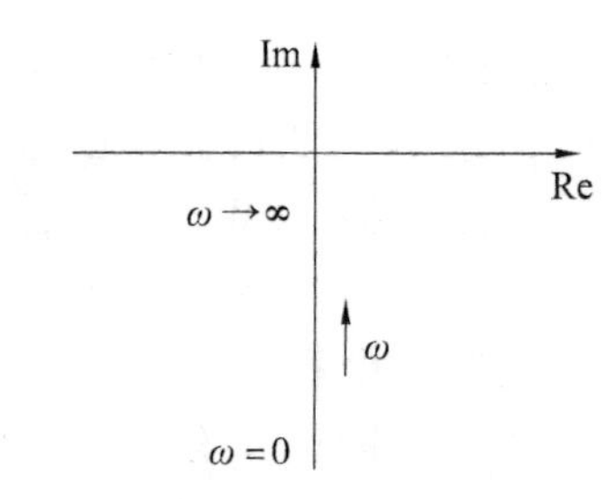

图 4.4　积分环节频率特性极坐标图

3. 微分环节

微分环节的传递函数为

$$G(s)=s$$

所以微分环节的频率特性为

$$G(\mathrm{j}\omega)=\mathrm{j}\omega=0+\mathrm{j}\omega=\omega\mathrm{e}^{\mathrm{j}\frac{\pi}{2}}$$

其极坐标图如图 4.5 所示。是整个正虚轴,恰好与积分环节的特性相反。其幅值变化与 ω 成正比:$A(\omega)=\omega$,当 $\omega=0$ 时,$A(\omega)$ 也为零,当 $\omega\to\infty$ 时,$A(\omega)$ 也 $\to\infty$。微分环节是一个相位超前环节($\varphi(\omega)=+90°$)。系统中每增加一个微分环节将使相位超前 90°。

4. 惯性环节

惯性环节的传递函数为

$$G(s)=\frac{1}{Ts+1}$$

所以惯性环节的频率特性为

$$G(\mathrm{j}\omega)=\frac{1}{1+\mathrm{j}T\omega}=\frac{1}{1+T^2\omega^2}-\mathrm{j}\frac{T\omega}{1+T^2\omega^2}=\frac{1}{\sqrt{1+T^2\omega^2}}\mathrm{e}^{-\mathrm{j}\arctan T\omega}$$

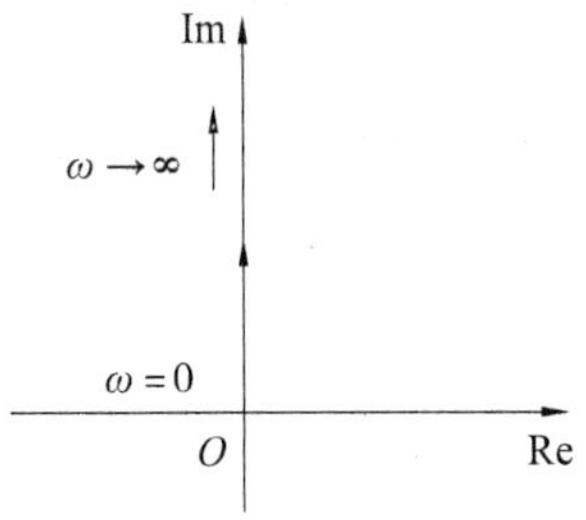

图4.5　微分环节频率特性极坐标图

幅频特性和相频特性分别为

$$A(\omega)=\frac{1}{\sqrt{1+T^2\omega^2}}$$

$$\varphi(\omega)=-\arctan T\omega$$

实频特性和虚频特性为

$$U(\omega)=\frac{1}{1+T^2\omega^2}$$

$$V(\omega)=\frac{T\omega}{1+T^2\omega^2}$$

并满足下面的圆的方程

$$\left[U(\omega)-\frac{1}{2}\right]^2+V^2(\omega)=\left(\frac{1}{2}\right)^2$$

由上式可以看出,圆心为$\left(\frac{1}{2},0\right)$,半径为$\frac{1}{2}$。

当ω从$0\to\infty$时,$A(\omega)$从$1\to 0$;$\varphi(\omega)$从$0°\to -90°$。可以证明,惯性环节的极坐标图为一个以$\left(\frac{1}{2},\mathrm{j}0\right)$为圆心,$\frac{1}{2}$为半径的半圆,如图4.6所示,证明如下:

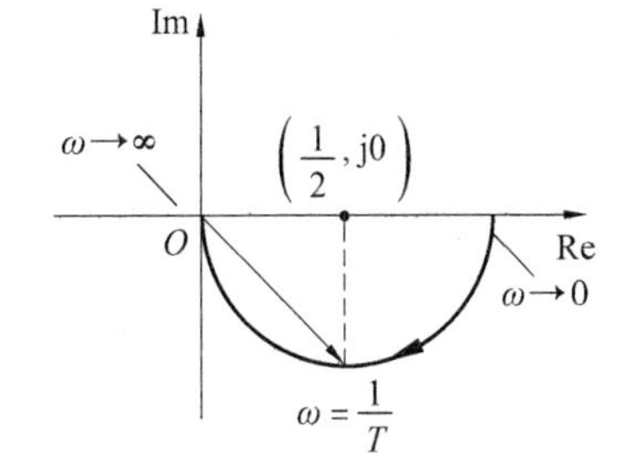

图4.6　惯性环节频率特性极坐标图

设

$$G(\mathrm{j}\omega)=\frac{1}{1+\mathrm{j}T\omega}=\frac{1-\mathrm{j}T\omega}{1+T^2\omega^2}=X+\mathrm{j}Y$$

其中

$$X=\frac{1}{1+T^2\omega^2} \tag{4.3}$$

$$Y=\frac{-T\omega}{1+T^2\omega^2}=-T\omega X \tag{4.4}$$

由式(4.4)可得

$$-T\omega=\frac{Y}{X} \tag{4.5}$$

将式(4.5)代入式(4.3)整理后可得

$$\left(X-\frac{1}{2}\right)^2+Y^2=\left(\frac{1}{2}\right)^2$$

上式表明惯性环节频率特性极坐标图符合圆的方程,而且在式(4.4)中可知,X为正值时,Y只能取负值,这意味着曲线限于实轴下方,只是半个圆。

惯性环节是一个相位滞后环节，其最大滞后相角为90°。惯性环节可视为一个低通滤波器，因为频率 ω 越高，则 $A(\omega)$ 越小，当 $\omega>\frac{5}{T}$ 时，幅值 $A(\omega)$ 已趋近于零。

5. 二阶振荡环节

二阶振荡环节的传递函数为

$$G(s)=\frac{1}{T^2s^2+2\xi Ts+1}\quad(0<\xi<1)$$

二阶振荡环节的频率特性为

$$\begin{aligned}G(\mathrm{j}\omega)&=\frac{1}{T^2(\mathrm{j}\omega)^2+2\xi T(\mathrm{j}\omega)+1}\\&=\frac{1-T^2\omega^2}{(1-T^2\omega^2)^2+(2\xi T\omega)^2}-\mathrm{j}\frac{2\xi T\omega}{(1-T^2\omega^2)^2+(2\xi T\omega)^2}\end{aligned}$$

相应的幅频特性和相频特性为

$$A(\omega)=\frac{1}{\sqrt{(1-T^2\omega^2)^2+(2\xi T\omega)^2}}$$

$$\varphi(\omega)=-\arctan\frac{2\xi T\omega}{1-T^2\omega^2}$$

据上述表达式可以绘得二阶振荡环节频率特性的极坐标图如图4.7所示。由上式及图4.7可知，当 $\omega=0$ 时，$A(\omega)=1$，$\varphi(\omega)=0°$；在 $0<\xi<1$ 的欠阻尼情况下，当 $\omega=\frac{1}{T}$ 时，$A(\omega)=\frac{1}{2\xi}$，$\varphi(\omega)=-90°$，频率特性曲线与负虚轴相交，相交处的频率为无阻尼自然振荡频率 $\omega=\frac{1}{T}=\omega_n$。当 $\omega\to\infty$ 时，$A(\omega)\to0$，$\varphi(\omega)\to180°$。频率特性曲线与实轴相切。

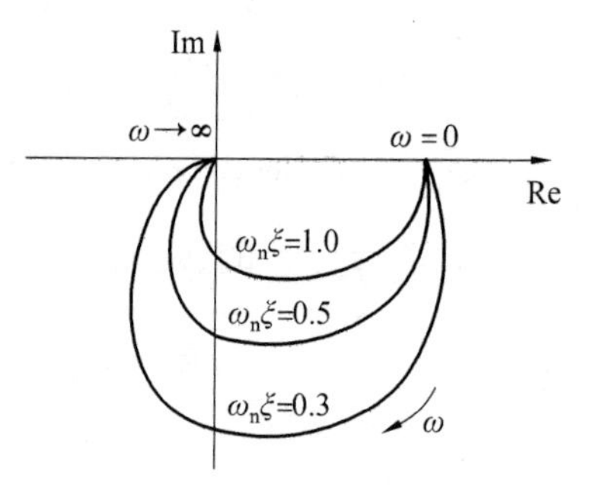

图4.7 二阶振荡环节频率特性极坐标图

图4.7的曲线族表明，二阶振荡环节的频率特性和阻尼比 ξ 有关，ξ 大时，幅值 $A(\omega)$ 变化小；ξ 小时，$A(\omega)$ 变化大。此外，对于不同的 ξ 值的特性曲线都有一个最大幅值 A_r 存在，这个 A_r 被称为谐振峰值，对应的频率 ω_r 称为谐振频率。

当 $\xi>1$ 时，幅相频率特性将近似为一个半圆。这是因为在过阻尼系统中，特征根全部为负实数，且其中一个根比另一个根小得多。所以当 ξ 值足够大时，数值大的特征根对动态响应的影响很小，因此这时的二阶振荡环节可以近似为一阶惯性环节。

6. 延迟环节

延迟环节的传递函数为

$$G(s)=\mathrm{e}^{-\tau s}$$

其频率特性为

$$G(\mathrm{j}\omega)=\mathrm{e}^{-\mathrm{j}\tau\omega}$$

相应的幅频特性和相频特性为

$$A(\omega)=1$$
$$\varphi(\omega)=-\tau\omega$$

当频率 ω 从 $0\to\infty$ 变化时，延迟环节频率特性极坐标图如图4.8所示，它是一个半径为1，以原点为圆心的圆。也即 ω 从 $0\to\infty$ 变化时，幅值 $A(\omega)$ 总是等于1，相角 $\varphi(\omega)$ 与 ω 成比例变化，当 $\omega\to\infty$ 时，$\varphi(\omega)\to-\infty$。

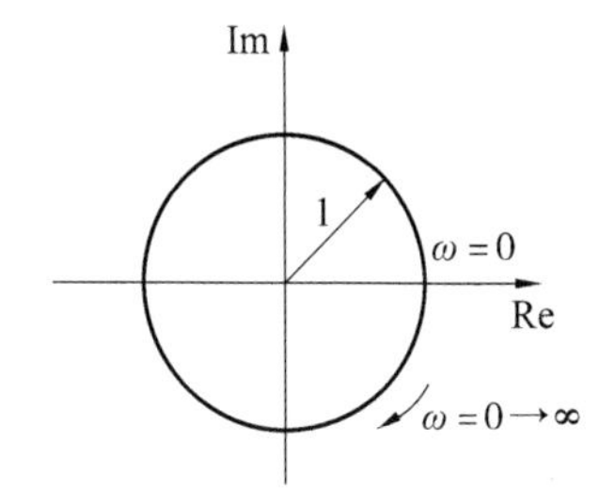

图4.8 延迟环节频率特性极坐标图

4.2.3 系统的开环 Nyquist 图绘制

由以上典型环节 Nyquist 图的绘制，大致可归纳 Nyquist 图的一般作图方法如下：

(1) 写出 $|G(j\omega)|$ 和 $\angle G(j\omega)$ 表达式；

(2) 分别求出 $\omega=0$ 和 $\omega\to+\infty$ 时的 $G(j\omega)$；

(3) 求 Nyquist 图与实轴的交点，交点可利用 $\mathrm{Im}[G(j\omega)]=0$ 的关系式求出，也可以利用关系式 $\angle G(j\omega)=n\cdot 180°$（其中 n 为整数）求出；

(4) 求 Nyquist 图与虚轴的交点，交点可利用 $\mathrm{Re}[G(j\omega)]=0$ 的关系式求出，也可以利用关系式 $\angle G(j\omega)=n\cdot 90°$（其中 n 为奇数）求出；

(5) 必要时画出 Nyquist 图中间的几点；

(6) 勾画大致曲线。

【例4.3】 试绘制下列开环传递函数的 Nyquist 图。

$$G(s)H(s)=\frac{10}{(1+s)(1+0.1s)}$$

解 由题给出的开环传递函数 $G(s)H(s)$ 可以看成是由一个比例环节 $G_1(s)=K=10$、两个一阶惯性环节 $G_2(s)=\frac{1}{1+s}$ 和 $G_3(s)=\frac{1}{1+0.1s}$ 串联而成的。这3个环节的幅相频率特性分别为

$$G_1(s)=K=10$$
$$G_2(s)=\frac{1}{1+j\omega}=\frac{1}{\sqrt{1+\omega^2}}e^{-j\arctan\omega}$$
$$G_3(s)=\frac{1}{1+0.1s}=\frac{1}{\sqrt{1+(0.1\omega)^2}}e^{-j\arctan 0.1\omega}$$

所以系统的开环幅频特性和相频特性分别为

$$A(\omega)=\frac{10}{\sqrt{1+\omega^2}\times\sqrt{1+(0.1\omega)^2}}$$
$$\varphi(\omega)=-\arctan\omega-\arctan 0.1\omega$$

当取 ω 为若干具体数值时，就可由上两式计算出 $A(\omega)$ 和 $\varphi(\omega)$ 的值，见表4.1。

表 4.1 ω 为不同数值时,$A(\omega)$ 和 $\varphi(\omega)$ 的值

ω	0	0.5	1	2	3	4	5	6	7	8	9	10
$A(\omega)$	10	8.9	7.03	4.4	3.04	2.26	1.76	1.4	1.15	0.97	0.83	0.71
$\varphi(\omega)$	0°	-29.4°	-50.7°	-74.7°	-88.2°	-97.7°	-105.2°	-111.5°	-116.8°	-121.5°	-125.5°	-129.3°

根据表 4.1 的数据就可绘出例 4.3 的 Nyquist 图,如图 4.9 所示。

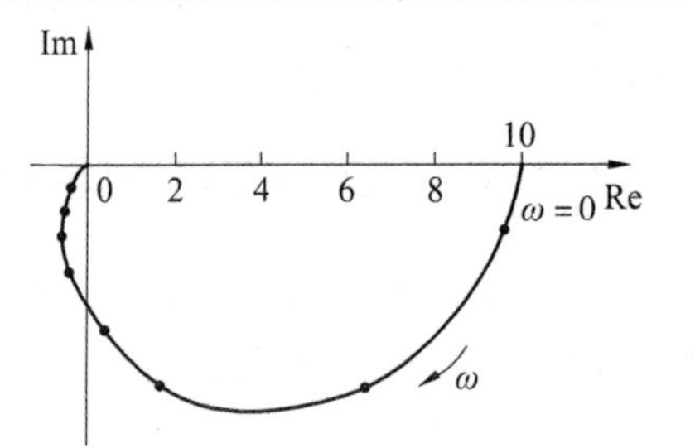

图 4.9 例 4.3 的 Nyquist 图

4.2.4 Nyquist 图的一般形状

按典型环节形式写出的系统开环传递函数为

$$G(s)H(s)=\frac{K\prod_{k=1}^{m_1}(\tau_k s+1)\prod_{l=1}^{m_2}(\tau_l^2 s^2+2\xi\tau_l s+1)}{s^{\nu}\prod_{i=1}^{n_1}(T_i s+1)\prod_{j=1}^{n_2}(T_j^2 s^2+2\xi_j s+1)} \tag{4.6}$$

式中,分子分母二次项可进一步分解为两个一次项乘积。

因此式(4.6) 可进一步写为

$$G(s)H(s)=\frac{K\prod_{i=1}^{m}(\tau_i s+1)}{s^{\nu}\prod_{k=1}^{n}(T_k s+1)}$$

根据开环系统传递函数中积分环节的数目 v 的不同($v=0,1,2,\cdots$),控制系统可以分为 0 型系统、Ⅰ型系统、Ⅱ型系统、Ⅲ型系统等。

下面将分别给出 0 型系统、Ⅰ型系统和Ⅱ型系统的开环频率特性极坐标图。这些典型系统的 Nyquist 图的特性将有助于以后用 Nyquist 图方法分析和设计控制系统。

1.0 型系统的开环 Nyquist 曲线

0 型系统的开环传递函数为

$$G(s)H(s)=\frac{K\prod_{i=1}^{m}(\tau_i s+1)}{\prod_{k=1}^{n}(T_k s+1)}\quad (m<n)$$

其频率特性为

$$G(j\omega)H(j\omega)=\frac{K\prod_{i=1}^{m}(j\omega\tau_i+1)}{\prod_{k=1}^{n}(j\omega T_k+1)}=A(\omega)e^{j\varphi(\omega)} \tag{4.7}$$

式中

$$\begin{cases} A(\omega) = \dfrac{K\prod\limits_{i=1}^{m}\sqrt{1+(\tau_i\omega)^2}}{\prod\limits_{k=1}^{n}\sqrt{1+(T_k\omega)^2}} \\ \varphi(\omega) = \sum\limits_{i=1}^{m}\arctan\tau_i\omega - \sum\limits_{k=1}^{n}\arctan T_k\omega \end{cases} \tag{4.8}$$

由式(4.8)可知，当 $\omega=0$ 时，$A(0)=K$，$\varphi(0)=0°$。当 $\omega\to\infty$ 时，由于 $m<n$，所以 $A(\infty)=0$，为坐标原点，为了确定 Nyquist 曲线以什么角度进入坐标原点，就要确定 $\omega\to\infty$ 时的相角 $\varphi(\infty)$，由式(4.7)、式(4.8)可知，当 $\omega\to\infty$ 时，分子、分母中每个因子的相角都是90°，根据复数运算法则，故 $\varphi(\infty)$ 为

$$\varphi(\infty)=m\cdot 90°-n\cdot 90°=(m-n)90°=(n-m)(-90°)$$

例如，设0型系统的开环频率特性为

$$G(\mathrm{j}\omega)H(\mathrm{j}\omega)=\frac{K}{(\mathrm{j}\omega T_1+1)(\mathrm{j}\omega T_2+1)}$$

式中，$n=2$，$m=0$，所以

$$\varphi(\infty)=(2-0)(-90°)=-180°$$

即 Nyquist 曲线将从 $-180°$ 进入坐标原点，也即 Nyquist 曲线在原点处与负实轴相切，如图4.10中的曲线 a 所示。又如，设0型系统的开环频率特性为

$$G(\mathrm{j}\omega)H(\mathrm{j}\omega)=\frac{K}{(\mathrm{j}\omega T_1+1)(\mathrm{j}\omega T_2+1)(\mathrm{j}\omega T_3+1)}$$

式中，$n=3$，$m=0$，所以

$$\varphi(\infty)=(3-0)(-90°)=-270°$$

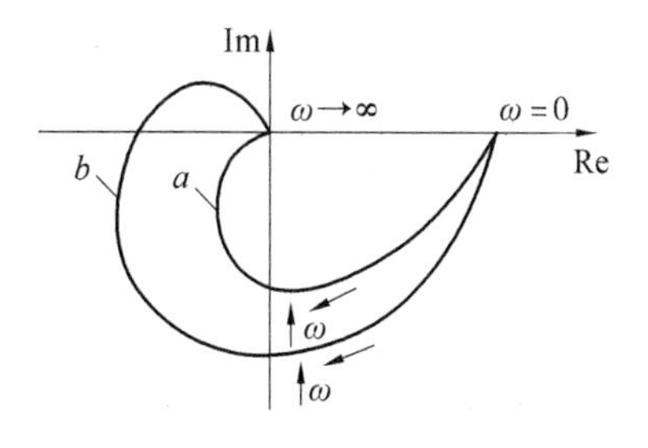

图4.10　0型系统的Nyquist图

即 Nyquist 曲线将从 $-270°$ 进入坐标原点，也即 Nyquist 曲线在原点处与正虚轴相切，如图4.10中的曲线 b 所示。

2. Ⅰ型系统的开环 Nyquist 曲线

Ⅰ型系统的开环传递函数为

$$G(s)H(s)=\frac{K\prod\limits_{i=1}^{m}(\tau_i s+1)}{s\prod\limits_{k=1}^{n-1}(T_k s+1)}\quad(m<n)$$

其频率特性为

$$G(\mathrm{j}\omega)H(\mathrm{j}\omega)=\frac{K\prod\limits_{i=1}^{m}(\mathrm{j}\omega\tau_i+1)}{\mathrm{j}\omega\prod\limits_{k=1}^{n-1}(\mathrm{j}\omega T_k+1)}=A(\omega)\mathrm{e}^{\mathrm{j}\varphi(\omega)} \tag{4.9}$$

式中

$$\begin{cases} A(\omega)=\dfrac{K\prod\limits_{i=1}^{m}\sqrt{1+(\tau_i\omega)^2}}{\omega\prod\limits_{k=1}^{n-1}\sqrt{1+(T_k\omega)^2}} \\ \varphi(\omega)=-90^\circ+\sum\limits_{i=1}^{m}\arctan\tau_i\omega-\sum\limits_{k=1}^{n-1}\arctan T_k\omega \end{cases} \tag{4.10}$$

由式(4.10)可知，当 $\omega=0$ 时，$A(0)=\infty$，$\varphi(0)=-90^\circ$，故Ⅰ型系统的 Nyquist 曲线的起点是在相角为-90°的无限远处。当 $\omega\to\infty$ 时，因 $m<n$，所以 $A(\infty)=0$，也为坐标原点。由式(4.10)还可知，$\varphi(\infty)=(n-m)(-90^\circ)$，与0型系统类似。当 $n-m=2$ 时，$\varphi(\infty)=-180^\circ$，Nyquist 曲线从-180°进入坐标原点，在原点处与负实轴相切，如图4.11中的曲线 a 所示。当 $n-m=3$ 时，$\varphi(\infty)=-270^\circ$，Nyquist 曲线从-270°进入坐标原点，在原点处与正虚轴相切，如图4.11中的曲线 b 所示。

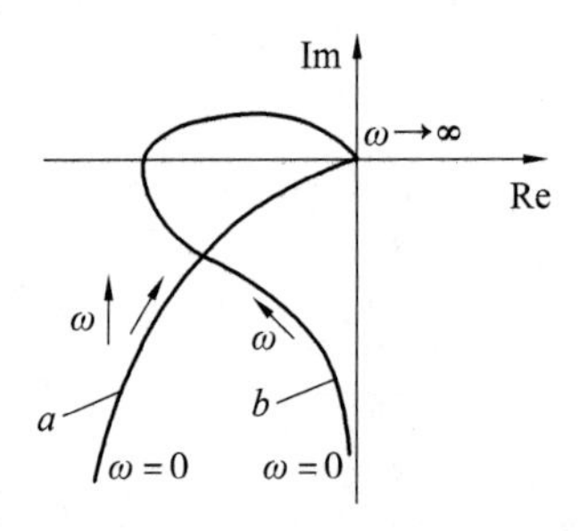

图4.11 Ⅰ型系统的 Nyquist 图

3. Ⅱ型系统的开环 Nyquist 曲线

Ⅱ型系统的开环传递函数为

$$G(s)H(s)=\frac{K\prod\limits_{i=1}^{m}(\tau_i s+1)}{s^2\prod\limits_{k=1}^{n-2}(T_k s+1)} \quad (m<n)$$

其频率特性为

$$G(\mathrm{j}\omega)H(\mathrm{j}\omega)=\frac{K\prod\limits_{i=1}^{m}(\mathrm{j}\omega\tau_i+1)}{(\mathrm{j}\omega)^2\prod\limits_{k=1}^{n-2}(\mathrm{j}\omega T_k+1)}=M(\omega)\mathrm{e}^{\mathrm{j}\varphi(\omega)} \tag{4.11}$$

式中

$$\begin{cases} A(\omega)=\dfrac{K\prod\limits_{i=1}^{m}\sqrt{1+(\tau_i\omega)^2}}{\omega^2\prod\limits_{k=1}^{n-2}\sqrt{1+(T_k\omega)^2}} \\ \varphi(\omega)=-180^\circ+\sum\limits_{i=1}^{m}\arctan\tau_i\omega-\sum\limits_{k=1}^{n-2}\arctan T_k\omega \end{cases} \tag{4.12}$$

由式(4.12)可知,当 $\omega=0$ 时,$A(0)=\infty$,$\varphi(0)=-180^\circ$,故Ⅱ型系统的 Nyquist 曲线的起点在相角为-180°的无限远处,如图4.12所示。当 $\omega\to\infty$ 时,因 $m<n$,所以 $A(\infty)=0$,也为坐标原点。由式(4.12)可知,$\varphi(\infty)$也等于$(n-m)(-90^\circ)$,与0型、Ⅰ型系统相类似。例如,设Ⅱ型系统的开环频率特性为

$$G(\mathrm{j}\omega)H(\mathrm{j}\omega)=\frac{K(\mathrm{j}\omega\tau_1+1)}{(\mathrm{j}\omega)^2(\mathrm{j}\omega T_1+1)}$$

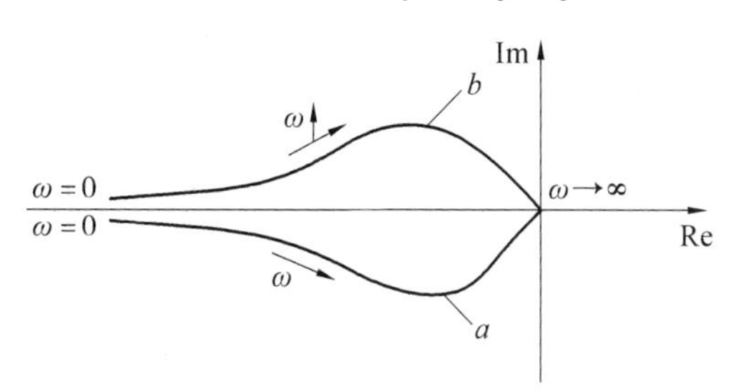

图4.12 Ⅱ型系统的 Nyquist 图

上式中,$m=1$,$n=3$,所以 $\varphi(\infty)=(3-1)(-90^\circ)=-180^\circ$,即 Nyquist 曲线在原点处与负实轴相切,如图4.12中的曲线 a 所示。图4.12中的曲线 b 是Ⅱ型系统开环频率特性为 $G(\mathrm{j}\omega)H(\mathrm{j}\omega)=\dfrac{K}{(\mathrm{j}\omega)^2(\mathrm{j}\omega T_1+1)}$的 Nyquist 曲线。这时 $n-m=3-0=3$,所以 $\varphi(\infty)=(3-0)(-90^\circ)=-270^\circ$,所以 Nyquist 曲线 b 在原点处与正虚轴相切。

4.3 频率特性的对数坐标图

4.3.1 基本概念

频率特性极坐标图示的 Nyquist 曲线,计算与绘制都比较麻烦。频率特性的对数坐标图(伯德(Bode)图)是频率特性的另一种重要图示方式。与极坐标图相比,对数坐标图更为优越,用对数坐标图不但计算简单,绘图容易,而且能直观地表现时间常数等参数变化对系统性能的影响。

频率特性对数坐标图是将开环幅相频率特性 $A(\omega)\angle\varphi(\omega)$写成

$$A(\omega)\angle\varphi(\omega)=A(\omega)\mathrm{e}^{\mathrm{j}\varphi(\omega)}$$

将幅频特性 $A(\omega)$取以10为底的对数,并乘以20得 $L(\omega)$,单位为分贝(dB),即

$$L(\omega)=20\lg A(\omega)$$

Bode 图由对数幅频特性和对数相频特性两条曲线组成，其横坐标是频率，纵坐标是幅值和相角。

Bode 图坐标的分度

(1)横坐标(称为频率轴)分度：它是以频率 ω 的对数值 $\lg\omega$ 进行线性分度的。但为了便于观察仍标以 ω 的值，因此对 ω 而言是非线性刻度。ω 每变化十倍，横坐标变化一个单位长度，称为十倍频程(或十倍频)，用 dec 表示。类似地，频率 ω 的数值变化一倍，横坐标就变化 0.301 单位长度，称为"倍频程"，用 oct 表示。由于 ω 以对数分度，所以零频率点在 $-\infty$ 处。Bode 图的横坐标刻度如图 4.13 所示。

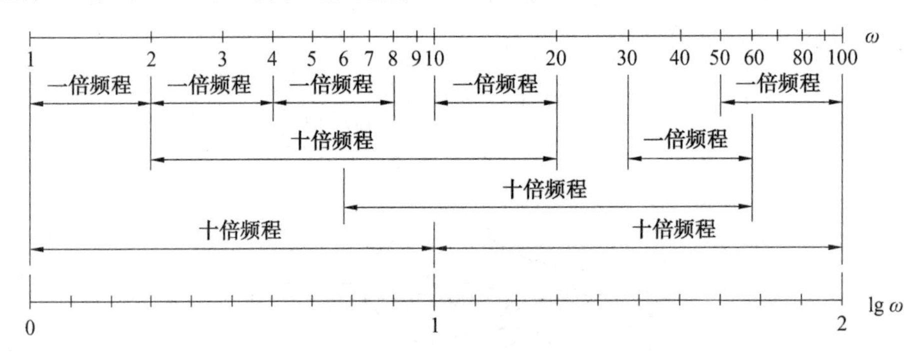

图 4.13 Bode 图横坐标

(2)纵坐标分度：对数幅频特性曲线的纵坐标以 $L(\omega)=20\lg A(\omega)$ 表示。其单位为分贝(dB)。直接将 $20\lg A(\omega)$ 值标注在纵坐标上。相频特性曲线的纵坐标以度(°)或弧度(rad)为单位进行线性分度。

一般将幅频特性和相频特性画在一张图上，使用同一个横坐标(频率轴)，如图4.14 所示。$L(\omega)$ 与 ω 的函数关系称为对数幅频特性，如图 4.14(a)所示。图中以 $L(\omega)$ 为纵坐标，以频率 ω 为横坐标，但是横坐标用对数坐标分度，这是因为系统的低频特性比较重要，ω 轴采用对数刻度对于扩展频率特性的低频段，压缩高频段十分方便，$L(\omega)$ 则用线性分度(等刻度)，这样就形成了一种半对数坐标系。

对数幅频特性的"斜率"是指频率 ω 改变倍频或十倍频时 $L(\omega)$ 分贝数的改变量，单位是 dB/oct(分贝/倍频)或 dB/dec(分贝/十倍频)，一般 dB/oct 较少采用，常用的是 dB/dec。图 4.14 中纵坐标 $L(\omega)=20\lg A(\omega)$，称为增益。$A(\omega)$ 每变化 10 倍，$L(\omega)$ 就变化 20 分贝(dB)。"斜率"的概念在具体绘制 Bode 图时很有用。

在对数相频特性图中，以 $\varphi(\omega)$ 为纵坐标，以 ω 为横坐标，横坐标也是以对数分度，纵坐标用等刻度分度。这样，与对数幅频特性一样，也形成一个半对数坐标系。如图 4.14(b)所示，将对数幅频特性 $L(\omega)-\omega$ 和对数相频特性 $\varphi(\omega)-\omega$ 合称为对数频率特性图，又称 Bode 图。

使用对数坐标图具有如下优点：

(1)可以展宽频带，频率是以 10 倍频表示的，因此可以清楚地表示出低频、中频和高频段的幅频和相频特性。在研究频率范围很宽的频率特性时，缩小了比例尺，在一张图

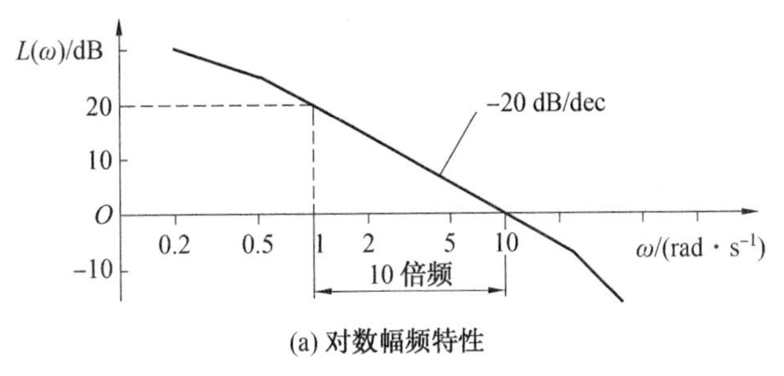

(a) 对数幅频特性

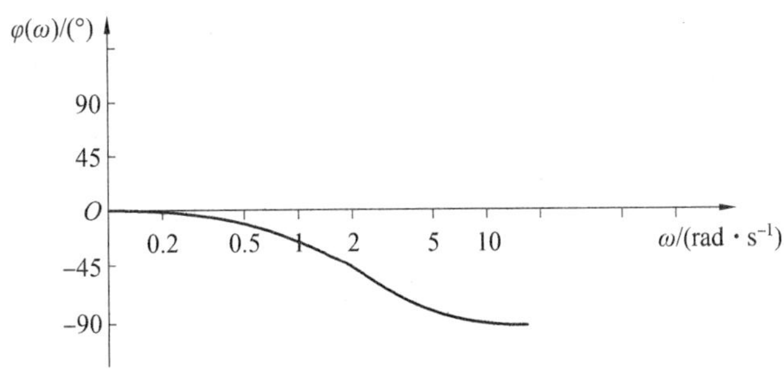

(b) 对数相频特性

图4.14　对数频率特性图(Bode图)

上,既画出了频率特性的中、高频段,又能清楚地画出其低频段,因为在设计和分析系统时,低频段特性相当重要。

(2)可以大大简化绘制系统频率特性的工作,由于系统往往是由许多环节串联构成,可以将乘法运算转化为加法运算。

(3)幅频特性往往用折线近似曲线,系统的幅频特性用组成该系统各典型环节的幅频特性折线叠加而成。利用对数坐标图绘制开环幅相频率特性十分方便,它可以将幅值的相乘转化为幅值的相加,并且可以用渐近直线来绘制近似的对数幅值 $L(\omega)$ 曲线。如果需要精确的曲线,则可在渐近直线的基础上加以修正,这也是比较方便的。

(4)对实验所得的频率特性用对数坐标表示,并用分段直线近似的方法,可以很容易地写出它的频率特性表达式。

4.3.2　典型环节的Bode图

1. 比例环节

比例环节的频率特性为

$$G(\mathrm{j}\omega)=K$$

对数幅频特性和对数相频特性分别是

$$\begin{cases}L(\omega)=20\lg K\\ \varphi(\omega)=0^\circ\end{cases}$$

当 $K>1$ 时,$L(\omega)>0$,故 $L(\omega)-\omega$ 曲线是一条位于 ω 轴上方的平行直线;当 $K=1$ 时,$L(\omega)=0$,故 $L(\omega)-\omega$ 曲线就是 ω 轴线。由于 $\varphi(\omega)=0^\circ$,所以 $\varphi(\omega)-\omega$ 曲线就是 ω 轴

线。综上所述,比例环节的 Bode 图如图 4.15 所示。

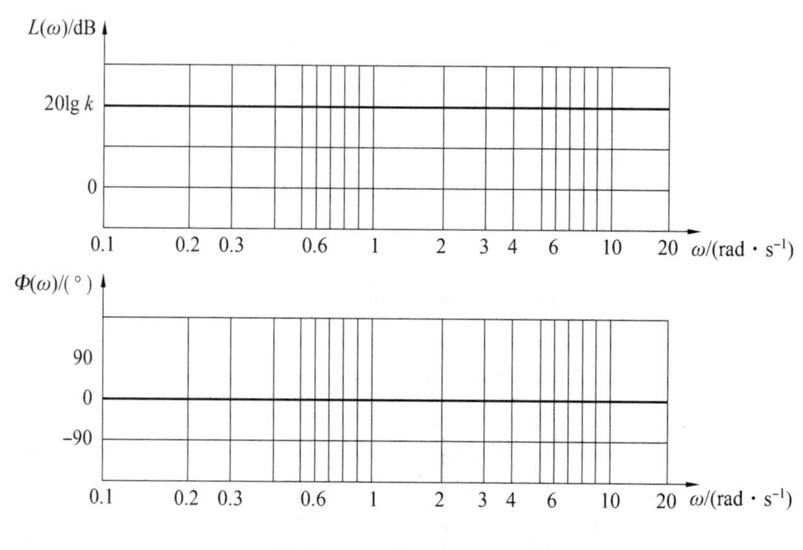

图 4.15 比例环节 Bode 图

2. 积分环节

积分环节的频率特性为

$$G(\mathrm{j}\omega)=\frac{1}{\mathrm{j}\omega}$$

对数幅频特性和对数相频特性为

$$\begin{cases}L(\omega)=20\lg\left|\dfrac{1}{\mathrm{j}\omega}\right|=20\lg\dfrac{1}{\omega}=-20\lg\omega(\mathrm{dB})\\ \\ \varphi(\omega)=\angle\dfrac{1}{\mathrm{j}\omega}=\angle-\dfrac{1}{\omega}\mathrm{j}=\arctan\left(-\dfrac{1}{\omega}/0\right)=-90^\circ\end{cases}$$

由于 Bode 图的横坐标按 $\lg\omega$ 刻度,故上式可视为自变量为 $\lg\omega$,因变量为 $L(\omega)$ 的关系式,因此该式在半对数坐标图上是一个直线方程式。直线的斜率为-20 dB/dec。因 $\omega=1$ 时,$-20\lg\omega=0$,故有 $L(1)=0$,即该直线与 ω 轴相交于 $\omega=1$ 的点,如图 4.16 上斜率为-20 dB/dec 的直线。积分环节$\dfrac{1}{s}$的相频特性是 $\varphi(\omega)=-90^\circ$。相应的对数相频特性是一条平行于 ω 轴下方的水平线。

对于二重积分环节,其频率特性为

$$G(\mathrm{j}\omega)=\frac{1}{(\mathrm{j}\omega)^2}$$

对数幅频特性和对数相频特性为

$$\begin{cases}L(\omega)=-40\lg\omega\\ \varphi(\omega)=-180^\circ\end{cases}$$

所以二重积分环节的对数幅频特性曲线斜率为-40 dB/dec 的直线。

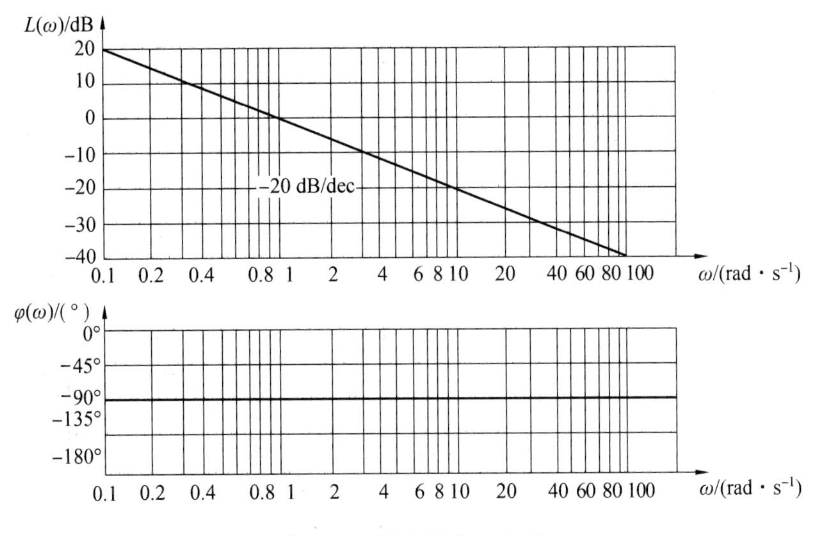

图 4.16　积分环节 Bode 图

3. 惯性环节

惯性环节的频率特性为

$$G(\mathrm{j}\omega)=\frac{1}{1+\mathrm{j}T\omega}$$

令 $\omega_{\mathrm{T}}=1/T$，有

$$G(\mathrm{j}\omega)=\frac{1}{1+\mathrm{j}\dfrac{\omega}{\omega_{\mathrm{T}}}}=\frac{\omega_{\mathrm{T}}}{\omega_{\mathrm{T}}+\mathrm{j}\omega}$$

其幅频特性和相频特性分别为

$$|G(\mathrm{j}\omega)|=\frac{\omega_{\mathrm{T}}}{\sqrt{\omega_{\mathrm{T}}^2+\omega^2}}$$

$$\angle G(\mathrm{j}\omega)=-\arctan\frac{\omega}{\omega_{\mathrm{T}}}$$

则对数幅频特性为

$$L(\omega)=20\lg\frac{\omega_{\mathrm{T}}}{\sqrt{\omega_{\mathrm{T}}^2+\omega^2}}=20\lg\omega_{\mathrm{T}}-20\lg\sqrt{\omega_{\mathrm{T}}^2+\omega^2} \tag{4.13}$$

(1) 当 $\omega<\omega_{\mathrm{T}}$ 时(低频时)，由式(4.13)可得

$$L(\omega)\approx 20\lg\omega_{\mathrm{T}}-20\lg\omega_{\mathrm{T}}=0\ (\mathrm{dB}) \tag{4.14}$$

式(4.4)表明，惯性环节的低频段是一条 0 dB 的渐近线，它与 ω 轴重合，如图 4.17 所示。

(2) $\omega>\omega_{\mathrm{T}}$ 时(高频时)，由式(4.13)可得

$$L(\omega)\approx 20\lg\omega_{\mathrm{T}}-20\lg\omega \tag{4.15}$$

式(4.15)中，当 $\omega=\omega_{\mathrm{T}}$ 时

$$L(\omega)=0$$

当 $\omega>\omega_T$ 时,式(4.15)可进一步近似为

$$L(\omega)\approx -20\lg\omega$$

这表明,对数幅频特性在高频段($1/T<\omega<\infty$ 范围内)近似为一条直线,其斜率为 −20 dB/dec,且与 ω 轴相交于 $\omega_T=1/T$ 的渐近线(图4.17),它与低频段渐近线的交点为 $\omega_T=1/T$,这时的 ω_T 称为转折频率。这里,T 是惯性环节 $1/(1+Ts)$ 的时间常数,所以转折频率 ω_T 也很容易求得。求出转折频率后,就可方便地作出低频段和高频段的渐近线。由于渐近线接近于精确曲线,因此,在一些不需要十分精确的场合,就可以用渐近线代替精确曲线加以分析。在要求精确曲线的场合,需要对渐近线进行修正。由于渐近线代替精确曲线的最大误差发生在转折频率处,因此可将 $\omega=1/T$ 代入式(4.13),得精确值为

$$L(\omega)=-20\lg\sqrt{1+1}=-3.01\ \text{dB}\approx -3\ \text{dB}$$

近似值为 $L(\omega)=0$,所以误差为−3 dB。

在转折频率左、右倍频程处($\omega=1/2T$ 及 $\omega=2/T$)的误差如下:

(1)在 $\omega=2/T$,即 $\omega T=2$ 处,精确值为

$$L(\omega)=-20\lg\sqrt{1+4}\approx -7\ \text{dB}$$

近似值为

$$L(\omega)=-20\lg T\omega=-20\lg 2\approx -6.02\ \text{dB}$$

误差值为

$$-7-(-6.02)\approx -1\ \text{dB}$$

(2)在 $\omega=\frac{1}{2T}$,即 $\omega T=0.5$ 处,精确值为

$$L(\omega)=-20\lg\sqrt{1+0.25}\approx -1\ \text{dB}$$

近似值为

$$L(\omega)\approx 0\ \text{dB}$$

误差值为

$$-1-0=-1\ \text{dB}$$

用同样的方法,可以计算出其他频率处的误差值,如图4.17所示。由图可以看出,误差值相对于转折频率是对称的。将图4.17所示的误差值加到渐近折线上,就可得到图4.17中粗实线(幅频特性曲线)表示的精确的对数幅频特性曲线。

作惯性环节的相频特性曲线没有近似的办法,但也可定出 $\omega=\frac{1}{T}$、$\omega=\frac{1}{2T}$、$\frac{2}{T}$、$\frac{0.1}{T}$、$\frac{10}{T}$ 等点,用曲线板把各点连接起来,如图4.17(b)所示。它是对 $\varphi(\omega)=-45°$ 的点斜对称的一条曲线。

其相频特性 Bode 图示如图4.17所示,其相频特性的简单表格见表4.2。

表4.2 惯性环节相频 Bode 图角度值

ωT	0	0.1	0.2	0.5	1	2	5	10	∞
$\varphi/(°)$	0	−5.7	−11.3	−26.6	−45	−63.4	−78.7	−84.8	−90

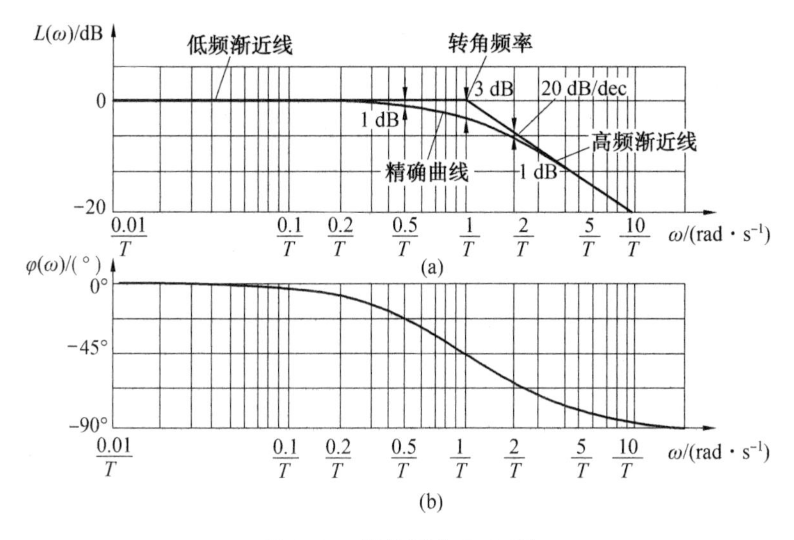

图 4.17 惯性环节 Bode 图

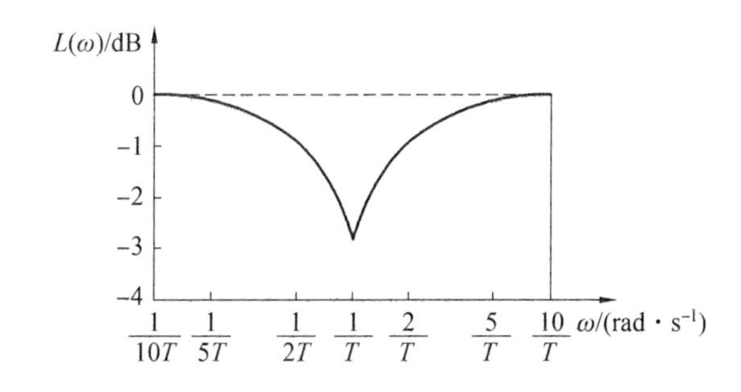

图 4.18 惯性环节的对数幅频特性修正曲线

4. 一阶微分环节

一阶微分环节的频率特性为

$$G(\mathrm{j}\omega)=1+\mathrm{j}T\omega$$

令 $\omega_{\mathrm{T}}=1/T$，ω_{T} 为转折频率，则有

$$G(\mathrm{j}\omega)=\frac{\omega_{\mathrm{T}}+\mathrm{j}\omega}{\omega_{\mathrm{T}}}$$

其幅频特性和相频特性分别为

$$|G(\mathrm{j}\omega)|=\frac{\sqrt{\omega_{\mathrm{T}}^2+\omega^2}}{\omega_{\mathrm{T}}}$$

$$\angle G(\mathrm{j}\omega)=\arctan\frac{\omega}{\omega_{\mathrm{T}}}$$

则对数幅频特性为

$$L(\omega)=20\lg\sqrt{\omega_{\mathrm{T}}^2+\omega^2}-20\lg\omega_{\mathrm{T}}\quad(\mathrm{dB})\tag{4.16}$$

显然，其与一阶惯性环节的对数幅频特性和相频特性十分类似，仅相差一个符号。因而一阶微分环节和一阶惯性环节的 Bode 图对称于 ω 轴，如图 4.19 所示。

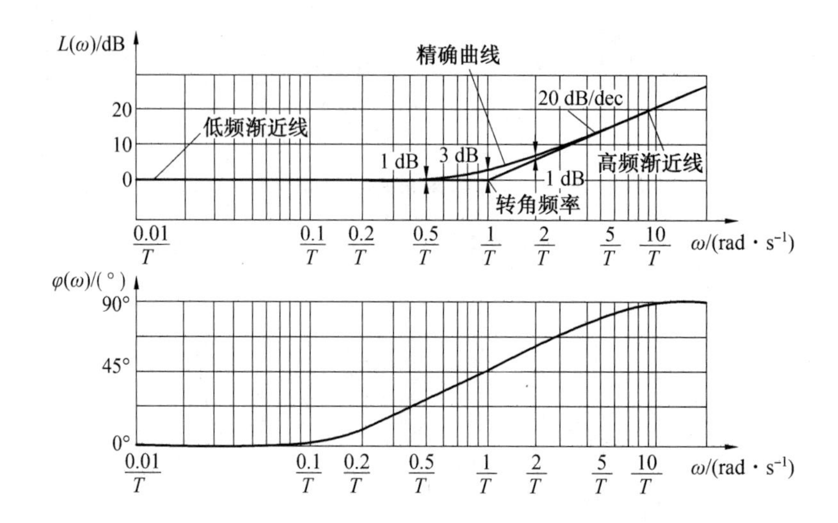

图 4.19 一阶微分环节 Bode 图

5. 二阶振荡环节

二阶振荡环节的频率特性为

$$G(\mathrm{j}\omega)=\frac{\omega_{\mathrm{n}}^{2}}{-\omega^{2}+\omega_{\mathrm{n}}^{2}+\mathrm{j}2\xi\omega_{\mathrm{n}}\omega}$$

令 $T=1/\omega_{\mathrm{n}}$,将上式整理成标准形式

$$G(\mathrm{j}\omega)=\frac{1-T^{2}\omega^{2}}{(1-T^{2}\omega^{2})^{2}+(2\xi T\omega)^{2}}-\mathrm{j}\frac{2\xi T\omega}{(1-T^{2}\omega^{2})^{2}+(2\xi T\omega)^{2}}$$

其幅频特性和相频特性分别为

$$|G(\mathrm{j}\omega)|=\frac{1}{\sqrt{(1-T^{2}\omega^{2})^{2}+(2\xi T\omega)^{2}}}$$

$$\angle G(\mathrm{j}\omega)=-\arctan\frac{2\xi T\omega}{1-T^{2}\omega^{2}}$$

则其对数幅频特性为

$$L(\omega)=20\lg A(\omega)=-20\lg\sqrt{(1-T^{2}\omega^{2})^{2}+(2\xi T\omega)^{2}} \tag{4.17}$$

依照一阶惯性环节的方法,先求出二阶振荡环节的对数幅频特性的渐近线。

(1)当 $\omega\ll\omega_{\mathrm{n}}$ 时(低频段),即 $\omega T\to0$,由式(4.17)可得

$$L(\omega)\approx-20\lg 1=0\quad(\mathrm{dB})$$

上式表明,低频段的渐近线为一条 0 dB 的直线,它与 ω 轴重合。

(2)当 $\omega\gg\omega_{\mathrm{n}}$ 时(高频段),即 $\omega T\gg1$,由式(4.17)可得

$$L(\omega)\approx-20\lg\left(\frac{\omega}{\omega_{\mathrm{n}}}\right)^{2}=-40\lg\left(\frac{\omega}{\omega_{\mathrm{n}}}\right)$$

上式表明,高频段的渐近线为一条斜率为-40 dB/dec 的直线,它与 ω 轴相交于 $\omega=\omega_{\mathrm{n}}$ 的点。

以上两条低频段和高频段的渐近线相交处频率 $\omega=\omega_{\mathrm{n}}$,称为二阶振荡环节的转折频率,两条渐近线与转折频率如图 4.20 所示。

二阶振荡环节对数幅频特性的精确曲线可以按式(4.17)计算并绘制。显然,精确曲线随阻尼比 ξ 的不同而不同。因此,渐近线的误差也随 ξ 的不同而不同。不同 ξ 值时的精确曲线如图4.20所示。从图中可以看出,当 ξ 值在一定范围内时,其相应的精确曲线都有峰值。这个峰值可以按求函数极值的方法由式(4.17)求得。渐近线误差随 ξ 不同而不同的误差曲线如图4.21所示。从图中可以看出,渐近线的误差在 $\omega=\omega_n$ 附近为最大,并且 ξ 值越小,误差 e 越大。当 $\xi\to0$ 时,误差将趋近于无穷大。二阶振荡环节幅频Bode图修正量见表4.3。

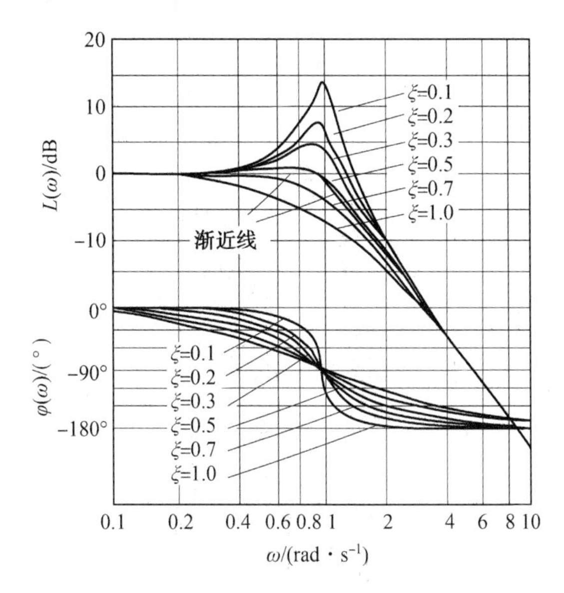

图4.20 二阶振荡环节Bode图

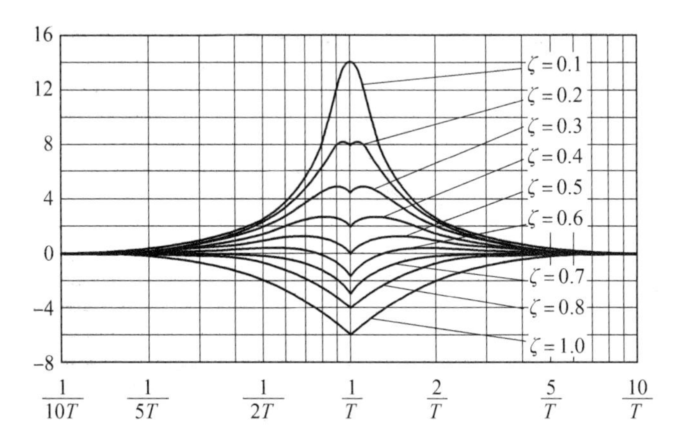

图4.21 二阶振荡环节幅频特性的误差曲线

表 4.3　二阶振荡环节幅频 Bode 图修正量

ξ \ ωT (e)	0.1	0.2	0.4	0.6	0.8	1	1.25	1.66	2.5	5.0	10
0.1	0.086	0.348	1.48	3.728	8.094	13.98	8.094	3.728	1.48	0.348	0.086
0.2	0.08	0.325	1.36	3.305	6.345	7.96	6.345	3.305	1.36	0.325	0.08
0.3	0.071	0.292	1.179	2.681	4.439	4.439	4.439	2.681	1.179	0.292	0.071
0.5	0.044	0.17	0.627	1.137	1.137	0.00	1.137	1.137	0.627	0.17	0.044
0.7	0.001	0.00	-0.08	-0.472	-1.41	-2.92	-1.41	-0.472	-0.08	0.00	0.001
1.0	-0.086	-0.34	-1.29	-2.76	-4.296	-6.20	-4.296	-2.76	-1.29	-0.34	-0.086

二阶振荡环节的相频特性为

$$\varphi(\omega) = -\arctan\frac{2\xi T\omega}{1-T^2\omega^2}$$

当 $\omega T\to 0$ 时，即 $\omega=0$，有 $\varphi(\omega)=0°$；

当 $\omega T=1$ 时，即 $\omega=\omega_n$，有 $\varphi(\omega)=-90°$；

当 $\omega T\to\infty$ 时，即 $\omega\to\infty$，有 $\varphi(\omega)=-180°$。

它也和阻尼比 ξ 有关，这些相频特性曲线如图 4.21 所示。由图 4.21 可以看出，它们都是以转折频率 $\omega=\omega_n$ 处相角为-90°的点斜对称。

二阶微分环节 $s^2+2\xi\omega_n s+\omega_n^2(0<\xi<1)$ 的对数幅频和相频特性都与二阶振荡环节的特性对称（以 ω 轴为对称轴），这里不再赘述。

6. 延迟环节

延迟环节的频率特性为

$$G(j\omega)=e^{-j\tau\omega}$$

其幅频特性 $|G(j\omega)|=1$，相频特性 $\angle G(j\omega)=-\tau\omega$。则其对数幅频特性

$$L(\omega)=20\lg 1=0$$

延迟环节的对数幅频特性曲线为 $L(\omega)=0$ 的直线，与 ω 轴重合。相频特性曲线 $\varphi(\omega)$，当 $\omega\to\infty$ 时，$\varphi(\omega)\to-\infty$，其 Bode 图如图 4.22 所示。

以上讨论几种典型环节的 Bode 图绘制，表 4.4 给出其基本表达和特征点。

表 4.4　常用典型环节 Bode 图特征表

环节	传递函数	斜率/(dB · dec^{-1})	特殊点	$\varphi(\omega)$
比例	K	0	$L(\omega)=20\lg K$	0°
积分	$1/s$	-20	$\omega=1, L(\omega)=0$	-90°
重积分	$1/s^2$	-40	$\omega=1, L(\omega)=0$	-180°
惯性	$1/(Ts+1)$	0,-20	转折频率 $\omega=1/T$	0° ~ -90°
一阶微分	$\tau s+1$	0,20	转折频率 $\omega=1/\tau$	0° ~ 90°
二阶振荡	$\frac{\omega_n^2}{s^2+2\xi\omega_n s+\omega_n^2}$	0,-40	转折频率 $\omega=\omega_n$	0° ~ -180°

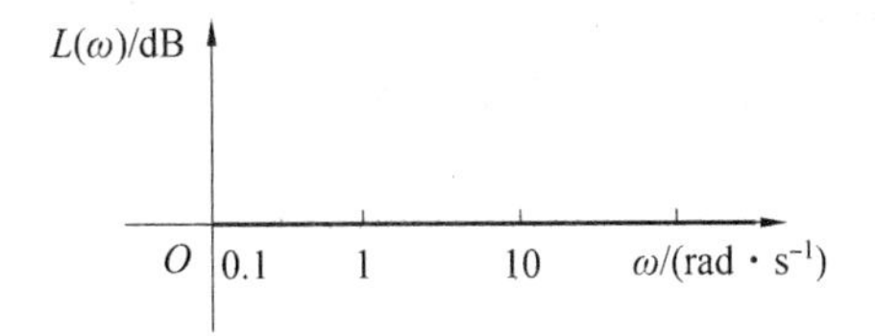

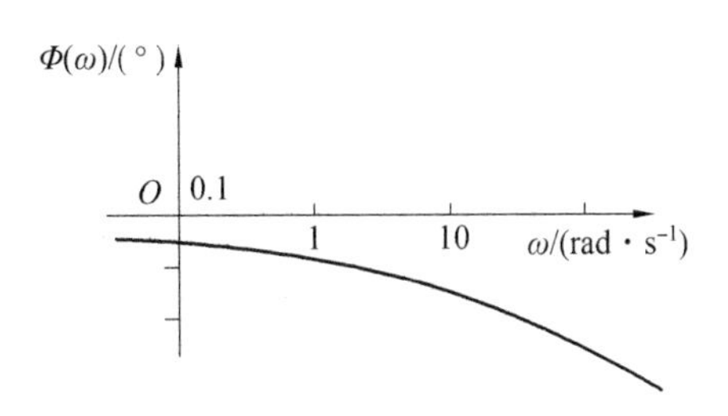

图 4.22　延迟环节 Bode 图

4.3.3　系统的开环 Bode 图绘制

4.3.2 小节介绍了典型环节的 Bode 图绘制,下面讨论一般系统的 Bode 图绘制方法。在 4.3.1 小节中讨论 Bode 图的基本概念时提到,Bode 图绘制简单,对于由若干典型环节串联组成的一般系统,其幅频特性可以用组成该系统各典型环节的幅频特性折线叠加而成,下面进一步讨论。

对于一般系统,其传递函数可表示为

$$G(s)=\frac{K(\tau_1 s+1)\cdot\cdots\cdot(\tau_i^2 s^2+2\xi_i \tau s+1)\cdot\cdots}{s^{\nu}(T_1 s+1)\cdot\cdots\cdot(T_j^2 s^2+2\xi_j T s+1)\cdot\cdots}=K\cdot(\tau_1 s+1)\cdot\cdots\cdot\frac{1}{s^{\nu}}\cdot\frac{1}{T_1 s+1}\cdots$$

因此,任何形式的传递函数都可以表示为典型环节之积的形式

$$G(s)=G_1(s)\cdot G_2(s)\cdot G_3(s)\cdot\cdots\cdot G_n(s)$$

一般系统的频率特性可表示为

$$G(\mathrm{j}\omega)=G_1(\mathrm{j}\omega)\cdot G_2(\mathrm{j}\omega)\cdot G_3(\mathrm{j}\omega)\cdot\cdots\cdot G_n(\mathrm{j}\omega)$$

因为

$$G(\mathrm{j}\omega)=A(\omega)\mathrm{e}^{\mathrm{j}\varphi(\omega)}$$

所以

$$\begin{aligned}G(\mathrm{j}\omega)&=A_1(\omega)\mathrm{e}^{\mathrm{j}\varphi_1(\omega)}\cdot A_2(\omega)\mathrm{e}^{\mathrm{j}\varphi_2(\omega)}\cdot A_3(\omega)\mathrm{e}^{\mathrm{j}\varphi_3(\omega)}\\&=A_1(\omega)A_2(\omega)\cdots A_n(\omega)e^{\mathrm{j}[\varphi_1(\omega)+\varphi_2(\omega)+\cdots+\varphi_n(\omega)]}\end{aligned}$$

幅频特性为

$$A(\omega)=|G(\mathrm{j}\omega)|=A_1(\omega)\cdot A_2(\omega)\cdot\cdots\cdot A_n(\omega)$$

相频特性为

$$\varphi(\omega)=\angle G(\mathrm{j}\omega)=\varphi_1(\omega)+\varphi_2(\omega)+\cdots+\varphi_n(\omega)$$

对数幅频特性为

$$\begin{aligned}L(\omega)&=20\lg A_1(\omega)+20\lg A_2(\omega)+\cdots+20\lg A_n(\omega)\\&=L_1(\omega)+L_2(\omega)+\cdots+L_n(\omega)\end{aligned}$$

显然,一般系统的幅频特性等于其组成系统的各典型环节的对数幅频特性的代数和,

相频特性等于其组成系统的各典型环节的相频特性的代数和。因此,系统幅频特性的Bode图可由各典型环节的幅频特性Bode图叠加得到,系统相频特性的Bode图亦可用各典型环节的相频特性Bode图叠加得到。

【例4.4】 绘制系统Bode图。已知$G(j\omega)=\dfrac{10(j\omega+3)}{(j\omega)(j\omega+2)[(j\omega)^2+j\omega+2]}$,即

$$G(j\omega)=\frac{7.5\left(\frac{1}{3}j\omega+1\right)}{(j\omega)\left(\frac{1}{2}j\omega+1\right)\left[\left(\frac{1}{\sqrt{2}}\right)^2(j\omega)^2+2\times\frac{1}{2\sqrt{2}}\times\frac{1}{\sqrt{2}}j\omega+1\right]}$$

解 该系统可认为由下列5个典型环节组成:

$$G_1(j\omega)=7.5$$

$$G_2(j\omega)=\frac{1}{j\omega}$$

$$G_3(j\omega)=\frac{1}{\left[\left(\frac{1}{\sqrt{2}}\right)^2(j\omega)^2+2\times\frac{1}{2\sqrt{2}}\times\frac{1}{\sqrt{2}}j\omega+1\right]}$$

$$G_4(j\omega)=\frac{1}{\frac{1}{2}j\omega+1}$$

$$G_5(j\omega)=\frac{1}{3}j\omega+1$$

由上例可见,串联环节的对数幅频特性也可以直接绘出。从典型环节的对数幅频特性可见,在低频段,惯性、振荡和比例微分等环节的低频渐近线均为0 dB线。因此,对数幅频特性$L(\omega)$的低频段主要取决于比例环节和积分环节(理想微分环节一般很少出现)。而在$\omega=1$处,积分环节为过零点,因此在$\omega=1$处,对数幅频特性的高度仅取决于比例环节。即$L(\omega)|_{\omega=1}=20\lg K$,此时的斜率则主要取决于积分环节的多少,每多一个积分环节,斜率便降低-20 dB/dec。若有ν个积分环节,则在$\omega=1$处的斜率便为$-20\ \nu$dB/dec。在确定了低频段以后,往后若遇到一阶惯性环节,经转折频率,$L(\omega)$的斜率便降低-20 dB/dec;遇到二阶振荡环节,过转折频率,则斜率便降低-40 dB/dec;若遇到比例微分环节,过转折频率,则斜率增加+20 dB/dec。如图4.23所示。这样,掌握了以上规律,就可以直接画出串联环节的总的渐近对数幅频特性。其具体步骤总结如下。

(1)分析系统是由哪些典型环节串联组成的,并将这些典型环节的传递函数都化成标准形式,如比例环节、一阶惯性环节、积分环节和二阶振荡环节等,应使传递函数中的常数项均为1;

(2)求出系统的频率特性$G(j\omega)$;

(3)确定各典型环节的转折频率;

(4)根据比例环节的K值,计算$20\lg K$;

(5)计算各典型环节的转折频率,将各转折频率按由低到高的顺序进行排列,并按下列原则依次改变$L(\omega)$的斜率:若过一阶惯性环节的转折频率,斜率减去20 dB/dec;若过

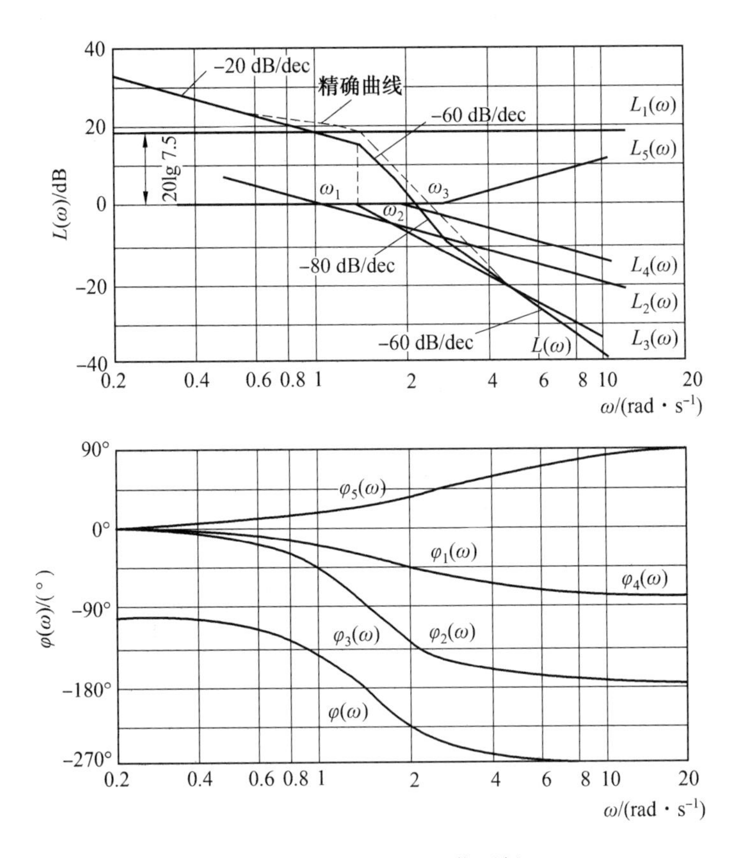

图 4.23 系统 Bode 图作图例

比例微分环节的转折频率,斜率增加 20 dB/dec;若过二阶振荡环节的转折频率,斜率减去 40 dB/dec;

(6) 如果需要,可对渐近线进行修正,以获得较精确的对数幅频特性曲线;

(7) 考虑系统总的增益,将叠加后的对数幅频特性曲线上下移动 20 lg K,得到系统的对数幅频特性;

(8) 画出各组成典型环节的对数相频特性曲线,然后叠加得到系统总的对数相频特性;

(9) 如果有延时环节,对数幅频特性不变,对数相频特性则应加上$-\tau\omega$。

【例 4.5】 如图 4.24 所示为火星探测器“漫游者号”一对取样臂的控制系统,取 $K=20$,绘制开环传递函数的 Bode 图的概略图形。

解 根据图 4.24 可写出系统的开环传递函数为

$$G(s)=\frac{K(s^2+6.5s+12)}{s(s+1)(s+2)}$$

(1)系统的开环传递函数为

$$G(s)=\frac{120\left(\frac{1}{12}s^2+\frac{13}{24}s+1\right)}{s(s+1)(0.5s+1)}$$

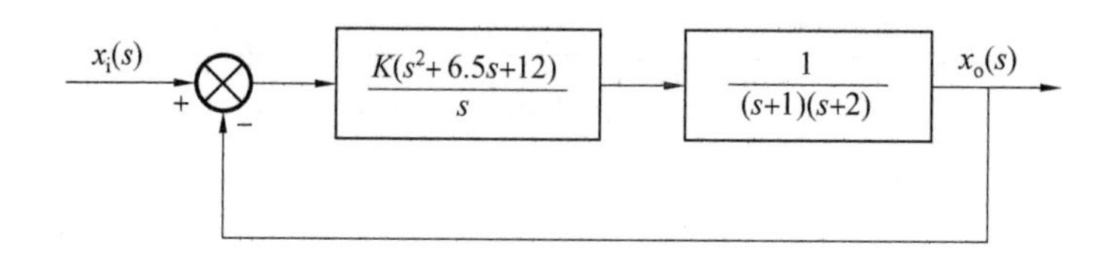

图 4.24 火星探测器“漫游者号”一对取样臂的控制系统

系统是由比例环节、一个积分环节、两个一阶惯性环节$\frac{1}{s+1}$和$\frac{1}{0.5s+1}$及一个二阶微分环节$\frac{1}{12}s^2+\frac{13}{24}s+1$组成的。

(2)系统的频率特性为

$$G(\mathrm{j}\omega)=\frac{120\left(-\frac{1}{12}\omega^2+\frac{13}{24}\mathrm{j}\omega+1\right)}{\mathrm{j}\omega(\mathrm{j}\omega+1)(0.5\mathrm{j}\omega+1)}$$

(3)求出一阶惯性环节的转折频率 ω_r 和二阶微分环节的固有频率 ω_n。

惯性环节$\frac{1}{s+1}$的转折频率 $\omega_{r_1}=1$,$\frac{1}{0.5s+1}$的转折频率 $\omega_{r_2}=2$,二阶微分环节的固有频率 $\omega_n=\sqrt{12}$。

(4)画出各环节的对数幅频特性渐近线,用虚线表示。

(5)对渐近线用误差修正曲线修正(本题省略这一步)。

(6)除比例环节外,将各环节的对数幅频特性叠加,用双点画线表示。

(7)将叠加后的对数幅频特性向上平移 20lg 120 dB,得到系统对数幅频特性,用实线表示,如图 4.25 所示。

(8)画出各典型环节的对数相频特性曲线,用虚线表示,叠加后得系统的对数相频特性,用实线表示,如图 4.26 所示。

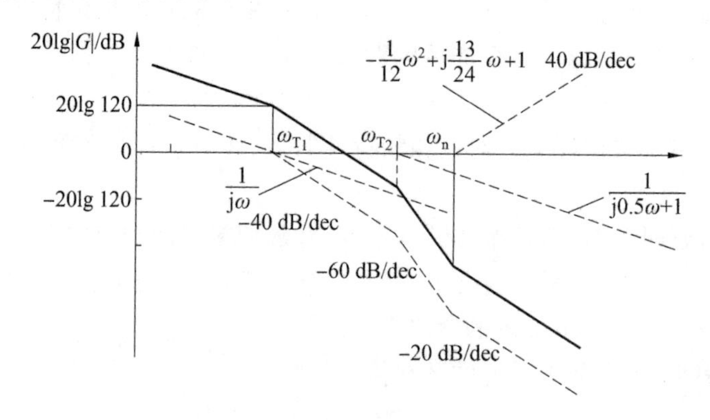

图 4.25 对数幅频特性曲线

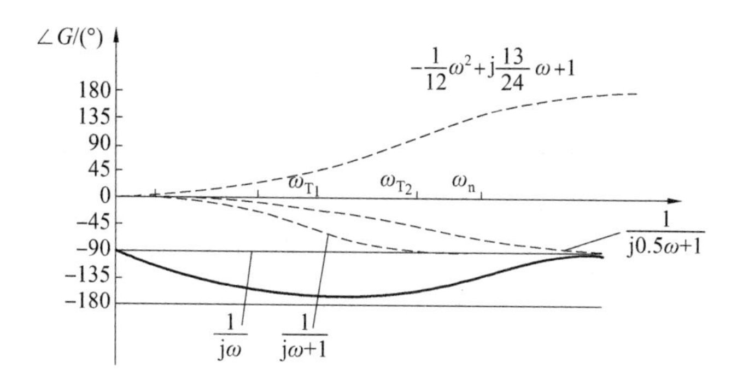

图 4.26 对数相频特性曲线

4.3.4 由 Bode 图求系统传递函数

实际上,有许多系统的物理模型很难用机理分析方法建模,其传递函数很难用数学分析的方法求出。对于这类系统,可以通过实验测出系统的频率特性曲线,进而求出系统的传递函数,这是由传递函数绘制 Bode 图的反问题,为更好地完成这个任务,首先需要对各种类型系统的 Bode 图特征做一个详细的了解。

对于 0 型系统

$$G_0(j\omega)=\frac{K_0(\tau_1 j\omega+1)(\tau_1 j\omega+1)\cdot\cdots}{(T_1 j\omega+1)(T_2 j\omega+1)\cdot\cdots}$$

在低频时,ω 很小

$$G_0(j\omega)\approx K_0$$

$$|G_0(j0)|=K_0$$

可见,0 型系统幅频特性 Bode 图在低频处的高度为 20lg K_0,例如图 4.27 所示的低频段。

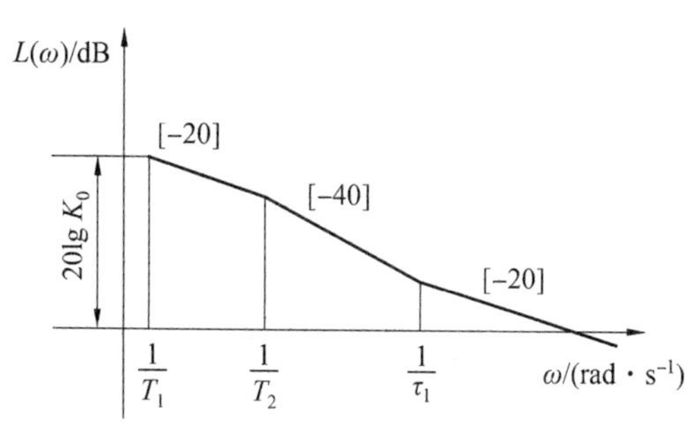

图 4.27 0 型系统 Bode 图低频高度的确定

对于 Ⅰ 型系统

$$G_1(j\omega)=\frac{K_1(\tau_1 j\omega+1)(\tau_1 j\omega+1)\cdot\cdots}{j\omega(T_1 j\omega+1)(T_2 j\omega+1)\cdot\cdots}$$

在低频时,ω 很小,则有

$$G_1(\mathrm{j}\omega) \approx \frac{K_1}{\mathrm{j}\omega}$$

$$|G_1(\mathrm{j}1)| \approx K_1$$

可见,如果系统各转折频率均大于 $\omega=1$,Ⅰ型系统幅频特性 Bode 图在 $\omega=1$ 处的高度为 20 lg K_1,如果系统有的转折频率小于 $\omega=1$,则首段斜率为−20 dB/dec。斜率线的延长线与 $\omega=1$ 线的交点高度为 20 lg K_1,如图 4.28 所示。

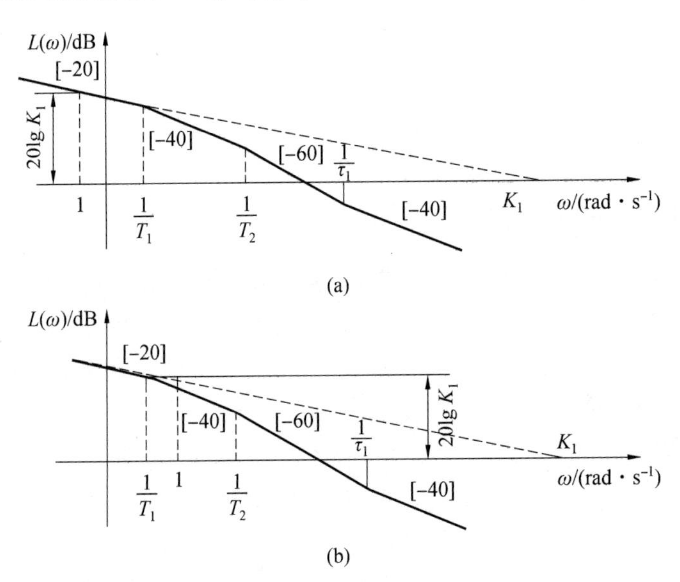

图 4.28 Ⅰ型系统 Bode 图低频高度的确定

另外,Bode 图首段(或其延长线)与 0 dB 线的交点应满足

$$\left|\frac{K_1}{\mathrm{j}\omega}\right| = 1$$

解之,得

$$\omega = K_1$$

可见,其首段−20 dB/dec 斜率线或其延长线与 0 dB 线的交点坐标为 $\omega_1 = K_1$,如图 4.28 所示。

对于Ⅱ型系统

$$G_2(\mathrm{j}\omega) = \frac{K_2(\tau_1\mathrm{j}\omega+1)(\tau_1\mathrm{j}\omega+1)\cdot\cdots}{(\mathrm{j}\omega)^2(T_1\mathrm{j}\omega+1)\cdot\cdots}$$

在低频时,ω 很小

$$G_2(\mathrm{j}\omega) \approx \frac{K_2}{(\mathrm{j}\omega)^2}$$

$$|G_2(\mathrm{j}1)| = K_2$$

可见,如果系统各转折频率均大于 $\omega=1$,Ⅱ型系统幅频特性 Bode 图在 $\omega=1$ 处的高度为 20 lg K_2,如果系统有的转折频率小于 $\omega=1$,则首段−40 dB/dec 斜率线的延长线与 $\omega=1$线的交点高度为 20 lg K_2,如图 4.29 所示。

另外,Bode 图首段(或其延长线)与 0 dB 线的交点应满足

$$\left|\frac{K_2}{(\mathrm{j}\omega)^2}\right|=1$$

解之，得
$$\omega=\sqrt{K_2}$$

可见，其首段-40 dB/dec 斜率线或其延长线与0 dB 线的交点坐标为 $\omega_1=\sqrt{K_2}$，如图4.29所示。

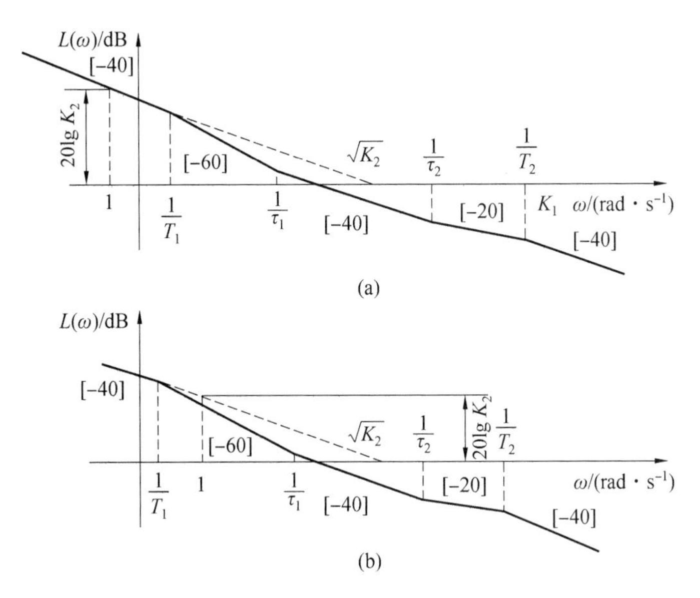

图4.29 Ⅱ型系统 Bode 图低频高度的确定

【例4.6】 图4.30中实线是某系统用实验测出的频率特性 Bode 图，试求该系统的传递函数。

解 用折线作为渐近线逼近幅频特性曲线，首段折线以 $\omega=0$ 附近的切线斜率为准；末段折线以 $\omega\to\infty$ 附近的切线斜率为准；中间各段以 $(\pm20)i$ dB/dec（i 为整数）的斜率逼近。由幅频特性低频段可见，该系统为0型系统，且 $K_0=1$。

其高频段斜率为-40 dB/dec，两个转折频率分别为

$$\omega_1=1\ \mathrm{rad/s},\quad \omega_2=2.4\ \mathrm{rad/s}$$

由上述可知，该系统为二阶系统

$$T_1=\frac{1}{\omega_1}=1\ \mathrm{s},\quad T_2=\frac{1}{\omega_2}=0.417\ \mathrm{s}$$

对于最小相位系统，二阶系统的相频特性不会小于-180°，但该系统在高频处已小于-180°，且呈现不断下降的趋势，故可断定该系统是非最小相位系统。存在着延迟环节，系统频率特性有如下形式

$$G(\mathrm{j}\omega)=\frac{\mathrm{e}^{-\tau\mathrm{j}\omega}}{(\mathrm{j}\omega+1)(0.417\mathrm{j}\omega+1)}$$

按照转折频率确定各环节的时间常数后只有参数 τ 尚未确定，该参数可通过相频特性的关系式求出。对于实验数据可由多点求出的平均值作为该参数值。该例以两点平均求出。

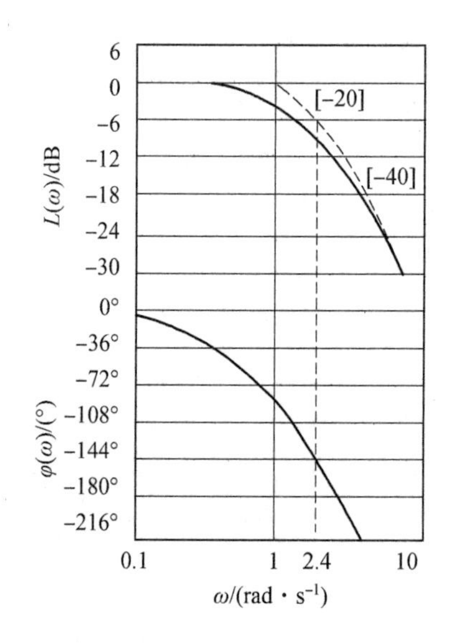

图 4.30　某实验系统的频率特性 Bode 图

由图 4.30 可见，$\varphi(1)=-85°$，故

$$\varphi(1)=-\tau_1\times1\times\frac{180°}{\pi}-\arctan 1-\arctan 0.417=-85°$$

解之，得
$$\tau_1=0.303$$

另由图 4.30 可见

$$\varphi(2.4)=-155°$$

故
$$\varphi(2.4)=-\tau_2\times2.4\times\frac{180°}{\pi}-\arctan 2.4-\arctan(0.417\times2.4)=-155°$$

解之，得
$$\tau_1=0.310$$

取其平均值
$$\tau=\frac{\tau_1+\tau_2}{2}=\frac{0.303+0.310}{2}=0.307$$

由以上得到
$$G(j\omega)=\frac{e^{-0.307j\omega}}{(j\omega+1)(0.417j\omega+1)}$$

则系统的传递函数为

$$G(s)=\frac{e^{-0.307s}}{(s+1)(0.417s+1)}$$

4.4　最小相位系统和非最小相位系统

从传递函数角度看，如果说一个环节传递函数的极点和零点的实部全都小于或等于零，则称这个环节是最小相位环节。如果传递函数中具有正实部的零点或极点，或有延迟环节，则这个环节就是非最小相位环节。

对于闭环系统，如果它的开环传递函数极点和零点的实部小于或等于零，则称它是最小相位系统。如果开环传递函数中有正实部的零点或极点，或有延迟环节，则称系统是非最小相位系统。因为若把延迟环节用零点和极点的形式近似表达时（泰勒级数展开），会发现它具有正实部零点。

最小相位系统具有如下性质:①最小相位系统传递函数可由其对应的开环对数频率特性唯一确定,反之亦然。②最小相位系统的相频特性可由其对应的开环频率特性唯一确定,反之亦然。③在具有相同幅频特性的系统中,最小相位系统的相角变化量的绝对值相对最小。

例如,具有下列开环传递函数的系统是最小相位系统

$$G_1(s)=\frac{K(T_3s+1)}{(T_1s+1)(T_2s+1)} \qquad (K,T_1,T_2,T_3\text{ 均为正数})$$

非最小相位系统有位于 s 右半开平面上的极点或零点。非最小相位系统一词源于对系统频率特性的描述,即在正弦信号的作用下,具有相同幅频特性的系统(或环节),最小相位系统的相位移最小,而非最小相位系统的相位移大于最小相位系统的相位移。

例如,具有下列开环传递函数的系统为非最小相位系统

$$G_2(s)=\frac{K(T_3s-1)}{(T_1s+1)(T_2s+1)} \qquad (K,T_1,T_2,T_3\text{ 均为正数})$$

$$G_3(s)=\frac{K}{(T_1s+1)(T_2s+1)}e^{-\tau s} \qquad (K,T_1,T_2,\tau\text{ 均为正数})$$

$G_1(s)$ 和 $G_2(s)$ 都具有相同的幅频特性,即幅频特性都是

$$M(\omega)=\frac{K\sqrt{1+T_3^2\omega^2}}{\sqrt{(1+T_1^2\omega^2)(1+T_2^2\omega^2)}}$$

但它们的相频特性却大大不同;设 $G_1(s)$ 和 $G_2(s)$ 的相频特性分别为 $\varphi_1(\omega)$ 和 $\varphi_2(\omega)$,则

$$\varphi_1(\omega)=\arctan(T_3\omega)-\arctan(T_1\omega)-\arctan(T_2\omega)$$

$$\varphi_2(\omega)=\arctan\frac{T_3\omega}{-1}-\arctan(T_1\omega)-\arctan(T_2\omega)$$

当 $\omega=0$ 时

$$\varphi_1(\omega)=0^\circ,\quad \varphi_2(\omega)=180^\circ$$

当 $\omega\to\infty$ 时

$$\varphi_1(\infty)=90^\circ-90^\circ-90^\circ=-90^\circ$$

$$\varphi_2(\infty)=180^\circ-90^\circ-90^\circ-90^\circ=-90^\circ$$

对于最小相位系统 $G_1(s)$ 来说,当 ω 从 $0\to\infty$ 时,其相角变化为

$$|\varphi_1(\infty)-\varphi_1(0)|=|-90^\circ-0^\circ|=90^\circ$$

对于非最小相位系统 $G_2(s)$ 来说,当 ω 从 $0\to\infty$ 时,其相角变化为

$$|\varphi_2(\infty)-\varphi_2(0)|=|-90^\circ-180^\circ|=270^\circ$$

显然,最小相位系统的相角变化为最小。对控制系统来说,相位纯滞后越大,对系统的稳定性越不利,因此要尽量减小延迟环节的影响和尽可能避免有非最小相位特性的元件。

【例4.7】 设有下列两个系统,其中 $T_1>T_2>0$,故系统1为最小相位系统,系统2为非最小相位系统,绘制系统 Bode 图。

$$G_1(j\omega)=\frac{T_1 j\omega+1}{T_2 j\omega+1},\quad G_2(j\omega)=\frac{-T_1 j\omega+1}{T_2 j\omega+1}$$

解 两个系统的幅频特性一样，均为

$$|G_1(j\omega)|=|G_2(j\omega)|=\frac{\sqrt{(T_1\omega)^2+1}}{(T_2\omega)^2+1}$$

其幅频特性 Bode 图如图 4.31 所示。

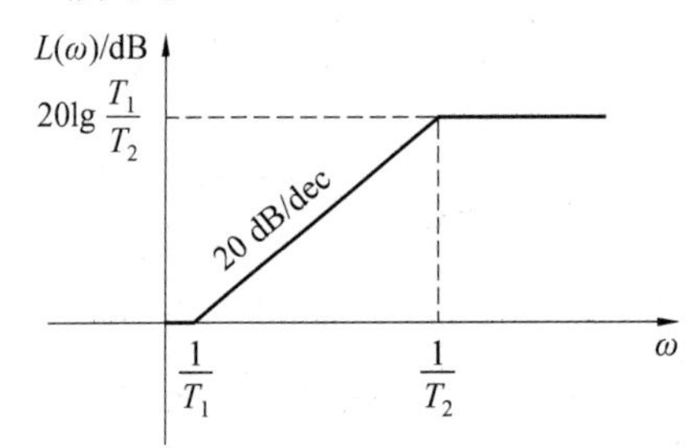

图 4.31 系统幅频特性

而其相频特性分别为

$$\angle G_1(j\omega)=\arctan(T_1\omega)-\arctan(T_2\omega)$$
$$\angle G_2(j\omega)=\arctan(T_1\omega)-\arctan(T_2\omega)$$

其相频特性 Bode 图如图 4.32 所示。

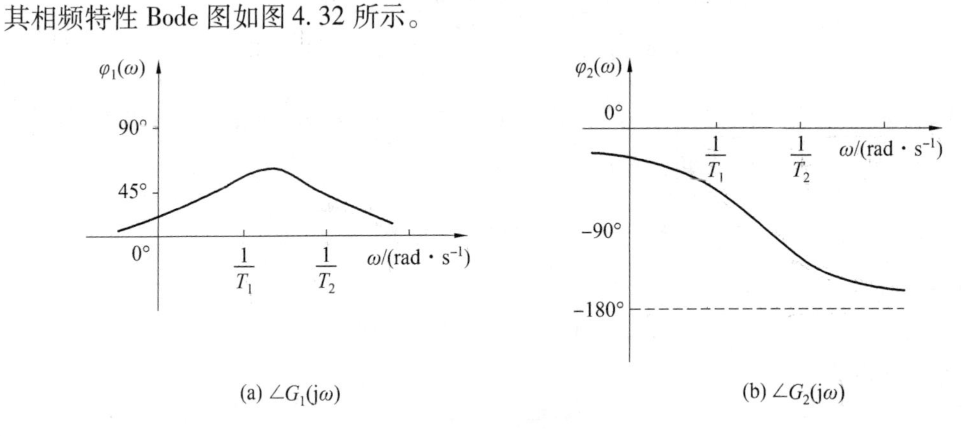

(a) $\angle G_1(j\omega)$ (b) $\angle G_2(j\omega)$

图 4.32 系统的相频特性

4.5 闭环频率特性与频域性能指标

第一章中讲到，反馈是自动控制理论中一个最重要的概念，对于如图 4.33 所示的系统，所谓开环频率特性，是指将闭环回路的环打开，其开环频率特性为 $G(j\omega)H(j\omega)$。而该系统闭环频率特性为

$$\frac{X_o(j\omega)}{X_i(j\omega)}=\frac{G(j\omega)}{1+G(j\omega)H(j\omega)} \tag{4.18}$$

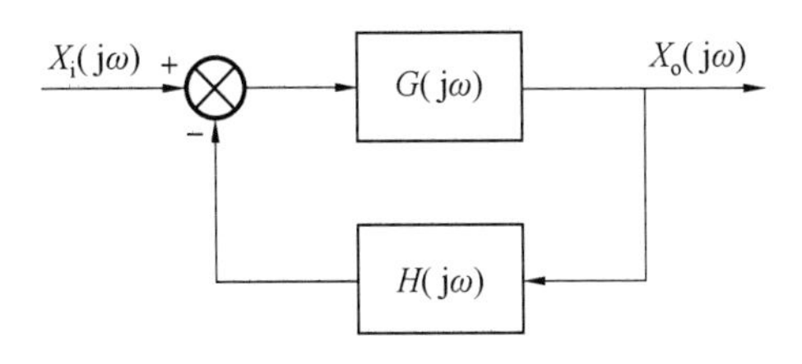

图4.33 典型闭环系统

4.5.1 由开环频率特性估计闭环频率特性

在后面的第5章和第6章中,一般用开环频率特性来分析及估算反馈控制系统性能,这是经典控制理论常用的方法,主要是开环传递函数容易通过试验方法获得。此外,也可通过闭环频率特性来分析系统,下面讨论通过系统开环频率特性来求闭环频率特性的方法。

根据式(4.18)可以画出系统闭环频率特性图。由于求出的闭环频率特性分子分母通常不是因式分解的形式,故其频率特性图一般不如开环频率特性图容易画。但随着计算机的应用日益普及,其冗繁的计算工作量可以很容易地由计算机完成。另一方面,已知开环幅频特性,也可定性地估计闭环频率特性。

设系统为单位反馈,且工作于低频,则

$$\left|\frac{X_o(j\omega)}{X_i(j\omega)}\right|=\left|\frac{G(j\omega)}{1+G(j\omega)}\right|\approx 1$$

高频时,$|G(j\omega)|<<1$, $G(j\omega)$与1相比,$G(j\omega)$可忽略不计,则

$$\left|\frac{X_o(j\omega)}{X_i(j\omega)}\right|=\left|\frac{G(j\omega)}{1+G(j\omega)}\right|\approx |G(j\omega)|$$

系统开环及闭环幅频特性对照如图4.34所示。因此,对于一般单位反馈的最小相位系统,低频输入时输出信号的幅值和相位均与输入基本相等,这正是闭环反馈控制系统所需要的工作频段及结果;高频输入时输出信号的幅值和相位则均与开环特性基本相同;而中间频段的形状随系统阻尼的不同有较大的变化。

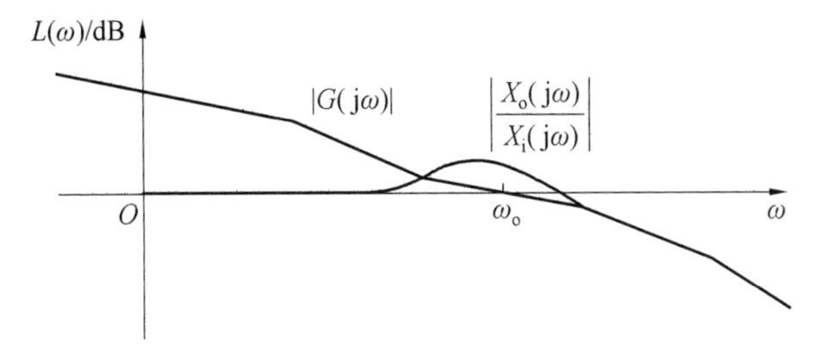

图4.34 系统开环及闭环幅频特性对照

4.5.2 向量法求闭环频率特性

对于单位反馈系统,如果以幅值和相角形式表示开环频率特性,有

$$G(\mathrm{j}\omega)=A(\omega)\mathrm{e}^{\mathrm{j}\varphi(\omega)}$$

则闭环频率特性可以表示为

$$\phi(\mathrm{j}\omega)=\frac{G(\mathrm{j}\omega)}{1+G(\mathrm{j}\omega)}=M(\omega)\mathrm{e}^{\mathrm{j}\alpha(\omega)}$$

其中,闭环频率特性的幅值和相角可分别表示为

$$M(\omega)=\left|\frac{G(\mathrm{j}\omega)}{1+G(\mathrm{j}\omega)}\right|=\left[\left(1+\frac{1}{A^2(\omega)}+\frac{2\cos\varphi(\omega)}{A(\omega)}\right)^{\frac{1}{2}}\right]^{-1}$$

$$\alpha(\omega)=\angle\frac{G(\mathrm{j}\omega)}{1+G(\mathrm{j}\omega)}=\arctan\frac{\sin\varphi(\omega)}{\cos(\omega)+A(\omega)}$$

在 G 平面上,系统开环频率特性可用向量表示,如图 4.35 所示。

在图 4.35 所示的 Nyquist 图上,向量 $\boldsymbol{OA}$ 表示 $G(\mathrm{j}\omega_A)$,其中 ω_A 为 A 点频率。向量 $\boldsymbol{OA}$ 的幅值为 $|G(\mathrm{j}\omega_A)|$,向量 $\boldsymbol{OA}$ 的相角为 $\angle G(\mathrm{j}\omega_A)$。由点 $P(-1,\mathrm{j}0)$ 到 A 点的向量 $\boldsymbol{PA}$ 可表示为 $[1+G(\mathrm{j}\omega)]$。向量 $\boldsymbol{OA}$ 与 $\boldsymbol{PA}$ 之比正好表示了闭环频率特性,即

$$\frac{OA}{PA}=\frac{G(\mathrm{j}\omega_A)}{1+G(\mathrm{j}\omega_A)}=\frac{X_{\mathrm{i}}(\mathrm{j}\omega_A)}{X_{\mathrm{o}}(\mathrm{j}\omega_A)}\quad(4.19)$$

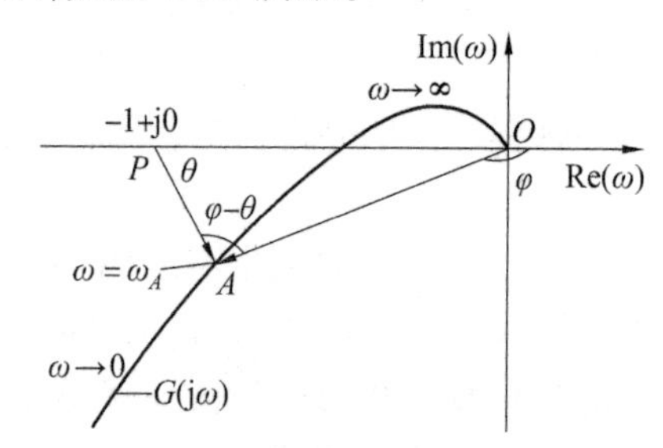

图 4.35 由开环频率特性求闭环频率特性

在 $\omega=\omega_A$ 处,闭环频率特性的幅值就是向量 OA 与 PA 的幅值之比,相位角就是两向量的相角之差,即夹角 $\varphi-\theta$,如图 4.35 所示。当系统的开环频率特性确定后,根据图4.34 就可以在 $\omega=0\sim\infty$ 范围内采用图解计算法逐点求出系统闭环频率特性。

4.5.3 闭环频域性能指标

利用闭环频率特性也可间接反映出系统性能。图 4.36 表示出了闭环幅频特性的典型形状。M 为闭环系统输出与输入值之比。由图可见,闭环幅频特性的低频部分变化缓慢,较为平滑,随着 ω 增大,幅频特性出现最大值,继而以较大的陡度衰减至零,这种典型的闭环幅频特性可用下面几个特征量来描述。

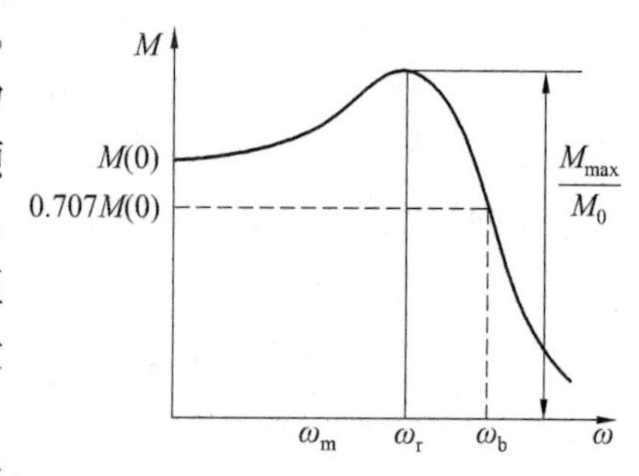

图 4.36 典型闭环幅频特性

(1)零频幅值 $M(0)$:$\omega=0$ 时的闭环幅频特性值,也就是闭环系统的增量。或者说是系统单位阶跃响应的稳态值。如果 $M(0)=1$,则意味着当阶跃函数作用于系统时,系统响应的稳态值与输入值一致,即此时系统的稳态误差为 0,所以 $M(0)$ 直接反映了系统在阶跃作用下的稳态精度,$M(0)$ 值越接近 1,系统的稳态精度越高。

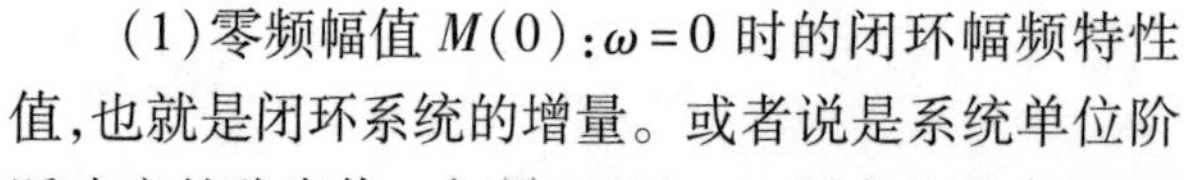

(2)谐振峰值 M_{r}:是闭环频率特性的最大值 $M_{\max}$ 与零频值 $M(0)$ 之比,即 $M_{\mathrm{r}}=\dfrac{M_{\max}}{M(0)}$。$M_{\mathrm{r}}$ 值大,表明系统对某个频率的正弦输入信号反映强烈,有振荡的趋势。这意味着系统

的相对稳定性较差,系统的阶跃响应会有较大的超调量。

(3)谐振频率 ω_r:出现谐振峰值时的频率。

(4)带宽频率 ω_b:闭环频率特性的幅值减小到 $0.707M(0)$ 时的频率,称为带宽频率,用 ω_b 表示。通常把 $0\sim\omega_b$ 对应的频率范围称为通频带或频带宽度(简称带宽)。控制系统的带宽反映系统静态噪声滤波特性,同时带宽也用于平衡瞬态响应的特性。带宽大,高频信号容易通过系统达到输出端,系统上升时间就短;相反,闭环带宽越小,系统响应时间越慢,快速性越差。

4.6 设计实例:工作台自动控制系统的频域分析

本节利用这章所学的知识对"工作台自控系统"的特性进行频域分析。首先分别画出系统的 Nyquist 图和 Bode 图,然后进行系统频域分析。

在第3章建立了工作台自动控制系统的闭环传递函数式:

$$G_b(s)=\frac{1}{s^2+s+1}$$

无阻尼固有频率 $\omega_n=1$,阻尼比 $\xi=0.5$。

对应的频率特性为

$$G(j\omega)=\frac{1}{-\omega^2+j\omega+1}=\frac{1}{1-\omega^2+j\omega} \tag{4.20}$$

由频率特性得幅频特性为

$$|G(j\omega)|=\frac{1}{\sqrt{(1-\omega^2)^2+\omega^2}} \tag{4.21}$$

相频特性为

$$\angle G(j\omega)=-\arctan\frac{\omega}{1-\omega^2} \tag{4.22}$$

(1)绘制系统的 Nyquist 图。

由系统的幅频特性式(4.21)和相频特性式(4.22)知:

当 $\omega=0$ 时,$|G(j\omega)|=1$,$\angle G(j\omega)=0°$。

当 $\omega=1$ 时,$|G(j\omega)|=1$,$\angle G(j\omega)=-90°$。

当 $\omega\to\infty$ 时,$|G(j\omega)|=1$,$\angle G(j\omega)=-180°$。

可见,当 ω 从 $0\to\infty$ 时,$G(j\omega)$ 的幅值由 $1\to0$,其相位由 $0°\to180°$。振荡环节频率特性的 Nyquist 图始于点$(1,j0)$,而终于点$(0,j0)$。在复平面上,根据式(4.22)画出系统的 Nyquist 曲线,如图4.37所示。

曲线与虚轴的交点的频率就是无阻尼固有频率 ω_n,曲线在第三、四象限。

(2)绘制系统的 Bode 图。

①对数幅频特性图的绘制。

根据系统的幅频特性式可求出系统的对数幅频特性为

$$20\lg|G(j\omega)|=-20\lg\sqrt{(1-\omega^2)^2+\omega^2} \tag{4.22}$$

根据此式,可绘制系统的对数幅频特性 Bode 图,如图4.38(a)所示。

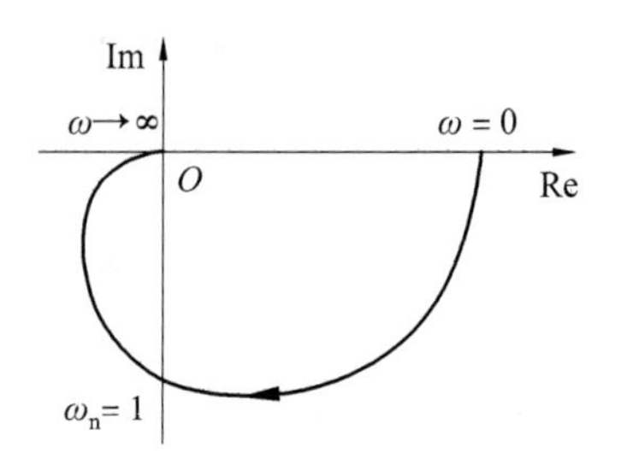

图 4.37　工作台 Nyquist 图

当 $\omega \ll 1$ 时,$20\ \lg|G(j\omega)|=0\ \text{dB}$。

当 $\omega \gg 1$ 时,得 $20\ \lg|G(j\omega)| \approx -40\ \lg\ \omega$。

而当 $\omega=1$ 时,$20\ \lg|G(j\omega)|=0\ \text{dB}$ 可见,高频渐近线为一射线,始于点(1,0),(即在 $\omega_n=1$ 处)斜率为-40 dB/dec。

②对数相频特性图的绘制。

根据式(4.22)可绘制系统的对数相频特性 Bode 图,如图 4.38(b)所示。

当 $\omega=0$ 时,$\angle G(j\omega)=0°$。

当 $\omega=\omega_n=1$ 时,$\angle G(j\omega)=-90°$。

当 $\omega\to\infty$ 时,$\angle G(j\omega)=-180°$。

由图 4.38(b)还可知,点(1,-90°)是相频特性的对称点。

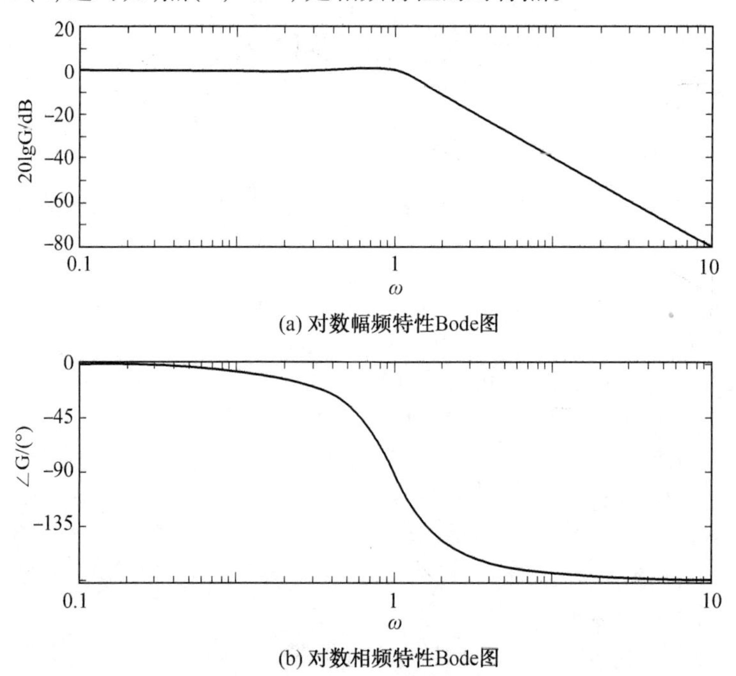

(a) 对数幅频特性Bode图

(b) 对数相频特性Bode图

图 4.38　工作台 Bode 图

由系统的 Nyquist 图和 Bode 图都可以看到,工作台自动控制系统跟随性能较好,谐振峰值不大。由 Bode 图可以看出系统的带宽较小。由于此时系统的阻尼比 $\zeta=0.5$,无阻尼固有频率 $\omega_n=1$,可得系统的截止频率为

$$\omega_d=\omega_n\sqrt{1-2\xi^2+\sqrt{4\xi^4-4\xi^2+2}}=1.27\ \text{Hz}$$

由此说明系统对于变化比较快的信号响应较差。可以认为该系统对于大于1.27 Hz的信号无响应。

习　题

1. 用分贝数(dB)表达下列量：

(1)2　　(2)5　　(3)10　　(4)40

(5)100　　(6)0.01　　(7)1　　(8)0

2. 当频率 $\omega_1=2$ rad/s 和 $\omega_2=20$ rad/s 时，试确定下列传递函数的幅值和相角：

(1) $G_1(s)=\dfrac{10}{s}$；　　(2) $G_2(s)=\dfrac{1}{s(0.1s+1)}$。

3. 试求下列函数的幅频特性 $A(\omega)$、相频特性 $\varphi(\omega)\varphi(\omega)$、实频特性 $U(\omega)$ 和虚频特性 $V(\omega)$：

(1) $G_1(\mathrm{j}\omega)=\dfrac{5}{30\mathrm{j}\omega+1}$；　　(2) $G_2(\mathrm{j}\omega)=\dfrac{1}{\mathrm{j}\omega(0.1\mathrm{j}\omega+1)}$。

4. 某系统传递函数 $G(s)=\dfrac{5}{0.25s+1}$，当输入为 $5\cos(4t-30°)$ 时，试求系统的稳态输出。

5. 某单位反馈的二阶Ⅰ型系统，其最大超调量为16.3%，峰值时间为114.6 ms。试求其开环传递函数，并求出闭环谐振峰值 M_r 和谐振频率 ω_r。

6. 如图4.39所示均是最小相位系统的开环对数幅频特性曲线，试写出其开环传递函数。

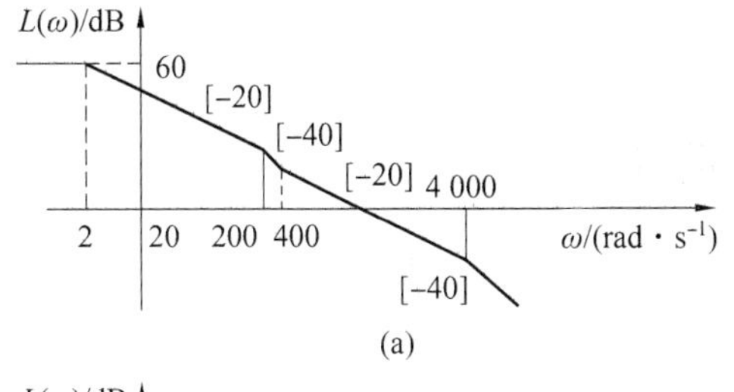

(a)

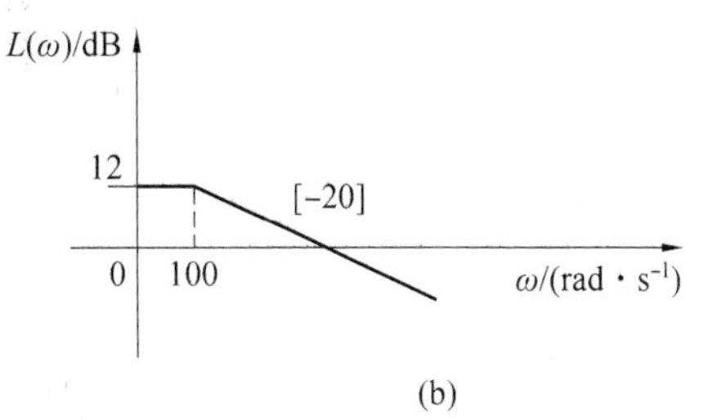

(b)

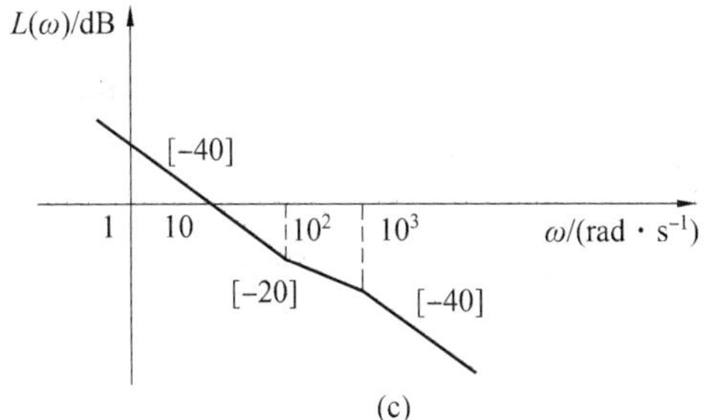

(c)

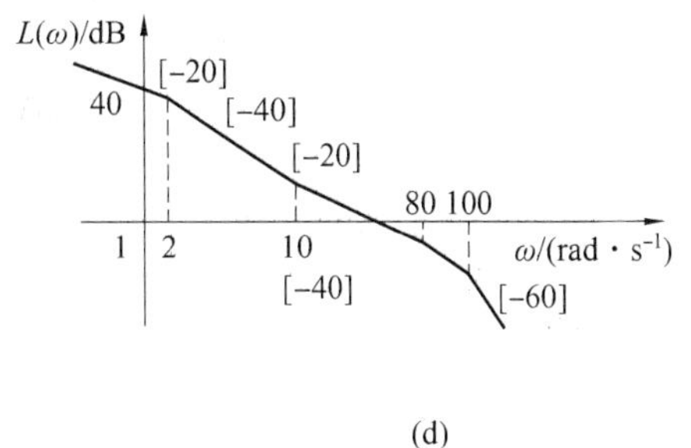

(d)

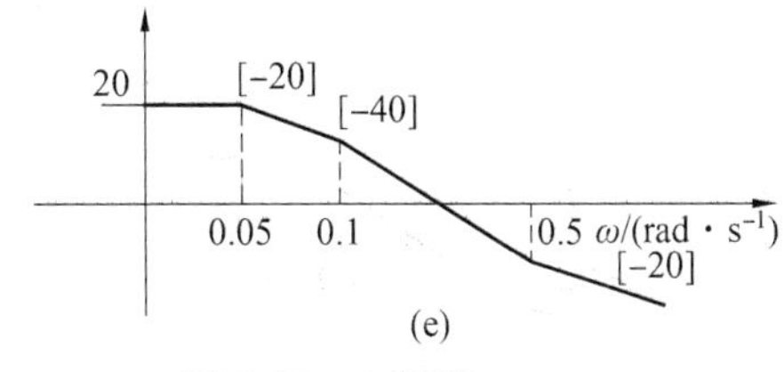

(e)

图4.39　6题图

7. 某单位反馈系统的开环传递函数 $G(s)=\dfrac{12.5}{s(0.04s+1)(0.005s+1)}$,试证明其 Bode 图的 $\omega_c \approx 12.5$ rad/s,$\omega_g \approx 10\sqrt{50} \approx 70$ rad/s。画出闭环幅频特性的大致图形。当 $K=25$ 时,闭环幅频特性有什么变化。

8. 试画出下列传递函数的 Bode 图:

(1) $G(s)=\dfrac{20}{s(0.5s+1)(0.1s+1)}$;　　(2) $G(s)=\dfrac{2s^2}{(0.4s+1)(0.04s+1)}$;

(3) $G(s)=\dfrac{50(0.6s+1)}{s^2(4s+1)}$;　　(4) $G(s)=\dfrac{7.5(0.2s+1)(s+1)}{s(s^2+16s+100)}$。

9. 系统的开环传递函数为

$$G(s)=\frac{K(T_a s+1)(T_b s+1)}{s^2(T_1 s+1)}, \quad K>0$$

试画出下面两种情况的 Nyquist 图:

(1) $T_a>T_1>0, T_b>T_1>0$;

(2) $T_1>T_a>0, T_1>T_b>0$。

10. 某对象的微分方程是

$$T\frac{\mathrm{d}x(t)}{\mathrm{d}t}+x(t)=\tau\frac{\mathrm{d}u}{\mathrm{d}t}+u(t)$$

其中,$T>\tau>0$,$u(t)$为输入量,$x(t)$为输出量。试画出其对数幅频特性,并在图中标出各转折频率。

11. 试确定下列系统的谐振峰值、谐振频率及频带宽:

$$\frac{X_o(\mathrm{j}\omega)}{X_i(\mathrm{j}\omega)}=\frac{5}{(\mathrm{j}\omega)^2+2\mathrm{j}\omega+5}$$

12. 试画出下列系统的 Nyquist 图:

(1) $G(s)=\dfrac{1}{(s+1)(2s+1)}$;　　(2) $G(s)=\dfrac{1}{s^2(s+1)(2s+1)}$;

(3) $G(s)=\dfrac{(0.2s+1)(0.025s+1)}{s^2(0.005s+1)(0.001s+1)}$。

13. 某单位反馈系统的开环传递函数为 $G(s)=\dfrac{1}{s(s+1)^2}$,试求其剪切频率,并求出该频率对应的相位角。

14. 已知某二阶反馈控制系统的最大超调量为 25%,试求相应的阻尼比和谐振峰值。

15. 某单位反馈系统的开环传递函数为 $G(s)=\dfrac{10}{s+1}$,试求下列输入时输出 x_o 的稳态相应表达式:

(1) $x_i(t)=\sin(t+30°)$;　　(2) $x_i(t)=2\cos(2t-45°)$。

16. 已知系统的传递函数为 $G(s)=\dfrac{10}{s^2+2s+10}$,系统输入 $x(t)=2\sin 0.5t$,试求该系统的稳态输出。

第5章 机电控制系统的稳定性分析

稳定性是机电控制系统能在实际应用中正常工作的首要条件,分析并判断系统的稳定性,并在此基础上提出确保系统稳定的条件和方法是自动控制理论的基本任务之一。控制理论对于判别一个线性定常系统是否稳定提供了多种方法(稳定判据)。

本章着重介绍几种常用的稳定判据,以及提高系统稳定性的方法。首先通过介绍系统稳定性的基本概念,引出系统稳定性的充分必要条件。其次,在此基础上讲述两类判断和分析系统稳定性的方法:一类是代数判据,即劳斯(Routh)判据与赫尔威茨(Hurwitz)判据,主要是基于系统特征方程系数与其根的关系来推导判断稳定性;另一类是几何判据,主要是根据开环系统频率特性中的Nyquist图及Bode图的几何特性来判定系统的稳定性及相对稳定,进而能通过系统结构及参数调整设计来保证系统的稳定性及稳定裕量。这些内容对于分析和设计闭环机电控制系统都是十分重要的。

5.1 系统稳定性的概念

如果机电控制系统没有受到任何扰动,或者也没有输入信号作用,系统的输出量保持在某一预定状态上,则称该控制系统处于平衡状态。在实际运行过程中,系统不可避免地会受到外界和内部一些因素的扰动,例如负载大小的变化、电力驱动部分的电压波动、电机磁性材料参数变化、环境温度变化等。如果系统不稳定,就会在任何类似或小或大的扰动作用下偏离原来的平衡状态,产生初始偏差,当扰动撤除后,其输出会随着时间的推移无限制地偏离其平衡状态;反之,如果系统是稳定的,那么当它受到外界或内部一些因素的扰动时,它将偏离原来的平衡状态,而当扰动取消后,经过充分长的时间,这个系统又能够以一定的精度逐渐恢复到原来的平衡状态,这种能由初始偏差状态恢复到原平衡状态的性能,称之为系统的稳定性。

为便于阐述稳定性的基本概念,这里给出一个直观的示例。图5.1(a)是一个单摆系统的示意图,单摆可绕铰链O往复摆动,单摆系统的原始平衡状态为静止于势能最低点M。设在外界推力干扰作用下,单摆由原来平衡点M偏到新的位置b。当外力去掉后,显然单摆在重力作用下,将在点M左右范围内反复振荡,经过一定时间,当空气阻尼及铰链摩擦耗尽系统机械能后,单摆又停留在平衡点M上。像这样的平衡点M就称为稳定的平衡点,这种单摆系统具备稳定性。对于一个倒立摆,如图5.1(b)所示,可绕铰链O转动,原始平衡状态为静止于势能最高点d。一旦受外力扰动离开了平衡点d,即使外力失去,无论经过多长时间,摆也不会回到原平衡点d。将这样的平衡点d称为不稳定平衡点,因此倒立摆系统不具备稳定性。

再如图5.2所示的处于凹凸面上的小球。当小球处在a点时,是稳定平衡点,因为作用于小球上的有限干扰力消失后,小球总能回到 a 点;而小球处于 b、c 点时为不稳定平衡点,因为只要有干扰力作用于小球,小球便不再回到点 b 或 c。

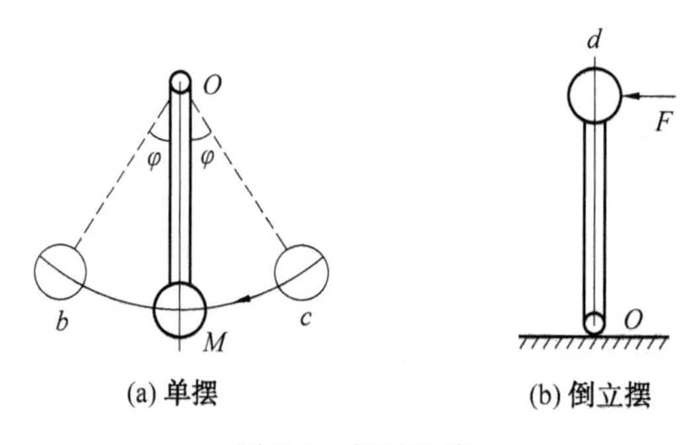

图 5.1　摆的平衡

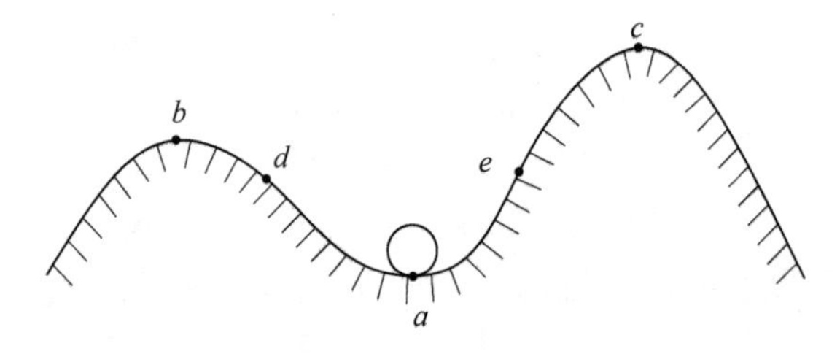

图 5.2　小球的稳定性

上述两个实例说明系统的稳定性反映在干扰消失后的过渡过程的特性上。这样,在干扰消失的时刻,系统与平衡状态的偏差可以看作系统的初始偏差。因此,控制系统的稳定性也可以这样来定义:若控制系统在任何足够小的初始偏差的作用下,其过渡过程随着时间的推移,逐渐衰减并趋于零,具有恢复原平衡状态的性能,则称该系统稳定;否则,称该系统不稳定。

5.2　系统稳定的充要条件

上述稳定性定义表明:系统的稳定性取决于系统自身的固有特性,而与外界条件无关。可以想象:单摆系统无论受到哪种外力扰动(阶跃、脉冲、斜坡、正余弦等),当扰动撤销,经过充分长时间后,系统终将回到原始平衡状态,因此单摆系统的稳定性只取决于单摆这种机构的结构形式,即取决于系统模型结构参数所构建的自身固有特性,与输入、扰动等外在激励无关。也可以说,系统稳定性与模型结构及参数存在双向对应关系。

因此,若要判断系统的稳定性,需要从理论上推导出系统传递函数中的参数和系统稳定性之间的充分必要条件。上面已经阐明,系统稳定性与外在激励形式无关,因此在考察系统的稳定性时,为了简化推导过程,我们采用典型的单位脉冲信号 $\delta(t)$ 作为扰动信号,表示系统承受冲击载荷。根据系统稳定性的定义,若系统单位脉冲响应 $k(t)$ 收敛,即

$$\lim_{t \to \infty} k(t) = 0 \tag{5.1}$$

则系统是稳定的。不失一般性,设系统的闭环传递函数为

$$G_{\mathrm{b}}(s)=\frac{X_{\mathrm{o}}(s)}{X_{\mathrm{i}}(s)}=\frac{M(s)}{D(s)}=\frac{K\prod_{i=1}^{m}(s-z_i)}{\prod_{i=1}^{n}(s-s_i)} \tag{5.2}$$

式(5.2)中,$z_i(i=1,2,\cdots,m)$为$M(s)=0$之根,称之为系统闭环零点;$s_i(i=1,2,\cdots,n)$为$D(s)=0$之根,称之为系统闭环极点,或称为系统特征方程$D(s)=0$的特征根。在这里之所以采用系统闭环传递函数,是因为实际的机电控制系统都是带有反馈环节的闭环系统,我们所关心的是工作于闭环状态下系统的稳定性。

由于$\delta(t)$的拉氏变换为1,所以系统输出的拉氏变换为

$$X_{\mathrm{o}}(s)=\frac{M(s)}{D(s)}=\sum_{i=1}^{n}\frac{A_i}{s-s_i}=\frac{K\prod_{i=1}^{m}(s-z_i)}{\prod_{j=1}^{q}(s-s_j)\prod_{k=1}^{r}(s^2+2\zeta_k\omega_k s+\omega_k^2)}$$

式中,$q+2r=n$。将上式展开成部分分式,并设$0<\zeta_k<1$,可以得出

$$X_{\mathrm{o}}(s)=\sum_{j=1}^{q}\frac{A_j}{s-s_j}+\sum_{k=1}^{r}\frac{B_k s+C_k}{s^2+2\zeta_k\omega_k s+\omega_k^2} \tag{5.3}$$

式中,系数A_j是$X_{\mathrm{o}}(s)$在闭环实数极点s_j处的留数,可按下式计算:

$$A_j=\lim_{s\to s_j}(s-s_j)X_{\mathrm{o}}(s)\quad j=1,2,\cdots,q$$

B_k和C_k是$X_{\mathrm{o}}(s)$在闭环复数极点$s=-\zeta_k\omega_k\pm \mathrm{j}\omega_k\sqrt{1-\zeta_k^2}$处的与留数有关的常系数。

设初始条件为零,将式(5.3)进行拉氏反变换,可得系统的单位脉冲响应时域输出表达式为

$$x_{\mathrm{o}}(t)=\sum_{j=1}^{q}A_j\mathrm{e}^{s_j t}+\sum_{k=1}^{r}B_k\mathrm{e}^{-\zeta_k\omega_k t}\cos(\omega_k\sqrt{1-\zeta_k^2})t+\sum_{k=1}^{r}\frac{C_k-B_k\zeta_k\omega_k}{\omega_k\sqrt{1-\zeta_k^2}}\mathrm{e}^{-\zeta_k\omega_k t}\sin(\omega_k\sqrt{1-\zeta_k^2})t,\quad t\geqslant 0$$

观察上式,可以看出若要使式(5.1)成立,即随时间推移系统输出最终收敛于零,系统趋于稳定的平衡状态,关键在于各指数项为负实数,即s_j和$-\zeta_k\omega_k$必须为负实数。参照上述分析过程,s_j和$-\zeta_k\omega_k$分别为系统传递函数的实数极点和复数极点实部,可知当且仅当系统的特征根全部具有负实部时,系统才能稳定。若特征根中具有一个或一个以上的正实部根,则其对应指数项随时间推移趋向于无穷大,有$\lim\limits_{t\to\infty}x_{\mathrm{o}}(t)\to\infty$,表明系统不会稳定。若系统特征根中具有一个或以上的零实部根,其余的特征根均具有负实部,则脉冲响应$x_{\mathrm{o}}(t)$趋于常数或等幅正余弦振荡,称这种情况为临界稳定状态,是处于稳定和不稳定的临界状态。

由此可见,线性系统稳定的充分必要条件是:闭环系统特征方程的所有根均具有负实部;或者说,系统闭环传递函数的极点均位于s平面的左半平面。

应当指出，事实上由于我们研究的系统都经过线性化处理，建模时的线性化过程略去诸多次要因素，同时系统本身结构参数又因各种原因处于微小变化摄动之中，因此上述的临界稳定输出现象实际上观察不到，系统很可能会由于某些因素而导致不稳定。从工程应用的角度来看，这类系统也不可能正常工作，鉴于这种不确定性，本门课程中将具有临界稳定特性的系统归入不稳定系统的类型。

对于稳定的机电系统，当输入信号为有限值时，由于响应过程中的动态分量随时间推移最终衰减至零，因此系统实际输出也为有限值。对于不稳定的机电系统，在有限值输入作用下，系统输出将随时间推移发散，但其实际输出量只能增大到一定程度，并不会得到无限大的结果，主要是源于以下因素：受物理装置本身强度或机械限位装置的限制，理论上无限增大输出所需无限大能量的限制，系统进入非线性区域。最终，系统的输出表现为大幅度的等幅振荡，亦或系统物理器件损坏，系统崩溃。

线性系统的稳定性是其自身的属性，只取决于系统自身的结构、参数，与初始条件及输入干扰等外作用无关。

5.3 代数稳定判据

线性机电系统稳定的充要条件是特征方程的根具有负实部。因此，判别其稳定性，最直接的办法是解出系统特征方程的根，根据各根是否具有负实部来进行判断。但在实际工作的机电系统中，由于系统环节多，结构复杂，对应系统特征方程式阶次往往比较高。根据当前代数学：当系统阶数高于 3 时，无法求解特征方程的封闭解析解，只能借助计算机进行数值求解，编制程序进行迭代试根，最终得到一定精度的近似解，过程相当复杂。

为避开对特征方程的直接求解，可探索不求解方程来判断特征根的分布的方法，看其是否全部具有负实部，并以此来判别系统的稳定性，这样也就产生了一系列稳定判据。其中，最主要的一个就是 1884 年由 E. J. Routh 提出的判据，称为 Routh 判据。1895 年，A. Hurwitz 又提出了判别系统稳定性的另一方法，称为 Hurwitz 判据。这两种所谓的代数判据的主要思路就是根据特征方程的系数和方程根的关系建立的。

5.3.1 Routh 稳定判据

这一判据是基于方程式的根与系数的关系而建立的。首先推导系统稳定的必要条件。

设系统特征方程为

$$D(s)=a_n s^n+a_{n-1}s^{n-1}+\cdots+a_1 s+a_0=0 \tag{5.4}$$

将式(5.4)中各项同时除以 a_n 并分解因式，得

$$s^n+\frac{a_{n-1}}{a_n}s^{n-1}+\cdots+\frac{a_1}{a_n}s+\frac{a_0}{a_n}=(s-s_1)(s-s_2)\cdot\cdots\cdot(s-s_n) \tag{5.5}$$

式中，$s_1,s_2,\cdots,s_n$ 为系统的特征根。再将式(5.5)右边展开，得

$$(s-s_1)(s-s_2)\cdot\cdots\cdot(s-s_n)=s^n-\left(\sum_{i=1}^{n}s_i\right)s^{n-1}+\left(\sum_{i=1,j=2(i<j)}^{n}s_is_j\right)s^{n-2}-\cdots+(-1)^n\prod_{i=1}^{n}s_i \tag{5.6}$$

比较式(5.5)和式(5.6)可以看出,根与系数有如下的关系:

$$\left.\begin{aligned}\frac{a_{n-1}}{a_n}&=-\sum_{i=1}^{n}s_i\\ \frac{a_{n-2}}{a_n}&=\sum_{i=1,j=2(i<j)}^{n}s_is_j\\ \frac{a_{n-3}}{a_n}&=-\sum_{\substack{i=1,j=2,k=3\\(i<j<k)}}^{n}s_is_js_k\quad\frac{a_0}{a_n}=(-1)^n\prod_{i=1}^{n}s_i\end{aligned}\right\} \tag{5.7}$$

从式(5.7)可知,要使全部特征根 $s_1,s_2,\cdots,s_n$ 均具有负实部,就必须满足以下两个条件,即系统稳定的必要条件。

(1) 特征方程的各项系数 $a_i(i=0,1,2,\cdots,n-1,n)$ 都不为零。

因为若有一个系数为零,则必出现实部为零的特征根或实部有正有负的特征根,才能满足式(5.7)。此时系统为临界稳定(根在虚轴上)或不稳定(根的实部为正)。

(2) 特征方程的各项系数 a_i 的符号都相同,才能满足式(5.7)。

按照惯例,一般 a_n 取正值,因此,上述两个条件可归结为系统稳定的一个必要条件,即

$$a_n>0,a_{n-1}>0,\cdots,a_1>0,a_0>0 \tag{5.8}$$

当然,由式(5.7)还可以看出,仅仅有各项系数 $a_i>0$ 还不能一定判定 $s_1,s_2,\cdots,s_n$ 均有负实部。假设特征根中有正有负,它们组合起来仍可能满足式(5.7)中的各分式。因此,仅凭式(5.8)还构不成系统具备稳定性的充要条件。也就是说,系统如果是稳定的,必须满足式(5.8),反之,若系统闭环特征根满足式(5.8),系统可能稳定,也可能不稳定。

若要获得具有实用价值的系统稳定性判别的充要条件,则需借助 Routh 提出的 Routh 阵列。将式(5.4)所示的系统特征方程式系数按下列形式排成 Routh 阵列:

$$\begin{array}{c|ccccc|}
s^n & a_n & a_{n-2} & a_{n-4} & a_{n-6} & \cdots \\
s^{n-1} & a_{n-1} & a_{n-3} & a_{n-5} & a_{n-7} & \cdots \\
s^{n-2} & b_1 & b_2 & b_3 & b_4 & \cdots \\
s^{n-3} & c_1 & c_2 & c_3 & c_4 & \cdots \\
\vdots & \vdots & \vdots & \vdots & \vdots & \\
s^2 & u_1 & u_2 & & & \\
s^1 & v_1 & & & & \\
s^0 & w_1 & & & &
\end{array}$$

其中,阵列中第一列所列的 $s^n,s^{n-1},\cdots,s^1,s^0$ 表示特征多项式各次项对应的位置,也就是

把特征多项式系数按一定规则填到相应次项对应的行中，第一行和第二行按式(5.4)对应的系数填写，从第三行开始，阵列中系数根据下列公式计算：

$$b_1=\frac{a_{n-2}a_{n-1}-a_na_{n-3}}{a_{n-1}}$$

$$b_2=\frac{a_{n-4}a_{n-1}-a_na_{n-5}}{a_{n-1}}$$

系数 b_i 的计算，一直进行到其余的 b_i 值都等于零时为止，第四行以后同理，用同样的前两行系数交叉相乘再除以前一行第一个元素的方法，可以计算 c、d、e 等各行的系数。

这种过程一直进行到最后一行被算完为止。系数的完整阵列呈现为倒三角形。在展开的阵列中，为了简化其后的数值计算，可用一个正整数去除或乘某一整行的所有元素。此时，并不改变稳定性结论。

Routh 判据指出：特征方程实部为正的特征根数等于 Routh 阵列中第一列的系数符号改变的次数。结合上面推导得出的系统稳定的必要条件，可以得出系统稳定的充要条件：Routh 阵列中第一列各元素符号均为正，且值不能为零。

下面为了说明 Routh 判据的应用方法，结合实际中遇到的各种情况加以详细阐述。

1. 首列中不存在零元素

【例 5.1】 设闭环控制系统的特征方程式为 $s^4+8s^3+17s^2+16s+5=0$，试应用 Routh 稳定判据判断系统的稳定性。

解 首先，由方程系数均为正可知已满足稳定的必要条件。然后，按照规则排布 Routh 阵列如下：

$$\begin{array}{c|ccc|}
s^4 & 1 & 17 & 5\\
s^3 & 8 & 16 & \\
s^2 & 15 & 5 & \\
s^1 & 40/3 & & \\
s^0 & 5 & &
\end{array}$$

由 Routh 阵列的第一列看出，第一列中系数符号全为正值，所以由 Routh 判据的充要条件控制系统稳定。

【例 5.2】 设闭环控制系统的特征方程式为 $s^4+2s^3+3s^2+4s+5=0$，试应用 Routh 判据判断系统的稳定性。

解 首先，由方程系数均为正可知已满足稳定的必要条件。然后，排 Routh 阵列：

$$\begin{array}{c|ccc|}
s^4 & 1 & 3 & 5\\
s^3 & 2 & 4 & \\
s^2 & 1 & 5 & \\
s^1 & -6 & & \\
s^0 & 5 & &
\end{array}$$

由 Routh 阵列的第一列看出，第一列中系数符号不全为正值，且从+1→-6→+5，改变符号两次，说明闭环系统有两个正实部的根，即在 s 平面右半平面有两个闭环极点，所以该控制系统不稳定。

对于特征方程阶次低（$n\leqslant3$）的系统，Routh 判据可以化为不等式组的简单形式，以便于实际应用。

二阶系统特征式为 $a_0s^2+a_1s+a_2$，其 Routh 阵列为

$$\begin{array}{c|cc|} s^2 & a_0 & a_2 \\ s^1 & a_1 & 0 \\ s^0 & a_2 & 0 \end{array}$$

故二阶系统稳定的充要条件是

$$a_0>0,\quad a_1>0,\quad a_2>0$$

三阶系统特征式为 $a_0s^3+a_1s^2+a_2s+a_3$，其 Routh 阵列为

$$\begin{array}{c|cc|} s^3 & a_0 & a_2 \\ s^2 & a_1 & a_3 \\ s^1 & \dfrac{a_1a_2-a_0a_3}{a_1} & 0 \\ s^0 & a_3 & 0 \end{array}$$

故三阶系统稳定的充要条件是

$$a_0>0,\quad a_1>0,\quad a_2>0,\quad a_3>0,\quad a_1a_2>a_0a_3$$

【例 5.3】 设某反馈控制系统如图 5.3 所示，试计算使系统稳定的 K 值范围。

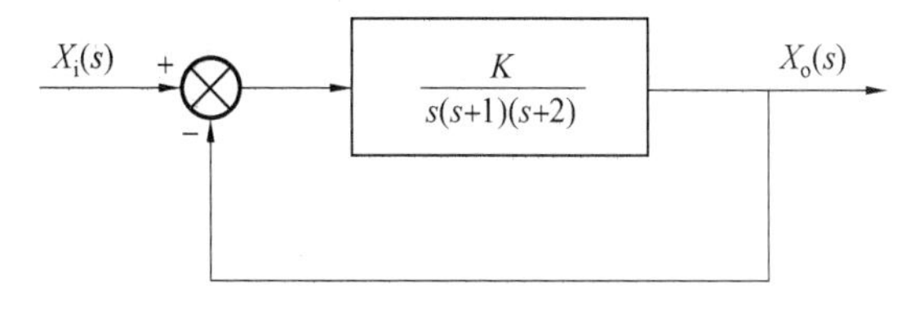

图 5.3 系统方框图

解 系统闭环传递函数为

$$\frac{X_o(s)}{X_i(s)}=\frac{K}{s(s+1)(s+2)+K}$$

特征方程为

$$s(s+1)(s+2)+K=s^3+3s^2+2s+K=0$$

根据 Routh 判据三阶系统稳定的充要条件，可知使系统稳定需满足

$$\begin{cases}K>0\\2\times3>K\times1\end{cases}$$

解之，得到使系统稳定的 K 值范围为

$$0<K<6$$

2. 首列中出现零元素,且零元素所在行中存在非零元素

如果在 Routh 阵列表中任意一行的第一个元素为零,而后各元素不为零,则在计算下一行第一个元素时,该元素必将趋于无穷。于是,Routh 阵列计算将无法进行下去。为完成阵列排布,需要进行相应的数学处理,原则是不影响 Routh 稳定判据的判别结果。这里可以用一个很小的正数 ε 来代替第一列等于零的元素,然后再继续计算其他各元素。

【例 5.4】 设某闭环系统的特征方程式为 $s^4+2s^3+s^2+2s+1=0$,试用 Routh 判据判别系统的稳定性。

解 该系统 Routh 阵列为

$$\begin{array}{c|ccc|}
s^4 & 1 & 1 & 1 \\
s^3 & 2 & 2 & \\
s^2 & 0\approx\varepsilon & 1 & \\
s^1 & 2-(2/\varepsilon) & & \\
s^0 & 1 & &
\end{array}$$

由于第一列各元素符号不完全一致,所以系统不稳定,第一列各元素符号改变次数为两次,因此有两个具有正实部的根。

3. Routh 阵列的某一行元素均为零

如果 Routh 阵列中的任意一行中的所有元素均为零,说明在系统的特征根中存在下列情况之一:存在两个符号相异、绝对值相同的实根;存在一对共轭纯虚根;上述两种类型的根同时存在;存在实部相同、虚部数值相同、符号不同的两对共轭复数根。在这种特殊情况下,可利用该行的上一行的元素构成一个辅助多项式,并借助这个多项式方程导数的系数组成 Routh 阵列中的下一行,使阵列排布能继续下去。并且,上述的这些数值相等、符号相异的成对特征根,可通过解由辅助多项式构成的辅助方程得到。

【例 5.5】 设某系统特征方程为 $s^6+2s^5+8s^4+12s^3+20s^2+16s+16=0$,试用 Routh 判据判别系统的稳定性。

解 计算 Routh 阵列中各元素并排布如下:

$$\begin{array}{c|cccc|}
s^6 & 1 & 8 & 20 & 16 \\
s^5 & 2 & 12 & 16 & \\
s^4 & 1 & 6 & 8 & \\
s^3 & 0 & 0 & 0 &
\end{array}$$

s^3 行的各元素全部为零。利用该行的上一行的元素构成一个辅助多项式,并利用这个多项式方程的导数的系数组成 Routh 阵列表中的下一行。同时可利用辅助多项式构成辅助方程,解出特征根。本例可以得到下列辅助多项式:

$$A(s)=s^4+6s^2+8$$

将辅助方程对 s 求导,得到如下的表达式:

$$\frac{\mathrm{d}A(s)}{\mathrm{d}s}=4s^3+12s$$

用上式的各项系数作为 s^3 行的各项元素，并根据此行再计算 Routh 表中 $s_2 \sim s_0$ 行各项元素，得到完整的 Routh 阵列如下：

$$
\begin{array}{c|cccc|l}
s^6 & 1 & 8 & 20 & 16 & \\
s^5 & 2 & 12 & 16 & & \\
s^4 & 1 & 6 & 8 & & \\
s^3 & 0(4) & 0(12) & & & \text{（用2整除行）} \\
s^2 & 3 & 8 & & & \\
s^1 & 4/3 & & & & \\
s^0 & 8 & & & &
\end{array}
$$

由上表可知，第一列系数没有变号，说明系统在右半平面没有根，但是因为 s^3 行的各项系数全为零，说明虚轴上有共轭虚根，可由辅助方程求得，该例的辅助方程是

$$s^4+6s^2+8=0$$

解上述辅助方程，求系统特征方程的共轭虚根：

$$s^4+6s^2+8=(s^2+2)(s^2+4)=0$$

故
$$s_{1,2}=\pm\sqrt{2}\mathrm{j}, \quad s_{3,4}=\pm 2\mathrm{j}$$

系统处于临界稳定。

5.3.2 Hurwitz 稳定判据

设闭环机电系统特征方程为

$$D(s)=a_0 s^n+a_1 s^{n-1}+\cdots a_{n-1}s+a_n=0, \quad a_0>0$$

已知系统稳定的必要条件是：上述特征方程中各系数为正数。根据 Hurwitz 稳定判据，系统稳定的充分且必要条件应是：由系统特征方程各项系数所构成的 $n\times n$ 阶主行列式

$$
\Delta_n=\begin{vmatrix}
a_1 & a_3 & a_5 & \cdots & 0 \\
a_0 & a_2 & a_4 & \cdots & 0 \\
0 & a_1 & a_3 & \cdots & 0 \\
0 & a_0 & a_2 & \cdots & 0 \\
0 & 0 & a_1 & \cdots & 0 \\
\vdots & & & & \vdots \\
0 & \cdots & \cdots & a_{n-1} & 0 \\
0 & \cdots & \cdots & a_{n-2} & a_n
\end{vmatrix}
$$

及其顺序主子式 $\Delta_i(i=1,2,\cdots,n-1)$ 全部为正，即

$$\Delta_1=a_1>0$$

$$\Delta_2=\begin{vmatrix} a_1 & a_3 \\ a_0 & a_2 \end{vmatrix}>0$$

$$\Delta_3 = \begin{vmatrix} a_1 & a_3 & a_5 \\ a_0 & a_2 & a_4 \\ 0 & a_1 & a_3 \end{vmatrix} > 0$$

$$\vdots$$

$$\Delta_n > 0$$

对于 $n \leqslant 4$ 的线性系统，其稳定的充要条件亦可用如下简单形式来表示：

$n=2$：特征方程的各项系数为正；

$n=3$：特征方程的各项系数为正，且 $a_1a_2-a_0a_3>0$；

$n=4$：特征方程的各项系数为正，且 $\Delta_2=a_1a_2-a_0a_3>0$，以及 $\Delta_2>a_1^2a_4/a_3$。

当系统特征方程的次数较高时，应用 Hurwitz 判据的计算工作量较大，故对 6 阶以上的系统较少应用。

【例 5.6】 设控制系统的特征方程式为 $s^4+8s^3+17s^2+16s+5=0$，试应用 Hurwitz 稳定判据判断系统的稳定性。

解 首先，由方程系数均为正可知已满足稳定的必要条件。各系数排成如下的主行列式

$$\Delta = \begin{vmatrix} 8 & 16 & 0 & 0 \\ 1 & 17 & 5 & 0 \\ 0 & 8 & 16 & 0 \\ 0 & 1 & 17 & 5 \end{vmatrix}$$

计算各顺序主子式

$$\Delta_1 = 8 > 0$$

$$\Delta_2 = \begin{vmatrix} 8 & 16 \\ 1 & 17 \end{vmatrix} > 0$$

$$\Delta_3 = \begin{vmatrix} 8 & 16 & 0 \\ 1 & 17 & 5 \\ 0 & 8 & 16 \end{vmatrix} > 0$$

$$\Delta_4 = \begin{vmatrix} 8 & 16 & 0 & 0 \\ 1 & 17 & 5 & 0 \\ 0 & 8 & 16 & 0 \\ 0 & 1 & 17 & 5 \end{vmatrix} > 0$$

故该系统稳定。

Routh 判据和 Hurwitz 判据都是用特征根与系数的关系来判别稳定性的，它们之间有一致性，所以有时称为 Routh-Hurwitz 判据。又由于它们的判别式均为代数式，故又称之为代数判据。Routh 判据和 Hurwitz 判据对于带延迟环节等系统形成的超越方程无能为力，这是代数判据的局限性。下面介绍的 Nyquist 及 Bode 稳定判据能够判别带延迟环节系统的稳定性，而且应用范围更加广泛。

5.4 几何稳定判据

由 H. Nyquist 于1932 年提出的稳定判据,在1940 年后得到了广泛应用。这一判据是利用开环系统 Nyquist 图(极坐标图),来判断系统闭环后的稳定性。Bode 在此基础上利用 Nyquist 图与 Bode 图(对数坐标图)的内在联系,将 Nyquist 稳定判据的结论引申至 Bode 图中,形成 Bode 判据,使得利用与实际工程结合更为紧密的 Bode 图来判断并设计系统的稳定性成为可能。由于这两种判据是利用 Nyquist 图和 Bode 图中的曲线的几何形态和演变规律来研究稳定性,因此也统称为几何稳定判据。

几何判据判别系统稳定性的充要条件仍然基于 5.2 节的结论:系统闭环特征方程 $1+G(s)H(s)=0$ 的根全部具有负实部。几何判据也不需要直接求取闭环系统的特征根,而是通过应用分析法或频率特性实验法获得开环频率特性 $G(j\omega)H(j\omega)$ 曲线,进而分析闭环系统的稳定性。这种方法在工程上获得了广泛的应用,原因在于:第一,当系统某些环节的传递函数无法用分析法列写时,可以通过实验方法来获得这些环节的频率特性曲线,同理整个系统的开环频率特性曲线也可利用实验获得,这样就可以应用几何判据分析系统闭环后的稳定性。第二,代数判据判断的是闭环系统特征根在 s 平面的分布,提供的是系统的绝对稳定性的信息,很难用它来判断系统的相对稳定性,因而无法了解系统中结构参数对稳定性的影响,而几何判据则能定量指出系统的稳定储备,即系统相对稳定性定量指标,以及进一步提高和改善系统动态性能(包括稳定性)的途径。第三,几何判据可以解决代数稳定判据不能解决的,诸如包含延迟环节的系统稳定性问题。

几何判据的发展以 Nyquist 判据为起始点,而 Nyquist 判据的数学基础是复变函数中的幅角原理。

5.4.1 幅角原理(柯西(Cauchy)定理)

本课程研究的机电系统是单输入-单输出线性系统,由第 2 章的内容可知:作为系统复域数学模型的传递函数 $G(s)$是复变函数,s 是自变量,$G(s)$是因变量(函数值)。系统传递函数的形式是有理分式,分式的分子和分母都是 s 的实系数多项式。

在实变函数中,我们常常把函数关系用几何图形表示出来,可以比较直观地帮助我们理解函数的一些性质。然而,对于复变函数,以传递函数 $G(s)$为例,自变量表示为实部加虚部的形式 $s=\sigma+j\omega$,同理,因变量表示为 $G(s)=u+jv$,反映的是两对实变量 σ、ω 和 u、v 之间的对应关系,而这 4 个量的关系是无法用一个二维平面或是三维空间中的曲线或图形来表示的。因此,为了避免这种几何描述困难,又要对所研究的复变函数关系做出一些必要的几何说明,我们取两个复平面,分别称为 s 平面和 G 平面,用来分别绘制自变量 s 和因变量 $G(s)$。也就是说,通过复变函数 $G(s)$的对应关系,建立了从 s 平面的自变量到 G 平面因变量的映射关系,如图 5.4 所示,可将 s 平面内一点 z 映射为 G 平面内一点 $G(z)$,$G(z)$称为 z 的象,z 称为 $G(z)$的原象。

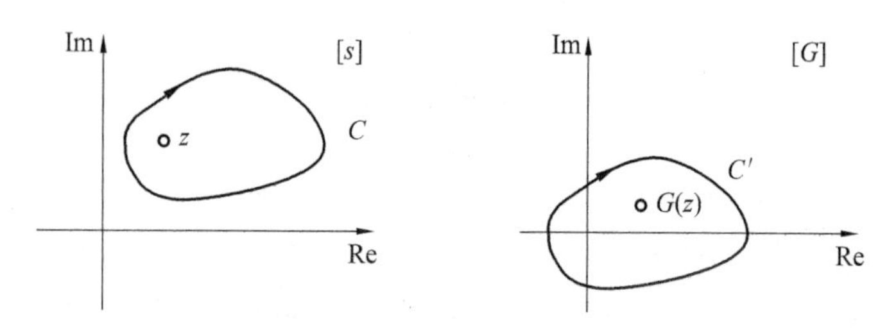

图 5.4　复变函数的映射关系

机电系统传递函数分子和分母都是 s 的实系数多项式，根据初等代数学可知：实系数多项式可以因式分解为实系数一次和二次多项式之积，而如果允许系数为复数，则实系数二次多项式也可以分解为两个 s 的一次多项式之积。因此可以把下式作为线性系统传递函数的一般形式

$$G(s)=\frac{K\prod_{i=1}^{m}(s-z_i)}{\prod_{j=1}^{n}(s-p_j)} \tag{5.9}$$

其中，z_i，p_j 分别为 $G(s)$ 的零点和极点，它们既可能是实数，也可能是复数。如果是复数零（极）点，则式中必然还有一个与其共轭的复数零（极）点。正常机电系统传递函数，其分母的阶次不低于分子，即 $n \geqslant m$。

对于形如式(5.9)的有理分式复变函数，通过 $G(s)$ 的函数对应关系，可建立从 s 平面上定义域内任意一点 s 到 G 平面上的象的一一映射关系。我们首先考虑这种情况：在 s 平面上任选一条闭合曲线 Γ_s，该曲线不通过 $G(s)$ 的任意一个极点和零点，令 s 从闭合曲线 Γ_s 上任意一点 M 起，顺时针沿着 Γ_s 运动一周后返回至出发点 M。在上述过程中，因自变量 s 运动的连续性且不经过 $G(s)$ 的奇点，显然可知它在 G 平面上必有连续的对应的映射点，这些连续的点构成的曲线 Γ_G 也是一条封闭曲线。在此规律基础上，进一步引申，我们给出这样的结论：当自变量 s 在 s 平面内不经过 $G(s)$ 零极点按顺时针方向沿着封闭曲线 Γ_s 移动一圈后，因变量 $G(s)$ 将在 G 平面内绕原点顺时针旋转 N 圈，即封闭曲线 Γ_G 顺时针包围 G 平面原点 N 次。若令 Z 为包围于 s 平面上 Γ_s 内的 $G(s)$ 的零点数，P 为包围于 Γ_s 内的 $G(s)$ 的极点数，则有

$$N=Z-P \tag{5.10}$$

这就是幅角原理，也称为 Cauchy 定理或映射定理。

该定理在复变函数中有严格的数学证明，有兴趣的读者可参阅相关书籍。接下来为了便于理解，我们采用图形的方法加以说明，这样也利于理解后续的 Nyquist 判据的内容。

在复平面上，复数除了可用传统的 $z=x+\mathrm{j}y$ 形式表示，也可用原点引向点 z 的向量 Oz 来表示，该复向量具有模 $|z|=r=\sqrt{x^2+y^2}$ 和幅角 $\angle z=\theta$ 两项要素，或用复指数形式来表示该复向量 $z=r\mathrm{e}^{\mathrm{j}\theta}$。此外，按幅角定义逆时针旋转为正，顺时针旋转为负。根据复数（复向量）乘除运算规则（两个复数乘积的模等于它们模的乘积，乘积的幅角等于它们幅角的和；两个复数之商的模等于它们模的商，商的幅角等于被除数的幅角与除数幅角之差）。当自变量 s 在 s 平面内不经过 $G(s)$ 零极点按顺时针方向沿着封闭曲线 Γ_s 移动一圈后，

式(5.9)中复向量 $G(s)$ 幅角增量 $\delta\angle G(s)$ 可表示为

$$\delta\angle G(s)=\oint_{\Gamma}\angle G(s)\mathrm{d}s=\sum_{i}^{m}\left(\oint_{\Gamma}\angle(s-z_i)\mathrm{d}s\right)-\sum_{j}^{n}\left(\oint_{\Gamma}\angle(s-p_j)\mathrm{d}s\right)\tag{5.11}$$

如图5.5所示,假设 Γ_s 内只包围了 $G(s)$ 的一个零点 z_1,其余零极点均位于 Γ_s 包围之外,当 s 按顺时针方向沿着封闭曲线 Γ_s 移动一圈后,复向量 $(s-z_1)$ 的幅角增量为 -2π,而 $G(s)$ 有理分式分子分母中其他复向量 $(s-z_i)(i\neq1)$ 和 $(s-p_i)$ 的幅角增量为零,由式(5.11)表达形式并结合复数乘除运算法则,可判断 $G(s)$ 幅角增量 $\delta\angle G(s)$ 为 -2π,或者说 $G(s)$ 在 G 平面上沿 Γ_G 绕原点顺时针旋转了一圈。

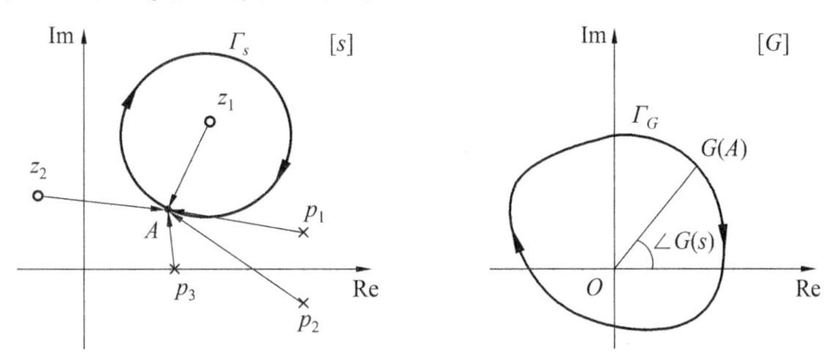

图5.5 s 平面和 G 平面的映射关系

若 s 平面上的封闭曲线 Γ_s 包围着 $G(s)$ 的 Z 个零点,根据式(5.11)可算出 $G(s)$ 幅角增量 $\delta\angle G(s)$ 为 $-2\pi\cdot Z$,则在 G 平面上的映射曲线 Γ_G 将绕原点顺时针旋转 Z 圈。同理可推知,若 s 平面上的封闭曲线 Γ_s 包围着 $G(s)$ 的 P 个极点,则在 G 平面上的映射曲线 Γ_G 将绕原点逆时针旋转 P 圈。若 s 平面上的封闭曲线 Γ_s 包围着 $G(s)$ 的 Z 个零点和 P 个极点,则在 G 平面上的映射曲线 Γ_G 将绕原点顺时针旋转 $N=Z-P$ 圈。

幅角原理表达的是 s 平面上的一条闭曲线,经过 $G(s)$ 的映射,在 G 平面上所具有的幅角变化特征(从上述推导过程可以看出,我们只关注映射在 G 平面封闭曲线绕原点圈数,即其幅角变化情况,对其上各点距离原点的距离即模并不关心)。为了增加幅角原理的感性认知,可以基于式(5.9)提出几个简单的算例进行验证。

1. $G(s)=\prod_{i=1}^{m}(s-z_i)$

$G(s)$ 共有 m 个零点,没有极点。设在 s 平面的封闭曲线 Γ_s 包围了其中 k 个,Γ_s 在 G 平面映射的封闭曲线 Γ_G 相对于 G 平面原点的幅角增量为 $-2k\pi$,或者说 Γ_G 顺时针包围原点 k 圈。

例如,$G(s)=(s+2.5)(s^2+2s+2)=(s+2.5)(s+1+\mathrm{j})(s+1-\mathrm{j})$,有3个零点,在图5.6(a)中,设 s 平面中有矩形封闭曲线 $U\rightarrow V\rightarrow W\rightarrow X\rightarrow U$ 包围了 $-1+\mathrm{j}$ 和 $-1-\mathrm{j}$ 两个零点。s 平面中矩形顶点为 $U(0,2\mathrm{j})$,代入 $G(s)$ 有 $F(2\mathrm{j})=(2\mathrm{j}+2.5)(2\mathrm{j}+1+\mathrm{j})(2\mathrm{j}+1-\mathrm{j})=-13+6\mathrm{j}$,即映射为如图5.6(b)所示 G 平面上点 $U'(13,6\mathrm{i})$,以此类推,s 平面矩形封闭曲线上其余各顶点映射成为 G 平面上的闭合曲线 $U'\rightarrow V'\rightarrow W'\rightarrow X'\rightarrow U'$,且顺时针包围原点两圈。

2. $G(s)=\dfrac{1}{\prod_{j=1}^{n}(s-p_j)}$

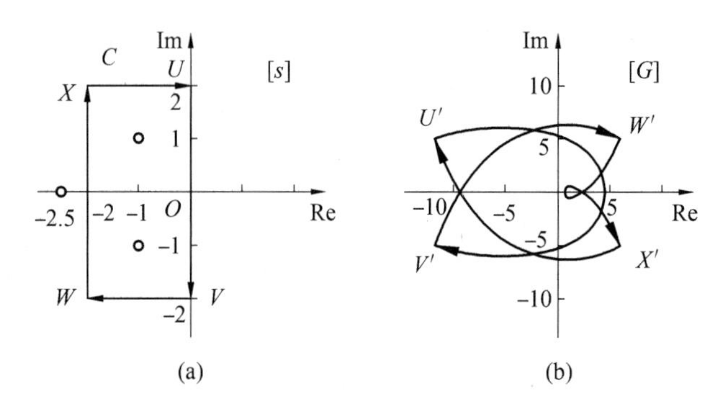

图 5.6　封闭曲线包围多个零点

$G(s)$共有 n 个极点,设封闭曲线 Γ_s 包围了其中 l 个。Γ_G 从起点到终点相对于 G 平面原点的幅角增量为单独考虑 Γ_s 经过每一个$\dfrac{1}{s-p_j}$映射后幅角增量之和。因此 Γ_G 的幅角增量应为 $2l\pi$,或者说 Γ_G 逆时针包围原点 l 圈。

例如,$G(s)=\dfrac{1}{(s+2)(s^2-2s+2)}=\dfrac{1}{(s+2)(s-1+\mathrm{i})(s-1-\mathrm{i})}$有 3 个极点,在图 5.7 中,$s$ 平面中矩形封闭曲线 $U\to V\to W\to X\to U$ 包围了 $1+\mathrm{j}$ 和 $1-\mathrm{j}$ 两个极点,这条矩形曲线经过 $G(s)$的映射,成为 G 平面上封闭曲线 $U'\to V'\to W'\to X'\to U'$,逆时针包围原点两圈。

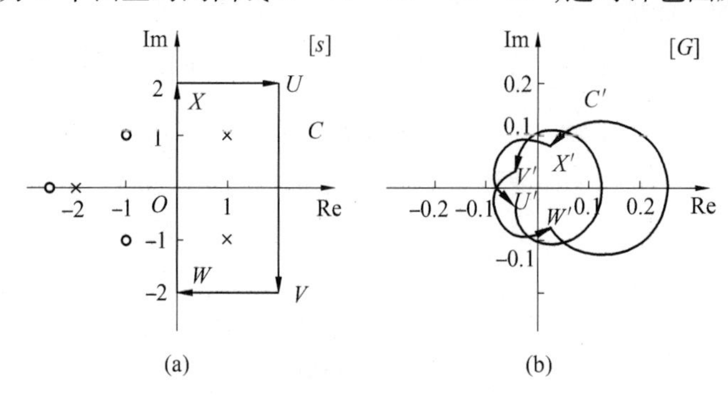

图 5.7　封闭曲线包围多个极点

5.4.2　引入辅助函数 $F(s)$

从 5.4.1 小节内容可知,幅角原理可以用来描述系统传递函数 $G(s)$在 s 平面中被封闭曲线 Γ_s 包围的零极点数量之差与 G 平面中映射封闭曲线 Γ_G 绕原点圈数和旋向的关系。我们前面已经介绍了,所有稳定判据都源于系统稳定的充要条件,即系统闭环特征方程 $1+G(s)H(s)=0$ 的根全部具有负实部,或者说系统闭环传递函数 $G_b(s)$极点全部位于 s 平面的左半平面。那么,根据幅角原理的性质,若经过合适的技术处理,用一个顺时针封闭曲线 Γ_s 围住 s 平面的整个右半平面,通过闭环传递函数 $G_b(s)$的映射关系,能绘制出 Γ_s 在 G_b 平面的映射封闭曲线 Γ_{G_b},并通过查出 Γ_{G_b}顺时针绕 G_b 原点圈数,就能判断出位于 s 平面的右半平面的 $G_b(s)$的零极点数量之差(不能确定具体的右半平面零极点个数),这距离分析是否有 $G_b(s)$ 的极点都位于 s 平面的右半平面从而判断系统是否稳定只有一步之遥。因此,若要成功将幅角原理应用于稳定性判断,还需引入相关辅助函数和做一些前期处理。

如图 5.8 所示为典型闭环系统,该系统开环传递函数为

$$G_k(s)=G(s)H(s)=\frac{K(s-z_1)(s-z_2)\cdots(s-z_m)}{(s-p_1)(s-p_2)\cdots(s-p_n)} \quad (n\geqslant m) \tag{5.12}$$

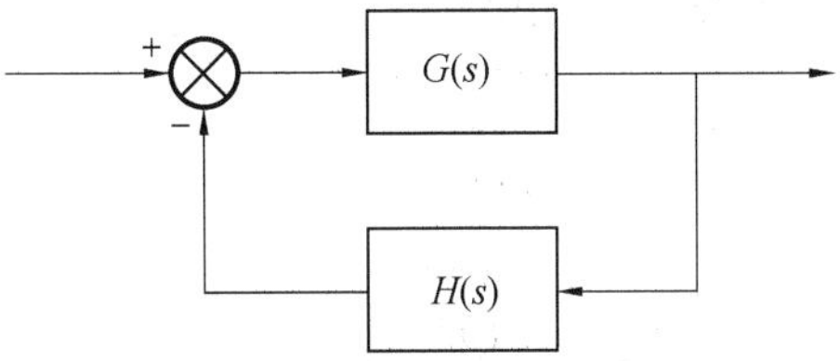

图 5.8 典型闭环系统

系统的闭环传递函数为

$$G_b(s)=\frac{G(s)}{1+G(s)H(s)} \tag{5.13}$$

闭环系统的特征根方程为

$$1+G(s)H(s)=0$$

引入辅助复变函数 $F(s)=1+G(s)H(s)$,参照式(5.12),将 $F(s)$ 展开写成下式:

$$F(s)=\frac{(s-p_1)(s-p_2)\cdot\cdots\cdot(s-p_n)+K(s-z_1)(s-z_2)\cdot\cdots\cdot(s-z_m)}{(s-p_1)(s-p_2)\cdot\cdots\cdot(s-p_n)}=$$

$$\frac{(s-r_1)(s-r_2)\cdot\cdots\cdot(s-r_{n'})}{(s-p_1)(s-p_2)\cdot\cdots\cdot(s-p_n)} \quad (n=n') \tag{5.14}$$

由式(5.14)可知,$F(s)$ 的零点 $r_1,r_2,\cdots,r_n'$ 同时也是系统闭环传递函数 $G_b(s)$ 的极点,即闭环特征方程 $1+G(s)H(s)=0$ 的根;同时,注意到 $F(s)$ 分式的分母与 $G_k(s)$ 分式的分母相同,换言之 $F(s)$ 的极点 $p_1,p_2,\cdots,p_n$ 即为开环传递函数 $G_k(s)$ 的极点。而且,因为机电系统开环传递函数分母多项式的阶次 n 大于分子多项式的阶次 m,故 $F(s)$ 的零点数 n' 和极点数 n 相等。

可见,引入辅助函数 $F(s)=1+G(s)H(s)$,将其作为一个纽带将系统开环零极点与闭环零极点联系在一起,其对应关系如图 5.9 所示。

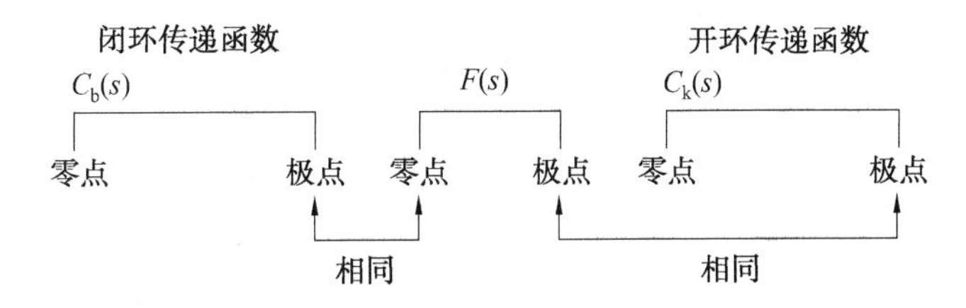

图 5.9 闭环特征多项式与开环传递函数、闭环传递函数零/极点的关系

再次回顾系统稳定的充要条件:系统闭环特征方程 $1+G(s)H(s)=0$ 的根全部具有负实部,即 $G_b(s)$ 极点全部位于 s 平面的左半平面,在 s 平面的右半平面没有极点。亦或根

据上述关系,系统稳定性的判断对象由 $G_b(s)$ 的极点分布转化为判断 $F(s)$ 的零点分布,系统稳定等价命题为:$F(s)$ 在 s 平面的右半平面没有零点。

我们注意到:$F(s)$ 是 1 与开环传递函数 $G_k=G(s)H(s)$ 之和,那么对于 s 平面上封闭围线 Γ_s,因其对应 $F(s)$ 和 $G_k(s)$ 两种函数关系只相差常数 1,所以映射到 F 平面的 Γ_F 和 G_k 平面的 Γ_{G_k} 两条闭合曲线形状完全一样,而且闭合曲线 Γ_F 可由 Γ_{G_k} 沿实轴正方向平移一个单位长度获得。显然,闭合曲线 Γ_F 包围 F 平面原点的圈数等于闭合曲线 Γ_{G_k} 包围 G_k 平面(-1,j0)点的圈数,其几何关系如图 5.10 所示。

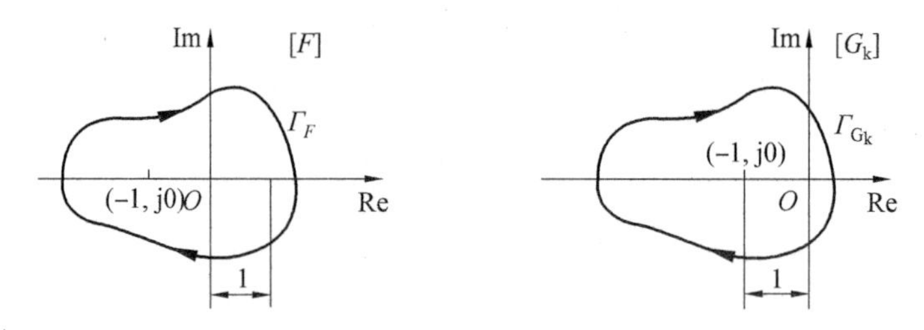

图 5.10 F 平面与 G_k 平面的平移关系

5.4.3 Nyquist 稳定判据

有了上两节的准备工作,下面就可进入 Nyquist 稳定判据的推演。

无论代数判据还是几何判据,我们总体的思路是不去解闭环传递函数的特征方程。具体到几何判据技术路线上,是通过分析开环频率特性曲线,进而分析实际的以闭环状态工作的系统的稳定性。这里强调用开环传递函数或开环频率特性是因为:实际机电系统某些环节的传递函数很难用分析法写出,可以通过实验方法来获得这些环节的频率特性曲线,进而获得该环节传递函数,同理整个系统的开环频率特性曲线也可利用实验获得。总之,系统的开环传递函数比闭环传递函数更容易获得。

无论是以分析法还是上述实验法获得的开环传递函数,最终都可写成式(5.12)的形式,由其分母表达式可方便解出 $G_k(s)$ 各极点的值,从而判断出 $G_k(s)$ 位于 s 平面右半平面的极点个数 P,并根据图 5.9 的零极点关系得知 $F(s)$ 位于 s 平面右半平面极点个数也是 P。我们设计一个顺时针包围整个 s 平面右半平面的封闭曲线 Γ_s,作出以 $G_k(s)$ 关系映射出来的封闭曲线 Γ_{G_k},查出 Γ_{G_k} 顺时针绕 G_k 平面(-1,j0)点的圈数 N,根据上一节推论,N 也是闭合曲线 Γ_F 包围 F 平面原点的圈数。

已知 $F(s)$ 位于 s 平面右半平面的极点个数 P 和 Γ_F 顺时针包围 F 平面原点的圈数 N,根据幅角原理,可以计算出 $F(s)$ 位于 s 平面右半平面的零点个数为

$$Z=P+N \tag{5.15}$$

根据图 5.9 的零极点关系:Z 也是闭环传递函数 $G_b(s)$ 位于 s 平面右半平面的极点个数。因此闭环系统的稳定充要条件是 $Z=0$,即 $N=-P$,也就是若 $G_k(s)$ 在 s 平面右半平面的极点个数为 P,系统稳定的充要条件是 Γ_{G_k} 绕 G_k 平面(-1,j0)点顺时针旋转 $-P$ 圈(逆时针旋转 P 圈),这便是 Nyquist 稳定判据。

实际应用中,查圈数时按惯例逆时针方向为正,式(5.15)则改写为

$$Z=P-N \tag{5.16}$$

此时上述 Nyquist 稳定判据阐述仍然适用，本门课程中采用式(5.16)对应的逆时针方向为正的查圈标准。

现在问题的关键转移到如何设计出一个顺时针包围整个 s 平面右半平面的封闭曲线 Γ_s？该封闭曲线如图5.11所示：在 s 平面中，Γ_s 分为以下3部分。

(1)正虚轴 $s=j\omega$：Γ_s 先沿着正虚轴从原点 O 到无穷远处运动，频率 ω 从0到 $+\infty$；

(2)以原点 O 为圆心，半径为无限大的右半圆弧 $s=Re^{j\theta}$：Γ_s 沿顺时针方向以无穷大半径从 $(0,j\infty)$ 开始作半圆至 $(0,-j\infty)$，即 $R\to\infty$，θ 从 $90°\to-90°$；

(3)负虚轴 $s=j\omega$：Γ_s 沿着负虚轴从无穷远处运动至原点 O，频率 ω 从 $-\infty$ 到0。

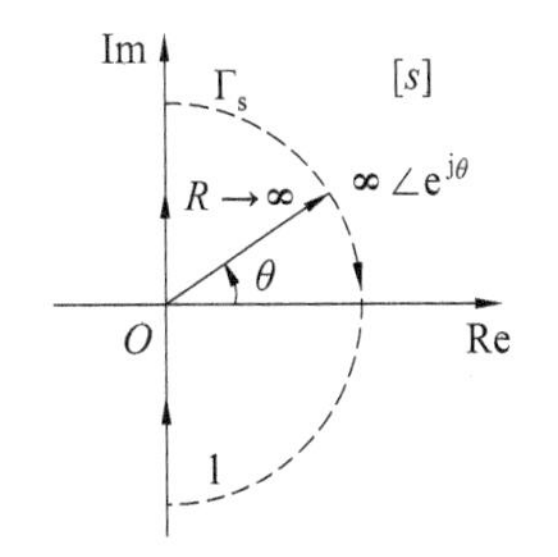

图5.11 包围 s 平面右半平面的Nyquist路径

这个状如D形的、无限大、封闭的、能包围整个 s 平面右半平面的曲线 Γ_s 称为Nyquist路径。

图5.11的Nyquist路径适用于开环传递函数 $G_k=G(s)H(s)$ 在 s 平面虚轴上无零极点的情况。当系统中串联有积分环节时，$G_k(s)$ 有位于 s 平面坐标原点 O 处的极点；当系统串联有等幅振荡环节时，$G_k(s)$ 有位于 s 平面虚轴上的共轭极点的情况。幅角原理应用的前提条件是 s 平面的封闭曲线 Γ_s 不能穿过 $G_k(s)$ 的零极点，在这些情况下，为保证幅角原理能正常应用于Nyquist稳定判据，Nyquist路径应避开这些特殊极点，同时还能包围除这些特殊极点外整个 s 平面右半平面范围。在此对Nyquist路径做如下处理：

(1) 当开环系统含有积分环节时，Nyquist路径在经过圆心附近时，以原点为圆心，无穷小量为半径画一个逆时针旋向的半圆弧绕过原点。用复向量形式表示这段半圆弧为：$s=\varepsilon e^{j\theta}$（$\varepsilon$ 为无穷小量，幅角 $\theta\in[-90°,+90°]$），即圆心为原点、半径为无穷小的半圆，如图5.12(a)所示。

(2)当开环系统含有等幅振荡环节时，在共轭纯虚根 $\pm j\omega_n$ 附近，分别以 $j\omega_n$ 和 $-j\omega_n$ 为圆心、无穷小为半径画两个逆时针旋向的半圆弧绕过虚轴上这两个极点。用复向量表示为：$s=\pm j\omega_n+\varepsilon e^{j\theta}$（幅角 $\theta\in[-90°,+90°]$），即圆心为 $\pm j\omega_n$、半径为无穷小的半圆，如图5.12(b)所示。

经过这样处理后，使Nyquist路径既避开了极点，解决了 s 平面内Nyquist路径的合理性问题，又包围整个 s 平面右半平面，前述的Nyquist稳定判据仍然适用。只是注意以下两点：首先按上述定义的Nyquist路径，当计算 $G_k(s)$ 位于 s 平面右半平面极点个数时，应不包括 $G_k(s)$ 位于 s 平面虚轴上的极点数；其次，在绘制映射曲线 Γ_{G_k} 时，需要补齐这些半径无穷小的半圆弧所对应的映射曲线部分。

除如式(5.12)外，系统的开环传递函数写成

$$G_k(s)=\frac{K^*\prod_{i=1}^{m}(\tau_i s+1)}{s^{\nu}\prod_{j=1}^{n-\nu}(T_j s+1)} \tag{5.17}$$

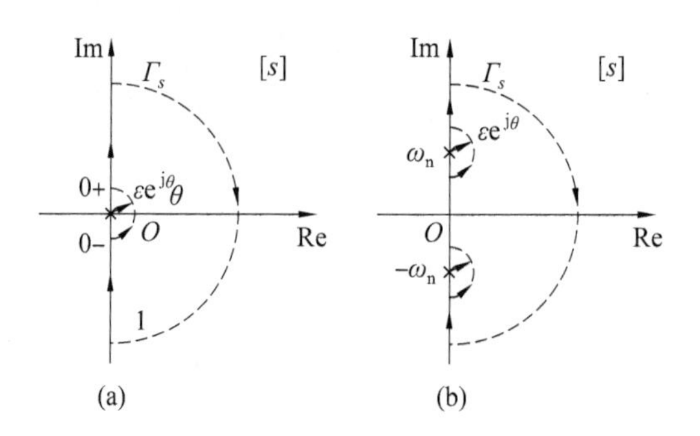

图 5.12 s 平面虚轴上有极点的 Nyquist 路径

物理上可实现的实际系统分母分子阶次必符合 $n \geqslant m$,因此有

$$\lim_{s\to\infty} G_k(s)=\begin{cases}0 & (n>m)\\ K^* & (n=m)\end{cases} \tag{5.18}$$

参照图 5.11 和图 5.12,这里的 $s\to\infty$ 是 D 形 Γ_s 的无限大半径半圆弧部分,它经 $G_k(s)$映射到 G_k 平面上是坐标原点或实轴上一点。而且我们也注意到 Nyquist 路径的(1)(3)部分:变量 s 在正负虚轴上移动 $s=j\omega(\omega:-\infty\to+\infty)$,其映射曲线恰好是第 4 章所学的开环系统频率特性 $G_k(j\omega)$极坐标图,称全 Nyquist 图,此时 $\omega:-\infty\to0\to+\infty$,当变量 s 在 Nyquist 路径的(1)部分即正虚轴上移动时,映射为半 Nyquist 图($\omega:0\to+\infty$)。

在应用 Nyquist 稳定判据检查线性控制系统的稳定性时,可能发生 3 种情况:

(1)映射封闭曲线 Γ_{G_k}不包围$(-1,j0)$点。如果此时 $G_k(s)$在 s 平面右半平面没有极点,则说明系统是稳定的,否则系统是不稳定的。

(2)映射封闭曲线 Γ_{G_k}逆时针包围$(-1,j0)$点一次或多次。在这种情况下,如果逆时针包围圈数等于 $G_k(s)$在 s 平面右半平面的极点数,则系统是稳定的,否则系统是不稳定的。

(3)映射封闭曲线 Γ_{G_k}顺时针包围$(-1,j0)$点一次或多次。在这种情况下,系统是不稳定的。

下面举例说明 Nyquist 判据的使用方法。

【例 5.7】 一个闭环机电控制系统,经测量得到其开环传递函数为 $G_k(s)=\dfrac{15}{(s+1)(s+2)(s+3)}$,判断系统闭环稳定性。

解 根据 Nyquist 判据,首先应当作出复变量 s 在复平面 s 上的 Nyquist 路径,注意从本题 $G_k(s)$中知开环系统无位于虚轴上的极点,因此 Nyquist 路径就是如图 5.11 所示,一般在这种正常情况下,解题时无需绘制出该轨迹图。

由式(5.18)可知,Nyquist 路径无限大圆弧部分映射为 G_k 面上的原点,因此只需作出系统开环传递函数全 Nyquist 图,如图 5.13 所示,可以看出它没有包围 G_k 面上的$(-1,j0)$,而且显然开环传递函数 $G_k(s)$没有 s 平面右半平面极点,根据 Nyquist 稳定判据,系统闭环稳定。

例 5.7 中的开环系统没有位于复平面 s 右半平面上的极点,属于最小相位系统,其 Nyquist 图相对好绘制一些。下面举一个非最小相位系统的例子。

【例5.8】 一个闭环控制系统,其开环传递函数为 $G_k(s)=\dfrac{15}{(s-1)(s+2)(s+3)}$,判断系统闭环稳定性。

解 开环传递函数有1个 s 平面右半平面的极点,无虚轴上的极点。作出开环全Nyquist图,如图5.14所示,顺时针包围(-1,j0)点一圈。根据Nyquist稳定判据,系统闭环稳定的充要条件是映射曲线 Γ_{G_k} 逆时针包围(-1,j0)一圈。因此,该系统不满足稳定的充要条件,是闭环不稳定系统。

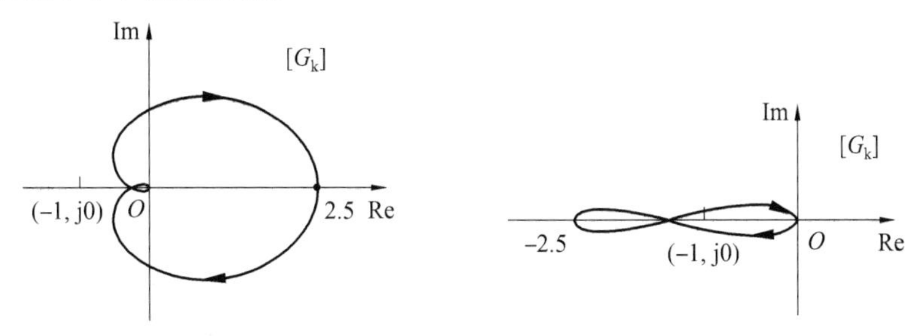

图5.13 机电系统全Nyquist图　　图5.14 非最小相位系统全Nyquist图

此外,也可以用Nyquist判据对系统的稳定性进行设计,确定系统相关结构参数来保证系统的稳定性。下面给出一个相关例题。

【例5.9】 一个闭环控制系统如图5.15(a)所示,判断放大倍数 K 在什么范围内系统闭环稳定。

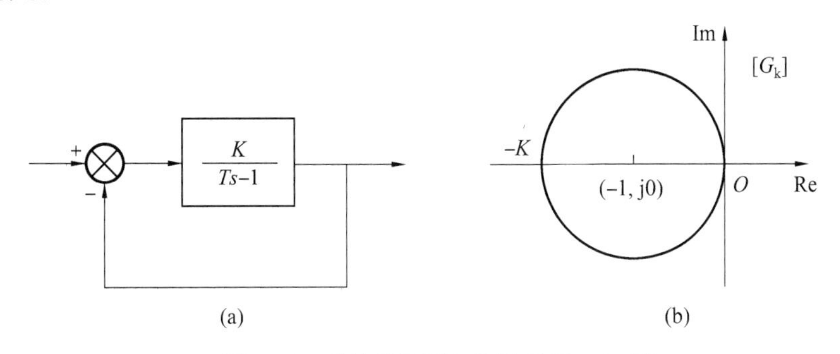

图5.15 系统结构图与其开环Nyquist图

解 系统开环传递函数为 $G_k(s)=\dfrac{K}{Ts-1}$ 有一个 s 平面右半平面的极点。作出开环全Nyquist图,如图5.15(b)所示,它与实轴的交点为(-K,j0)。只有当(-K,j0)在(-1,j0)的左边时,全Nyquist图才逆时针包围(-1,j0)一圈。因此系统闭环稳定的条件是 $K>1$。

下面例题研究的是当开环系统含有积分环节或等幅振荡环节的情况。此时,开环系统在 s 平面虚轴上有极点,Nyquist路径应作如图5.12所示的处理方可应用Nyquist稳定判据。

【例5.10】 一个单位反馈系统,开环传递函数为 $G_k(s)=\dfrac{10}{s(0.1s+1)(0.05s+1)}$,判断闭环系统稳定性。

解 系统开环位于 s 平面右半平面的极点个数为0,但是在 s 原点上有一个极点。用

Matlab 软件画出开环全 Nyquist 图,如图 5.16(a)所示,对其局部放大后如图 5.16(b)所示。

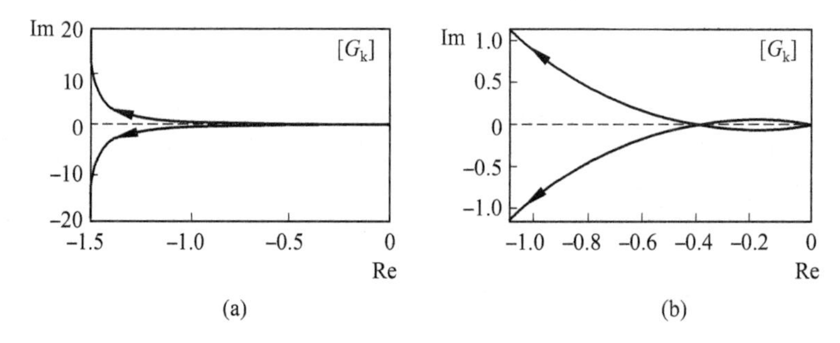

图 5.16 原点处有极点的 Nyquist 图

由图 5.16 可见,Nyquist 曲线并不封闭,所以“逆时针包围(-1,j0)点几圈”也就无从说起。问题的关键在于如前所述:我们在绘制映射曲线 Γ_{G_k} 时,只是绘制了全 Nyquist 图,并没有补充如图 5.12 所示的半径无穷小的半圆弧所对应的映射曲线部分。

下面补齐映射曲线:把 $s=\varepsilon e^{j\theta}$ 代入开环系统 $G_k(s)=\dfrac{10}{s(0.1s+1)(0.05s+1)}$,由于 $\varepsilon\to 0$,所以 $G_k(s)$ 接近于 $\dfrac{10}{s}$。而 $\dfrac{10}{s}=\dfrac{10}{\varepsilon e^{j\theta}}=\infty\, e^{-j\theta}$,即小半圆映射曲线半径趋于无穷大;如果 Nyquist 路径 Γ_s 按图 5.12 所示从原点右边绕,其复变量 s 相位变化为-90°变化到 0°再到 90°,则经映射关系 $G_k(s)$ 后,映射轨迹的相位从 90°变化到 0°再到-90°,在全 Nyquist 图基础上补齐该段映射曲线如图 5.17(a)中虚线大圆弧所示。Nyquist 路径 Γ_s 在 s 平面原点也可采用左边绕的方式进行处理,此时复变量 s 相位变化为-90°变化到-180°再到-270°,则经映射关系 $G_k(s)$ 后,映射轨迹的相位从 90°变化到 180°再到 270°,在全 Nyquist 图基础上补齐该段映射曲线如图 5.17(b)中虚线大圆弧所示。

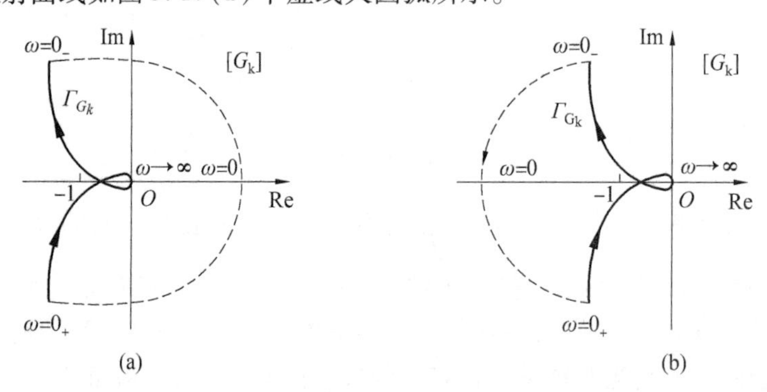

图 5.17 带积分环节的映射曲线

如按图 5.12(a)定义的 Nyquist 路径 Γ_s 从原点右边绕,即认为开环系统在原点处的极点为左极点,则开环右极点个数为 0,在图 5.17(a)中,映射曲线 Γ_{G_k} 不包围(-1,j0)点,故判定系统闭环稳定;如果 Nyquist 路径 Γ_s 从原点左边绕,即认为开环系统在原点处的极点为右极点,则开环右极点个数为一,在图 5.17(b)中,映射曲线 Γ_{G_k} 逆时针包围(-1,j0)点一圈,结论仍然判定系统闭环稳定。因此,在实际应用中可灵活应用。

当映射图形较为复杂时，判断图形绕(-1,j0)点的圈数稍有些困难。这里可以采用这样的方法：想象以(-1,j0)点为中心，曲线上任意一点为起点，有一个点顺着曲线的方向移动，计算当它回到起点时围绕(-1,j0)点的角度增量。

由图5.11和图5.12可知，Nyquist路径Γ_s在s平面内关于实轴对称，鉴于$G_k(s)$为实系数有理分式函数，故闭合映射曲线Γ_{G_k}在G_k平面内关于实轴对称，且我们已知D形Γ_s的无限大半径半圆弧部分映射到G_k平面上是坐标原点或实轴上一点，因此为简便起见，在实际分析中只需绘制出半个Nyquist路径，以及相对应的半个映射曲线Γ_{G_k}，即开环系统的半Nyquist图，或称半闭合映射曲线。

半闭合映射曲线对G_k平面内(-1,j0)点的包围圈数为闭合映射曲线包围圈数的一半，在只绘制出半闭合映射曲线的情况下，包围圈数可按下述规则计算：设N为半Nyquist图穿越(-1,j0)点左侧负实轴的次数，用N_+表示正穿越(从上向下穿越)次数的和，用N_-表示负穿越(从下向上穿越)次数的和，则闭合映射曲线逆时针包围(-1,j0)点的圈数N为

$$N=2(N_+-N_-)$$

具体结合几个实际例子阐述如何求取包围圈数N。在图5.18中，虚线为按系统含ν个积分环节或等幅振荡环节时补齐的无穷小圆弧映射曲线部分，点A、B为映射曲线与负实轴的交点。

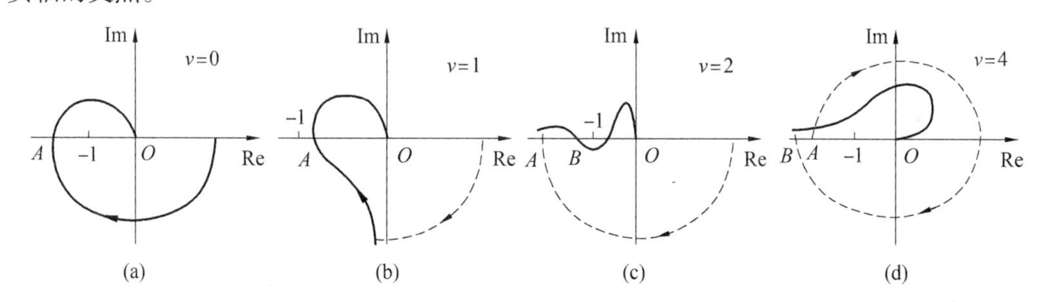

图5.18　系统开环半闭合映射曲线

按穿越负实轴上(-∞,-1)段的方向，分别有：

图5.18(a)中，A点位于(-1,j0)点左侧，半闭合映射曲线Γ_{G_k}从下向上穿越，为一次负穿越，故$N_-=1$，$N_+=0$，$N=2(N_+-N_-)=-2$。

图5.18(b)中，A点位于(-1,j0)点右侧，$N_+=N_-=0$，即$N=2(N_+-N_-)=0$。

图5.18(c)中，A、B点均位于(-1,j0)点左侧，在A点处Γ_{G_k}从下向上穿越，为一次负穿越；在B点处Γ_{G_k}从上向下穿越，为一次正穿越，故有$N_+=N_-=1$，即$N=2(N_+-N_-)=0$。

图5.18(d)中，A、B点均位于(-1,j0)点左侧，A点对应于$\omega=0$，随着ω的增大，Γ_{G_k}从负实轴出发离开负实轴，这种情况定义为半次负穿越，而B处为一次负穿越，故有$N_-=\frac{3}{2}$，$N_+=0$，$N=2(N_+-N_-)=-3$。

在计算包围圈数N的过程中应注意Γ_{G_k}穿越(-1,j0)点左侧负实轴时的方向、半次穿越及补齐的虚线圆弧所产生的穿越次数。

【例 5.11】 已知开环传递函数为 $G_k(s)=\dfrac{K}{s(Ts+1)}$,式中,$K>0$、$T>0$,绘制半 Nyquist 图并判断闭环系统的稳定性。

解 系统 $G_k(s)$ 在 s 平面坐标原点处有一个极点,是Ⅰ型系统。因为要求用半 Nyuist 图来判断系统稳定性,即需绘制在 s 平面中变量 s 沿正实轴部分($s=j\omega$,频率 $\omega:0\to+\infty$)的映射曲线。但由于在原点处有极点,按图 5.12(a)所示,在原点右侧绕过原点的半径为无限小圆弧应起始于实轴正方向的 0 点($\omega=0$)、逆时针转动 90°到虚轴正方向的 0_+ 点($\omega=0_+$),然后再沿虚轴正方向变化($\omega:0_+\to+\infty$)。

系统开环半 Nyquist 图(包括补齐大圆弧)如图 5.19 所示,虚线部分为半径为 s 平面内 Nyquist 路径无限小圆弧的映射曲线部分,其半径 R 无穷大,幅角变化范围为 0°到-90°。

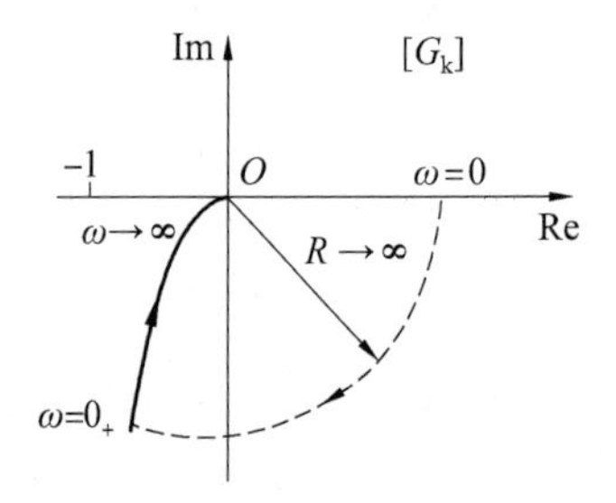

图 5.19 补齐映射大圆弧的半 Nyquist 图

该系统开环传递函数在 s 平面右半平面无极点,即 $P=0$;半 Nyquist 图(包括补齐大圆弧)又不包围 G_k 平面$(-1,j0)$点,即 $N_+=N_-=0$,$N=2(N_+-N_-)=0$;因此,按 Nyquist 稳定判据:$Z=N+P$ 得出 $Z=0$,即闭环系统位于 s 平面右半平面极点数为 0,闭环系统稳定。

【例 5.12】 已知系统开环传递函数为 $G_k(s)=\dfrac{K(s+3)}{s(s-1)}$,绘制半 Nyquist 图并判断闭环系统的稳定性。

解 由于系统开环传递函数是含有一个非典型环节的非最小相位系统,其在 s 平面右半平面有一极点,因此 $P=1$。当 $0<K<1$ 时,其 Nyquist 图如图 5.20(a)所示。虚线部分为半径为 s 平面内 Nyquist 路径无限小圆弧的映射曲线部分,其半径无穷大,幅角变化范围为 0°到-90°。注意到该非最小相位系统在复变量 s 从 s 平面虚轴 $\omega=0_+$ 出发时,对应的 Nyquist 曲线相角为 90°,补齐的映射大圆弧起始点相角应在此基础上超前 90°,因此大圆弧起始点出发于相角为 90°+90°=180°处,即 G 平面的负实轴处。

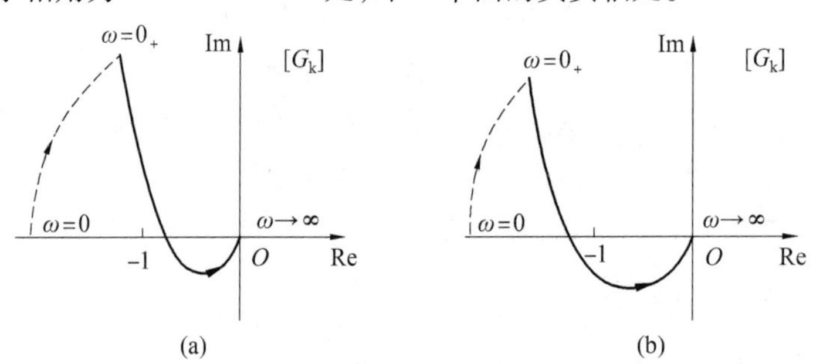

图 5.20 补齐映射大圆弧的半 Nyquist 图

当$0<K<1$时，当ω从0到$+\infty$变化时，半Nyquist曲线逆时针包围$(-1,\mathrm{j}0)$点$-\frac{1}{2}$圈，那么全Nyquist曲线顺时针包围该点$N=-\frac{1}{2}\times 2=-1$，根据Nyquist稳定判据，$Z=P-N=1-(-1)=2$，说明系统闭环后在$s$平面右半平面上有两个极点，闭环系统不稳定。亦或根据穿越概念判断：半Nyquist曲线起始于$(-1,\mathrm{j}0)$左侧实轴并向上运动，为半次负穿越，$N_-=\frac{1}{2}$，无正穿越$N_+=0$，$N=2(N_+-N_-)=2\left[0-\left(-\frac{1}{2}\right)\right]=-1$，按Nyuist稳定判据，$Z=P-N=1-(-1)=2$，得到同样的结论。

当$K>1$时，其Nyquist图如图5.20(b)所示，当ω从0到$+\infty$变化时，半Nyquist曲线逆时针包围$(-1,\mathrm{j}0)$点$\frac{1}{2}$圈，那么全Nyquist曲线顺时针包围该点$N=\frac{1}{2}\times 2=1$，有$Z=P-N=1-1=0$，系统稳定。按穿越法判断：有半次负穿越$N_-=\frac{1}{2}$，一次正穿越$N_+=1$，$N=2(N_+-N_-)=2\left(1-\frac{1}{2}\right)=1$，故$Z=P-N=1-1=0$，同样可得出系统闭环稳定的结论。

5.4.4 应用Nyquist稳定判据分析延时系统的稳定性

延时环节是线性环节，在机械工程的许多系统中都具有这种环节。现在分析具有延时环节的稳定性。

1. 延时环节串联在闭环系统前向通道中时的系统稳定性

如图5.21所示为一具有延时环节的方框图。其中，$G_1(s)$是除延时环节以外的开环传递函数，这时整个系统的开环传递函数为

$$G_\mathrm{k}(s)=G_1(s)\mathrm{e}^{-\tau s} \tag{5.19}$$

其开环频率特性为

幅频特性为

$$|G_\mathrm{k}(\mathrm{j}\omega)|=|G_1(\mathrm{j}\omega)| \tag{5.20}$$

相频特性为

$$\angle G_\mathrm{k}(\mathrm{j}\omega)=\angle G_1(\mathrm{j}\omega)-\tau\omega \tag{5.21}$$

由此可见，延时环节不改变系统的幅频特性，而仅仅使相频特性发生改变，使滞后增加，且τ越大，相位的滞后越多。

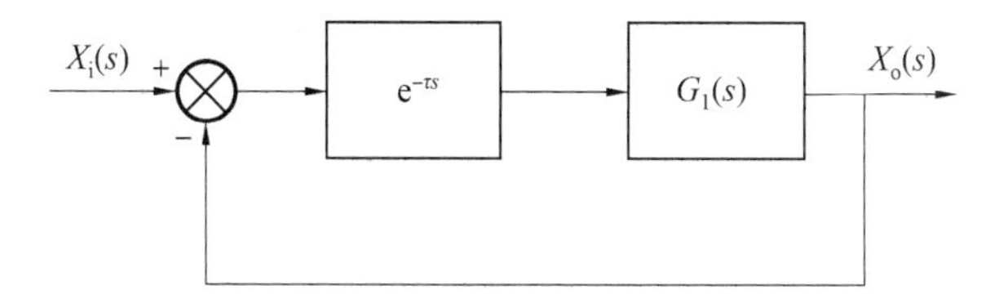

图5.21 延时环节串联在前向通道

【例 5.13】 在图 5.21 所示的系统中,若 $G_1(s)=\dfrac{1}{s(s+1)}$,试分析随着参数的变化,闭环系统稳定性的变化规律。

解 开环传递函数和开环频率特性分别为

$$G_k(s)=\frac{1}{s(s+1)}e^{-\tau s}$$

$$G_k(j\omega)=\frac{1}{j\omega(j\omega+1)}e^{-\tau j\omega}$$

其开环 Nyquist 图如图 5.22 所示。

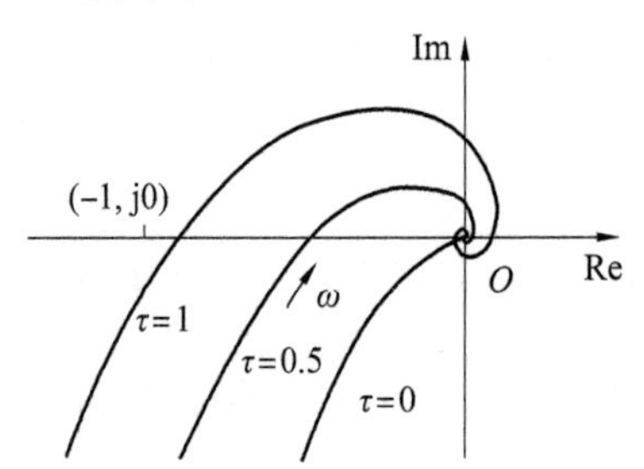

图 5.22 不同延时时间的 Nyquist 图

由图 5.22 可见,当 $\tau=0$ 时,即无延时环节时,Nyquist 图的相位不超过 $-180°$,只局限在第三象限,此二阶系统是稳定的。随着 τ 值增加,相位向负的方向变化,Nyquist 图向左上方偏转,进入其他象限,形成螺线。当 τ 增加到使 Nyquist 图包围$(-1,j0)$点时,闭环系统就不稳定了。所以,由 Nyquist 图可以明显看出,串联延时环节对稳定性是不利的。虽然一阶和二阶系统总是稳定的,但若存在延时环节,系统可能变得不稳定。或者说,为保证具有延时系统的稳定性,即使是一阶或二阶的系统,其开环放大倍数 K 也只能限制在较低的范围内。当然,如果可能的话,就要尽可能减小延时时间 τ。

2. 延时环节并联在闭环系统前向通道中时的系统稳定性

如图 5.23 所示,延时环节并联在前向通道中,这时系统的开环传递函数为

$$G_k(s)=(1-e^{-\tau s})G_1(s) \tag{5.22}$$

显然,$G_k(s)$由两项组成,直接作 Nyquist 图比较困难,在这种情况下,可采用一种与将函数 $1+G_k(s)$包围原点处理成 $G_k(s)$包围$(-1,j0)$点的类似方法来判断系统的稳定性。

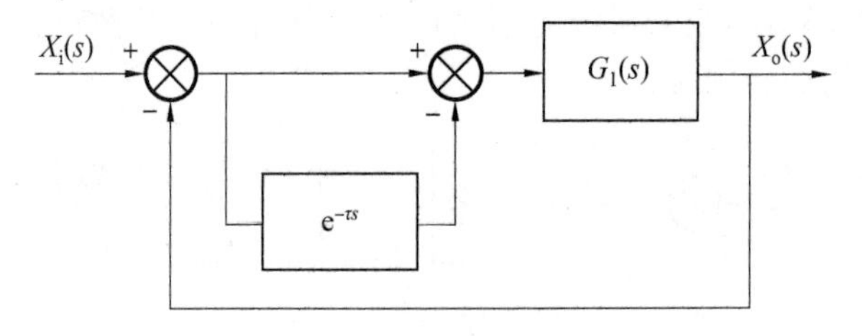

图 5.23 延时环节并联在前向通道

具体做法如下:

设系统闭环特征方程为

$$1+(1-e^{-\tau s})G_1(s)=0 \tag{5.23}$$

将此方程写为

$$\frac{1}{1-e^{-\tau s}}+G_1(s)=0$$

于是就可研究 $G_1(j\omega)$ 是否包围 $[-1/(1-e^{-\tau j\omega})]$ 的情况，进而判定闭环系统的稳定性。$[-1/(1-e^{-\tau j\omega})]$ 可看成广义的 $(-1, j0)$ 点。

τ 的取值，对系统的稳定性十分重要。从下例可知，τ 取得不恰当会使系统不稳定。τ 的取值在一定范围内可以保证系统的稳定性。下面的例子对于切削加工是十分典型的，因为在切削时产生不稳定的现象同延时环节的存在密切相关。

【例5.14】 如图5.24所示为镗铣床的长悬臂梁式主轴的工作情况，下面分析其动态特性。

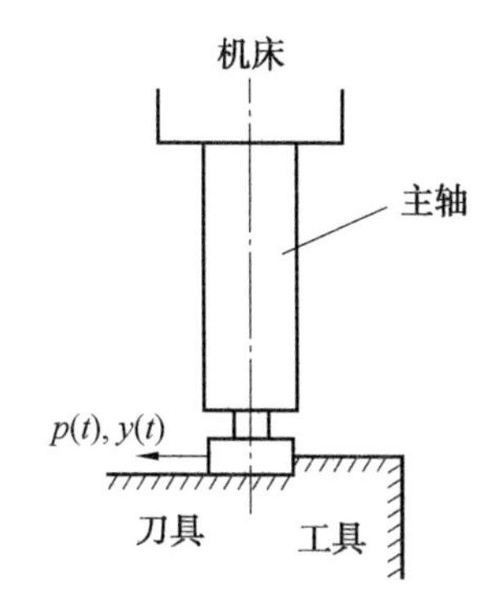

图5.24 铣床切削工件示意图

解 (1)机床主轴系统的传递函数。

将主轴简化为集中质量 m 作用于主轴端部，如图5.25所示。令 $p(t)$ 为切削力，$y(t)$ 为主轴前端刀具处因切削力产生的变形量，D 为主轴系统的当量黏性系数，k_m 为主轴系统的当量刚度。

主轴端部的运动微分方程为

$$p(t)=m\ddot{y}(t)+D\dot{y}(t)+k_m y(t)$$

其传递函数为

$$\frac{Y(s)}{P(s)}=\frac{1}{k_m}\left(\frac{\omega_n^2}{s^2+2\xi\omega_n s+\omega_n^2}\right)=\frac{1}{k_m}G_m(s) \tag{5.24}$$

式中

$$G_m(s)=\frac{\omega_n^2}{s^2+2\xi\omega_n s+\omega_n^2}$$

(2) 切削过程的传递函数。

若工作名义进给量为 $u_o(t)$，由于主轴的变形，实际进给量为 $u(t)$，于是

$$u(t)=u_o(t)-y(t) \tag{5.25}$$

对此式做拉氏变换后得

$$U(s)=U_o(s)-Y(s)$$

若主轴转速为 n，刀具为单齿，则刀具每转一圈需要时间 $\tau=\dfrac{1}{n}$。因此，刀具在每转动

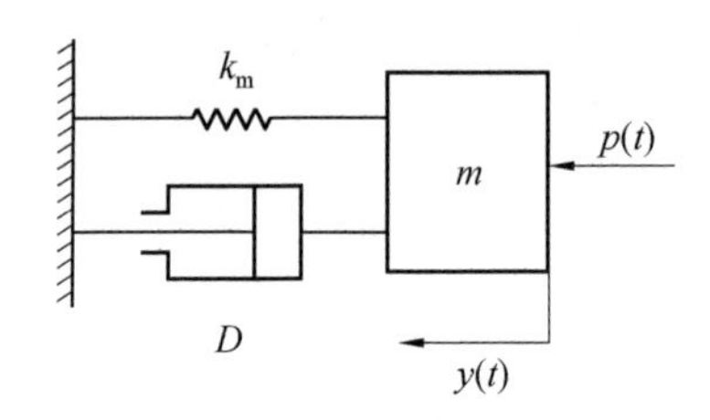

图 5.25 主轴系统力学模型

一圈中切削的实际厚度为$[u(t)-u(t-\tau)]$，即本次刀齿实际切削位置与上次实际切削位置的间距。

令 k_c 为切削阻力系数(它表示切削力与切削厚度之比)，则

$$p(t)=k_c[u(t)-u(t-\tau)]$$

对此式做拉氏变换后得

$$p(s)=k_c[U(s)-U(s)e^{-\tau s}]=k_cU(s)(1-e^{-\tau s}) \tag{5.26}$$

由以上各式可做出如图 5.26 所示的方框图，切削过程与机床本身的结构之间组成了一个回路封闭的动力学系统。

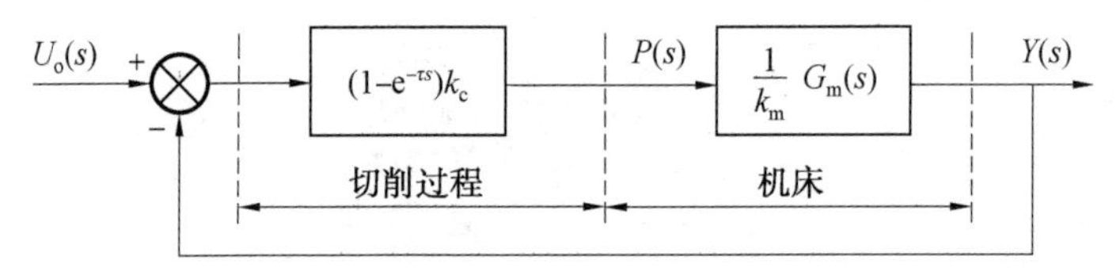

图 5.26 系统方框图

切削过程的方框图可以画成图 5.27，此时延时环节 $e^{-\tau s}$与比例环节是并联的。

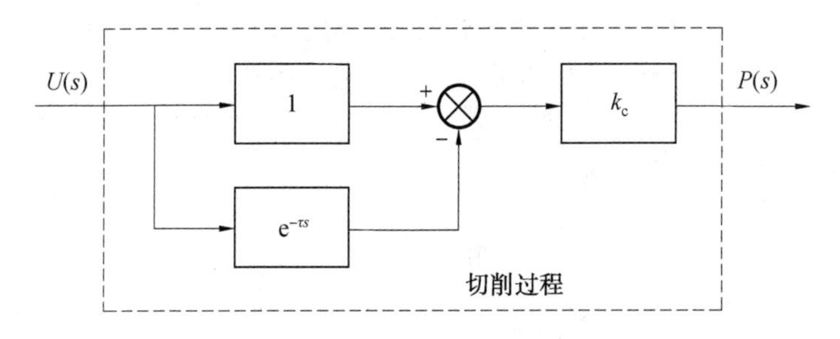

图 5.27 切削过程方框图

闭环系统的开环传递函数为

$$G_k(s)=\frac{k_c}{k_m}(1-e^{-\tau s})G_m(s) \tag{5.27}$$

则 $1+G_k(s)=0$，即

$$\frac{-k_m}{k_c(1-e^{-\tau s})}=G_m(s) \tag{5.28}$$

令

$$G_c(s)=\frac{-k_m}{k_c}\cdot\frac{1}{(1-e^{-\tau s})} \tag{5.29}$$

这样一来就将 Nyquist 判据中开环频率特性 Nyquist 图是否包围(-1,j0)点的问题归结为 $G_m(j\omega)$ 的 Nyquist 图是否包围 $G_c(j\omega)$ 的极坐标轨迹的问题。

下面分别作出 $G_m(j\omega)$ 和 $G_c(j\omega)$ 的 Nyquist 图(图5.28)及 s 平面的走向图(图5.29)。其中

$$\begin{aligned}
G_c(j\omega)&=\frac{-k_m}{k_c}\cdot\frac{1}{1-e^{-\tau s}}=\frac{-k_m}{k_c}\cdot\frac{1}{1-\cos\tau\omega+j\sin\tau\omega}\\
&=\frac{-k_m}{k_c}\frac{1-\cos\tau\omega-j\sin\tau\omega}{(1-\cos\tau\omega+j\sin\tau\omega)(1-\cos\tau\omega-j\sin\tau\omega)}\\
&=\frac{-k_m}{k_c}\frac{1-\cos\tau\omega-j\sin\tau\omega}{(1-\cos\tau\omega)^2+\sin^2\tau\omega}\\
&=\frac{-k_m}{k_c}\left[\frac{1}{2}-j\frac{\sin\tau\omega}{2(1-\cos\tau\omega)}\right]\\
&=\frac{-k_m}{k_c}\left(\frac{1}{2}-j\frac{1}{2}\cot\frac{\tau\omega}{2}\right)
\end{aligned}$$

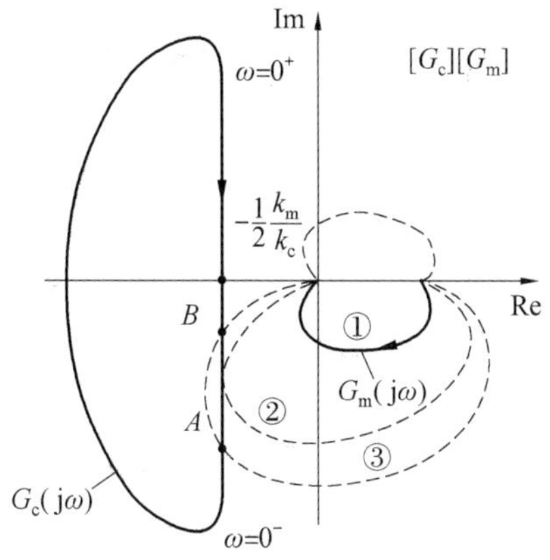

图5.28 $G_m(j\omega)$ 和 $G_c(j\omega)$ 的 Nyquist 图

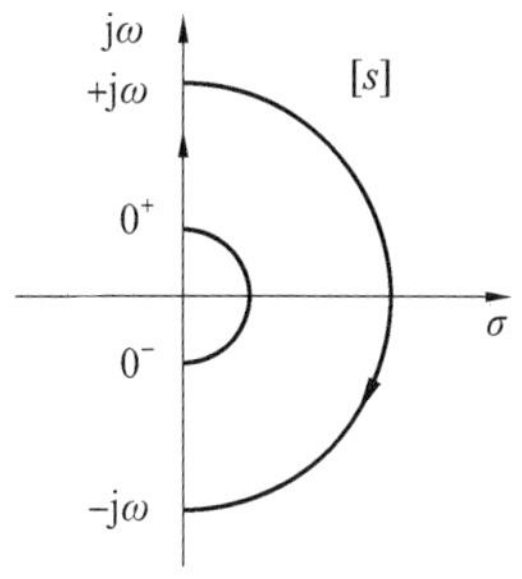

图5.29 s 平面的走向图

可见,$G_c(j\omega)$ 为一条平行于虚轴、与虚轴相距 $\frac{-k_m}{2k_c}$ 的直线。由式(5.29)易知,当 $\omega=0$ 时,$G_c(j0)=-\infty\angle-\pi$。$G_c(j\omega)$ 的 Nyquist 图如图5.28所示。

在本例中,由 Nyquist 稳定判据可知:

(1)若 $G_m(j\omega)$ 不包围 $G_c(j\omega)$,$G_m(j\omega)$ 即和 $G_c(j\omega)$ 不相交,如图5.28中的曲线①,则系统绝对稳定,因此系统绝对稳定的条件是 $G_m(j\omega)$ 中的最小负实部的绝对值小于 $\frac{k_m}{2k_c}$。无论是提高主轴的刚度 k_m,还是减少切削阻力系数 k_c,都可以提高稳定性,但对提高稳定性最有利的是增加阻尼。

(2)若 $G_m(j\omega)$ 包围 $G_c(j\omega)$ 一部分,即 $G_m(j\omega)$ 和 $G_c(j\omega)$ 相交,如图5.28中曲线③,则在一定频段下工作系统不稳定。

如果在工作频率 ω 下,保证 ω 避开 $\omega_A \sim \omega_B$ 的范围,也就是适当选择 τ 可以使系统稳定。所以,在此条件下系统稳定的条件为:选择适当的主轴转速 n(在单刀铣刀时,$\tau = 1/n$),使图 5.28 中的 $G_m(j\omega)$ 不包围 $G_c(j\omega)$ 上的点。

5.4.5 Bode 稳定判据

Nyquist 稳定判据可基于复平面的半闭合映射曲线 Γ_{G_k}(Nyquist 图)判定系统的稳定性,由于 Nyquist 图可以转换为半对数坐标图下的幅频特性与相频特性曲线(Bode 图),因此可以将 Nyquist 稳定判据推广至 Bode 图中。由 Bode 图判断系统的稳定性,实际上是 Nyquist 稳定判据的另一种形式,即利用开环系统的 Bode 图来判别系统闭环的稳定性,而 Bode 图又可通过实验获得,因此在工程上获得了广泛的应用。

根据前面介绍的 Nyquist 稳定判据,若一个机电控制系统,其开环极点均位于 s 平面左半平面,且 Nyquist 图不包围(-1,j0)点,则对应的闭环系统稳定,如图 5.30 所示的曲线①。但是图中曲线②在(-1,j0)左侧负实轴处形成一次负穿越,根据 Nyquist 稳定判据可知其对应的闭环系统是不稳定的。

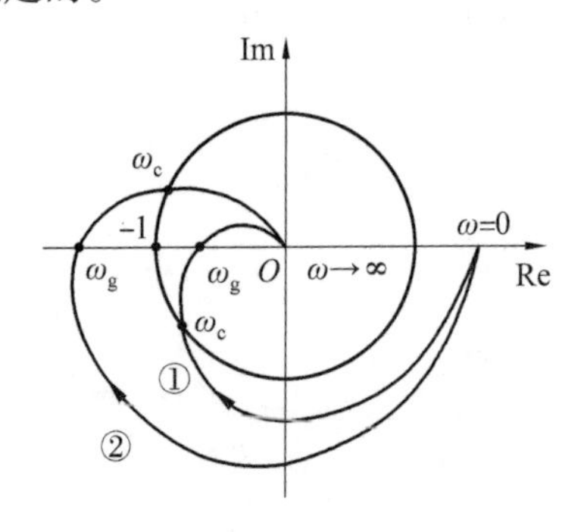

图 5.30 Nyquist 图剪切频率点与负实轴交点和稳定性的关系

Nyquist 图与 Bode 图是描述系统频率特性的两种图形方式,二者间存在一一对应关系。首先定义几个关键频率点:在图 5.30 中,定义系统开环 Nyquist 图与单位圆交点频率为剪切频率 ω_c(即幅值穿越频率),与实轴相交点频率为 ω_g(即相角穿越频率)。当幅频特性 $A(\omega)>1$ 时,就相当于开环 Bode 图 $L(\omega)>0$ dB;当 $A(\omega)<1$ 时,就相当于开环 Bode 图 $L(\omega)<0$ dB。

这样,把图 5.30 转换成 Bode 图时,二者对应关系如图 5.31 所示:其单位圆相当于对数幅频特性的 0 dB 线,单位圆外部对应幅频特性曲线 $L(\omega)>0$ dB 部分,单位圆内部对应 $L(\omega)<0$ dB 部分;其负实轴对应于 Bode 图上 $\varphi(\omega)=-180°$线;ω_c 对应于对数幅频特性曲线与 0 dB 线交点对应的频率值;而 ω_g 对应于对数相频特性曲线与 $\varphi(\omega)=-180°$线交点对应的频率值。

我们在 Nyquist 稳定判据中介绍过穿越的概念,即 Nyquist 图按相角增加的方向(逆时针方向,自上而下)穿过(-1,j0)以左的负实轴,则称为正穿越;反之曲线按相角减小的方向(自下而上)穿过(-1,j0)以左的负实轴,则称为负穿越,如图 5.31(a)所示。如果沿着 ω 增加方向,Nyquist 图自(-1,j0)以左的负实轴上某点开始向上(下)离开,或从负实轴上

(下)方向趋近到(-1,j0)以左的负实轴上某点为止,则称为半次正(负)穿越。图5.31(a)中,点1为负穿越一次,点2为正穿越一次。

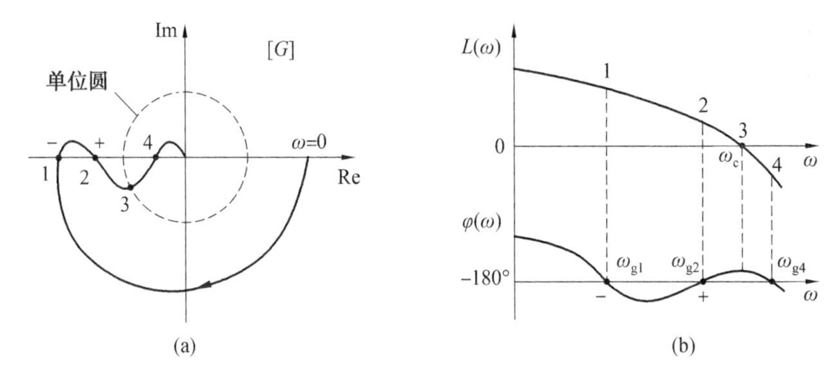

图5.31　Nyquist图及其对应的Bode图

Nyquist稳定判据的穿越移植到Bode图中为:对应在$L(\omega)>0$的频段范围内沿ω增加方向,对数相频特性曲线按相角增加方向(自下而上)穿过-180°线为正穿越;反之,曲线按相角减小方向(自上而下)穿过-180°线为负穿越。同理,在$L(\omega)>0$的频段范围内,对数相频特性曲线沿ω增加方向自-180°线开始向上(下)离开,如图5.32(a)所示,或从下(上)方趋近到-180°线,则称为半次正(负)穿越,如图5.32(b)所示。

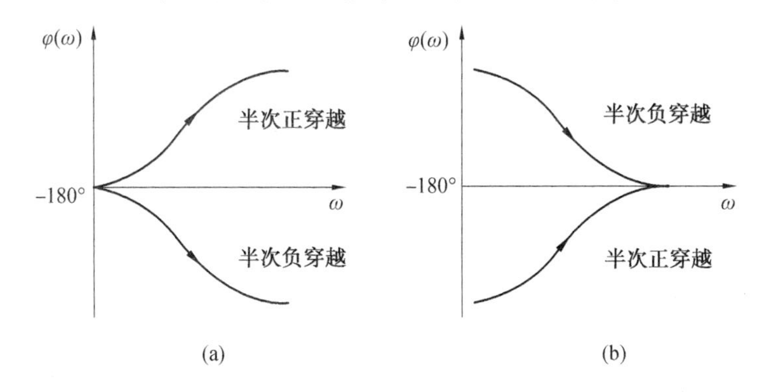

图5.32　半次穿越

根据Nyquist稳定判据和上述对应关系,Bode稳定判据可表述如下。

闭环系统稳定性的重要条件是:在开环Bode图上,当ω由0变到$+\infty$时,在对数幅频特性曲线位于0 dB以上的频率范围内,对数相频特性曲线对-180°线正负穿越次数之差的两倍为P时,闭环系统稳定;否则不稳定。其中,P为系统开环传递函数在s平面右半平面的极点数。

如图5.31(b)所示,在$0\sim\omega_c$频率范围内(该频率范围内对数幅频特性曲线位于0 dB以上),对数相频特性曲线对-180°线正负穿越次数之差为0,那么如果$P=0$,系统稳定。

【例5.15】　已知图5.33所示的4个机电系统的开环对数Bode图,试判别其闭环后的稳定性。

解　图5.33(a)中,已知$P=0$,即开环无右特征根,在$L(\omega)>0$的范围内,正、负穿越之差为0,可见系统闭环后是稳定的。

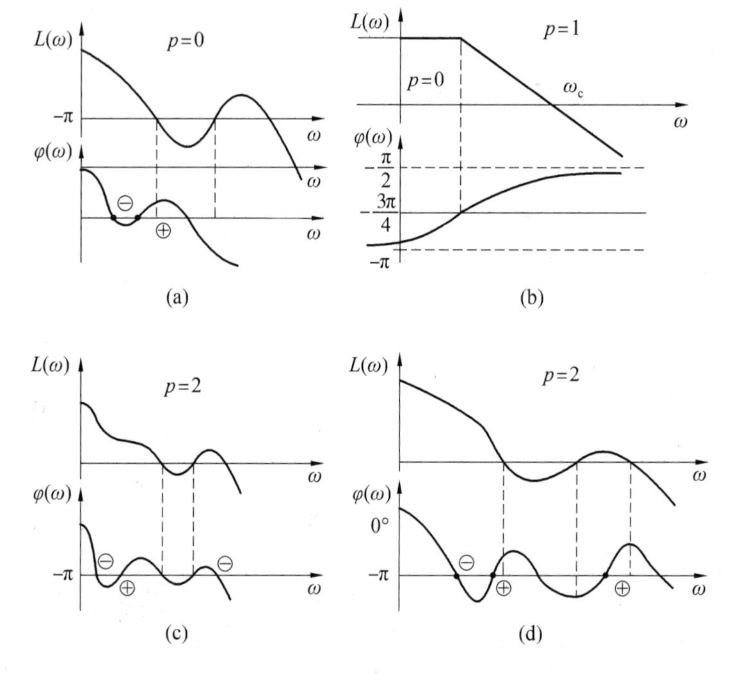

图 5.33 开环对数频率特性图

图 5.33(b)中,已知开环传递函数中有一个右半平面极点,即 $P=1$,在 $L(\omega)>0$ 的频率范围内,只有半次正穿越,$2(N_{+}-N_{-})=2(\frac{1}{2}-0)=1$,可见系统是稳定的。

图 5.33(c)中,已知 $P=2$,而在 $L(\omega)>0$ 的范围内,正、负穿越之差为 $2(N_{+}-N_{-})=2(1-2)=-2\neq2$,系统闭环后是不稳定的。

图 5.33(d)中,已知 $P=2$,而在 $L(\omega)>0$ 的范围内,正、负穿越之差为 $2(N_{+}-N_{-})=2(2-1)=2$,故系统闭环后是稳定的。

一般机电系统开环传递函数多为最小相位系统,其 $P=0$,此时,若开环对数幅频特性曲线比对数相频特性曲线先交于横轴,即 $\omega_{c}<\omega_{g}$,则闭环系统稳定;若开环对数幅频特性曲线比对数相频特性曲线后交于横轴,即 $\omega_{c}>\omega_{g}$,则闭环系统不稳定;若 $\omega_{c}=\omega_{g}$,则闭环系统临界稳定。换言之:若开环对数幅频特性曲线达到 0 dB 交于 ω_{c} 时,其对数相频特性曲线还位于$-180°$线上方,即相位滞后还没有达到 180°,则闭环系统稳定;若开环对数相频特性曲线达到$-180°$线交于 ω_{g} 时,其对数幅频特性曲线还在 0 dB 上方,即幅值大于 1,则闭环系统不稳定。上述为开环最小相位系统的闭环系统稳定的重要条件。

实际工程中多用 Bode 稳定判据,主要是与 Nyquist 稳定判据相比,Bode 判据具有下列优点:

(1)Bode 图用作渐近线的方法作图比较简便,可方便地判断系统的稳定性。

(2)在 Bode 图中,可分别作出系统中各环节的幅频特性和相频特性曲线,可明确分析出哪些环节是造成系统不稳定的主要因素,而且也便于对其参数进行合理选择及校正。

(3)在调整开环增益 K 时,只需将 Bode 图中的幅频特性曲线上下平移即可,很容易得到保证系统稳定性所需的增益值。

【例 5.16】 已知系统的开环传递函数 $G_k(s)=\dfrac{100\,(1.25s+1)^2}{s\,(5s+1)^2(0.02s+1)(0.005s+1)}$，试用 Bode 判据确定闭环后的稳定性。

解 绘制出开环 Bode 图如图 5.34 所示。

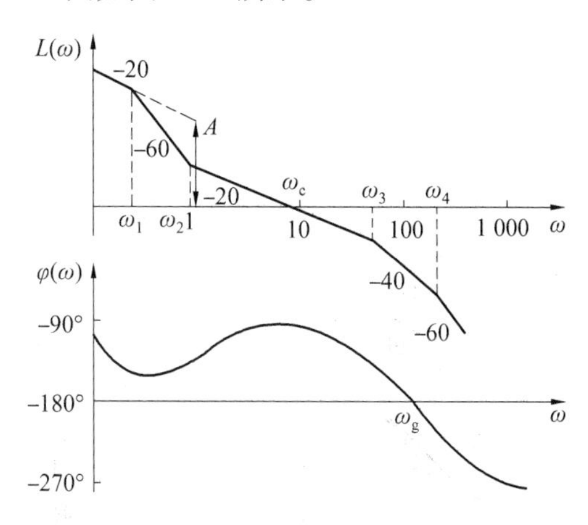

图 5.34 开环 Bode 图

由于传递函数的分母中有一个积分环节，所以起始段低频渐近线的斜率为 -20 dB/dec，这样通过 A 点可以绘出低频渐近线。A 点是将 $\omega=1$ 代入 $L(\omega)$ 得到该频率处幅值分贝值，并标示在 Bode 图中相应位置。低频渐近线在第一转折频率以前部分以实线绘出。在 ω_1 以后有二重极点，所以在 ω_1 与 ω_2 之间，其对数幅频特性的斜率变为 -60 dB/dec。在 ω_2 以后，由于有二重零点，所以幅频特性的斜率又改变了 40 dB/dec，变为 -20 dB/dec，并且以这个斜率通过 0 dB 线，一直到 ω_3，在 ω_3 以后，又由于惯性环节的作用，其斜率变为 -40 dB/dec，在 ω_4 以后，斜率变为 -60 dB/dec。

相频特性可根据各环节的相频特性叠加而得。

从图 5.34 可知，在 $L(\omega)\geqslant 0$ 的频率范围内，相频率特性 $\varphi(\omega)$ 并不和 -180°线相交，而开环特征方程式又没有右根，故系统闭环是稳定的。

【例 5.17】 单位反馈系统的开环传递函数为

$$G_k(s)=\frac{K\left(s+\dfrac{1}{2}\right)}{s^2(s+1)(s+2)}$$

当 $K=0.8$ 时，用 Nyquist 稳定判据及 Bode 稳定判据判断闭环系统稳定性。

解 首先绘制出开环传递函数的 Nyquist 图如图 5.35(a) 及 Bode 图如图 5.35(b) 所示。

计算 $G(\mathrm{j}\omega)$ 曲线与实轴交点坐标。

$$G(\mathrm{j}\omega)=\frac{0.8\left(\dfrac{1}{2}+\mathrm{j}\omega\right)}{-\omega^2(1+\mathrm{j}\omega)(2+\mathrm{j}\omega)}=\frac{-0.8\left[1+\dfrac{5}{2}\omega^2+\mathrm{j}\omega\left(\dfrac{1}{2}-\omega^2\right)\right]}{\omega^2\,[4+5\omega^2+\omega^4]}$$

令 $\mathrm{Im}\,G(\mathrm{j}\omega)=0$，解出 $\omega=1/\sqrt{2}$。计算出相应实部的值 $\mathrm{Re}\,G(\mathrm{j}\omega)=-0.53$。注意到传递函数有两个积分环节，因此是Ⅱ型系统，相应地在 $G(\mathrm{j}\omega)$、$\varphi(\omega)$ 上补齐 180°大圆弧，分

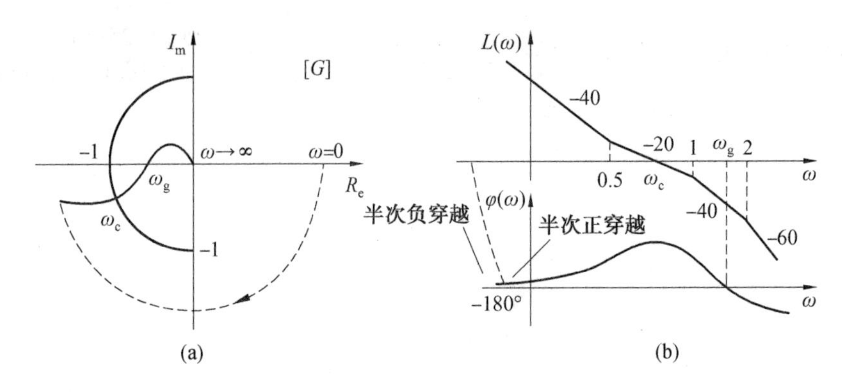

图 5.35　系统 Nyquist 图及 Bode 图

别如图 5.35(a)和(b)中虚线所示。值得注意的是在 Bode 图中补齐大圆弧时，是在横坐标左侧无穷远处零频值处补的，此时幅频特性取无穷大值，与 Nyquist 图中补半径无穷大圆弧相对应。

系统 Nyquist 曲线与实轴(-1,j0)点左侧没有交点，且开环传递函数无右极点，应用 Nyquist 稳定判据可知系统闭环稳定。应用 Bode 稳定判据，在 $L(\omega)>0$ 的频率范围内 $(0\sim\omega_c)$，$\varphi(\omega)$ 在 $\omega=0_+$ 处有半次负穿越和半次正穿越各一个，所以有：$N=2(N_+-N_-)=2\left(\frac{1}{2}-\frac{1}{2}\right)=0$，可知闭环系统是稳定的。

上一个例子是Ⅰ型系统，按理也应当在 Bode 图中补齐 90°大圆弧，但注意到在对数相频特性曲线在剪切频率 ω_c 之前一直在-180°线之上并远离-180°线，对应到 Nyquist 图中就是曲线始终在 3、4 象限运动趋向于原点并远离(-1,j0)左侧负实轴，不产生穿越及半穿越，因此补齐 90°大圆弧与否并不影响最终的稳定性判断。

【例 5.18】 某反馈控制系统开环传递函数为 $G_k(s)=\frac{K}{s(T_1s+1)(T_2s+1)}$，试判断使系统稳定的 K 值范围。

解　绘制出开环 Bode 图幅频特性曲线如图 5.36(a)所示。

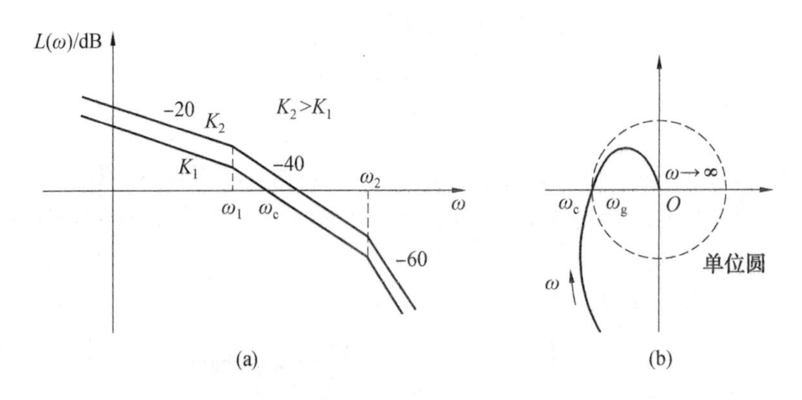

图 5.36　Bode 图和 Nyquist 图

先求临界稳定的 K 值，当相频特性上 $\varphi(\omega)=-180°$时的 ω 值记作 ω_g。根据开环传递

函数可得相频特性为

$$\varphi(\omega)=-\frac{\pi}{2}-\arctan\frac{\omega}{\omega_1}-\arctan\frac{\omega}{\omega_2}$$

求解该方程

$$-\pi=-\frac{\pi}{2}-\arctan\frac{\omega}{\omega_1}-\arctan\frac{\omega}{\omega_2}$$

$$\omega_g=\sqrt{\omega_1\omega_2}$$

两边同时取对数有

$$\lg\omega_g=\frac{1}{2}(\lg\omega_1+\lg\omega_2)$$

由上式可知:ω_g 在对数坐标 ω_1、ω_2 的几何中心点上,而 ω_c 点在单位圆上,当 $\omega_g=\omega_c$ 时,$G(j\omega)$ 则通过 $L(\omega_g)=0$ dB 点,系统临界稳定。

由图5.36有

$$L(\omega_g)=20\lg K-20\lg\omega_1-40\lg\frac{\omega_g}{\omega_1}=0$$

故

$$K=\omega_2$$

即系统临界放大倍数为 ω_2。显然,$K<\omega_2$ 时系统稳定。

我们用Routh判据进行验证:闭环特征方程为

$$T_1T_2s^3+(T_1+T_2)s^2+s+K=0$$

稳定条件为

$$K<\frac{T_1+T_2}{T_1T_2}$$

即

$$K<\omega_1+\omega_2$$

这两种方法得到的结论是不一致的,原因是图5.36(a)中绘制的对数幅频特性用的是渐近线,因此有误差,只要 $\omega_1=\omega_2$,两种方法的结论就趋于一致。在实际工程计算中,只要 ω_1 和 ω_2 相差5倍以上,鉴于Bode图对数幅频特性渐近线绘制的简便性,多用该方法解题。

5.5 控制系统相对稳定性

控制系统稳定与否是一个绝对稳定性的概念,而对于一个稳定的系统而言,还有一个稳定程度,即相对稳定性的概念。相对稳定性与系统的动态性能指标有密切的关系。在设计一个控制系统时,不仅要求它必须是绝对稳定的,还应保证系统具有一定的稳定程度。只有这样,才能不至于因系统参数的小范围漂移而导致系统性能变差甚至不稳定。

5.5.1 采用代数判据分析系统相对稳定性

如果系统闭环特征根均在 s 左半面,且和虚轴有一段距离,则系统有一定的稳定裕度。如图 5. 37 所示,向左平移虚轴 σ,令 $z=s-(-\sigma)$,即将 $s=z-\sigma$ 代入系统特征式,得到 z 的方程式,类似采用 Routh 判据,即可求出距离虚轴 σ 以右是否有根。

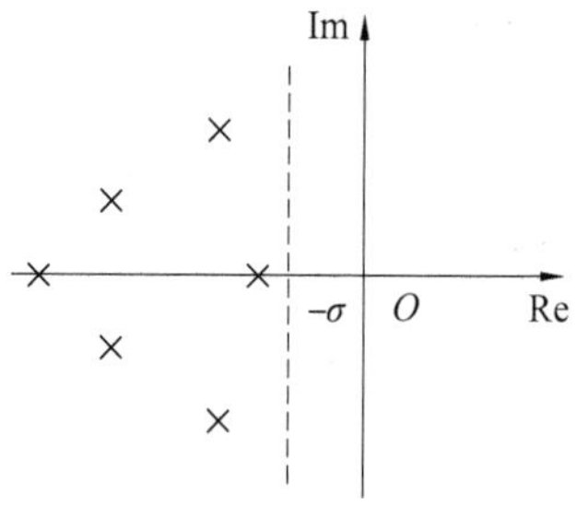

Im
Re
$-\sigma$
O

图 5. 37 采用 Routh 判据看系统的相对稳定性

【例 5. 19】 判断闭环系统 $G_b(s)=\dfrac{10\ 000(0.3s+1)}{s^4+10s^3+35s^2+50s+24}$的相对稳定性。

解 令 $z=s-(-1)$,即 $s=z-1$,代入系统特征式,得

$$(z-1)^4+10(z-1)^3+35(z-1)^2+50(z-1)+24=0$$

即

$$z^4+6z^3+11z^2+6z=0$$

z^4	1	11	0
z^3	6	6	
z^2	10	0	
z^1	6		
z^0	0		

z 的多项式各项系数无相反符号,且 Routh 判据第一列未变号,可见,系统特征式在 $s=-1$以右没有根。

5.5.2 采用几何判据分析系统相对稳定性

对一个最小相位系统而言,开环 $G(\mathrm{j}\omega)$曲线离$(-1,\mathrm{j}0)$点越近,系统阶跃响应的振荡就越强烈,系统的相对稳定性越差;$G(\mathrm{j}\omega)$曲线离$(-1,\mathrm{j}0)$点越远,则闭环的稳定性程度越高。它通过 $G(\mathrm{j}\omega)$相对点$(-1,\mathrm{j}0)$的接近程度来度量,其定量表示为相角裕度 γ 和幅值裕度 K_g,如图 5. 38 所示。

相角裕度和幅值裕度是系统开环频率指标,它们与闭环系统的动态性能密切相关。

1. 相角裕度

当 ω 等于剪切频率 ω_c 时(即 $A(\omega_c)=|G(\mathrm{j}\omega_c)|=1$ 时),开环频率特性的复向量与 G 平面负实轴的夹角 γ 称为相角裕度。

在 G 平面上画出以原点为圆心的单位圆,如图 5. 38(a)和(b)所示,$G(\mathrm{j}\omega)$曲线与单位圆相交于 A 点,交点处的频率即为剪切频率 ω_c,此时有 $A(\omega_c)=1$。按相角裕度定义

$$\gamma=180°+\varphi(\omega_c) \tag{5.30}$$

图 5. 38(a)表示的具有正相角裕度的系统不仅稳定,而且还有相当的稳定储备,它表示在 ω_c 的频率下,允许相位再滞后 γ 才达到临界稳定。因此相角裕度也称相位稳定性储备。因此,对于稳定系统,A 点必在极坐标图负实轴以下,如图 5. 38(a)所示;反之,对于不稳定的系统,A 点必在极坐标负实轴以上,如图 5. 38(b)所示。

将该定义引申至 Bode 图中,对于稳定的系统,$\varphi(\omega_c)$必在 Bode 图-180°线以上,这时

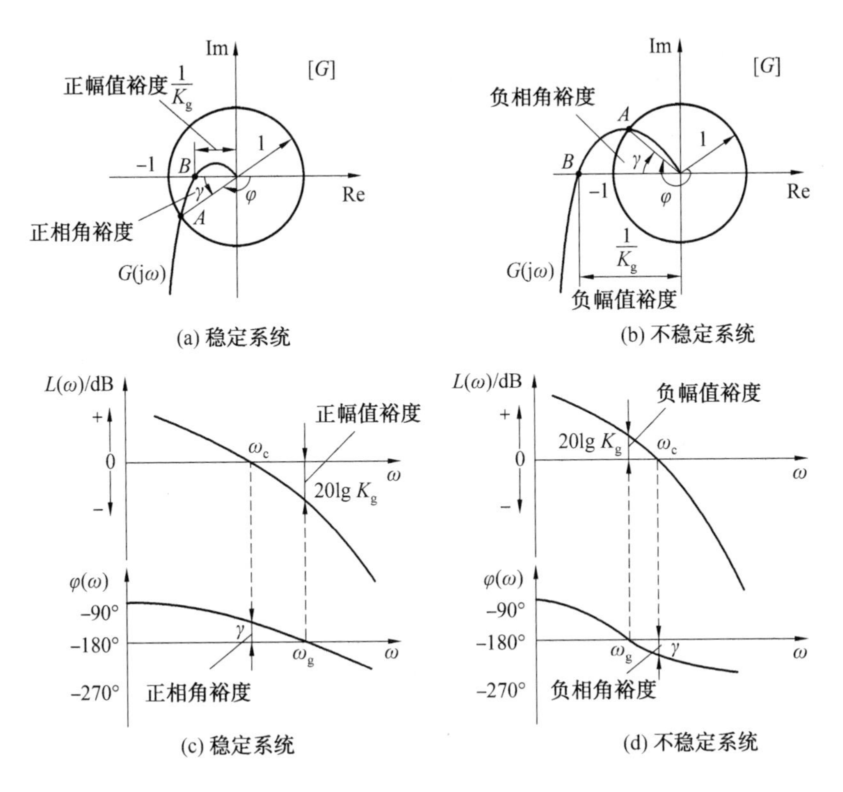

图 5.38　相角裕度与幅值裕度

称为正相角裕度，如图 5.38(c)所示；对于不稳定系统，$\varphi(\omega_c)$必在 Bode 图-180°线以下，这时称为负相角裕度，如图 5.38(d)所示。

2. 幅值裕度

$G(j\omega)$曲线与 G 平面负实轴交点 B 处频率为相角穿越频率 ω_g，如图 5.38(c)和(d)所示，此时 Nyquist 曲线的幅值为 $A(\omega_g)$，定义开环幅频特性 $A(\omega_g)=|G(j\omega_g)|$的倒数称为幅值裕度，记作 K_g，即

$$K_g=\left|\frac{1}{G(j\omega_g)}\right| \tag{5.31}$$

图 5.38(a)表示的大于 1 的幅值裕度的系统不仅稳定，而且还具有相当的稳定储备，它表示在 ω_g 的频率下，允许幅值再增大 K_g 倍后才达到临界稳定。因此幅值裕度也称幅值稳定性储备。因此，对于稳定系统，B 点必在单位圆内如图 5.38(a)所示；反之，对于不稳定的系统，B 点必在单位圆外，如图 5.38(b)所示。

将定义引申至 Bode 图中，幅值裕度改以分贝(dB)表示。

$$20\lg K_g=20\lg\left|\frac{1}{G(j\omega_g)}\right|=-20\lg|G(j\omega_g)| \tag{5.32}$$

可见，对于稳定的系统，$G(j\omega_g)$必在 Bode 图 0 dB 线以下，这时称为正幅值裕度，如图 5.38(c)所示；对于不稳定系统，$G(j\omega_g)$必在 Bode 图 0 dB 线以上，这时称为负幅值裕度，如图 5.38(d)所示。

当相角裕度 $\gamma>0$，幅值裕度 $K_g>1$（或 $20\lg K_g>0$ dB）时，系统稳定。相角裕度 γ 和幅值裕度 K_g 越大，系统相对稳定性越好。对于最小相位系统，为保证系统具有一定的相对稳定性，稳定裕度不能太小，实际工程设计中，要求 $\gamma>30°$（一般选取 $\gamma=40°\sim60°$），$20\lg K_g>6$ dB（一般选取 10 dB～20 dB）。

应该指出的是：为了确定系统的相对稳定性，必须同时考虑相角裕度和幅值裕度两个指标，只应用其中一个指标，不足以充分说明系统的相对稳定性，示例如下。

【例 5.20】 设某系统开环传递函数为 $G_k(s)=\dfrac{\omega_n^2}{s(s^2+2\zeta\omega_n s+\omega_n^2)}$，试分析当阻尼比 ζ 很小时（$\zeta\approx0$），该闭环系统的稳定性。

解 当 ζ 很小时，此系统的 $G(j\omega)H(j\omega)$ 将具有如图 5.39 所示的形状。

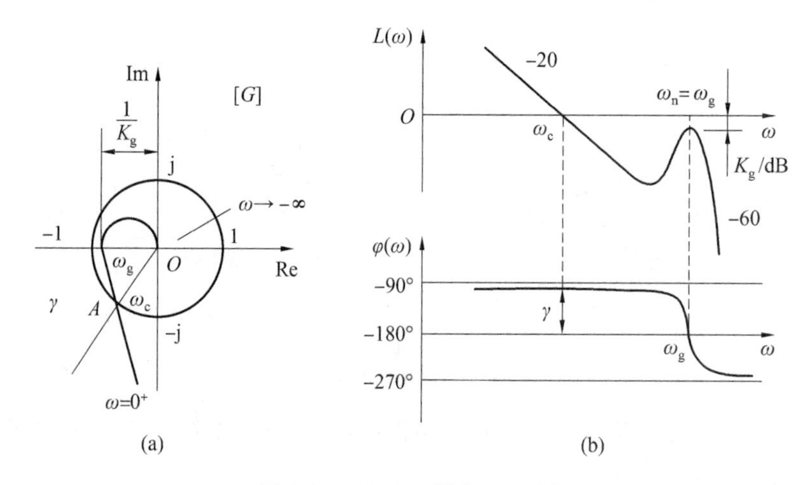

图 5.39 Nyquist 图和 Bode 图

其相角裕度 γ 虽较大，幅值裕度却太小。这是由于在 ζ 很小时，二阶振荡环节的幅频特性峰值很高所致。也就是说，$G_k(j\omega)$ 的剪切频率 ω_c 虽然低，相角裕度 γ 较大，但在频率 ω_g 附近，幅值裕度太小，曲线很靠近 $G_k(j\omega)$ 平面上的点$(-1,j0)$。所以，如果仅以相角裕度 γ 来评定该系统的相对稳定性，就会得出系统稳定程度高的结论，而系统的实际稳定程度绝不是高，而是低。若同时根据相角裕度及幅值裕度 K_g 全面地评价系统的相对稳定性，应可避免得出不合实际的结论。

由于在最小相位系统的开环幅频特性与开环相频特性之间具有一定的对应关系，相角裕度 $\gamma=30°\sim60°$，这表明开环对数幅频特性在剪切频率 ω_c 上的斜率应大于 -40 dB/dec。因此，为保证有合适的相角裕度，一般希望这一段上的斜率（也称剪切率）等于 -20 dB/dec。

如果剪切率等于 -40 dB/dec，则闭环系统可能稳定，也可能不稳定，即使稳定，其相对稳定性也将是很差的。如果剪切率为 -60 dB/dec 或更陡，则系统一般是不稳定的。由此可知，对于最小相位系统一般只要讨论系统的开环对数幅频特性就可以判别其稳定性。

5.5.3 稳定裕度的计算

根据式(5.30),要计算相角裕度 γ,首先要知道截止频率 ω_c。求 ω_c 较为方便的方法是先由 $G_k(s)$ 绘制 Bode 图,再由对数幅频特性 $L(\omega)$ 与 0 dB 线的交点确定 ω_c。但对于高阶系统,利用代数法解 ω_c 通常较为困难,原因在于 $|G(j\omega)|=0$ 为超越方程,用解析法无法求解,只能借助于数值方法试根求解;根据式(5.31),求幅值裕度 20 lg K_g,则要先知道相角穿越频率 ω_g。对于阶数不高的系统,可直接解三角方程 $\angle G(j\omega)=-180°$ 求 ω_g,这是比较方便的方法。通常,也可用代数法:将 $G(j\omega)$ 写成实部和虚部的形式,令虚部代数式为零,也可解出 ω_g。

【例 5.21】 设某单位反馈控制系统具有如下的开环传递函数

$$G_k(s)=\frac{K}{s(s+1)(s+5)}$$

试分别求取 $K=10$ 及 $K=100$ 时相角裕度 γ 和幅值裕度 K_g(dB)。

解 这个开环系统是最小相位系统,$P=0$。

(1)当 $K=10$ 时,有

$$G_k(j\omega)=\frac{2}{j\omega(j\omega+1)(0.2j\omega+1)}$$

根据第 4 章介绍的 Bode 图的绘制方法,作出开环对数幅频与相频特性曲线,如图 5.40(a)所示。

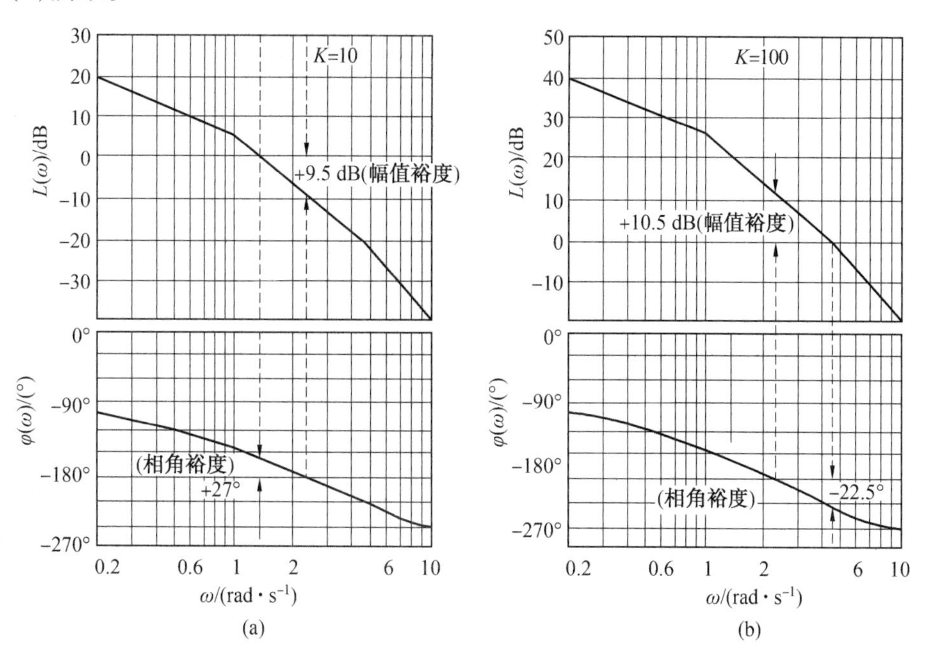

图 5.40 系统 Bode 图

参照对数幅频特性渐近线,在第一个转折频率 $\omega=1$ 处,有

$$20\lg|G_k(j\omega)|=2.84\ \text{dB}$$

剪切频率 ω_c 段的渐近线斜率为-40 dB/dec，根据对数坐标特性，垂直方向位移增量与水平方向位移增量的比值为该斜率，有

$$40\lg\frac{\omega_c}{\omega_1}=40\lg\frac{\omega_c}{1}=2.84\ \text{dB}$$

可解出

$$\omega_c=1.178\ \text{s}^{-1}$$

代入式(5.30)，得

$$\gamma=180°+\varphi(\omega_c)=180°+(-90°-\arctan 1.178-\arctan 0.2\times1.178)=27°$$

又由

$$\angle G_k(\text{j}\omega_g)=-180°$$

有

$$180°+\angle G_k(\text{j}\omega_g)=180°-90°-\arctan\omega_g-\arctan(\omega_g/5)=0$$

即

$$\arctan\omega_g+\arctan(\omega_g/5)=90°$$

等式两边取正切

$$\left[\frac{\omega_g+\dfrac{\omega_g}{5}}{1-\dfrac{\omega_g^2}{5}}\right]=\tan 90°\to\infty$$

得

$$1-\frac{\omega_g^2}{5}=0$$

即

$$\omega_g=\sqrt{5}=2.236$$

代入式(5.31)得

$$K_g=\frac{1}{|A(\omega_g)|}=\frac{\omega_g\sqrt{\omega_g^2+1}\sqrt{\left(\dfrac{\omega_g}{5}\right)^2+1}}{2}=9.5\ \text{dB}$$

因此，当 $K=10$ 时，系统相角裕度 $\gamma=27°$，幅值裕度 $K_g=9.5$ dB。该系统虽然稳定，且幅值裕度较大，但因相角裕度 $\gamma<30°$，因而相对稳定性不够理想。

(2)当 $K=100$ 时，有

$$G_k(\text{j}\omega)=\frac{20}{\text{j}\omega(\text{j}\omega+1)(0.2\text{j}\omega+1)}$$

作出其 Bode 图如图 5.40(b)所示。与 $K=10$ 时的情况相比，系统的对数相频特性不变，对数幅频特性渐近线垂直上移 20 dB，使得剪切频率 ω_c 增大。

计算过程如上一问，结果为 $\omega_c=3.8\ \text{s}^{-1}$，此时，相角裕度 $\gamma=-22.5°$，幅值裕度 $K_g=-10.5$ dB，闭环系统不稳定。

以上学习的各种稳定判据中，代数判据是利用闭环特征方程的系数判别闭环的稳定性，而 Nyquist 判据是利用系统开环频率特性来判别闭环的稳定性，并可以确定稳定裕度，因而在工程上获得了广泛的应用。还应注意，以上我们学习的是有关线性定常系统的稳定性问题。

5.6 MATLAB 分析系统稳定性

给定一个控制系统，可利用 MATLAB 在它的时域、频域图形中分析系统的稳定性，并

可直接求出系统的相角裕度和幅值裕度。此外,还可以通过求出特征根的分布更直接地判断出系统的稳定性。如果闭环系统所有特征根都为负实部,则系统稳定。

【例5.22】 控制系统的闭环传递函数为$\frac{3s^4+2s^3+s^2+4s+2}{3s^5+5s^4+s^3+2s^2+2s+1}$,分析其稳定性。

解 MATLAB程序如下:

```
>>num=[3,2,1,4,2]
num= 3     2     1     4     2
>>den=[3,5,1,2,2,1]
den= 3     5     1     2     2     1
>>[z,p]=tf2zp(num,den)
z=
   0.4500+0.9870i
   0.4500-0.9870i
   -1.0000
   -0.5666
p=
    -1.6067
    0.4103+0.6801i
    0.4103-0.6801i
    -0.4403+0.3673i
    -0.4403-0.3673i
>>pzmap(num,den)
>>ii=find(real(p)>0)
ii=
    2
    3
>>n1=length(ii)
nl=
    2
>>if(n1>0), dis(['System is unstable, with 'int2str(n1)' unstable poles']);
else disp ('System is stable');
end
System is unstable, with 2 unstable poles
>>disp('The unstable poles are: '), disp(p(ii))
    0.4103+0.6801i
    0.4103-0.6801i
```

以上求出了具体的零极点,画出了零极点分布图(图5.41),明确显示出系统不稳定,并指出了引起系统不稳定的具体右根。

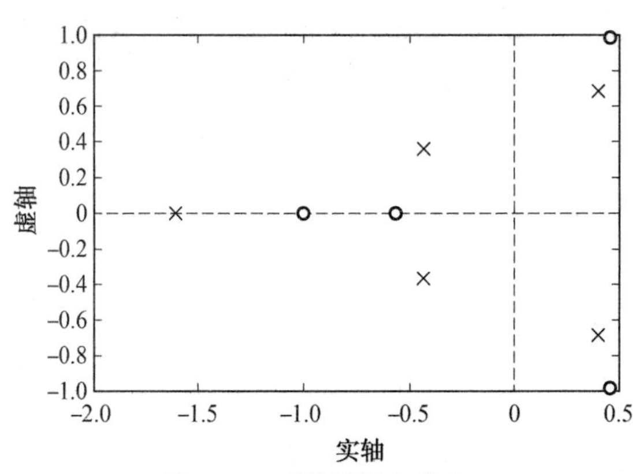

图 5.41 系统零极点分布

【例 5.23】 控制系统开环传递函数为 $G(s)=\dfrac{40}{s(0.1s+1)(0.05s+1)}$，绘制其 Nyquist 图及 Bode 图，并求出系统的相角裕度和幅值裕度。

解 系统的传递函数也可以表示为 $G(s)=\dfrac{8\ 000}{s(s+10)(s+20)}$，用以下程序绘制的 Nyquist 图及 Bode 图分别如图 5.42 和图 5.43 所示。

```
s1=tf([40],[0.005 0.15 1 0])
sl=zpk([]),[0 -10 -20, 8000]
nyquist(s1);
bode(s1);
```

下面利用 margin( )命令来求稳定裕度。

```
[Gm, Pm, Wcg, Wcp]=margin(s1)
Warning: The closed-loop system is unstable.
>In lit. margin at 89
Gm= 7.5000e-001
Pm= -7.5000e+000
Wcg= 1.4142e+001
Wcp= 1.6259e+001
```

其中，Gm 为幅值裕度；Pm 为相角裕度；Wcg 为相位 $-\pi$ 处的频率；Wcp 为剪切频率。

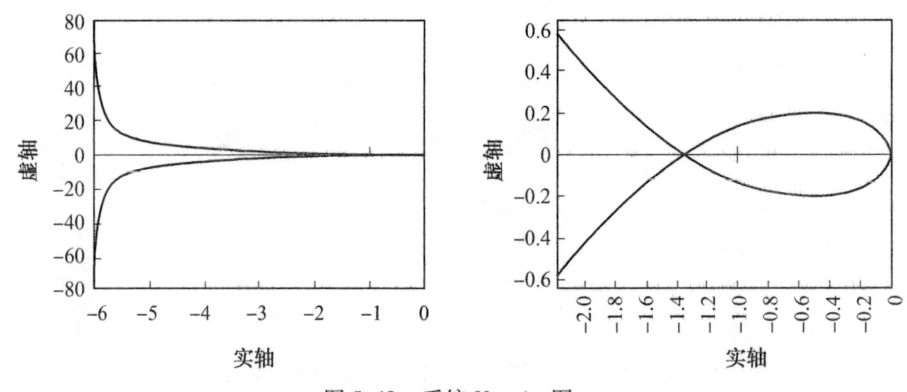

图 5.42 系统 Nyquist 图

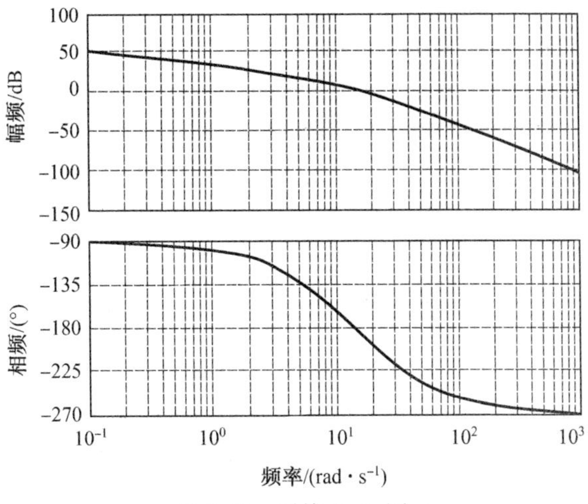

图5.43　系统Bode图

习　题

1. 判别如图5.44所示系统的稳定性。

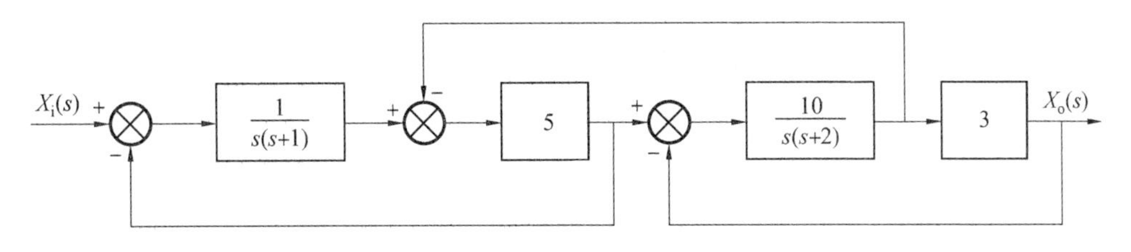

图5.44　1题图

2. 如图5.45所示系统，判断：

(1)当开环增益 K 由20下降到何值时，系统临界稳定。

(2)当 $K=20$，其中一个惯性环节时间常数 T 由0.1 s下降到何值时，系统临界稳定。

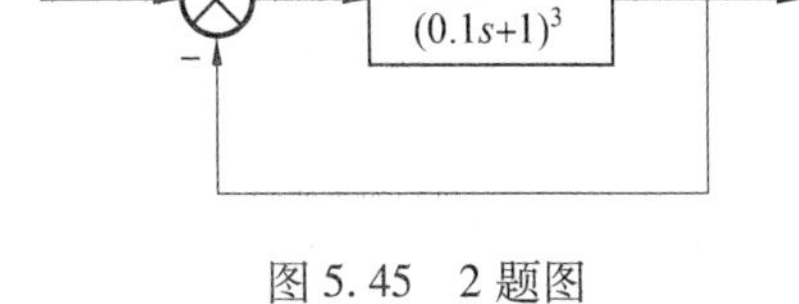

图5.45　2题图

3. 对于如下特征方程的反馈控制系统，试用代数判据求系统稳定的 K 值范围。

(1) $s^4+22s^3+10s^2+2s+K=0$　　(2) $s^4+20Ks^3+5s^2+(10+K)s+15=0$

(3) $s^3+(K+0.5)s^2+4Ks+50=0$　　(4) $s^4+Ks^3+s^2+s+1=0$

4. Nyquist稳定判据判断系统 $G_k(s)=\dfrac{100}{s(s^2+2s+2)(s+1)}$ 的稳定性。

5. 设前向通道传递函数为 $G(s)=\dfrac{10}{s(s-1)}$，反馈通道传递函数为 $H(s)=Ks+1$，试确定闭环系统稳定时 K 的临界值。

6. 对于下列系统，试画出Bode图，求出相角裕度和幅值裕度，并判断其稳定性。

(1) $G_k(s)=\dfrac{250}{s(0.03s+2)(0.0047s+1)}$;

(2) $G_k(s)=\dfrac{250(0.5s+1)}{s(10s+1)(0.03s+1)(0.0047s+1)}$。

7. 设单位反馈系统的开环传递函数为 $G_k(s)=\dfrac{10K(s+0.5)}{s^2(s+2)(s+10)}$,试用 Nyquist 稳定判据确定该系统在 $K=1$ 和 $K=10$ 时的稳定性。

8. 对于如图 5.46 所示的系统,试确定:

(1)使系统稳定的 a 值;

(2)使系统特征值均落在 s 平面中 Re=-1 这条线左边的 a 值。

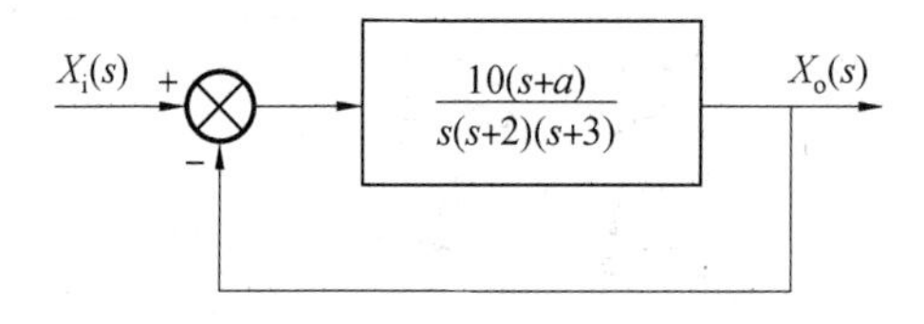

图 5.46　8 题图

9. 一个单位反馈系统的开环传递函数为 $G_k(s)=\dfrac{K(s+5)(s+40)}{s^3(s+200)(s+1\,000)}$,讨论当 K 变化时闭环系统的稳定性。使闭环系统持续振荡的 K 值等于多少?

10. 设单位反馈系统的开环传递函数为 $G_k(s)=\dfrac{as+1}{s^2}$,试确定使相角裕度等于+45°的 a 值。

11. 某单位反馈系统的开环传递函数为 $G_k(s)=\dfrac{K(Ts+1)}{s(0.01s+1)(s+1)}$,为使系统有无穷大的幅值裕度,求 T 的最小可能值。

12. 设单位反馈系统的开环传递函数为 $G_k(s)=\dfrac{K}{s(s+1)(s+2)}$,试确定使系统稳定的 K 值范围。

13. 设两个系统,其开环传递函数的 Nyquist 图分别如图 5.47(a)和图 5.47(b)所示,试确定系统的稳定性。

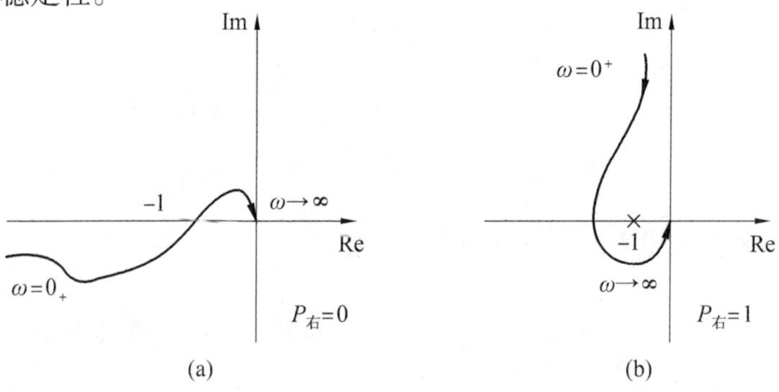

图 5.47　13 题图

14. 设系统的开环传递函数为 $G(s)=\dfrac{10}{s(s+1)(s+10)}$，试画出其 Bode 图，并判断系统是否稳定。

15. 试确定如图 5.48 所示系统的稳定条件。

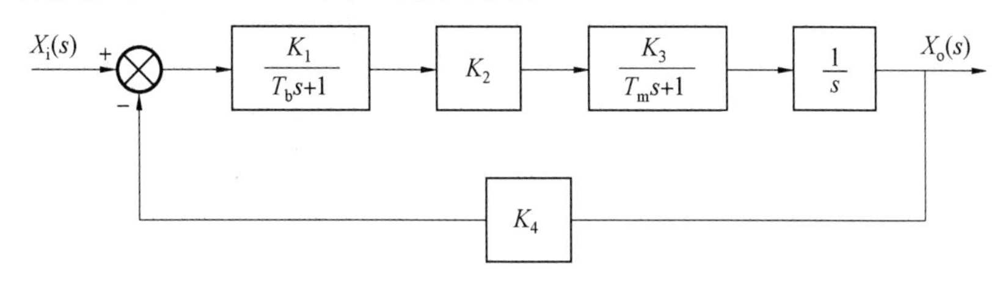

图 5.48　15 题图

16. 试判断如图 5.49 所示系统的稳定性。

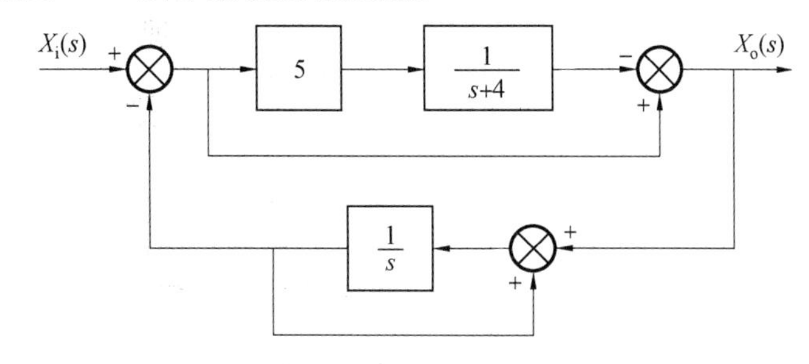

图 5.49　16 题图

17. 随动系统的微分方程如下：

$$T_M T_a \ddot{x}_o(t)+T_M \dot{x}_o(t)+Kx_o(t)=Kx_i(t)$$

式中，T_M 为电动机机电时间常数；T_a 为电动机电磁时间常数；K 为系统开环放大倍数。

(1) 试讨论 T_a，T_M 与 K 之间的关系对系统稳定性的影响。

(2) $T_a=0.01$，$T_M=0.1$，$K=500$ 时是否可以忽略 T_a 的影响？为什么？在什么情况下可以忽略 T_a 的影响？

第6章 机电控制系统的误差分析和计算

控制系统的要求是稳定、准确、快速。误差问题即机电控制系统的准确度(控制精度)的问题。一个机电系统,只有能实现所要求的控制精度才有实际工程意义:轧钢机的轧辊距离误差超过限度就轧不出合格的型材,导弹的跟踪误差超过允许的限度就不能应用于实战等。

实际的机电控制系统中,一些环节的元件会存在缺陷和不完善之处,如导轨的静摩擦死区、滚珠丝杠和齿轮等传动机构的间隙、电机线性驱动放大器的零点漂移以及元件老化磨损或变质都会影响系统控制的准确度。但是,本章不讨论因系统元件缺陷而造成的误差,而是研究所谓的原理性误差:即在系统各环节实际元件工作与其数学模型完全契合的前提下,其实际输出与理论输入所对应的预期输出之间的差值。

这种原理误差的产生,实际上既与系统本身结构及参数有关,也与输入信号本身的形式有关。总而言之,对于由特定结构系统没有能力跟踪特定形式的输入信号而造成的误差,是本章主要的研究内容,即原理性稳态误差的计算方法,系统类型与稳态误差的关系,减小或消除稳态误差的途径及方法,以及介绍系统动态误差系数。

6.1 稳态误差的基本概念

研究系统误差问题的前提是系统是稳定的,否则对于不稳定系统根本不存在研究稳态误差的可能性。因此在本章的理论推演过程中,都暗含了系统具备稳定性的前提条件。在解题及实际工程中,必须先判断系统的稳定性。

初始平衡状态的稳定系统在外在因素作用下(通常指输入信号及各类扰动信号),其响应经历瞬态过程达到新的平衡状态。系统输出由瞬态分量和稳态分量组成,因而系统的误差也由瞬态误差和稳态误差两部分组成。过渡过程完成后的实际输出与希望输出之间的差值称为系统稳态误差,稳态误差是系统在过渡过程完成后控制准确度的一种度量。

某一机电控制系统的方框图如图6.1所示。其中,实线部分与实际系统有对应关系,而虚线部分则是为了描述说明概念绘制的,并没有实际的物理环节在其中。设 $x_{oi}(t)$ 是控制系统所希望的输出,$x_o(t)$ 是其实际的输出,在图6.1中将实际输出 $x_o(t)$ 象函数 $X_o(s)$ 标注于方框图输出端口处。

系统的误差是以系统输出端为基准来定义的,即为控制系统希望的输出量 $x_{oi}(t)$ 和实际的输出量 $x_o(t)$ 之差,记作 $e(t)=x_{oi}(t)-x_o(t)$,其拉氏变换的象函数为 $E(s)=X_{oi}(s)-X_o(s)$。在图6.1中并不能将 $E(s)$ 标注于任何代表真实物理量信号流向的实线箭头部分,这是因为虽然实际输出 $x_o(t)$ 真实存在,但系统希望的输出量 $x_{oi}(t)$ 在系统中并不真实存在,只是一个理论中存在的数值,但 $X_{oi}(s)$ 与输入 $X_i(s)$ 存在确定的对应关系,其传递

函数为

$$\frac{X_{oi}(s)}{X_i(s)}=\mu(s)$$

因此在图中以虚线箭头表示这种关系。

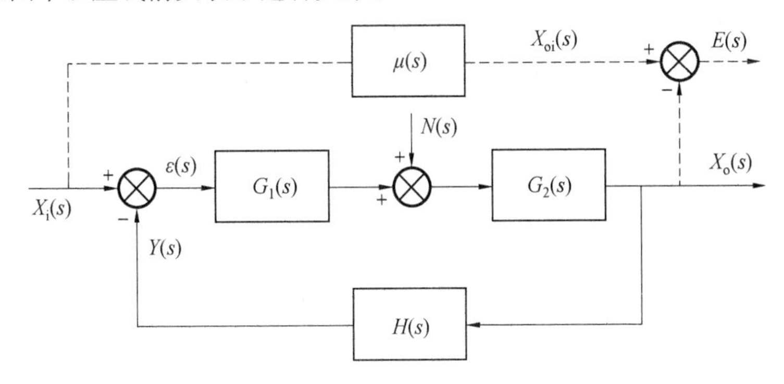

图6.1 误差 $e(t)$ 和偏差 $\varepsilon(t)$ 的概念

误差定义为控制系统希望的输出量 $x_{oi}(t)$ 和实际的输出量 $x_o(t)$ 之差,记作 $e(t)$,其拉氏变换的象函数为 $E(s)$。误差信号的稳态分量,被称为稳态误差,记作 e_{ss}。输入信号和反馈信号取差后的信号 $\varepsilon(t)$ 也能够反映系统误差的大小,称为偏差。应该指出,系统的误差信号 $e(t)$ 与偏差信号 $\varepsilon(t)$ 在一般情况下并不相同(图6.1)。

控制系统的误差信号 $e(t)$ 的象函数是

$$E(s)=X_{oi}(s)-X_o(s) \tag{6.1}$$

而控制系统的偏差信号 $\varepsilon(t)$ 的象函数是

$$\varepsilon(s)=X_i(s)-Y(s)=X_i(s)-X_o(s)H(s) \tag{6.2}$$

考虑理想情况下输出为 $x_{oi}(t)$,且负反馈系统偏差 $\varepsilon(t)$ 趋近于零,故由式(6.2)得

$$X_{oi}=\frac{X_i(s)}{H(s)}$$

代入式(6.1),得

$$E(s)=\frac{1}{H(s)}X_i(s)-X_o(s) \tag{6.3}$$

式(6.2)可以改写为

$$\frac{1}{H(s)}\varepsilon(s)=\frac{1}{H(s)}X_i(x)-X_o(s) \tag{6.4}$$

比较式(6.3)及式(6.4),求得误差信号与偏差信号之间的关系为

$$E(s)=\frac{1}{H(s)}\varepsilon(s)$$

或

$$\varepsilon(s)=H(s)E(s)$$

对于实际使用的控制系统来说,$H(s)$ 往往是一个常数,因此通常误差信号与偏差信号之间存在简单的比例关系。求出了稳态偏差,也就得到了稳态误差。对于单位反馈系统有 $H(s)=1$,偏差信号与误差信号相同,可直接用偏差信号表示系统的误差信号。这

样,为了求稳态误差,求出稳态偏差即可。因此在本门课程中既可采用稳态偏差概念,也可采用稳态误差概念来描述系统的控制精度。

6.2 输入引起的稳态误差

6.2.1 误差传递函数与稳态误差

先讨论单位反馈的控制系统,如图6.2所示。输入引起的系统的误差传递函数为

$$\Phi_{\mathrm{e}}(s)=\frac{E(s)}{X_{\mathrm{i}}(s)}=\frac{1}{1+G(s)} \tag{6.5}$$

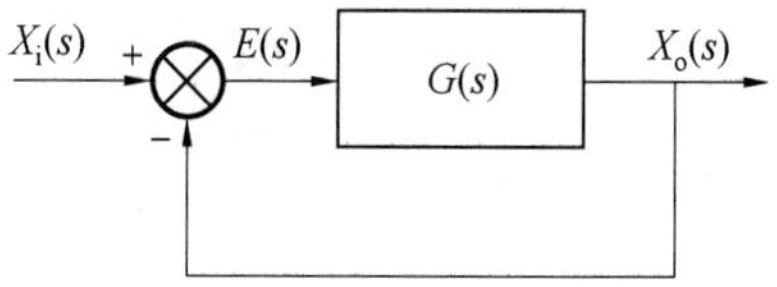

图6.2 单位反馈系统方框图

则

$$E(s)=\Phi_{\mathrm{e}}(s)X_{\mathrm{i}}(s)=\frac{1}{1+G(s)}X_{\mathrm{i}}(s)$$

根据终值定理,有

$$e_{\mathrm{ss}}=\lim_{t\to\infty}e(t)=\lim_{s\to 0}sE(s)=\lim_{s\to 0}s\frac{1}{1+G(s)}X_{\mathrm{i}}(s) \tag{6.6}$$

这就是求取输入引起的系统稳态误差的方法。

需要注意的是,终值定理只对有终值的变量有意义。如果系统本身不稳定,则终值趋于无穷大,用终值定理求出的值是虚假的。故在求取系统稳态误差之前,必须首先判断系统的稳定性。

对于非单位反馈系统,方框图如图6.3所示。

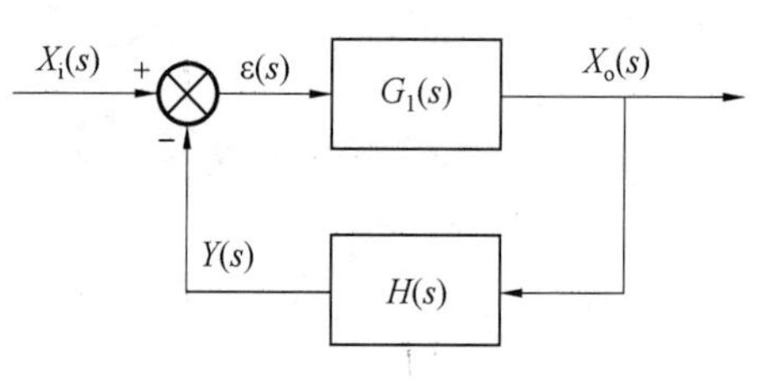

图6.3 非单位反馈系统方框图

从图6.3可知

$$\varepsilon(s)=\frac{1}{1+G_1(s)H(s)}X_{\mathrm{i}}(s)$$

由终值定理得稳态偏差为

$$\varepsilon_{\mathrm{ss}}=\lim_{t\to\infty}\varepsilon(t)=\lim_{s\to 0}s\varepsilon(s)=\lim_{s\to 0}s\frac{1}{1+G_1(s)H(s)}X_{\mathrm{i}}(s) \tag{6.7}$$

且

$$e_{\mathrm{ss}}=\lim_{s\to 0}s\frac{1}{H(s)}\frac{1}{1+G_1(s)H(s)}X_{\mathrm{i}}(s) \tag{6.8}$$

一般情况下,H为常值,故这里

$$e_{\mathrm{ss}}=\frac{\varepsilon_{\mathrm{ss}}}{H} \tag{6.9}$$

显然,稳态误差取决于系统结构参数和输入信号的性质。

针对图6.3,根据控制系统误差的定义得

$$\begin{aligned}E(s)&=X_{oi}(s)-X_{o}(s)\\&=\frac{X_{i}(s)}{H(s)}-\frac{G_{1}(s)X_{i}(s)}{1+G_{1}(s)H(s)}\\&=\frac{X_{i}(s)}{H(s)(1+G_{1}(s)H(s))}\end{aligned}\tag{6.10}$$

也可以将图6.3的非单位反馈控制系统转换为单位反馈系统方框图,如图6.4所示。

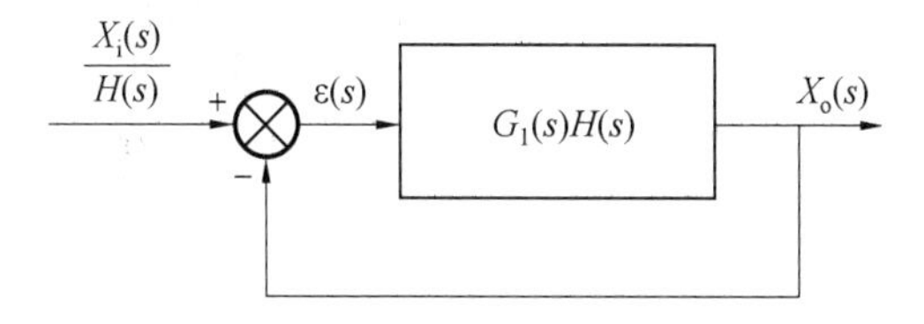

图6.4 等效的单位反馈控制系统方框图

由图6.4可直接写

$$E(s)=\varepsilon(s)=\frac{X_{i}(s)}{H(s)(1+G_{1}(s)H(s))}\tag{6.11}$$

与式(6.8)和式(6.10)得到的控制系统误差象函数相同。可见,无论用定义法还是等效变换法都可计算出相同的稳态误差结果。

6.2.2 计算稳态误差的一般方法

计算稳态误差的一般方法的实质是利用终值定理,它适合用于各种情况下的稳态误差计算:既可以用于求输入作用下的稳态误差,也可以用于求干扰作用下的稳态误差。具体计算分3步进行。

(1)判定系统的稳定性。稳定性是系统正常工作的前提条件,系统不稳定时,求稳态误差没有意义。另外,计算稳态误差要用终值定理,终值定理应用的条件是除原点外,$sE(s)$在s右半平面及虚轴上解析。当系统不稳定时该条件不成立。

(2)求误差传递函数。结合输入信号类型,共有两个传递函数,首先是因输入控制信号$X_i(s)$引起的误差$E(s)$的传递函数

$$\Phi_{e}(s)=\frac{E(s)}{X_{i}(s)}$$

第二个是因干扰信号$N(s)$引起的误差$E(s)$的传递函数

$$\Phi_{en}(s)=\frac{E(s)}{N(s)}$$

(3)用终值定理求稳态误差。因研究的对象为线性定常系统,两类误差线性叠加后得系统总的稳态误差。

$$e_{ss}=\lim_{s\to 0}s[\Phi_{e}(s)X_{i}(s)+\Phi_{en}(s)N(s)]\tag{6.12}$$

【例6.1】 某反馈控制系统如图6.5所示,当$x_i(t)=1(t)$时,求稳态误差。

解 该闭环系统为一阶惯性系统,系统稳定。误差传递函数为

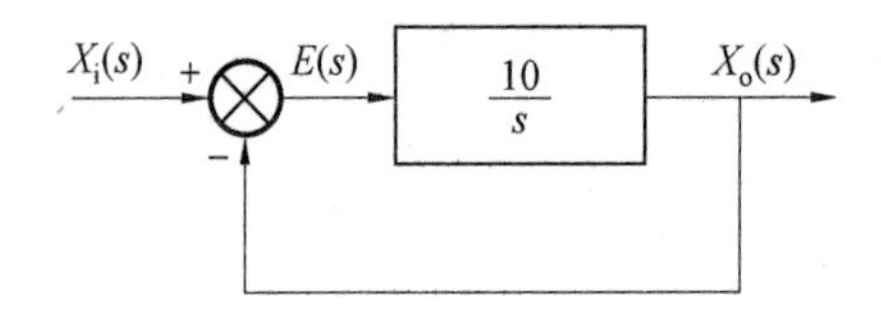

图 6.5 系统方框图

$$\Phi_e(s)=\frac{E(s)}{X_i(s)}=\frac{1}{1+G(s)}=\frac{1}{1+\frac{10}{s}}=\frac{s}{s+10}$$

输入信号象函数是 $X_i(s)=\frac{1}{s}$,则利用终值定理求稳态误差为

$$e_{ss}=\lim_{s\to 0} s\frac{s}{s+10}X_i(s)=\lim_{s\to 0} s\frac{s}{s+10}\frac{1}{s}=0$$

稳态误差为零是很理想的,从物理意义上看,当输入为 1 时,其输出量的稳态值应为 1。因为若不为 1,则偏差就不为零。显然,经过积分环节后输出就要继续变化,直到为 1。只有当偏差为零后,积分后的输出量才不会再发生变化。所以,在系统到达稳态时,积分环节之前的信号必为零。

6.2.3 静态误差系数

在系统分析中经常遇到计算输入作用下稳态误差的问题。分析研究典型输入作用下引起的稳态误差与系统结构参数及输入形式的关系,找出其中的规律性,是十分必要的。

图 6.6 所示为反馈控制系统,设其开环传递函数为

$$G(s)H(s)=\frac{K(\tau_1 s+1)(\tau_2 s+1)\cdots}{s^v(T_1 s+1)(T_2 s+1)\cdots} \tag{6.13}$$

式中,分母的阶次高于分子的阶次,K 为开环增益(开环放大倍数)。当 $v=0$ 时,称系统为 0 型系统;当 $v=1$ 时,称系统为 Ⅰ 型系统;当 $v=2$ 时,称系统为 Ⅱ 型系统,以此类推。

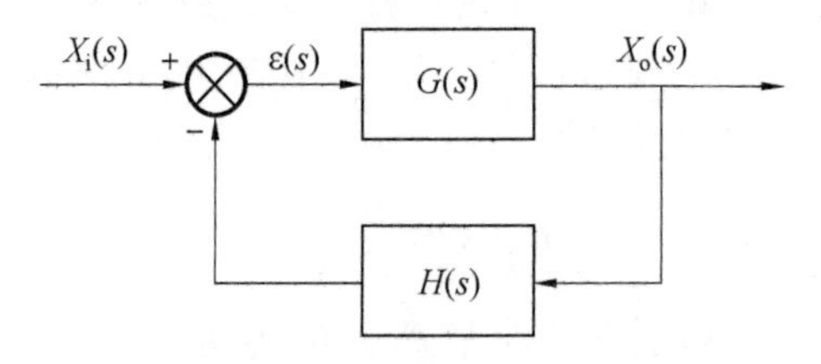

图 6.6 反馈控制系统方框图

(1) 阶跃(位置)输入信号为 $x_i(t)=A\cdot 1(t)$,A 为阶跃幅值。

系统对阶跃输入的稳态偏差为

$$\varepsilon_{ssp}=\lim_{s\to 0} s\frac{1}{1+G(s)H(s)}\frac{A}{s}=\frac{A}{1+G(0)H(0)}$$

在此定义静态位置误差系数为

$$K_p=\lim_{s\to 0} G(s)H(s)=G(0)H(0) \tag{6.14}$$

于是,如用 K_p 表示阶跃输入时的稳态偏差有

$$\varepsilon_{ssp}=\frac{A}{1+K_p} \tag{6.15}$$

对于0型系统,$G(s)H(s)$为

$$G(s)H(s)=\frac{K(\tau_1 s+1)(\tau_2 s+1)\cdots}{s^v(T_1 s+1)(T_2 s+1)\cdots}$$

则

$$K_p=\lim_{s\to 0}\frac{K(\tau_1 s+1)(\tau_2 s+1)\cdots}{s^v(T_1 s+1)(T_2 s+1)\cdots}=K$$

所以,对于0型系统静态位置误差系数K_p,应是系统的开环静态放大倍数K。对于Ⅰ型或高于Ⅰ型的系统

$$K_p=\lim_{s\to 0}\frac{K(\tau_1 s+1)(\tau_2 s+1)\cdots}{s^v(T_1 s+1)(T_2 s+1)\cdots}\to\infty$$

于是,对于阶跃输入,稳定系统的稳态偏差可以概括如下:

$$\varepsilon_{ssp}=\frac{A}{1+K_p}\quad（对0型系统）$$

$$\varepsilon_{ssp}=0\quad（对Ⅰ型或高于Ⅰ型的系统）$$

(2) 斜坡(速度)输入信号为$x_i(t)=A\cdot t$,A为斜坡信号斜率。

定义静态速度误差系数为

$$K_v=\lim_{s\to 0}sG(s)H(s) \tag{6.16}$$

对于0型系统

$$K_v=\lim_{s\to 0}s\frac{K(\tau_1 s+1)(\tau_2 s+1)\cdots}{(T_1 s+1)(T_2 s+1)\cdots}=0$$

对于Ⅰ型系统

$$K_v=\lim_{s\to 0}s\frac{K(\tau_1 s+1)(\tau_2 s+1)\cdots}{s(T_1 s+1)(T_2 s+1)\cdots}=K$$

对于Ⅱ型或高于Ⅱ型的系统

$$K_v=\lim_{s\to 0}s\frac{K(\tau_1 s+1)(\tau_2 s+1)\cdots}{s^2(T_1 s+1)(T_2 s+1)\cdots}\to\infty$$

在斜坡输入时,其稳态偏差为

$$\begin{aligned}\varepsilon_{ssv}&=\lim_{s\to 0}s\frac{1}{1+G(s)H(s)}\frac{A}{s^2}=\lim_{s\to 0}\frac{A}{s[G(s)H(s)]}\\&=\lim_{s\to 0}\frac{A}{sG(s)H(s)}=\frac{A}{K_v}\end{aligned} \tag{6.17}$$

可见,对0型系统,$\varepsilon_{ssv}=\frac{A}{0}\to\infty$;对Ⅰ型系统,$\varepsilon_{ssv}=\frac{A}{K_v}=\frac{A}{K}$;对Ⅱ型系统(或高于Ⅱ型的稳定系统),$\varepsilon_{ssv}=\frac{A}{K_v}=0$。

(3) 加速度输入信号为$x_i(t)=\frac{A}{2}\cdot t^2$,$A$为加速度信号幅度。

定义静态加速度误差系数为

$$K_a=\lim_{s\to 0}s^2G(s)H(s) \tag{6.18}$$

对于0型系统

$$K_a=\lim_{s\to 0}s^2\frac{K(\tau_1s+1)(\tau_2s+1)\cdots}{(T_1s+1)(T_2s+1)\cdots}=0$$

对于Ⅰ型系统

$$K_a=\lim_{s\to 0}s^2\frac{K(\tau_1s+1)(\tau_2s+1)\cdots}{s(T_1s+1)(T_2s+1)\cdots}=0$$

对于Ⅱ型系统

$$K_a=\lim_{s\to 0}s^2\frac{K(\tau_1s+1)(\tau_2s+1)\cdots}{s^2(T_1s+1)(T_2s+1)\cdots}=K$$

在单位加速度输入时,其稳态偏差为

$$\varepsilon_{ssa}=\lim_{s\to 0}s\frac{1}{1+G(s)H(s)}\frac{A}{s^3}=\lim_{s\to 0}\frac{A}{s^2[1+G(s)H(s)]}=\lim_{s\to 0}\frac{A}{s^2G(s)H(s)}=\frac{A}{K_a}$$

可见,对于0型系统,$\varepsilon_{ssa}=\frac{A}{0}\to\infty$;对于Ⅰ型系统,$\varepsilon_{ssa}=\frac{A}{0}\to\infty$;对于Ⅱ型系统,$\varepsilon_{ssa}=\frac{A}{K_a}=\frac{A}{K}$。所以,0型和Ⅰ型系统在稳定状态下都不能跟踪加速度输入信号。具有单位反馈的Ⅱ型系统在稳定状态下是能够跟踪加速度输入信号的,但带有一定的位置误差。高于Ⅱ型的系统,往往稳定性差,故不实用。

综上所述,0型系统稳态时不能跟踪斜坡输入。在系统稳定的前提下,具有单位反馈的Ⅰ型系统能跟踪斜坡输入,但具有一定的误差,这个稳态偏差ε_{ss}正比于输入量的变化率,反比于系统开环静态放大倍数。在系统稳定的前提下,Ⅱ型或高于Ⅱ型的系统其稳态偏差为零,因而能准确地跟踪斜坡输入。类似地,0型和Ⅰ型系统在稳定状态下都不能跟踪加速度输入信号。具有单位反馈的Ⅱ型系统在稳定状态下是能够跟踪加速度输入信号的,但有一定的位置误差。

对上述讨论结果及知识点总结如下:

(1)位置误差、速度误差、加速度误差分别指输入是阶跃、斜坡、加速度输入时所引起的输出位置上的误差。

(2)表6.1概括了0型、Ⅰ型和Ⅱ型系统在各种输入量作用下的稳态偏差。在对角线以上,稳态偏差为无穷大;在对角线以下,稳态偏差为零。

(3)静态误差系数K_p、K_v、K_a分别是0型、Ⅰ型、Ⅱ型系统的开环增益K。

(4)在输入一定时,增大开环增益K可减小稳态偏差;增加开环传递函数中的积分环节数量,可以消除稳态偏差。

(5)对于单位反馈控制系统,稳态误差等于稳态偏差;对于非单位反馈控制系统,先求出稳态偏差ε_{ss}后,再按$e_{ss}=\frac{\varepsilon_{ss}}{H(0)}$求出稳态误差。

表6.1 典型输入下的稳态偏差

系统型别	静态误差系数			阶跃输入 $x_i(t)=A\cdot 1(t)$	斜坡输入 $x_i(t)=A\cdot t$	加速度输入 $x_i(t)=\frac{A}{2}\cdot t^2$
	K_p	K_v	K_a	位置偏差 $\varepsilon_{ssp}=\frac{A}{1+K_p}$	速度偏差 $\varepsilon_{ssv}=\frac{A}{K_v}$	加速度偏差 $\varepsilon_{ssa}=\frac{A}{K_a}$
0	K	0	0	$\frac{A}{1+K}$	∞	∞
Ⅰ	0	K	0	0	$\frac{A}{K}$	∞
Ⅱ	0	0	K	0	0	$\frac{A}{K}$

上述结论是在阶跃、斜坡等典型输入信号作用下得到的,但它有普遍的实用意义。这是因为控制系统输入信号的变化往往比较缓慢,可把输入信号在时间 $t=0$ 附近展开泰勒级数,这样,可把控制信号看成几个典型信号之和,线性定常系统的稳态误差可看成是上述典型信号分别作用下的误差总和。

【例6.2】 设有二阶振荡系统,其方框图如图6.7所示。试求系统在单位阶跃、单位斜坡和单位加速度输入时的稳态误差。

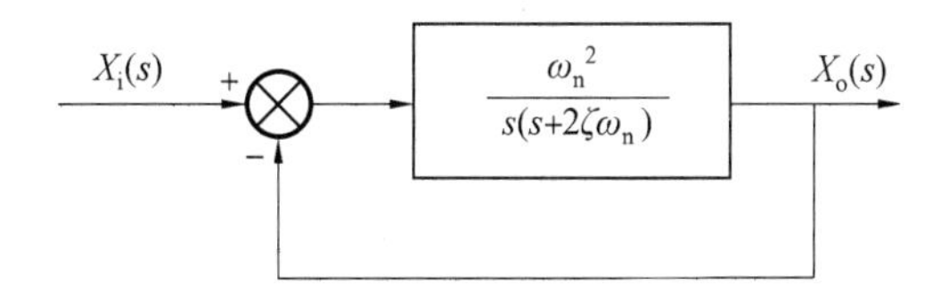

图6.7 系统方框图

解 该系统为二阶振荡系统,系统稳定。

由于是单位反馈系统,偏差即是误差。另外,该系统为Ⅰ型系统,即

$$G(s)=\frac{\omega_n^2}{s(s+2\zeta\omega_n)}=\frac{\frac{\omega_n}{2\zeta}}{s\left(\frac{1}{2\zeta\omega_n}s+1\right)}$$

在单位阶跃输入时

$$e_{ss}\to 0$$

在单位斜坡输入时

$$e_{ss}=\frac{1}{K_v}=\frac{1}{K}=\frac{2\zeta}{\omega_n}=\text{const}$$

在单位加速度输入时

$$e_{ss}\to\infty$$

故二阶振荡系统在斜坡型信号输入下有常值稳态误差,在加速度型信号输入下随时间推移至无穷大时稳态误差为无穷大。

6.3 干扰引起的稳态误差

实际系统在工作中不可避免要受到各种干扰的影响,从而引起稳态误差。从系统的角度来看,干扰也是一种输入信号,只不过干扰信号是预期之外的对系统稳态误差会造成影响的一类输入。讨论干扰引起的稳态误差与系统结构参数的关系,可以为我们合理设计系统结构、优化参数、提高系统抗干扰能力提供参考。

如图 6.8 所示系统,为了计算由于干扰引起的稳态偏差 ε_{ssn},假设 $X_i(s)=0$,有

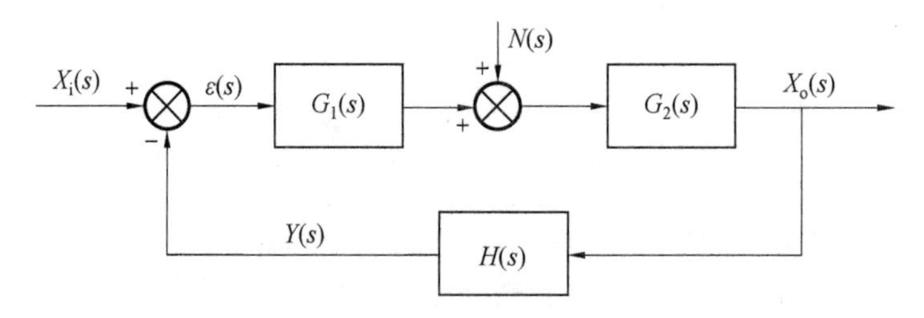

图 6.8 有干扰输入的系统方框图

$$0-Y(s)=\varepsilon(s) \tag{6.19}$$

由系统框图可知

$$Y(s)=(\varepsilon(s)G_1(s)+N(s))G_2(s)H(s) \tag{6.20}$$

将式(6.20)代入式(6.19),有

$$\varepsilon(s)=\frac{-G_2(s)H(s)}{1+G_1(s)G_2(s)H(s)}N(s)$$

根据终值定理,干扰引起的稳态偏差为

$$\varepsilon_{ssn}=\lim_{t\to\infty}\varepsilon(t)=\lim_{s\to 0}s\varepsilon(s)$$

则干扰引起的稳态误差为

$$e_{ssn}=\frac{\varepsilon_{ssn}}{H(0)} \tag{6.21}$$

若只考虑干扰信号,图 6.8 的系统变换方框图可等效图为 6.9,由该图直接写出的系统偏差表达式为式(6.21)。

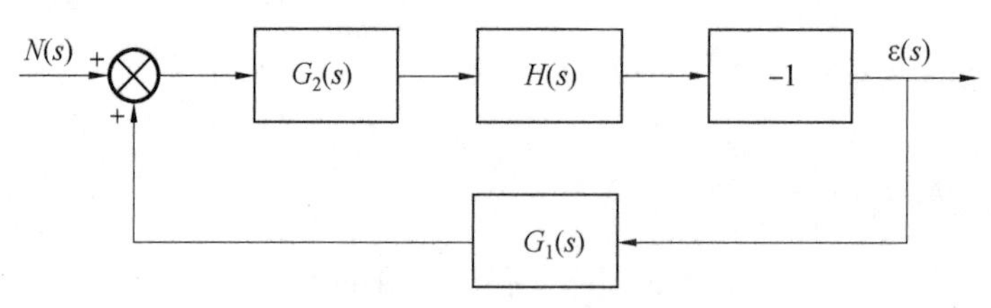

图 6.9 只考虑干扰的系统等效方框图

【例 6.3】 系统结构图如图 6.10 所示,当输入信号为 $x_i(t)=1(t)$,干扰信号为 $N(t)=1(t)$时,求系统总的稳态误差 e_{ss}。

解 第一步判别稳定性。由于是一阶系统,所以只要参数 K_1、K_2 大于零,系统就稳

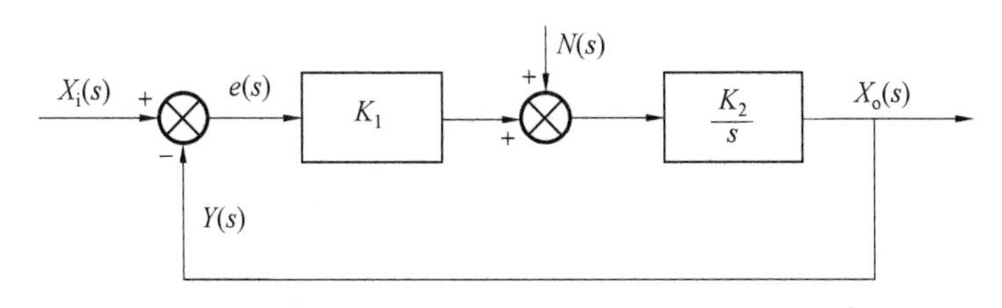

图6.10 系统方框图

定。

第二步求 $E(s)$。因为是单位反馈,稳态误差和稳态偏差相等。先求输入引起的稳态误差

$$e_{ssr}=\lim_{s\to 0} s\frac{1}{1+K_1\dfrac{K_2}{s}}\frac{1}{s}=0$$

再求干扰引起的稳态误差

$$e_{ssn}=\lim_{s\to 0} s\frac{-\dfrac{K_2}{s}}{1+K_1\dfrac{K_2}{s}}\frac{1}{s}=-\frac{1}{K_1}$$

所以,因是线性系统,总误差为两项误差线性叠加的结果,即

$$e_{ss}=e_{ssr}+e_{ssn}=0-\frac{1}{K_1}=-\frac{1}{K_1}$$

【例6.4】 某直流伺服电动机调速系统如图6.11所示,R 为电动机电枢电阻,C_m 为力矩系数,K_c 为测速负反馈系数,试求常值阶跃扰动力矩$\dfrac{N}{C_m}R$ 引起的稳态误差。

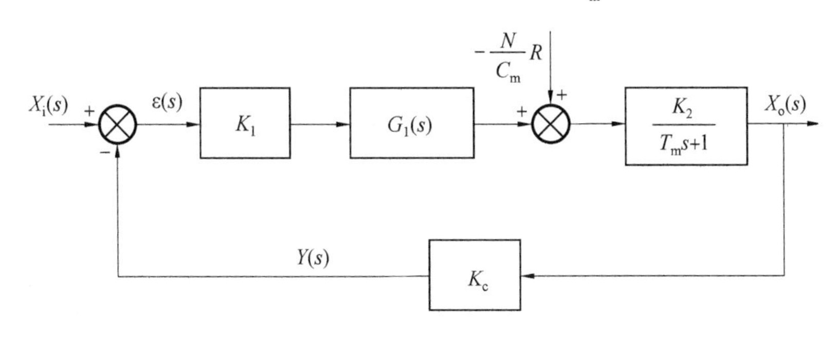

图6.11 直流伺服电动机调速系统方框图

解 首先应选择合适的 $G_1(s)$ 使系统稳定,设 $G_1(s)=1$,系统是一阶的,因此稳定。这里 $G_1(s)$ 充当了一个校正器的角色,其结构及参数可调,是人为设置的一个环节,用以改善系统的控制特性,相关内容会在下一章学习。

图6.11是一个非单位反馈的控制系统,先求扰动作用下的稳态偏差 ε_{ss},再换算为稳态误差。稳态偏差为

$$\varepsilon_{ss}=\lim_{s\to 0} s\,\frac{\dfrac{-K_2K_c}{T_m s+1}}{1+\dfrac{K_1K_2K_c}{T_m s+1}}\,\frac{-NR}{C_m s}=\frac{K_2K_c}{1+K_1K_2K_c}\,\frac{NR}{C_m}$$

则稳态误差为

$$e_{ss}=\frac{\varepsilon_{ss}}{K_c}=\frac{K_2}{1+K_1K_2K_c}\,\frac{NR}{C_m}$$

当 $K_1K_2K_C\gg 1$（称开环增益或开环放大倍数）时

$$e_{ss}\approx\frac{1}{K_1K_c}\,\frac{NR}{C_m}$$

可见，反馈系数越大，误差越小；干扰量越小，误差越小；扰动作用点与偏差信号间的放大倍数越大，误差越小。

为了进一步减少误差，可调整 $G_1(s)=1+\dfrac{K_3}{s}$，该校正器因在比例环节基础上并联了一个积分环节，称为比例积分控制器。选择 K_3，使系统具有一定的稳定裕量，同时，其稳态偏差为

$$\varepsilon_{ss}=\lim_{s\to 0} s\,\frac{-\dfrac{K_2K_c}{T_m s+1}}{1+\dfrac{K_1K_2K_c}{T_m s+1}}\,\frac{-NR}{C_m s}=0$$

因而稳态误差 $e_{ss}=0$。

从物理意义上看，在扰动作用点与偏差信号之间加上积分环节就等于加入静态放大倍数为∞的环节（因为积分环节具有保持作用，在静态时，即使积分环节输入为零，输出也可保持一定值，因此在这个意义上静态放大倍数为无穷大），因此静态误差为0。

一般而言，如果反馈控制系统的前向通道扰动是一个阶跃函数，则只要保证系统稳定，并且在扰动作用点前有一个积分器，就可以消除阶跃扰动引起的稳态误差。图6.12为阶跃扰动输入的稳定系统，$G_1(s)$ 和 $H(s)$ 中不包含纯微分环节，令扰动输入为 $n(t)=a\cdot 1(t)$，即 $N(s)=\dfrac{a}{s}$，根据题意稳态偏差传递函数可表达为

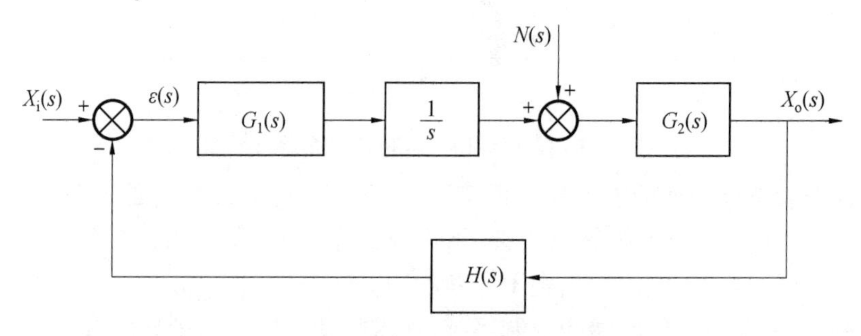

图6.12 阶跃输入的稳定系统

$$\frac{\varepsilon(s)}{N(s)}=-\frac{G_2(s)H(s)}{1+\frac{1}{s}G_1(s)G_2(s)H(s)}=-\frac{sG_2(s)H(s)}{s+G_1(s)G_2(s)H(s)}$$

$$\varepsilon_{ss}=\lim_{s\to 0}s\left[\frac{\varepsilon(s)}{N(s)}N(s)\right]=-\lim_{s\to 0}s\left[\frac{sG_2(s)H(s)}{s+G_1(s)G_2(s)H(s)}\frac{a}{s}\right]=0$$

同理,如果反馈控制系统的前向通道扰动是一个斜坡函数,那么只要保证系统稳定,并且在扰动作用点前有两个积分环节,就可以消除斜坡扰动引起的稳态误差。图6.13为斜坡扰动输入的稳定系统。

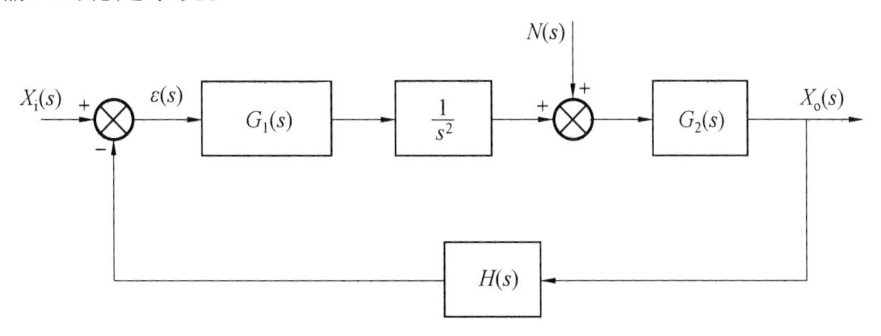

图6.13　斜坡扰动输入的稳定系统

$G_1(s)$和$H(s)$中不包含纯微分环节,令扰动输入为$n(t)=a\cdot 1(t)$,即$N(s)=\frac{a}{s^2}$,根据题意,稳态偏差传递函数可表达为

$$\frac{\varepsilon(s)}{N(s)}=-\frac{G_2(s)H(s)}{1+\frac{1}{s^2}G_1(s)G_2(s)H(s)}=-\frac{s^2G_2(s)H(s)}{s^2+G_1(s)G_2(s)H(s)}$$

$$\varepsilon_{ss}=\lim_{s\to 0}s\left[\frac{\varepsilon(s)}{N(s)}N(s)\right]=-\lim_{s\to 0}s\left[\frac{s^2G_2(s)H(s)}{s^2+G_1(s)G_2(s)H(s)}\frac{a}{s^2}\right]=0$$

作为对比,将积分器$1/s$置于干扰点之后,如图6.14所示。

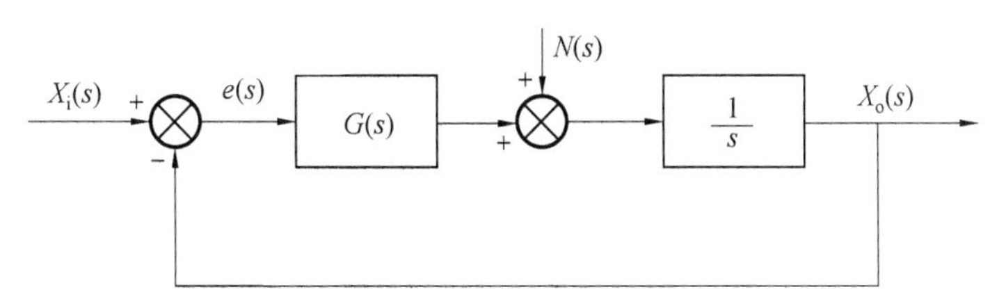

图6.14　积分器置于阶跃干扰点后的稳定系统

令$n(t)=a\cdot 1(t)$,$N(s)=a/s$,则当没有积分环节$1/s$时

$$\frac{E_1(s)}{N(s)}=\frac{-1}{1+G(s)}$$

$$E_1(s)=\frac{-1}{1+G(s)}N(s)=\frac{-1}{1+G(s)}\frac{a}{s}=\frac{-a}{s[1+G(s)]}$$

$$e_{ss1}=\lim_{s\to 0}sE_1(s)=\frac{-a}{1+G(0)}$$

当设置积分环节 $1/s$ 时

$$\frac{E_2(s)}{N(s)}=\frac{-\frac{1}{s}}{1+\frac{1}{s}G(s)}=\frac{-1}{s+G(s)}$$

$$E_2(s)=\frac{-1}{s+G(s)}N(s)=\frac{-1}{s+G(s)}\frac{a}{s}=\frac{-a}{s[s+G(s)]}$$

$$e_{ss2}=\lim_{s\to 0}sE_2(s)=\frac{-a}{G(0)}$$

与图 6.13 情况比较,可以看出,将积分环节 $1/s$ 置于干扰点之后不能消除阶跃扰动 $N(s)$ 引起的稳态误差。

另外需要注意:当扰动作用点在前向通道时,如图 6.15(a)所示,扰动对输出的影响可以表示为

$$X_o(s)=\frac{1}{1+KG(s)H(s)}N(s)$$

在保证系统稳定的前提下,可通过增大放大器增益 K 显著减小扰动影响。

而针对扰动作用在反馈通道,如图 6.15(b)所示,扰动对输出的影响可以表示为

$$X_o(s)=\frac{-KG(s)H(s)}{1+KG(s)H(s)}N(s)$$

可见,此时增大放大器增益 K 并不能有效减小扰动影响。

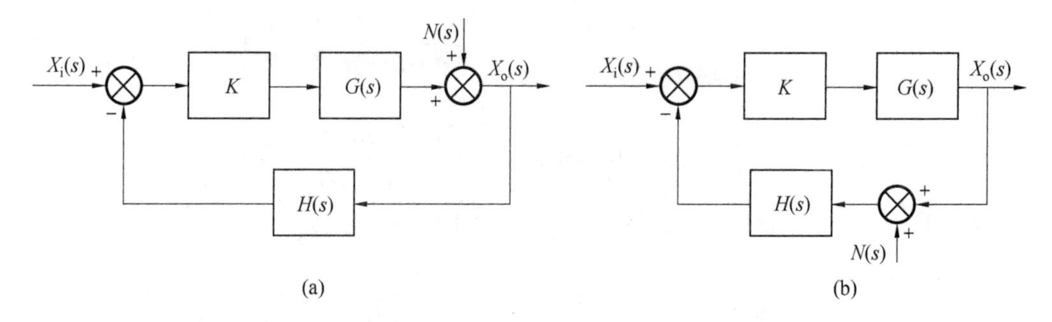

图 6.15 扰动点在不同位置方框图

最后,需要指出的是,对于我们所研究的线性系统,可利用叠加原理求取由输入和干扰同时作用时系统总的偏差和误差。

【例 6.5】 某系统如图 6.16 所示,当 $x_i(t)=t\cdot 1(t)$,$n(t)=0.5\cdot 1(t)$ 同时作用时,系统稳态误差 e_{ss} 的值为多少?

解 求系统稳态误差应首先判断系统稳定性。根据 Routh 判据计算得知该系统稳定。

单位反馈系统的偏差即为误差。当求两个输入量同时作用时,可利用叠加原理,分别求出每个量作用下的偏差,然后相加求和即可。

首先求输入引起稳态误差的传递函数

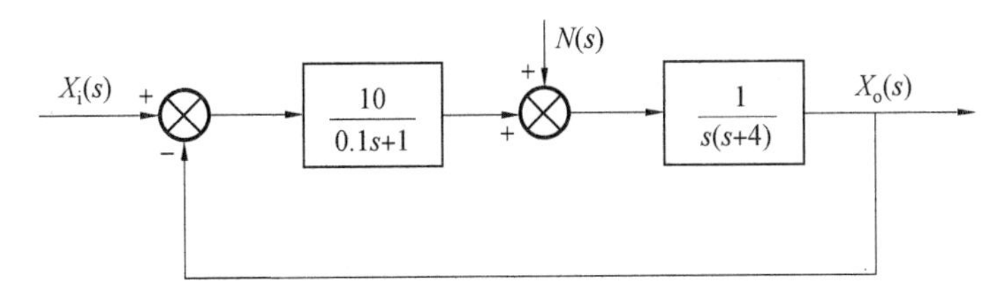

图6.16　系统方框图

$$\Phi_e(s)=\frac{E_1(s)}{X_i(s)}=\frac{1}{1+\frac{10}{0.1s+1}\frac{1}{s(s+4)}}=\frac{s(0.1s+1)(s+4)}{s(0.1s+1)(s+4)+10}$$

输入信号象函数为

$$X_i(s)=\frac{1}{s^2}$$

干扰引起的稳态误差的传递函数为

$$\Phi_{en}(s)=\frac{E_2(s)}{N(s)}=\frac{-\frac{1}{s(s+4)}}{1+\frac{10}{s(0.1s+1)(s+4)}}=\frac{-(0.1s+1)}{s(0.1s+1)(s+4)+10}$$

干扰信号象函数为

$$N(s)=\frac{0.5}{s}$$

系统稳态误差象函数为

$$E(s)=E_1(s)+E_2(s)=\Phi_e(s)X_i(s)+\Phi_{en}(s)N(s)$$

系统稳态误差为

$$\begin{aligned}e_{ss}&=\lim_{s\to0}sE(s)=\lim_{s\to0}s[E_1(s)+E_2(s)]\\&=\lim_{s\to0}s\left[\frac{1}{s^2}\frac{s(0.1s+1)(s+4)}{s(0.1s+1)(s+4)+10}+\frac{0.5}{s}\frac{-(0.1s+1)}{s(0.1s+1)(s+4)+10}\right]\\&=\frac{1}{2.5}-\frac{1}{20}=0.35\end{aligned}$$

【例6.6】 某随动系统方框图如图6.17所示，其电动机的机电时间常数 $T_m=\frac{JR}{K_MK_E}=0.05$ s，J 为轴系转动惯量，电动机电枢电感可忽略，电枢电阻 $R=4\ \Omega$，电动机力矩系数 $K_M=0.1$ (N·m)/A，反电动势系统 $K_E=0.1$ (V·s)/rad，功率放大倍数 $K_3=10$，$K_1=1$ V/rad，$K_2=1$。试计算当输入指令信号 $\theta_i=0.1t\cdot1(t)$ rad 及干扰力矩 $M_C=0.002$ N·m·1(t) 分别作用时，输出转角误差 $\Delta\theta$ 的稳态值各为多少？同时作用时，$\Delta\theta$ 的稳态值又各为多少？

解　首先判别该系统稳定。两个输入作用下引起的误差可以通过叠加原理求得。

对于给定的系统方框图，首先将 M_C 的作用点等效地移到 K_3 之后，然后等效地消去小闭环，系统方框图可等效为图6.18所示的框图。

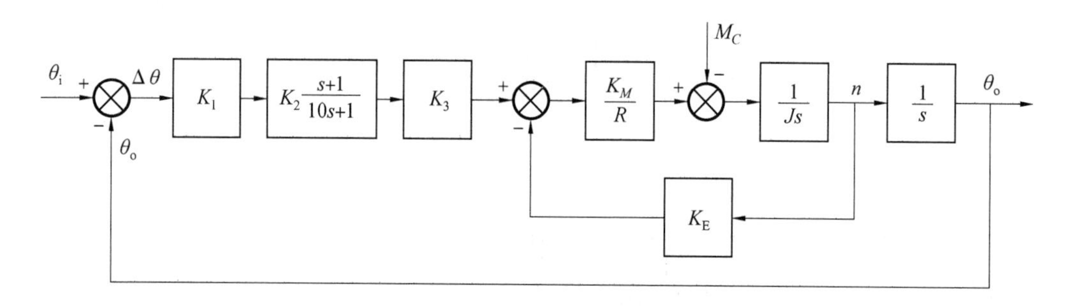

图 6.17　随动系统方框图

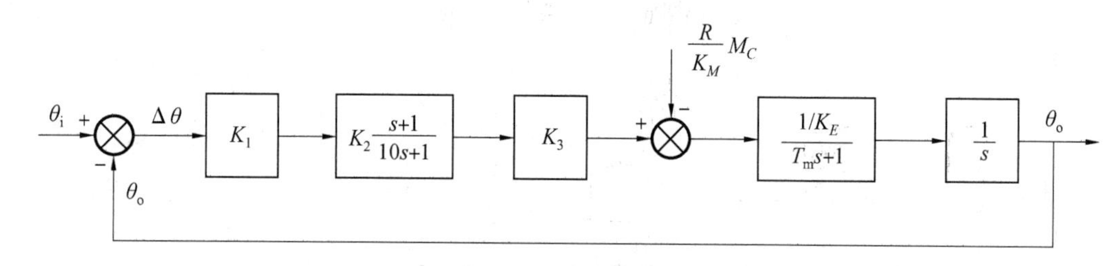

图 6.18　等效变换后的系统框图

(1)当 $\theta_i(t)$ 单独作用于系统时,已知 $\theta_i(t)=0.1t\cdot 1(t)$ rad,则其象函数为 $\Theta_i=\frac{0.1}{s^2}$,其误差传递函数为

$$\frac{\Delta\Theta_1(s)}{\Theta_i(s)}=\frac{1}{1+\frac{K_1K_2K_3(s+1)}{K_Es(10s+1)(T_ms+1)}}$$

稳态误差为

$$e_{ss1}=\lim_{s\to 0}s\Delta\Theta_1(s)=\lim_{s\to 0}s\frac{\Delta\Theta_1(s)}{\Theta_i(s)}\Theta_i(s)$$

$$=\lim_{s\to 0}s\frac{1}{1+\frac{K_1K_2K_3(s+1)}{K_Es(10s+1)(T_ms+1)}}\frac{0.1}{s^2}=\frac{0.1K_E}{K_1K_2K_3}=\frac{0.1\times 0.1}{1\times 1\times 10}\text{rad}$$

$$=0.001\ \text{rad}$$

(2)当 $M_C(t)$ 单独作用于系统时,已知 $\frac{R}{K_M}M_C(t)=\frac{4}{0.1}\times 0.002\approx 0.08$ V,则 $\frac{R}{K_M}M_C(s)=\frac{0.08}{s}$,由干扰引起误差的传递函数为

$$\frac{\Delta\Theta_2(s)}{\frac{R}{K_M}M_C(s)}=\frac{-\frac{1}{s(T_ms+1)K_E}}{1+\frac{K_1K_2K_3(s+1)}{K_Es(10s+1)(T_ms+1)}}$$

稳态误差为

$$e_{ss2}=\lim_{s\to 0}s\Delta\Theta_2(s)=\lim_{s\to 0}s\frac{-\frac{1}{s(T_m s+1)K_E}}{1+\frac{K_1K_2K_3(s+1)}{K_E s(10s+1)(T_m s+1)}}\frac{-0.08}{s}=\frac{0.08}{K_1K_2K_3}=$$

$$\frac{0.08}{K_1K_2K_3}=\frac{0.08}{1\times1\times10}\text{rad}=0.008\ \text{rad}$$

(3)当 $\theta_i(t)$ 和 $M_c(t)$ 同时作用时。根据叠加原理,系统总的稳态误差为

$$e_{ss}=e_{ss1}+e_{ss2}=0.001\ \text{rad}+0.008\ \text{rad}=0.009\ \text{rad}$$

6.4 减小稳态误差的途径

为了减小系统误差,可考虑以下途径:

(1)系统的实际输出通过反馈环节与输入比较,因此反馈通道的精度对于减小系统误差是至关重要的。反馈通道元部件的精度要高,尽量避免在反馈通道引入干扰。

(2)在保证系统稳定的前提下,对于输入引起的误差,可通过增大系统开环放大倍数或提高系统型次将其减小;对于干扰引起的误差,可通过在系统前向通道干扰点前加积分器和增大放大倍数将其减小。

(3)有的系统要求的性能很高,既要求稳态误差小,又要求良好的动态性能。这时,单靠加大开环放大倍数或串入积分环节往往不能同时满足上述要求,但可以采用加入复合控制(或称顺馈)的办法对误差进行补偿。补偿的方式分为两种,分别为按干扰补偿和按输入补偿。

1. 按干扰补偿

当干扰可直接测量时,可以利用这个信息进行补偿。系统的结构如图6.19所示。图中,$G_n(s)$ 为补偿器的传递函数。

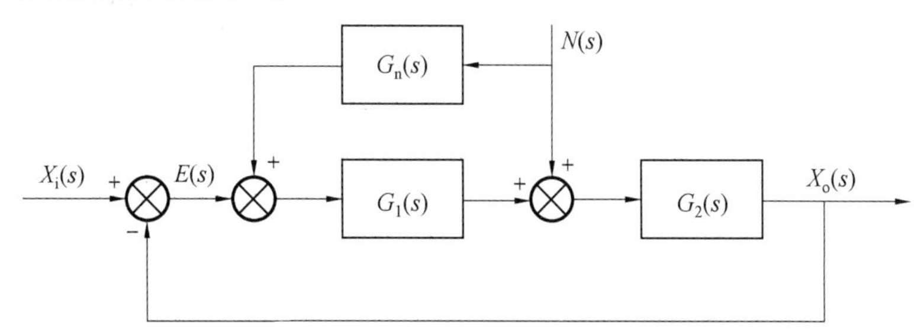

图6.19 按干扰补偿

由图6.19可求出输出 $x_o(t)$ 对于干扰 $n(t)$ 的闭环传递函数为

$$\frac{X_o(s)}{N(s)}=\frac{G_2(s)+G_n(s)G_1(s)G_2(s)}{1+G_1(s)G_2(s)}$$

若能使这个传递函数为零,则干扰对输出的影响就可消除,令

$$G_2(s)+G_n(s)G_1(s)G_2(s)=0$$

得出对干扰全补偿的条件为

$$G_n(s)=-\frac{1}{G_1(s)}$$

从结构上看,就是利用双通道原理:一条是由干扰信号经过 $G_n(s)$、$G_1(s)$ 到结构图上第二个相加点;另一条是干扰信号直接到达此相加点。两条通道的信号,在此点相加,正好大小相等,方向相反。从而实现了对干扰的全补偿。

一般情况下,由于 $G_1(s)$ 是 s 的有理真分式,所以其倒数 $1/G_1(s)$ 的分子阶次高于分母阶次,将引入高频噪声。因此经常应用稳态补偿,即系统响应平稳下来以后,保证干扰对输出没有影响。

2. 按输入补偿

按输入补偿的系统结构如图 6.20 所示。按下面推导确定 $G_r(s)$,使系统满足在输入信号作用下,误差得到全补偿。

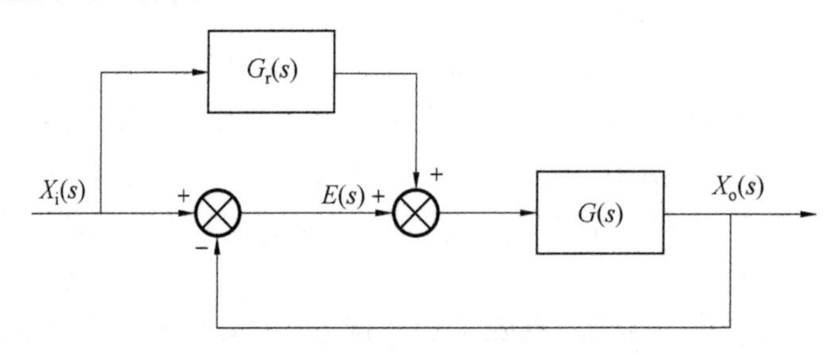

图 6.20 按输入补偿的复合控制

单位反馈系统误差定义为

$$E(s)=X_i(s)-X_o(s)$$

$$X_o(s)=[1+G_r(s)]\frac{G(s)}{1+G(s)}X_i(s)$$

这样

$$E(s)=X_i(s)-\frac{[1+G_r(s)]G(s)}{1+G(s)}X_i(s)=\frac{1-G_r(s)G(s)}{1+G(s)}X_i(s)$$

为使 $E(s)=0$,应保证

$$1-G_r(s)G(s)=0$$

即

$$G_r(s)=\frac{1}{G(s)}$$

补偿通道并不影响特征方程,即不影响系统的稳定性,因此可以在不加补偿通道的情况下,调整好系统的动态性能,以保证足够的稳定裕量;再加入补偿通道,主要是补偿掉稳态误差,减小动态误差。这两种补偿方法,在伺服系统里用得很广,在调速系统及加工系统中也得到了广泛应用。

* 6.5 动态误差系数

静态误差系数可用来求取稳态误差。这个误差或是有限值,或是零,或是无穷大。但稳态误差相同的系统其误差随时间的变化并不相同,我们有时候希望了解系统随时间变化的误差,于是引出动态误差的概念。例如,对于下面两个给出的前向通道传递函数的单位反馈系统:

$$G_1(s)=\frac{100}{s(s+1)}$$

$$G_2(s)=\frac{100}{s(10s+1)}$$

由于其静态位置误差系数、静态速度误差系数、静态加速度误差系数均相同,所以从稳态的角度看不出有任何差异。但这两个系统的时间常数和阻尼比有差别,则过渡过程将不同,其误差随时间变化也不相同。

研究动态误差系数可以提供一些关于误差随时间变化的信息,即系统在给定输入作用下达到稳态误差以前的变化规律。

对于单位反馈系统,输入引起的误差传递函数在 $s=0$ 的邻域展开成泰勒级数,并近似地取到 n 阶导数项,即得

$$\Phi_e(s)=\frac{E(s)}{X_i(s)}=\frac{1}{1+G(s)}=\varphi_e(0)+\varphi_e'(0)s+\frac{1}{2!}\varphi_e''(0)s^2+\cdots+\frac{1}{n!}\varphi_e^{(n)}(0)s^n \tag{6.22}$$

其具体求法可将分子、分母均按升幂排列,然后用长除法。

式(6.22)表示的误差象函数为

$$E(s)=\Phi_e(s)X_i(s)=\varphi_e(0)X_i(s)+\varphi_e'(0)sX_i(s)+\frac{1}{2!}\varphi_e''(0)s^2X_i(s)+\cdots+\frac{1}{n!}\varphi_e^{(n)}(0)s^{(n)}X_i(s) \tag{6.23}$$

将式(6.23)进行拉氏反变换,得

$$\begin{aligned}e(t)&=\varphi_e(0)x_i(t)+\varphi_e'(0)x_i'(t)+\frac{1}{2!}\varphi_e''(0)x_i''(t)+\cdots+\frac{1}{n!}\varphi_e^{(n)}(0)x_i^{(n)}(t)\\&=\frac{1}{\kappa_0}x_i(t)+\frac{1}{\kappa_1}x_i'(t)+\frac{1}{\kappa_2}x_i''(t)+\cdots+\frac{1}{\kappa_n}x_i^{(n)}(t)\end{aligned} \tag{6.24}$$

将 $x_i(t)$ 看作广义位置量,则 $x_i'(t)$ 为广义速度量,$x_i''(t)$ 为广义加速度量,于是,式(6.24)中定义 κ_0 为动态位置误差系数;κ_1 为动态速度误差系数;κ_2 为动态加速度误差系数。

与静态误差系数越大则静态误差越小类似,其动态误差系数越大则动态误差也越小。

【例6.7】 设单位反馈系统的开环传递函数为 $G(s)=\dfrac{10}{s(s+1)}$,试求输入为 $x_i(t)=a_0+a_1t+a_2t^2$ 时的系统误差。

解 误差传递函数为

$$\Phi_e(s)=\frac{1}{1+G(s)}=\frac{s+s^2}{s^2+s+10}=0.1s+0.09s^2-0.019s^3+\cdots$$

动态误差为

$$\begin{aligned}e(t)&=0.1x_i'(t)+0.09x_i''(t)-0.019x_i^{(3)}(t)+\cdots\\&=0.1(a_1+2a_2t)+0.09\times2a_2\end{aligned}$$

从动态误差上可以看出 $e(t)$ 随时间 t 的变化规律。

稳态误差为

$$e_{ss}=\lim_{t\to\infty} e(t)=\lim_{t\to\infty} 0.1(a_1+2a_2t)+0.09a_2$$

可见，只要 $a_2\neq 0$，当 $t\to\infty$ 时，$e_{ss}\to\infty$。从动态误差也可以求出稳态误差，而且这种求稳态误差的方法更适合 $x_i(t)$ 的拉氏变换困难的情况下。

另外需要指出，手工计算求出各个时刻的误差是很困难的，但借助于计算机仿真，完全可以求得误差随时间变化的数值。这样，也就可以准确地求出动态误差。

习　题

1. 试求单位反馈系数的静态位置、速度、加速度误差系数及其稳态误差。设输入信号为单位阶跃、单位斜坡和单位加速度，其系统开环传递函数分别如下：

(1) $G(s)=\dfrac{50}{(0.1s+1)(2s+1)}$；　　(2) $G(s)=\dfrac{K}{s(0.1s+1)(0.5s+1)}$；

(3) $G(s)=\dfrac{K}{s(s^2+4s+200)}$；　　(4) $G(s)=\dfrac{K(2s+1)(4s+1)}{s(s^2+2s+200)}$。

2. 某单位反馈系统传递函数为 $G(s)=\dfrac{a_{n-1}s+a_n}{s^n+a_1s^{n-1}+\cdots+a_{n-1}s+a_n}$，试证明该系统对斜坡输入的相应的稳态误差为零。

3. 对于如图 6.21 所示系统，试求 $N(t)=2\cdot 1(t)$ 时系统的稳态误差。当 $x_i=t\cdot 1(t)$，$n(t)=-2\cdot 1(t)$ 时，其稳态误差又是多少？

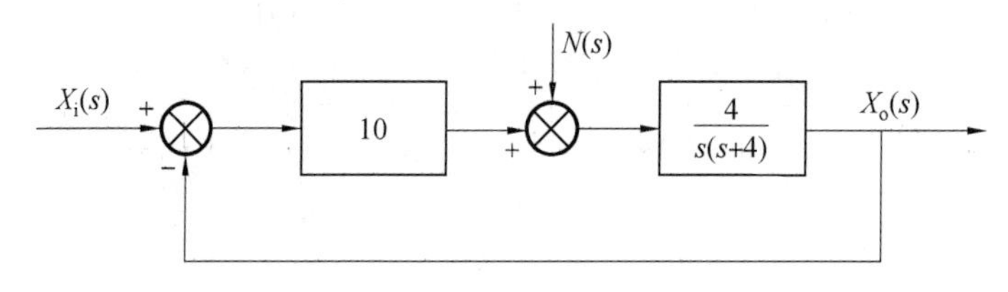

图 6.21　3 题图

4. 某单位负反馈控制系统的开环传递函数为 $G_k(s)=\dfrac{100}{s(0.1s+1)}$，试求当输入为 $x_i(t)=(1+t+at^2)\cdot 1(t)(a\geqslant 0)$ 时的稳态误差。

5. 某单位负反馈系统，其开环传递函数为 $G_k(s)=\dfrac{10}{s(0.1s+1)}$。

(1) 试求静态误差系数；

(2) 当输入为 $x_i(t)=\left(a_0+a_1t+\dfrac{a_2}{2}t^2\right)\cdot 1(t)$ 时，试求系统的稳态误差。

6. 对于如图 6.22 所示系统，试求：

(1) 系统在单位阶跃信号作用下的稳态误差；

(2) 系统在单位斜坡作用下的稳态误差；

(3) 讨论 K_h 和 K 对 e_{ss} 的影响。

7. 如图 6.23 所示系统，当 $x_i(t)=(10+2t)\cdot 1(t)$ 时，试求系统的稳态误差。

8. 某系统如图 6.24 所示，当 $\theta_i(t)=[10+60t(1+t)]\cdot 1(t)$ 时，试求系统的稳态误差。

9. 某系统如图 6.25 所示，其中，$U(s)$ 为加到设备的外来信号输入。试求 $U(s)$ 为阶跃信号 0.1 单位下的稳态误差。

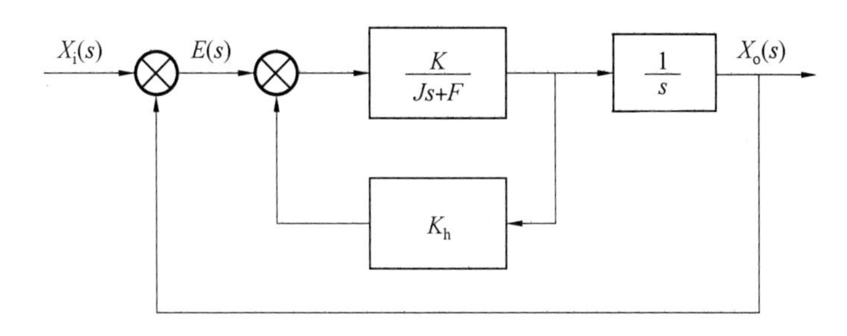

图 6.22　6 题图

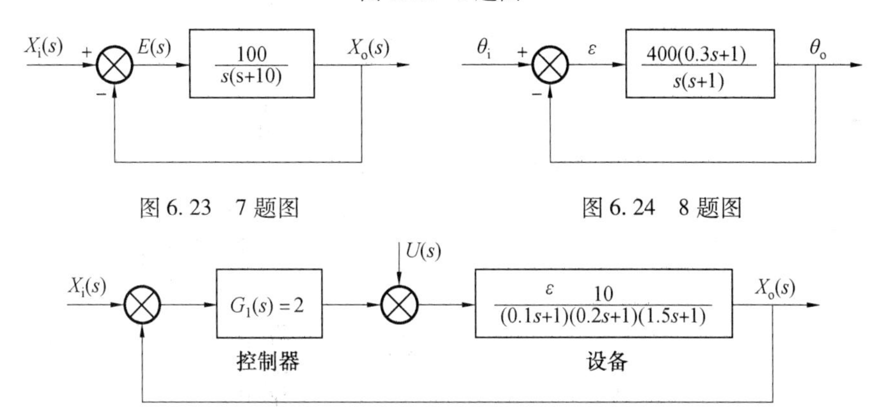

图 6.23　7 题图

图 6.24　8 题图

图 6.25　9 题图

10. 某系统如图 6.26 所示，其中 b 为速度的反馈系数。

(1) 当不存在速度反馈 ($b=0$) 时，试求单位斜坡输入引起的稳态误差；

(2) 当 $b=0.15$ 时，试求单位斜坡输入引起的稳态误差。

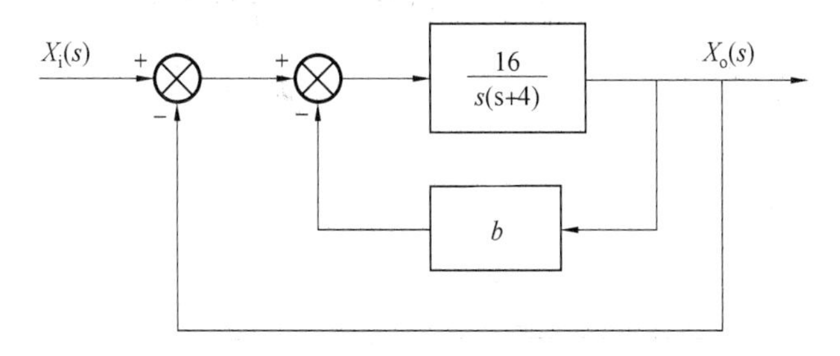

图 6.26　10 题图

11. 某系统的方框图如图 6.27 所示。

(1) 当输入 $x_i(t)=(10t)\cdot 1(t)$ 时，试求其稳态误差；

(2) 当输入 $x_i(t)=(4+6t+3t^2)\cdot 1(t)$ 时，试求其稳态误差。

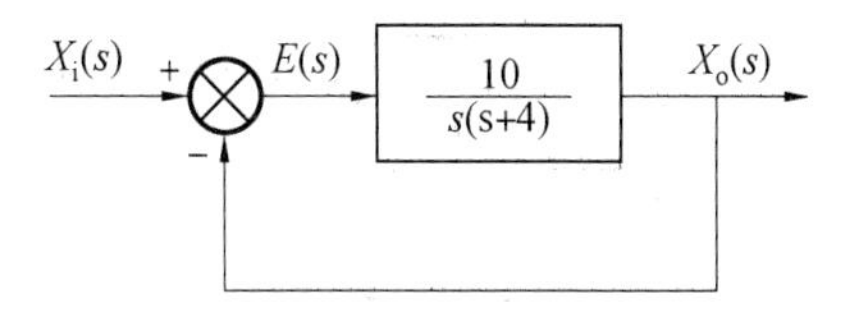

图 6.27　11 题图

第7章 机电控制系统的设计与校正

无论是连续控制系统，还是计算机作为控制器的计算机控制系统，其基本性能要求都是稳定性、准确性、快速性3个方面，可以用时域性能指标、开环频域性能指标和闭环频域性能指标定量评价其性能优劣，在第3章、第4章已经详细介绍了各指标。其中，时域性能指标一般根据系统在典型输入下输出响应的某些特点定义，但是，当时域性能无法获得或者不能反映系统在频域特性时，一般通过频率特性实验，求得该系统在频域中开环频域性能指标，再由此推出时域中的动态性能和闭环频域性能指标。

对于一个特定的机电系统，其元部件及参数已经给定，前面章节已经进行了系统稳定性和稳态误差的分析，如果系统不能全面满足3个方面的要求，则必须对原系统增加必要的环节，对原系统进行校正，本章重点介绍在频域内，针对不同性能指标和情况，几种典型串联校正环节的设计原则和设计方法，包括：相位超前校正、相位滞后校正、相位滞后-超前校正和PID校正。

7.1 系统校正概述

7.1.1 校正的概念

机电系统设计过程大致分为3个步骤：

(1)确定系统的结构与参数。

(2)计算与分析系统的性能指标（在前几章已讨论），核算系统的性能指标能否达到要求。

(3)如果不能满足性能指标，则在系统中增加新的环节，以改善系统的性能，即所谓校正（compensation）或补偿法。

机电系统设计过程的第三步，即机电系统的校正，是本章的重点内容。根据校正环节在系统中的连接方式，校正可分为串联校正、反馈校正和顺馈校正等。串联校正和反馈校正分别是在系统前向通道、反馈回路中采用的校正方式，是两种最常用的校正形式。如图7.1所示，$G(s)$是原系统的传递函数，$G_c(s)$是串联校正环节，串联校正环节放在前向通道，并与原系统的传递函数形成串联关系；如图7.2所示，$G_1(s)$和$G_2(s)$是系统原始传递函数，$G_c(s)$是反馈校正环节，这种校正环节放在局部反馈通道的校正方法称为反馈校正；顺馈校正如图7.3所示。顺馈校正既可作为反馈控制系统的附加校正而组成复合控制系统，也可单独用于开环控制。

3种校正方法各有特点，利用串联校正方法更容易对已有的传递函数进行各种变换，其物理实现也比较容易，成本较低。反馈校正方法比串联校正复杂，有时需要使用传感器，但它能消除被反馈环包围的环节的扰动，提高系统性能，因此，在性能要求不高、结构简单、成本低的系统，通常采用串联校正，只有当系统有特殊性能要求时，才同时使用串联校正和反馈校正。

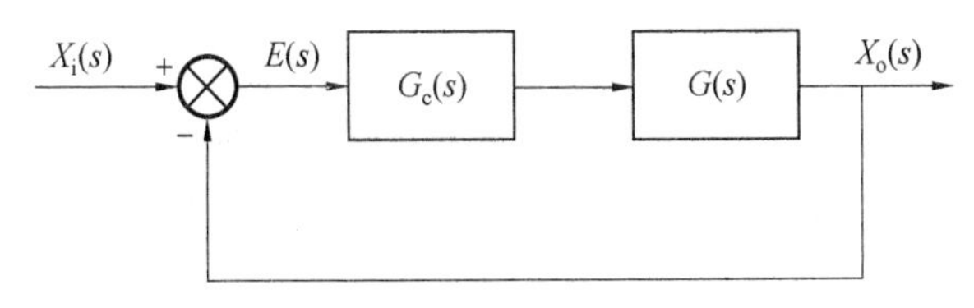

图 7.1　串联校正

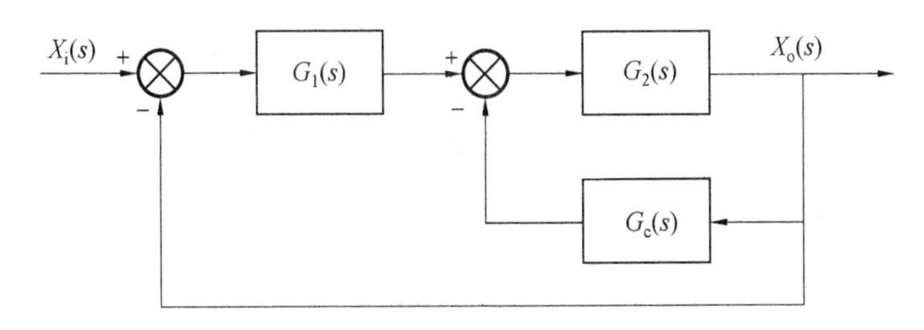

图 7.2　反馈校正

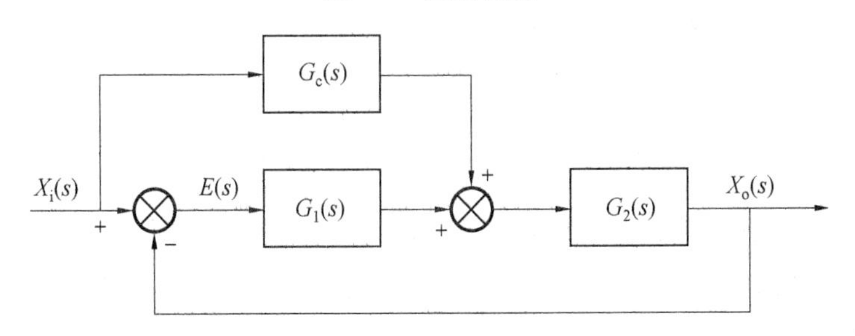

图 7.3　顺馈校正

在本章中只讨论串联校正。串联校正的实质是利用校正装置改变系统的开环对数频率特性，从而达到改善系统性能的目的，按校正环节 $G_c(s)$ 的频率特性不同可分为：增益调整、相位超前校正、相位滞后校正和相位滞后-超前校正。

图 7.4 给出了系统校正概念的一个例子。曲线①为某最小相位系统的开环 Nyquist 图，由图可知，系统的开环传递函数形式为 $\dfrac{K}{(s+p_1)(s+p_2)(s+p_3)}$，假设没有开环右极点，但是系统开环 Nyquist 曲线包围了(−1, j0)点，根据 Nyquist 判据，系统不稳定。为使系统稳定，可能的方法之一是减小系统的开环放大倍数 k，即由 k 减小至 k'，由曲线①变为曲线②，系统开环 Nyquist 曲线不再包围(−1, j0)点，系统稳定。但是，减小 k 会使系统的稳态误差增大，这是我们不希望的，甚至是不允许的。另一种方法

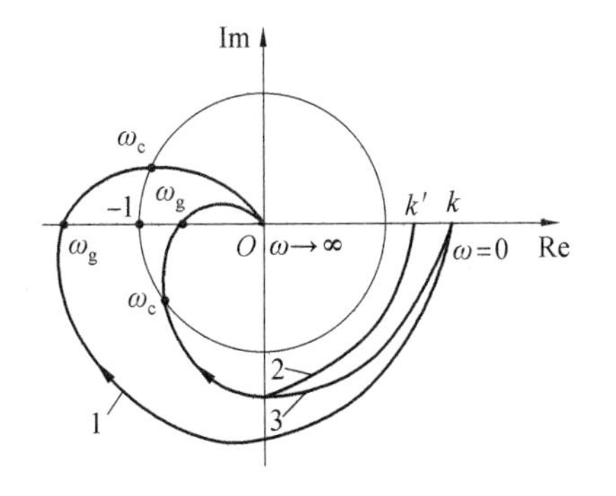

图 7.4　校正环节改善系统性能的 Nyquist 图

是在原系统中增加新的环节,使 Nyquist 轨迹在某个频率范围内发生变化,从曲线①变为曲线③,使原来不稳定的系统变为稳定系统,而且不改变 k,即不增大系统的稳态误差。

7.1.2 校正方法

机电控制系统的基本要求是:稳定性、准确性和快速性,因此,针对不同的原系统,就有不同性能指标要求。采用的串联校正大致分为以下几种情况,并分别给出了原系统、校正环节以及校正之后系统的 Bode 图。

(1)不考虑校正之后系统的稳态误差和快速性,只要求系统的稳定裕度。如图 7.5(a)为校正环节为 $G_c(s)=0.5$ 的系统校正前后频率特性曲线。原系统为 $G(s)=\dfrac{20}{s(0.5s+1)}$,其相角裕度 $\gamma_1=17.55°$,幅值穿越频率 $\omega_{c1}\approx6.32\ \text{rad/s}$,单位恒速度输入时系统的稳态误差 $e_{ss}=\dfrac{1}{20}=0.05$,则只增加比例环节,减小开环增益 k 就可以满足稳定裕度要求。校正环节 $G_c(s)=0.5$,校正之后系统为 $G(s)G_c(s)=\dfrac{10}{s(0.5s+1)}$,其相角裕度 $\gamma_2=24.09°$,幅值穿越频率 $\omega_{c2}\approx4.47\ \text{rad/s}$。这种情况下,通过减小 k,系统的稳定裕度(包括幅值裕度和相位裕度)得到了提高,但系统的稳态精度降低了,系统的快速性也变差了。

如图 7.5(b)所示,校正环节为 $G_c(s)=3\dfrac{1+s}{1+3.3s}$ 的系统校正前后频率特性曲线。由于校正环节的比例系数 $K=3$,虽然校正之后系统的稳态误差减小了,但是系统的截止频率没有改变,也就是说,系统的快速性和稳定裕度都没有改变。这种校正方法称为串联滞后校正方法。

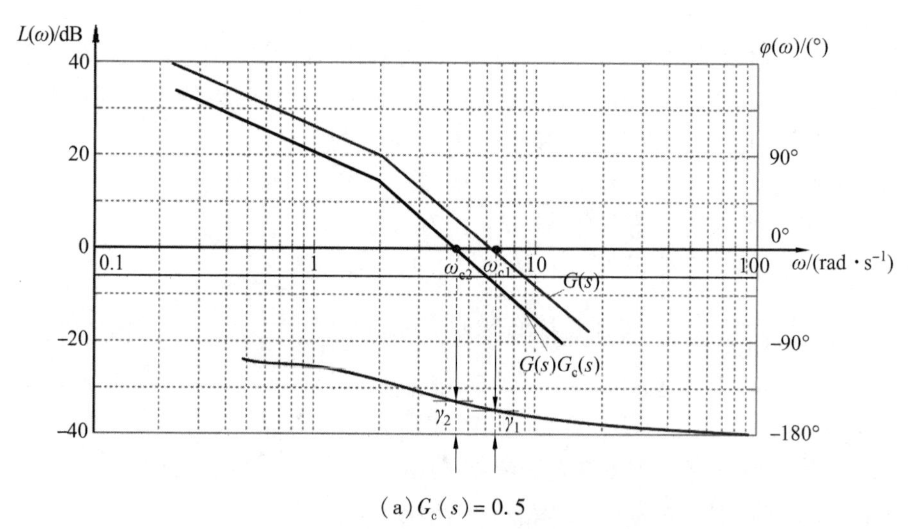

(a) $G_c(s)=0.5$

图 7.5 系统校正前后频率特性曲线

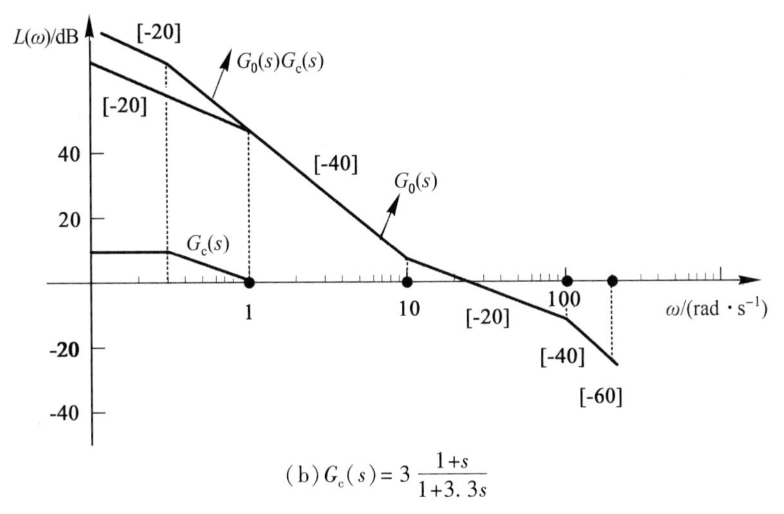

(b) $G_c(s)=3\dfrac{1+s}{1+3.3s}$

续图 7.5

(2)保证系统稳态误差不变,且不考虑系统快速性的前提下,提高系统的稳定裕度,包括幅值裕度和相位裕度。如图7.6所示,校正环节为 $G_c(s)=\dfrac{4.3s+1}{74.4s+1}$的系统校正前后频率特性曲线。原系统同第(1)种情况,即$G(s)=\dfrac{20}{s(0.5s+1)}$,串联校正之后系统的稳态精度不变,校正之后系统的幅值穿越频率 ω_{c2} 从 6.32 rad/s 减小至 1.15 rad/s,相角裕度 γ_2 提高至60°,在转折频率$\dfrac{1}{4.3}\approx 0.23$ (rad/s)之后,幅频特性曲线向下平移了约24.8 dB。在这种情况的校正过程中,稳态精度不变,但牺牲了系统快速性换取了稳定性,挖掘了系统本身的相角裕度(详细计算过程见例7.5)。这种校正方法称为串联滞后校正方法。虽然和第①种情况同为串联滞后校正,但由于增加的串联滞后校正环节所在频率段不同,改善的性能也不同。

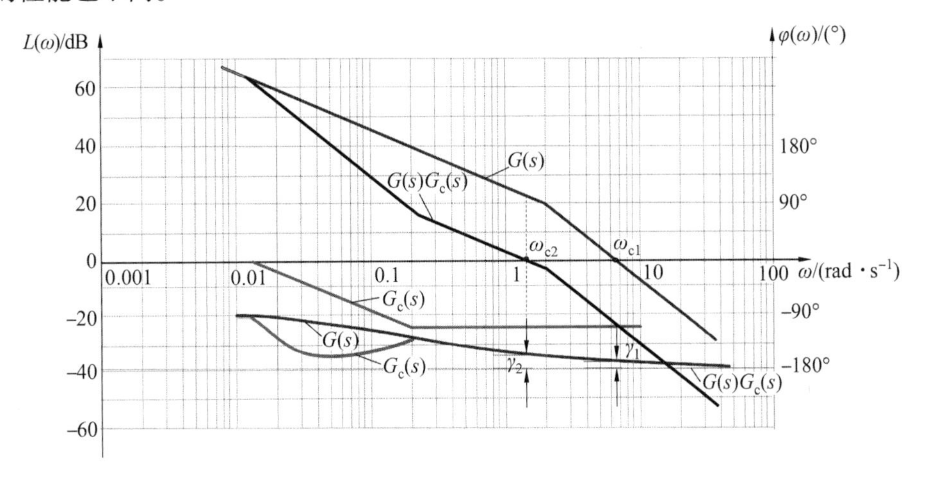

图 7.6 校正环节为 $G_c(s)=\dfrac{4.3s+1}{74.4s+1}$的系统校正前后频率特性曲线

(3)保证系统稳态误差不变,且不降低快速性的前提下,提高系统的相角裕度。如图7.7所示串联校正环节为$G_c(s)=\dfrac{0.23s+1}{0.055s+1}$的系统校正前后频率特性曲线。原系统与第(1)种情况相同,即$G(s)=\dfrac{20}{s(0.5s+1)}$,校正之后稳态精度不变,但是由于校正后$G(s)G_c(s)$幅频特性曲线在中频段抬起来,更远地穿越0 dB线,幅值穿越频率增加至$\omega_{c2}\approx 9$ rad/s,相角裕度增加至$\gamma_2\approx 50.4°$,在转折频率$\dfrac{1}{0.055}\approx 18.2$ (rad/s)之后,幅值向上平移了$\Delta L=12.4$ dB,即幅值裕度减小了12.4 dB(详细计算过程见例7.1)。这种方法称为串联超前校正方法。

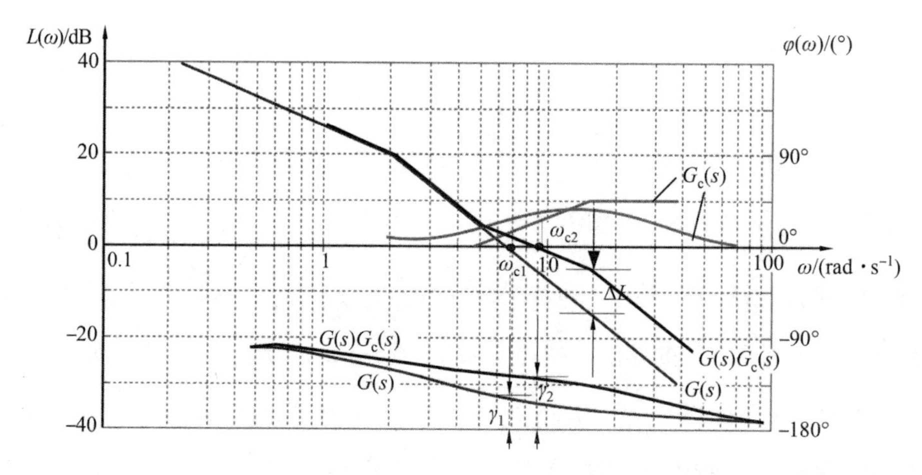

图7.7 串联校正环节为$G_c(s)=\dfrac{0.23s+1}{0.055s+1}$系统校正前后频率特性曲线

(4)保证系统稳态误差不变,设定快速性$\omega_{c2}(\omega_{c2}>\omega_{c1})$的前提下,提高系统的相角裕度。针对图7.7所示系统校正前后频率特性曲线,校正之后系统$\omega_{c2}\approx 9$ rad/s。如果仍不能满足要求,设定$\omega_{c2}=10$ rad/s,则串联校正环节为$G_c(s)=\dfrac{0.25s+1}{0.04s+1}$,相角裕度增加至$\gamma_2\approx 58.4°$,在转折频率$\dfrac{1}{0.04}=25$ (rad/s)之后,幅值向上平移了$\Delta L=15.9$dB。与(3)相比较,快速性和相角裕度提高的同时,幅值裕度减小了(详细计算过程见例7.2),这种校正方法,也是串联超前校正的一种,且会进一步提高ω_{c2},但快速性、幅值裕度和相位裕度相互矛盾。

(5)保证系统稳态误差不变,给定快速性$\omega_{c2}(\omega_{c2}>\omega_{c1})$和相角裕度$\gamma_2$的前提下,相对第(4)种情况,提高系统的幅值裕度。如图7.7所示,原系统与(1)相同,若设定$\omega_{c2}=10$ rad/s和$\gamma_2=50°$,则串联校正环节为$G_c(s)=\dfrac{0.25s+1}{0.0575s+1}$,相角裕度$\gamma_2=50°$,在转折频率$\dfrac{1}{0.0575}\approx 17.4$ (rad/s)之后,幅值向上平移了$\Delta L=12.8$ dB。总之,校正之后,快速性和相角裕度比原系统提高的同时,与(4)相比较,幅值裕度增加了(详细计算过程见例7.3)。但与(3)相比,快速性提高的同时,幅值裕度减小了,这种方法也是串联超前校正的一种。

(6)减小系统稳态误差的同时,不改变系统的快速性和稳定裕度。如图7.8所示,校正环节为$G_c(s)=\frac{s+1}{s}$的系统校正前后频率特性曲线。原系统$G(s)=\frac{20}{s(0.5s+1)}$,串联校正之后,单位恒速度输入时系统的稳态误差$e_{ss}=0$,系统的稳态误差减小,但校正之后系统的幅值穿越频率、相角裕度和幅值裕度都保持不变。这种方法是串联滞后校正的一种特例,即比例积分PI校正。

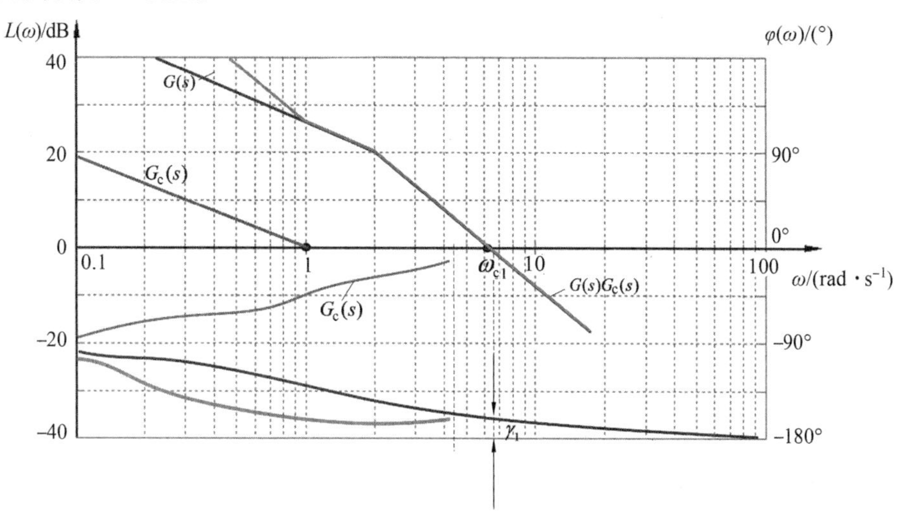

图7.8 串联校正环节$G_c(s)=\frac{s+1}{s}$系统校正前后频率特性曲线

(7)减小系统稳态误差的同时,提高系统的快速性、幅值裕度和相位裕度,需要在低频段先进行串联滞后校正,满足稳态误差和快速性的要求;然后在中频段进行串联超前校正,满足幅值裕度和相位裕度的要求,即滞后-超前校正(详细计算过程见例7.6)。典型的滞后-超前校正是PID校正。

7.2 相位超前校正

7.2.1 相位超前校正环节的特点

在机电控制系统中,一般都会包含积分环节和惯性环节,它们使系统输出产生时间上的滞后,系统的快速性变差,甚至造成不稳定。由以前章节内容可知,如果仅仅增加增益,只会使系统开环频率特性的幅频特性曲线向上平移,穿越频率ω_c(或称剪切频率)变大,响应速度提高,然而,相频特性曲线没有改变,相角裕度减小,从而使系统的稳定性下降。为了既能提高系统的响应速度,又能保证系统的其他特性不变坏,就需对系统进行超前校正。

串联校正环节一般都放在前向通道的前端,如图7.1所示。图7.9是RC超前校正

网络的等效电路图，它是高通滤波器，如果输入信号源 u_i 的内阻为零，负载阻抗为无穷大，则其传递函数可写为

$$G_{oc}(s)=\frac{U_o(s)}{U_i(s)}=\alpha\frac{Ts+1}{\alpha Ts+1} \tag{7.1}$$

式中

$$\alpha=\frac{R_2}{R_1+R_2}<1,\quad T=R_1C$$

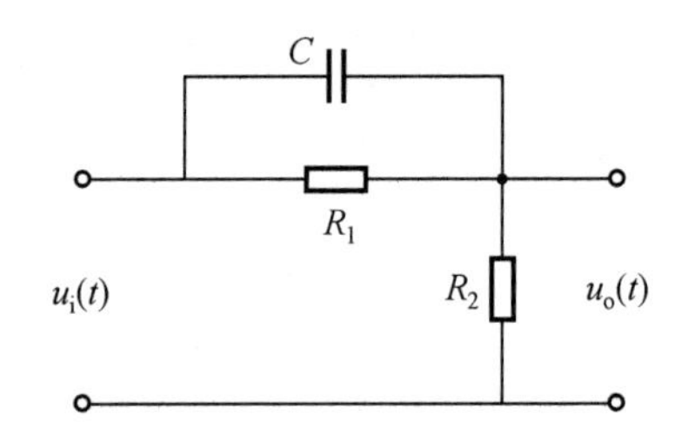

图 7.9　相位超前校正网络等效电路图

由式(7.1)可知，此环节是比例环节、一阶微分环节与惯性环节的串联，若将无源超前网络串联入系统，则系统的开环增益是原来的 α 倍，为了补偿超前网络造成的增益变化，需要另外串联一个放大倍数为 $\frac{1}{\alpha}$ 的放大器，经过增益补偿后的超前环节传递函数 $G_c(s)$ 为

$$G_c(s)=\frac{1}{\alpha}G_{oc}(s)=\frac{Ts+1}{\alpha Ts+1} \tag{7.2}$$

$G_c(s)$ 的相频特性为

$$\varphi_c(\omega)=\angle(G_c(j\omega))=\arctan T\omega-\arctan \alpha T\omega=\arctan\frac{(1-\alpha)T\omega}{1+\alpha(T\omega)^2} \tag{7.3}$$

$G_c(s)$ 的幅频特性为

$$L_c(\omega)=|G_c(j\omega)|=\left|\frac{T\omega j+1}{\alpha T\omega j+1}\right|=\frac{\sqrt{1+(T\omega)^2}}{\sqrt{1+(\alpha T\omega)^2}}$$

由式(7.3)可知，该校正装置的相角总是超前的，即 $\varphi_c(\omega)>0$，顾名思义称其为相位超前校正，值得注意的是：当 $\omega\geqslant\frac{1}{\alpha T}$ 时，$G_c(s)$ 的幅频特性为 $L(\omega)=\frac{\sqrt{(T\omega)^2}}{\sqrt{(\alpha T\omega)^2}}=\frac{1}{\alpha}$，幅值为 $20\lg\frac{1}{\alpha}$。画出 $G_c(s)$ 的对数频率特性曲线，幅频特性曲线以渐近线表示，该渐近线方程为

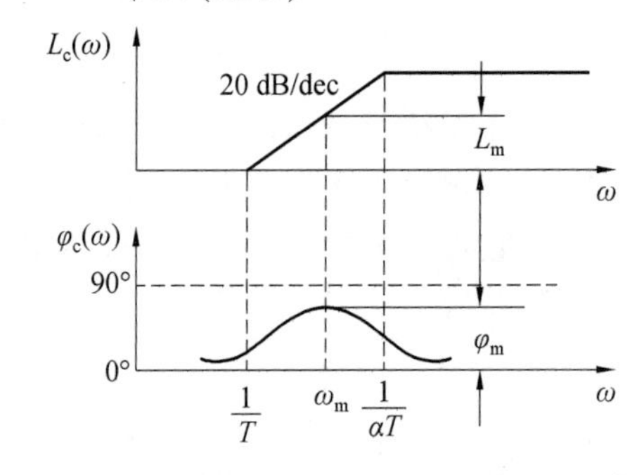

图 7.10　相位超前校正环节对数频率特性曲线

$$L_c(\omega)=20\lg\omega+20\lg T \tag{7.4}$$

其中 $\frac{1}{T}\leqslant\omega\leqslant\frac{1}{\alpha T}$，相位超前校正环节对数频率特性曲线如图 7.10 所示。

将式(7.3)对 ω 求导，并令其为零，可求出最大超前相角频率 ω_m 为

$$\omega_m=\frac{1}{T\sqrt{\alpha}} \tag{7.5}$$

对式(7.5)取对数，则

$$20\lg\omega_m=20\lg\frac{1}{T\sqrt{\alpha}}=\frac{1}{2}\left(20\lg\frac{1}{T^2\alpha}\right)=\frac{1}{2}\left(20\lg\frac{1}{T}+20\lg\frac{1}{\alpha T}\right)$$

由上式可知,ω_m 在对数尺度转折频率点$\frac{1}{T}$和$\frac{1}{\alpha T}$的几何中间,将 ω_m 分别代入式(7.3)和式(7.4),可分别求得 ω_m 处的最大超前相角为 φ_m 和幅值 L_m,即

$$\varphi_m=\varphi_c(\omega_m)=\arctan\frac{(1-\alpha)T\omega_m}{1+\alpha(T\omega_m)^2}=\arctan\frac{1-\alpha}{2\sqrt{\alpha}}$$

$$L_m=-10\lg\alpha$$

其中 L_m 可以直接得到为 $\omega=\frac{1}{\alpha T}$处的幅值一半。

由以上推导知道,最大相角 φ_m 和幅值 L_m 都仅根据系 α 就可以获得。在最大相角频率 ω_m 处,虽然超前环节增加的幅值 L_m 没有达到最大,但增加的相角 φ_m 达到最大,因此,通常校正之后的系统剪切频率设在 ω_m 处。

根据三角函数关系,可以采用较简单的函数表达最大相角频率 ω_m 和系数 α 的关系,有

$$\sin\varphi_m=\frac{\tan\varphi_m}{\sqrt{1+(\tan\varphi_m)^2}}=\frac{1-\alpha}{1+\alpha}\qquad(7.6)$$

根据式(7.6)作 φ_m 和$\frac{1}{\alpha}$的关系曲线,如图7.11所示。

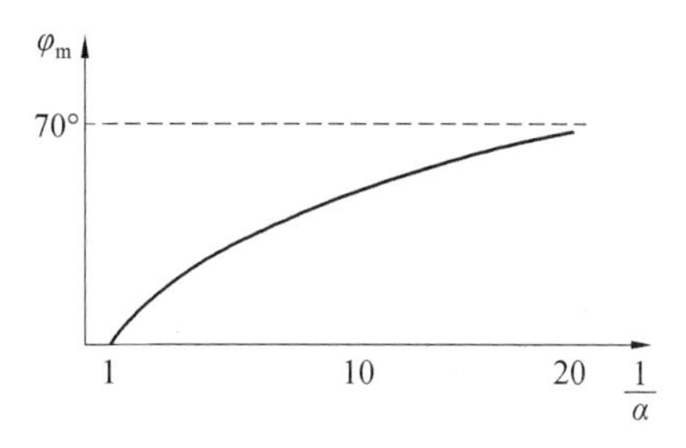

图7.11 最大超前相角 φ_m 和系数$\frac{1}{\alpha}$的关系

由图7.11可知,随着$\frac{1}{\alpha}$的增加,由相位超前环节带来的最大超前相角 φ_m 增加。虽然理论 φ_m 可以接近90°,但实际情况下最大值不会超过70°,因为当 α 太小时,幅值裕度减小太多,通常根据系统需要增加的相角,确定满足条件的 α,一般 α 不小于0.05。

由图7.10可知,在校正环节的对数幅频特性曲线上有20 dB/dec段存在,如果适当选择校正环节的参数 α 和 T,使最大超前相角频率 ω_m 置于校正后系统的剪切频率 ω_c'处,即 $\omega_c'=\omega_m$,则校正环节可以产生两方面的有利影响:一是会使校正后系统的幅频特性曲线在中频段更远地穿越0 dB线,剪切频率右移,由原来的 ω_c 增大至 ω_c',提高了系统的快速性;二是可以有效增加系统的相角裕度,新增加的裕度为 $\Delta\gamma=\varphi_c(\omega_c')-\varphi(\omega_c')>0°$,其中,$\varphi_c(\omega_c')$和 $\varphi(\omega_c')$分别是校正环节和校正前原系统在 ω_c'处的相角,因此,串联校正可以提高系统的相对稳定性。

值得注意的是,由于超前校正位于中频段,校正后系统的增益和型次未变,因此稳态精度变化不大。此外,当 $\omega\geqslant\frac{1}{\alpha T}$时,校正后系统的幅频特性曲线向上平移了 $\Delta L=-20\lg\alpha$ dB。

7.2.2 相位超前校正

通常,将超前校正环节的最大超前相角频率 ω_m 设在校正之后系统的剪切频率处,提

高校正后系统的相角裕度和剪切频率，改善系统的稳定性和动态性能。

情形一：假设未校正系统的开环传递函数为 $G_0(s)$，系统给定稳态误差、相角裕度和幅值裕度指标分别为 e_{ss}、γ、L，设计超前校正环节的一般步骤可归纳如下：

（1）根据给定的 e_{ss}，确定系统的开环增益 $k=\frac{1}{e_{ss}}$；

（2）根据给定的 $G_0(s)$ 和 k，求原系统的剪切频率 ω_{c1}、相角裕度 γ_1 和幅值裕度 L_1，判定原系统的稳定性，如系统稳定，但动态性能指标不能满足，则采用相位超前校正 $G_c(s)=\frac{Ts+1}{\alpha Ts+1}(0<\alpha<1)$；

（3）根据给定的 γ 和 γ_1，确定期望校正环节增加的相角 $\varphi=\gamma-\gamma_1+\Delta\varphi$，其中 $\Delta\varphi$ 为校正后剪切频率右移带来的相角滞后，一般为 $5°\sim10°$，设置校正环节最大增加相角 $\varphi_m=\varphi$；

（4）根据公式 $\sin\varphi_m=\frac{1-\alpha}{1+\alpha}$，确定校正环节系数 α；

（5）根据公式 $L_m=-10\lg\alpha$，确定校正环节在最大超前相角频率 ω_m 处的幅值；

（6）根据原系统在 ω_m 处的幅值 $L_1=-L_m$，确定校正后系统的剪切频率 ω_c，且 $\omega_c=\omega_m$；

（7）根据公式 $\omega_m=\frac{1}{T\sqrt{\alpha}}$，计算校正环节的系数 T，确定了校正环节各参数；

（8）校正之后系统的传递函数 $G(s)=G_0(s)G_c(s)$，验证 $G(s)$ 的相角裕度和幅值裕度。

下面举例说明。

【例 7.1】 单位反馈控制系统如图 7.12 所示，设计串联校正装置 $G_c(s)$，使校正后系统在单位恒速输入时，在不影响快速性的情况下，满足稳态精度 $e_{ss}\leqslant0.05$；频域性能指标：相角裕度 $\gamma\geqslant50°$，幅值裕度 $20\lg K_g\geqslant10$ dB。

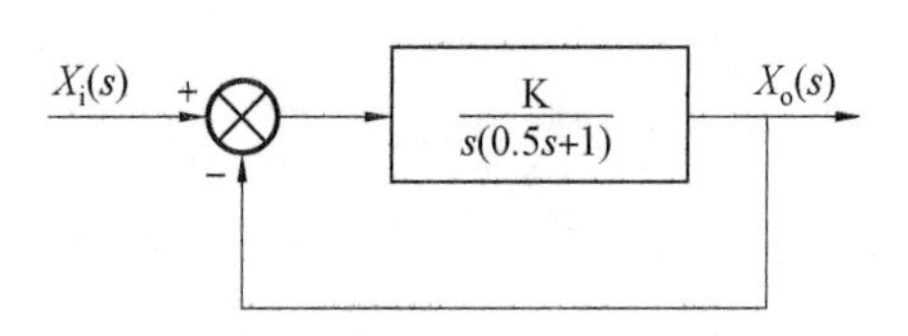

图 7.12 单位反馈控制系统

解 首先，根据稳态误差 e_{ss} 确定开环增益 K，因为该系统是Ⅰ型系统且为单位反馈系统，所以

$$K=\frac{1}{e_{ss}}=20$$

原系统开环频率特性为

$$G_0(j\omega)=\frac{20}{j\omega(1+j0.5\omega)}$$

原系统的对数频率特性曲线如图 7.13 所示，其中幅频特性曲线给出的是其渐近线，则原系统的剪切频率、相角裕度和幅值裕度分别为

$$\omega_{c1}=\sqrt{40}\approx6.32\ (\text{rad/s})$$

$$\gamma_1=180°-90°-\arctan(0.5\sqrt{40})=17.55°<50°$$

$$L_1\to\infty$$

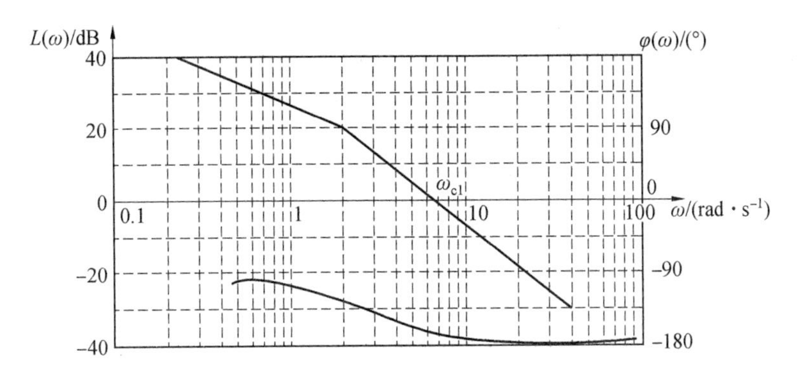

图 7.13　原系统对数频率特性

由于原系统具有正的相角裕度和幅值裕度，系统稳定，但相角裕度小于要求值，因此采用相位超前校正，如图 7.14 所示。校正环节形式为

$$G_c(s)=\frac{Ts+1}{\alpha Ts+1}\quad(\alpha<1)$$

由于对校正之后的剪切频率 ω_c 没有特殊要求，将校正后系统的剪切频率 ω_{c2} 置于校正环节 $G_c(s)$ 最大超前相角频率 ω_m 处，即 $\omega_{c2}=\omega_m$，则希望校正环节增加的相角为

$$\varphi=\varphi_m=\gamma_2-\gamma_1+\Delta\gamma=50°-17°+5°=38°$$

其中，估算值 5°补偿系统校正后剪切频率右移带来的相角滞后，即图 7.14 中 $\Delta\gamma=5°$。根据公式

$$\sin\varphi_m=\frac{1-\alpha}{1+\alpha}$$

解得

$$\alpha\approx0.2376$$

校正环节在新剪切频率 ω_{c2} 处的幅值上升值 $L_m=-10\lg\alpha=6.2$ dB，如图 7.14 所示。

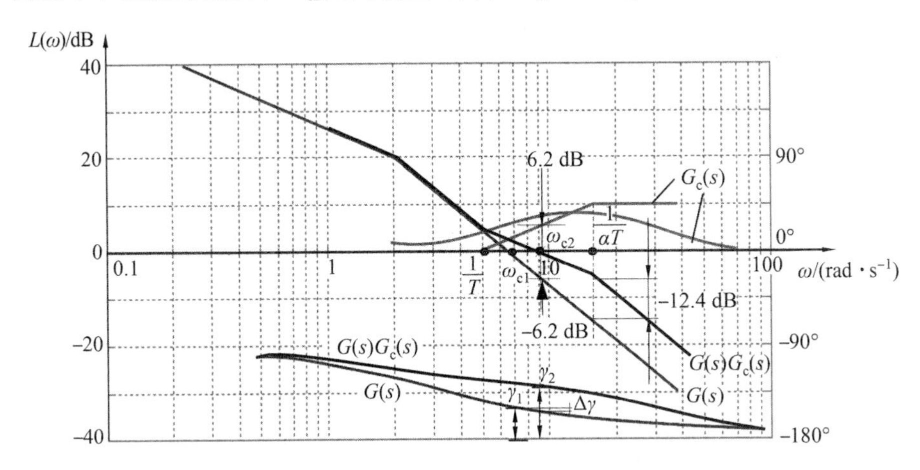

图 7.14　相位超前校正前后系统的对数频率特性(例 7.1)

由图 7.14 可知，原系统在 ω_{c2} 处的幅值为

$$L_1=-L_m=-6.2\text{ dB}$$

根据原系统各段渐近线方程

$$L_1=-40\lg\omega_{c2}+20\lg 40=-6.2\ (\text{dB})$$

得到校正之后系统的新剪切频率为

$$\omega_{c2}\approx 9\ \text{rad/s}$$

根据 $\omega_{c2}=\omega_m=\dfrac{1}{T\sqrt{\alpha}}$，求出校正环节的另一个系数 $T\approx 0.23$。

为了求校正环节系数 T，也可以根据超前环节$\left(\dfrac{1}{T},\dfrac{1}{\alpha T}\right)$段的直线方程

$$y(\omega)=20\lg\omega+20\lg T$$

代点$(\omega_{c2},6.2)$入方程，求得 $T\approx 0.23$。

则超前校正环节为

$$G_c(s)=\frac{0.23s+1}{0.055s+1}$$

校正环节在频率 $\omega=\dfrac{1}{0.055}$ 处引起的幅值上升为

$$\Delta L=-20\lg\alpha\approx 12.4\ \text{dB}$$

校正之后系统的传递函数为

$$G(s)=G_0(s)G_c(s)=\frac{20}{s(0.5s+1)}\times\frac{0.23s+1}{0.055s+1}$$

则校正之后系统的相角裕度为

$$\gamma=180°-90°-\arctan(0.5\times 9)+\arctan(0.23\times 9)-\arctan(0.055\times 9)\approx 50.4°>50°$$

校正之后系统的幅频特性曲线虽然在 $\omega\geqslant\dfrac{1}{0.055}\approx 18\ \text{rad/s}$ 之后，向上平移了 12.4 dB，但是仍为∞，所以系统满足性能要求。

情形二：假设未校正系统的开环传递函数为 $G_0(s)$，系统给定稳态误差、剪切频率、相角裕度和幅值裕度指标分别为 e_{ss}、ω_c、γ、L，与上一种情形比，增加了对 ω_c 的要求，设计此类串联超前校正环节的步骤与上一种情形略有不同，可归纳如下：

(1)根据给定的 e_{ss}，确定系统的开环增益 $k=\dfrac{1}{e_{ss}}$；

(2)根据 $G_0(s)$ 和 k，求原系统的剪切频率 ω_{c1}、相角裕度 γ_1 和幅值裕度 L_1，判定原系统的稳定性，若系统稳定，但 $\omega_{c1}<\omega_c$、$\gamma_1<\gamma$，$L_1<L$，采用相位超前校正环节 $G_c(s)=\dfrac{Ts+1}{\alpha Ts+1}$；

(3)计算原系统在 ω_c 处的幅值 $L_1(\omega_c)$，若将校正后系统剪切频率设置在 ω_c，则校正曲线在 ω_c 的幅值 $L_c(\omega_c)=-L_1(\omega_c)=20\lg\omega_c+20\lg T$，确定校正环节的系数 T；

(4)如果不把校正环节的最大相角频率 ω_m 设在 ω_c，即 $\omega_m\neq\omega_c$，计算原系统在 ω_c 处的相角 $\gamma_1(\omega_c)$，需要超前校正环节增加的相角 $\varphi=\gamma(\omega_c)-\gamma_1(\omega_c)$，其中 $\gamma(\omega_c)$ 是设计指标；

(5)根据校正环节的相角 $\varphi=\arctan\dfrac{(1-\alpha)T\omega_c}{1+\alpha(T\omega_c)^2}$，计算确定校正环节的系数 α，则得到校正环节的传递函数 $G_c(s)=\dfrac{Ts+1}{\alpha Ts+1}$；

(6)校正之后系统的传递函数 $G(s)=G_0(s)G_c(s)$,此时 $G(s)$ 的剪切频率是 ω_c,其相角裕度正好为 $\gamma(\omega_c)$,幅值自 $\frac{1}{\alpha T}$ 之后,向上平移了 $\Delta L=-20\lg\alpha$。

值得注意的是,如果将校正环节的最大相角频率 ω_m 设在 ω_c,即 $\omega_m=\omega_c$,则上述步骤第(4)步变为根据 $\omega_c=\omega_m=\frac{1}{T\sqrt{\alpha}}$,直接计算得到 α,再验证 $G(s)$ 的相角裕度和幅值裕度。

【例7.2】 单位反馈控制系统如图7.12所示,设计校正装置 $G_c(s)$,使校正后系统满足稳态误差 $e_{ss}\leqslant 0.05$、$\omega_c=10$ rad/s,频域性能指标为相角裕度 $\gamma\geqslant 50°$、幅值裕度 $20\lg K_g\geqslant 10$ dB。

解 在例7.1中已经判断系统稳定,但相角裕度和剪切频率均小于要求值,仍采用相位超前校正。校正环节形式为

$$G_c(s)=\frac{Ts+1}{\alpha Ts+1}$$

如图7.15所示,若将校正后系统剪切频率设置在 $\omega_c=10$ rad/s,代入原系统渐近线方程

$$L_1(\omega)=\begin{cases}-20\lg\omega+20\lg 20 & \omega\leqslant 2\\ -40\lg\omega+20\lg 40 & \omega\geqslant 2\end{cases}$$

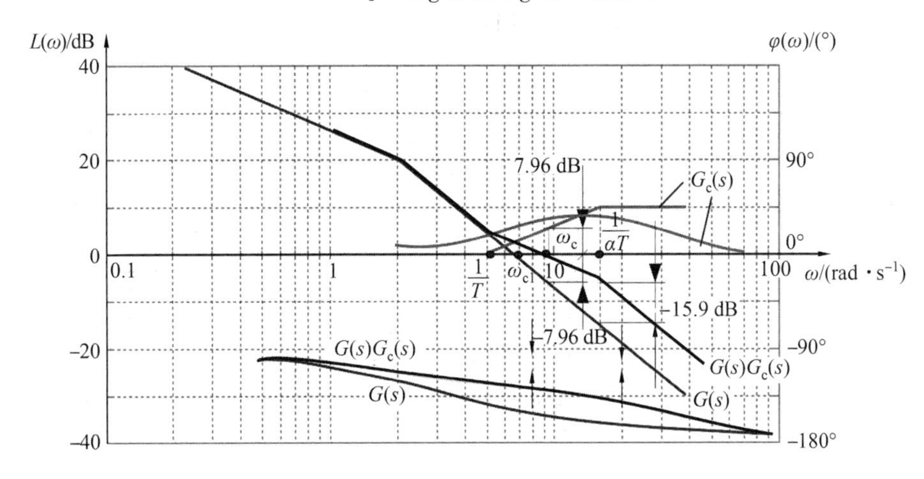

图7.15 串联校正之后系统的对数频率特性(例7.2)

得到原系统在 ω_c 的幅值为

$$L_1(\omega_c)=(-40\lg 10+20\lg 40)\text{dB}=(-20\lg 2.5)\text{dB}=-7.96\ \text{dB}$$

校正曲线在 ω_c 的幅值为

$$L_c(\omega_c)=7.96=-L_1(\omega_c)=20\lg\omega_c+20\lg T=20\lg 10+20\lg T$$

$$T=0.25$$

由于已经已知校正后系统的幅值穿越频率,则可以计算出原系统在 $\omega_{c2}=10$ rad/s 处的相角裕度 $\gamma_1(\omega_c)=180°-90°-\arctan(0.5\times 10)\approx 12°$。

设定校正环节的最大相角频率 $\omega_m=\omega_c=10$ rad/s,根据 $\omega_c=\omega_m=\frac{1}{T\sqrt{\alpha}}$,$\alpha\approx 0.16$,则

$$G_c(s)=\frac{0.25s+1}{0.04s+1}$$

校正之后系统的传递函数为

$$G(s)G_c(s)=\frac{20}{s(0.5s+1)}\frac{0.25s+1}{0.04s+1}$$

从图 7.15 可以看出，当 $\omega>\frac{1}{0.04}$，校正后系统的幅频特性曲线向上平移了 15.9 dB。

验证校正后系统的相角裕度为

$$\gamma'(\omega_c)=180°-90°-\arctan(0.5\times10)-\arctan(0.04\times10)+\arctan(0.25\times10)\approx58°>50°$$

【例 7.3】 控制系统如图 7.12，设计校正装置 $G_c(s)$，使校正后系统满足稳态精度 $e_{ss}\leqslant0.05$，$\omega_{c2}=10$ rad/s，频域性能指标为相角裕度 $\gamma=50°$，幅值裕度 $20\lg K_g\geqslant10$ dB。

解 在例 7.2 中已经计算得到校正环节的 T，如果不把校正环节的最大相角频率 ω_m 设在 ω_c，即 $\omega_m\neq\omega_c$，且要求 $\gamma=50°$，而不是 $\gamma\geqslant50°$，则通过校正环节期望增加的相角 $\varphi=50°-12°=38°$。

由于校正环节的相角 $\varphi=\arctan\frac{1-\alpha T\omega_c}{1+\alpha(T\omega_c)^2}$，则 $\alpha\approx0.233$，由于 α 越小，增加的相角越大，因此，在此按着只舍不入的原则，取 $\alpha\approx0.23$，则校正环节为

$$G_c(s)=\frac{0.25s+1}{0.0575s+1}$$

校正之后系统的传递函数

$$G(s)=G_0(s)G_c(s)=\frac{20}{s(0.5s+1)}\frac{0.25s+1}{0.0575s+1}$$

验证校正后系统的相角裕度为

$$\gamma'(\omega_c)=180°-90°-\arctan(0.5\times10)-\arctan(0.0575\times10)+\arctan(0.25\times10)\approx50.3°$$

此 $\gamma'(\omega_c)$ 为 50.3°而不是 50°，是由于 α 取值采取只舍不入的原则。

当 $\omega>\frac{1}{0.0575}$，校正后系统的幅频特性曲线向上平移了 12.8dB。

和例 7.2 比较，虽然验证校正后系统的相角裕度减小了，但是幅值裕度增加了。比较例 7.1～7.3 可知，采用串联超前校正的方法，剪切频率、幅值裕度、相角裕度是相互矛盾的。

7.3 相位滞后校正

7.3.1 相位滞后校正环节的特点

自动控制系统中包含的积分环节和惯性环节，使系统输出产生时间上的滞后，如果这种滞后只使系统的稳定裕度和快速性变差，可以采用 7.2 节的串联超前环节；如果已经造成系统不稳定，由以前章节内容可知，若仅仅减小增益，系统开环频率特性的幅频特性曲线向下平移，穿越频率 ω_c（或称剪切频率）变小，由于相频特性曲线没有改变，因此相角裕

度增加,可以使系统变得更得稳定。但是,减小开环增益,系统的响应速度将变慢,系统的稳态误差也将变大。

为了改善系统的稳定性且不影响系统的稳态误差,需要对系统进行相位滞后校正。

图7.16是由电阻电容组成的相位滞后校正网络等效电路,该校正环节为无源的滞后校正网络,其传递函数为

$$G_c(s)=\frac{X_o(s)}{X_i(s)}=\frac{Ts+1}{\beta Ts+1} \tag{7.7}$$

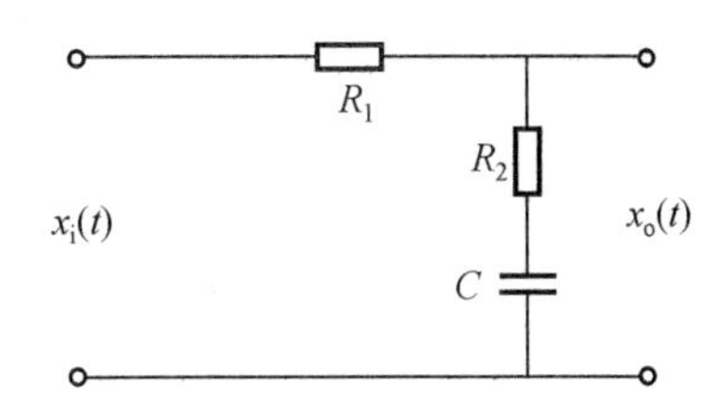

图7.16 相位滞后校正网络等效电路图

式中

$$\beta=\frac{R_1+R_2}{R_2}>1,\quad T=R_2C$$

由式(7.7)可知,当输入为低频信号 $\omega\to0$,s 很小时,$G_c(s)\approx1$,即此环节不起校正作用;当输入为高频信号 $\omega\to\infty$,s 很大时,$G_c(s)\approx\frac{1}{\beta}$,此环节相当于比例环节,它使输出衰减到输入的$\frac{1}{\beta}$。因此,该校正环节是一种低通滤波器。

上述相位滞后校正环节的频率特性为

$$G_c(j\omega)=\frac{jT\omega+1}{j\beta T\omega+1}\quad(\beta>1)$$

相频特性为

$$\angle G_c(j\omega)=\arctan T\omega-\arctan\beta T\omega<0^\circ$$

可见该校正装置的相位滞后。它的幅频特性为

$$|G_c(j\omega)|=\frac{\sqrt{1+(T\omega)^2}}{\sqrt{1+(\beta T\omega)^2}}$$

当 $\omega=0$ 时,$|G_c(j\omega)|=1$;当 $\omega\to\infty$ 时,$|G_c(j\omega)|=1/\beta$。

图7.17是相位滞后校正环节的Bode图,其幅频特性曲线以渐近线表示,该渐近线方程为

$$L_c(\omega)=-20\lg\omega+20\lg\frac{1}{\beta T},\quad \frac{1}{\beta T}\leqslant\omega\leqslant\frac{1}{T}$$

由图7.17可知,当 $\omega\leqslant\frac{1}{\beta T}$时,系统增益为1;因为 $\omega\geqslant\frac{1}{T}$时,增益全部下降20 lg β(dB),而相位减小很少,因此,此滞后校正环节是一个低通滤波器。

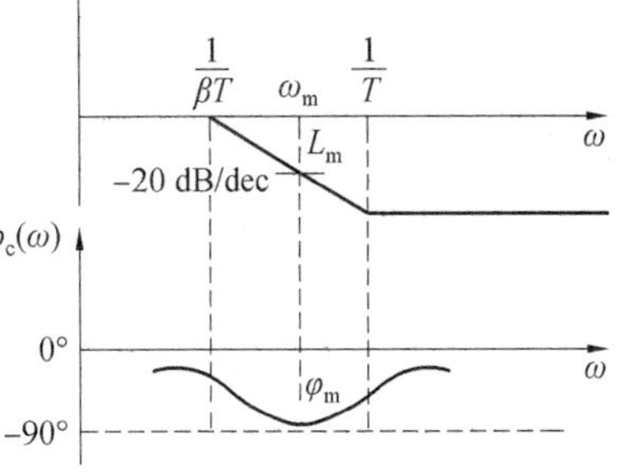

图7.17 相位滞后校正环节Bode图

由相位超前环节一节中的公式可知,相位滞后校正环节的最大滞后相角频率 $\omega_m=\frac{1}{T\sqrt{\beta}}$,此频率处的幅值 $L_m=-10\lg\beta$,最大滞后相角$\varphi_m=\arcsin\frac{1-\beta}{1+\beta}$,当 $\omega\geqslant\frac{1}{T}$时,校正之后的幅频特性曲线

下移 $L_c\left(\frac{1}{T}\right)=20\lg\frac{1}{\beta}$。

为了使不稳定的系统经过相位滞后校正后，系统变得稳定，实质上是利用滞后校正装置本身的幅值衰减特性，减小原剪切频率 ω_{c1}，挖掘原系统自身的相角储备量，提高系统的稳定性，也可以说，牺牲快速性换取了稳定性。根据上述理由，β 和 T 要选得尽可能大。β 值越大，幅值衰减越多，校正后系统的剪切频率越小，挖掘出原系统自身的相角储备量越大，系统越稳定，一般最大值取 $\beta_{max}=20$，常用的为 $\beta=10$。

为了减小相位滞后校正环节对校正之后系统相位裕度的影响，校正环节的零点转折频率 $\omega_T=\frac{1}{T}$ 尽量远离校正之后系统的剪切频率 ω_c，通常，$\frac{\omega_c}{\omega_T}\approx5\sim10$。

7.3.2 相位滞后校正

相位滞后校正环节利用滞后网络的幅值衰减特性，将原系统的中频段压低，使校正之后系统幅频特性曲线更近地穿越 0 dB 线，减小系统的剪切频率，挖掘系统自身的相角储备来满足系统的相角裕度，改善系统的稳定性。

假设未校正系统的开环传递函数为 $G_0(s)$，系统设计指标分别为 e_{ss}、γ、L、ω_c^*，设计滞后校正环节的一般步骤可归纳如下：

(1)根据给定的 e_{ss}，确定系统的开环增益 $k=\frac{1}{e_{ss}}$；

(2)根据给定的 $G_0(s)$ 和 k，求原系统的剪切频率 ω_{c1}、相角裕度 γ_1 和幅值裕度 L_1，判定原系统的稳定性；如系统不稳定，则可以考虑采用相位滞后校正环节

$$G_c(s)=\frac{Ts+1}{\beta Ts+1}=\frac{\frac{s}{\omega_T}+1}{\frac{s}{\omega_p}+1}\quad(\beta>1)$$

(3)将设计指标中期望的相角裕度 γ 增加 $5°\sim10°$，补偿滞后校正环节在新剪切频率 ω_c 处带来的相角减小，计算校正之后系统的新剪切频率 ω_c，且满足 $\omega_c\geqslant\omega_c^*$，则采用相位滞后校正；计算 ω_c 时，如果根据设计相角裕度指标 γ 计算得到 $\omega_c\leqslant\omega_c^*$，则使用滞后超前校正。

(4)根据 $\frac{\omega_c}{\omega_T}\approx5\sim10$，确定校正环节的零点转折频率 $\omega_T=\frac{1}{T}$；

(5)根据 ω_c，计算原系统在 ω_c 处幅值 $L_1(\omega_c)$；

(6)由于滞后校正环节在 ω_c 处的幅值和原系统在 ω_c 处的幅值关于 0 dB 线对称，即 $L_c(\omega_c)=L_c(\omega_T)=-L_1(\omega_c)=20\lg\frac{1}{\beta}$，确定校正环节的系数 β；

(7)校正之后系统的传递函数 $G(s)=G_0(s)G_c(s)$，验证 $G(s)$ 的相角裕度和幅值裕度。值得注意的是，校正之后和校正之前的系统相角穿越频率相等，即 $\omega_{g1}=\omega_g$。因此，在计算校正之后系统的幅值裕度时，只需要在原系统的幅值裕度上叠加校正系统带来的幅

值衰减值 $20\lg\dfrac{1}{\beta}$。

下面举例说明。

【例7.4】 单位反馈控制系统开环传递函数为 $G_0(s)=\dfrac{k}{s(s+1)(0.5s+1)}$，要求单位恒速输入时的稳态精度 $e_{ss}=0.2$；相角裕度 $\gamma\geqslant40°$；幅值裕度 $L_1\geqslant10$ dB。

解 (1)根据给定的 e_{ss}，确定系统的开环增益 $k=\dfrac{1}{e_{ss}}=5$。

(2)判定原系统的稳定程度。

未校正系统的开环频率特性为

$$G_0(j\omega)=\frac{k}{j\omega(j\omega+1)(0.5j\omega+1)}$$

作其曲线如图7.18所示。

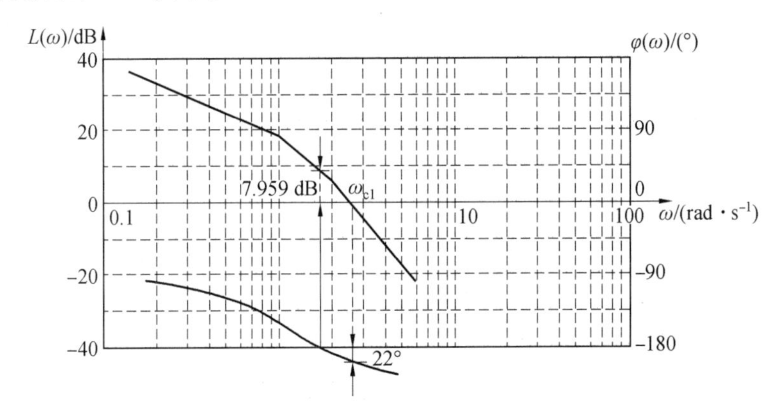

图7.18 未校正系统的频率特性曲线

设未校正系统的剪切频率为 ω_{c1}(且 $\omega_{c1}>2$)，则

$$|G_0(j\omega_{c1})|=\frac{5}{\omega_{c1}\times\omega_{c1}\times\dfrac{\omega_{c1}}{2}}\approx1$$

$$\omega_{c1}=\sqrt[3]{10}\approx2.15\ (\text{rad/s})$$

解得相角裕度为

$$\gamma_1(\omega_{c1})=180°-90°-\arctan 2.15-\arctan(0.5\times2.15)=-22°<0°$$

由于相角裕度为负，因此，未校正系统不稳定。

相角穿越频率为

$$-90°-\arctan\omega_g-\arctan(0.5\omega_g)=-180°$$

$$\omega_g=\sqrt{2}\ (\text{rad/s})$$

幅值裕度为

$$L_1=40\lg\sqrt{2}-20\lg 5=-7.959\ \text{dB}<0$$

因此，未校正系统幅值裕度也为负，系统不稳定。

如果采用上节介绍的超前校正环节

$$G_{c1}(s)=\frac{T_1s+1}{\alpha T_1s+1}\quad (0<\alpha<1)$$

需要增加的角度为

$$\varphi_m=22^\circ+40^\circ+5^\circ=67^\circ$$

其中,5°为估算值,补偿系统校正后剪切频率右移带来的原系统相角滞后值。

$$\sin(\varphi_m)=\frac{1-\alpha}{1+\alpha},\quad \alpha\approx 0.04$$

$$L_m=-10\lg\alpha=-10\lg 0.04$$

由于超前校正之后系统的剪切频率 $\omega_{c2}>2$ rad/s,则

$$-L_m=-60\lg\omega_{c2}+20\lg 10=10\lg 0.04,\quad \omega_{c2}=\sqrt[3]{50}\approx 3.68\ (\text{rad/s})$$

如果将 ω_{c2} 设在超前校正环节最大相角频率 ω_m 处,则

$$\omega_m=\omega_{c2}=\frac{1}{T_1\sqrt{\alpha}}=\frac{1}{T_1\times 0.2},\quad T_1\approx 1.36$$

$$G_{c1}(s)=\frac{1.36s+1}{0.054s+1}$$

超前校正之后系统的传递函数为

$$G_0(s)G_c(s)=\frac{5}{s(s+1)(0.5s+1)}\frac{1.36s+1}{0.054s+1}$$

验证系统的相角裕度为

$$\gamma=180^\circ-90^\circ-\arctan 3.68-\arctan(0.5\times 3.68)-\arctan(0.054\times 3.68)+\arctan(1.36\times 3.68)=21^\circ<40^\circ$$

因此,超前校正环节不能满足系统的要求,这是因为当剪切频率由 2.15 rad·s^{-1}右移至 3.68 rad·s^{-1}时,原系统相角减小值不等于估算值5°,原系统在 3.68 rad·s^{-1}处的相角为

$$\gamma'=180^\circ-90^\circ-\arctan 3.68-\arctan(0.5\times 3.68)=-46^\circ$$

剪切频率右移带来的相角减小量为 $\Delta\varphi=-22^\circ-(-46^\circ)=24^\circ\geqslant 5^\circ$,即若采用串联超前校正环节,需要增加的角度 $\varphi_m=22^\circ+40^\circ+24^\circ=86^\circ$,考虑幅值裕度不能太小,串联超前校正环节最大增加的相角经验值为 70°,所以只能采用串联滞后校正环节

$$G_c(s)=\frac{Ts+1}{\beta Ts+1}=\frac{\frac{1}{\omega_T}+1}{\frac{1}{\omega_p}+1}\quad (\beta>1)$$

(3)计算串联滞后校正环节之后系统的新剪切频率 ω_c,假设实际串联滞后校正环节将带来 10°的滞后,则

$$\gamma=180^\circ-90^\circ-\arctan\omega_c-\arctan(0.5\times\omega_c)>40^\circ+10^\circ$$

$$\omega_c\approx 0.5\ \text{rad}\cdot\text{s}^{-1}$$

(4)根据$\frac{\omega_c}{\omega_T}\approx 5\sim 10$,确定校正环节的零点转折频率

$$\omega_T=\frac{1}{T}=\frac{0.5}{5}=0.1\ \text{rad}\cdot\text{s}^{-1}$$

(5)根据 ω_c,计算原系统在 ω_c 处幅值 $L_1(\omega_c)=L_1(0.5)=-20\lg 0.5+20\lg 5=20$ dB,串联滞后校正环节在 ω_c 处的幅值 $L_c(\omega_c)=L_c(\omega_T)=-L_1(\omega_c)$,如图7.19所示,且 $L_c(\omega_T)=L_c(0.1)=-20\lg 0.1+20\lg \omega_p$,因此,$\omega_p=0.01\ \text{rad}\cdot\text{s}^{-1}$,滞后校正环节为

$$G_c(s)=\frac{10s+1}{100s+1}$$

串联滞后校正之后系统的频率特性曲线如图7.19所示,其传递函数为

$$G(s)G_c(s)=\frac{5}{s(0.5s+1)(s+1)}\frac{10s+1}{100s+1}$$

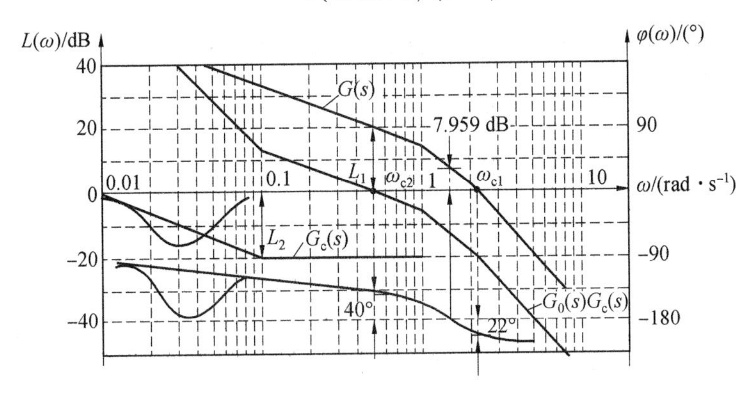

图7.19 滞后校正后系统的频率特性曲线(例7.4)

(6)验证滞后校正之后系统的裕度

$$\gamma(\omega_c)=180°-90°-\arctan(0.5\times0.5)-\arctan 0.5-\arctan(0.5\times100)+\arctan(0.5\times10)\approx40°$$

因为滞后校正不影响高频段的相角,所以 ω_g 不变,滞后校正环节使系统从 ω_T 之后向下平移了 $-20\lg 0.1+20\lg 0.01=-20$ dB,则

$$20\lg k_g=20\ \text{dB}-7.959\ \text{dB}\approx12\ \text{dB}$$

校正后的系统稳态性能指标及频域性能指标都达到了设计要求,但校正后开环系统的剪切频率由2.15 rad/s降低到了0.5 rad/s。

【例7.5】 控制系统如图7.12,设计串联校正装置 $G_c(s)$,使校正后系统满足稳态精度 $e_{ss}\leqslant0.05$,频域性能指标为相角裕度 $\gamma=50°$,幅值裕度 $20\lg K_g\geqslant10$ dB。

解 在例7.1中已经判断该系统稳定,但相角裕度和剪切频率均小于要求值,如果不考虑校正之后的幅值穿越频率大小,可以采用例7.1中的超前校正方法,同样也可以采用相位串联滞后校正装置,满足稳态精度和裕度。

先求满足 $\gamma=50°+10°$ 的 ω_{c2},即

$$180°-90°-\arctan(0.5\times\omega_{c2})=50°+10°$$

其中,10°为滞后校正环节在新剪切频率处带来的滞后相角(为估算值),则

$$\omega_{c2}\approx1.15\ \text{rad/s}$$

滞后校正环节

$$G_c(s)=\frac{Ts+1}{\beta Ts+1}=\frac{\frac{1}{\omega_T}+1}{\frac{1}{\omega_p}+1}\quad(\beta>1)$$

取 $G_c(s)$ 的零点转折频率 $\omega_T=\frac{1}{T}=\frac{1.15}{5}\approx0.21\ (\mathrm{rad/s})$，即 $T\approx5$，为了求 $G_c(s)$ 的极点转折频率 $\omega_p=\frac{1}{\beta T}$，先求在 ω_{c2} 频率处对应的原幅频曲线对应的幅值 $L_1=-20\lg 1.15+20\lg 20\approx24.8\ (\mathrm{dB})$。

自零点转折频率 ω_T 之后 $G_c(s)$ 导致的幅频特性曲线向下平移量为

$$L_2=-20\lg\frac{1}{T}+20\lg\frac{1}{\beta T}=20\lg\frac{1}{\beta}=-L_1=-24.8\ \mathrm{dB}$$

$$\beta\approx17.3$$

至此得到

$$G_c(s)\approx\frac{5s+1}{(17.3\times5)s+1}$$

因为相位滞后校正 $G_c(s)$ 增加了一个负相角，需要验证在相角减小最多的频率处，$G(s)G_c(s)$ 的相角是否在-180°线上，需要先找出校正环节相角滞后最大的频率。

$$\omega_m=\frac{1}{T\sqrt{\beta}}\approx0.055\ \mathrm{rad/s}$$

$\gamma_2=180°-90°-\arctan(0.055\times0.5)-\arctan(0.055\times17.3\times5)+\arctan(0.055\times5)\approx26°$

因此，在最大频率处校正环节增加的负相角仍在-180°线上，所以相角穿越频率与校正前一样，即 $\omega_g=\infty$，幅值裕度不变为 ∞。

校正后，可得

$$G_c(s)G_0(s)=\frac{5s+1}{(17.3\times5)s+1}\times\frac{20}{s(0.5s+1)}$$

验证，$\gamma_2=180°-90°-\arctan(0.5\times1.15)-\arctan(1.15\times17.3\times5)+\arctan(1.15\times5)\approx50.7°$，则满足要求。

7.4 滞后-超前校正

7.4.1 滞后-超前校正环节特点

超前校正通常作用在原剪切频率的附近，使幅频特性曲线在中频段抬高，更远地穿越0 dB 线，系统的剪切频率增大，提高系统的相对稳定性和响应快速性。滞后校正利用其幅值衰减特性，使系统的剪切频率减小，挖掘系统自身的相角，牺牲快速性换取稳定性。而采用滞后-超前校正环节，即在中频率段先采用滞后校正，在剪切频率附近采用超前校正，因而兼有滞后校正和超前校正的优点，可同时改善系统的动态性能和稳态性能，滞后-超前校正环节网络如图 7.20 所示。

滞后-超前校正环节的一个简单的例子是由电阻电容组成的网络,此环节的传递函数为

$$G_c(s)=\frac{(R_1C_1s+1)(R_2C_2s+1)}{R_1C_1R_2C_2s^2+(R_1C_1+R_1C_2+R_2C_2)s+1}$$

假设 $T_3T_4=R_1C_1R_2C_2$, $T_3+T_4=R_1C_1+R_1C_2+R_2C_2$, $a=\frac{R_1C_1}{T_3}$, $b=\frac{R_2C_2}{T_4}$,则 $ab=1$,滞后-超前校正装置的传递函数表示为

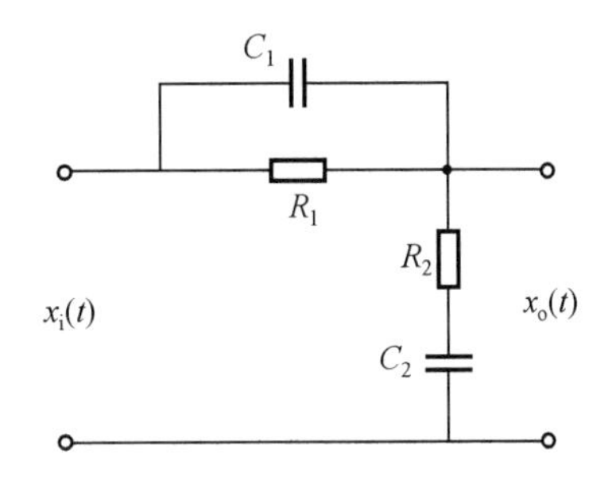

图 7.20 滞后-超前校正网络的等效电路图

$$G_c(s)=G_{c2}(s)G_{c1}(s)=\left(\frac{bT_4s+1}{T_4s+1}\right)\left(\frac{aT_3s+1}{T_3s+1}\right)$$

假设 $bT_4=T_2$, $aT_3=T_1$, $\alpha=\frac{1}{a}$, $\beta=\frac{1}{b}$,则

$$G_c(s)=\left(\frac{T_2s+1}{\beta T_2s+1}\right)\left(\frac{T_1s+1}{\alpha T_1s+1}\right) \tag{7.8}$$

若 $T_1<T_2$,且 $\alpha<1$、$\beta>1$,则式(7.8)第一项$\left(\frac{T_2s+1}{\beta T_2s+1}\right)$起到相位滞后校正的作用,式(7.8)第二项$\left(\frac{T_1s+1}{\alpha T_1s+1}\right)$起到相位超前校正的作用。当 $\beta=10$、$T_2=1$ 和 $T_1=0.25$ 时,滞后-超前校正环节的频率特性的 Bode 图如图 7.21 所示。

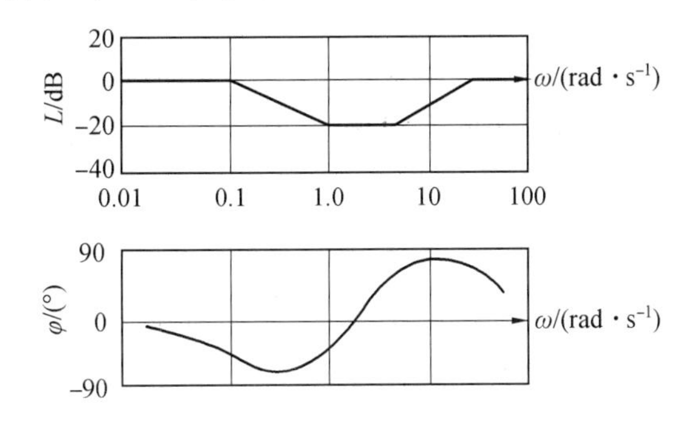

图 7.21 滞后-超前校正环节 Bode 图

通常,在系统 Bode 图的中频段先采用滞后校正,利用滞后校正网络幅值衰减特性改善系统的稳态性能;在系统的中频段剪切频率附近采用超前校正,利用超前校正网络的相角超前特性,提高系统的快速性和稳定裕度。

7.4.2 滞后-超前校正

设计滞后-超前校正环节所用的方法,实际上是设计超前校正环节和滞后校正环节这两种方法的结合,按着频率由低向高加入两个校正环节,先在低频率段加入滞后校正环节,然后在中频率段加入超前校正环节。

假设未校正系统的开环传递函数为 $G_0(s)$,系统设计指标分别为 e_{ss}、γ、L 和 ω_c^*,设计滞后超前校正环节的一般步骤可归纳如下:

(1)根据给定的 e_{ss},确定系统的开环增益 $k=\frac{1}{e_{ss}}$;

(2)根据给定的 $G_0(s)$ 和 k,求原系统 $G_0(s)$ 的剪切频率 ω_{c1}、相角裕度 γ_1 和幅值裕度 L_1。当 $\gamma_1<\gamma$ 时,采用超前校正环节所需的最大超前角 φ_m 大于超前校正能提供的最大角度 70°,而采用滞后校正原系统在 ω_c^* 处又没有足够的相角储备量,即分别采用超前、滞后校正环节均不能达到设计指标,可以考虑采用滞后-超前校正环节

$$G_c(s)=G_{c1}(s)G_{c2}(s)=\left(\frac{T_1s+1}{\alpha T_1s+1}\right)\left(\frac{T_2s+1}{\beta T_2s+1}\right)$$

其中,$0<\alpha<1,\beta>1$。

(3)根据要求,设定新剪切频率 $\omega_{c2}=\omega_c^*$,确定滞后环节的零点转折频率 $\frac{1}{T_2}=\frac{\omega_{c2}}{5\sim10}$;

(4)根据滞后环节在零点转折频率 $\frac{1}{T_2}$ 的幅值等于负的原系统 $G_0(s)$ 在 ω_{c2} 的幅值,即 $L(\omega_{c2})=-L_{c2}\left(\frac{1}{T_2}\right)$,确定滞后环节的极点转折频率 $\frac{1}{\beta T_2}$,至此,滞后环节 $G_{c2}(s)$ 已经确定;

(5)验证系统 $G_0(s)G_{c2}(s)$ 的幅值和相位裕度:此时系统 $G_0(s)G_{c2}(s)$ 的相位穿越频率不变,与原系统比较,系统 $G_0(s)G_{c2}(s)$ 在滞后校正环节 $G_{c2}(s)$ 的零点转折频率 $\frac{1}{T_2}$ 之后,幅频特性曲线向下平移了 $20\lg\beta$,即滞后校正之后,$G_0(s)G_{c2}(s)$ 幅值裕度 L_2 增加了 $20\lg\beta$;按照新剪切频率 ω_{c2},计算 $G_0(s)G_{c2}(s)$ 的相角裕度 γ_2,此时,如果裕度都大于零,系统稳定,但如果 $L_2<L$ 或 $\gamma_2<\gamma$,则不满足要求,需要进一步进行超前校正 $G_{c1}(s)$;

(6)根据超前校正环节需要提供的角度 $\varphi=\gamma-\gamma_2+\Delta\varphi$ 及 $\sin\varphi=\frac{1-\alpha}{1+\alpha}$,确定超前环节的系数 α,其中,$\Delta\varphi$ 为超前环节带来的剪切频率增加而引起系统 $G_0(s)G_{c2}(s)$ 相角的减小量,该数值为估算值;

(7)如果将进一步超前校正之后系统的剪切频率 ω_{c3}(其中 $\omega_{c3}>\omega_{c2}$)设置在超前环节最大相角频率 ω_m 处,即 $\omega_{c3}=\omega_m$,可以计算得到 $L_{c1}(\omega_m)=-10\lg\alpha$,令系统 $G_0(s)G_{c2}(s)$ 在 ω_m 处的幅值 $L_{02}(\omega_m)$,则 $L_{02}(\omega_m)=-L_{c1}(\omega_m)=10\lg\alpha$,求出 ω_{c3};

(8)至此,已经获得超前校正环节斜率为 $20\lg\omega$ 直线上的一点 $(\omega_{c3},-10\lg\alpha)$,则该直线与 0 dB 线的交点,即超前环节的零点转折频率 $\frac{1}{T_1}$;

(9)因为在第(6)步计算 α 时,$\Delta\varphi$ 为估算值,所以重新验算滞后超前校正之后的幅值和相角裕度,如果幅值和相角裕度都不满足要求,需要将 $\Delta\varphi$ 增大,重复第(6)、(7)、(8)步。

下面举例说明。

【例 7.6】 单位反馈控制系统开环传递函数为 $G_0(s)=\frac{k}{s(s+1)(0.5s+1)}$,要求单位斜坡输入时的稳态精度 $e_{ss}=0.1$,相角裕度 $\gamma\geqslant40°$,幅值裕度 $L\geqslant10$ dB,$\omega_c>1$ rad/s。

解 (1)根据给定的 e_{ss},确定系统的开环增益 $k=\frac{1}{e_{ss}}=10$。

(2)判定原系统的稳定程度。

未校正系统的开环对数频率特性为

$$G_0(j\omega)=\frac{10}{j\omega(j\omega+1)(0.5j\omega+1)}$$

作 Bode 图如图 7.22 所示。

得知 $\omega_{c1}\approx2.7$ rad/s,则相角裕度为

$$\gamma_1=180°-90°-\arctan 2.7-\arctan(0.5\times2.7)\approx-33°$$

由于相角裕度为,负系统不稳定,即

$$-180°=-90°-\arctan \omega_g-\arctan(0.5\times\omega_g)$$

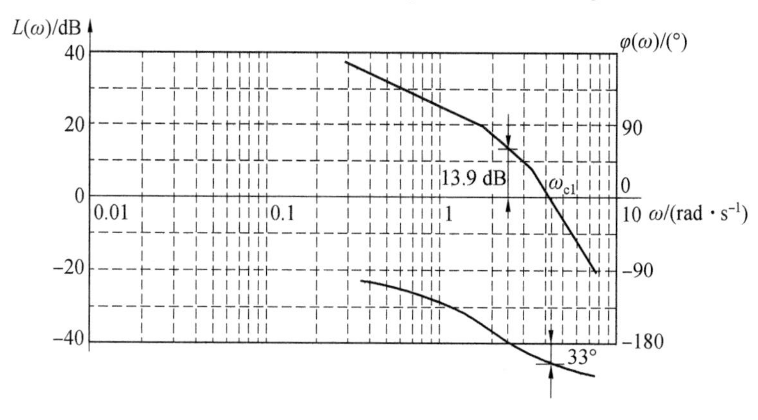

图 7.22 原系统的 Bode 图

相位穿越频率 $\omega_{g1}=\sqrt{2}$ rad/s,则幅值裕度为

$$L_1(\omega_{g1})=(40\lg\sqrt{2}-20\lg 10)\text{dB}\approx-13.9\text{ dB}$$

可得幅值裕度也小于零,其实,对于这种最小相位系统来说,只要相角裕度和幅值裕度中有为负的,就可以判定系统的稳定性,在题中总是分别求出相角裕度和幅值裕度是为校正之后计算幅值裕度奠定基础。

情形一:讨论只采用滞后校正方法,有

$$G_{c2}(s)=\frac{T_2s+1}{\beta T_2s+1}$$

如果像例 7.4,采用滞后校正网络 $G_{c2}(s)=\dfrac{T_2s+1}{\beta T_2s+1}$,其中 $\beta>1$,挖掘系统自身的相角储备量。

①首先计算滞后校正后的剪切频率 ω_c',假设实际串联滞后校正环节将带来 10°的滞后,则

$$180°-90°-\arctan \omega_c'-\arctan (0.5\omega_c')=40°+10°$$

$$\omega_c'\approx0.5 \text{ rad/s}$$

②设置滞后校正环节的零点转折频率为

$$\frac{1}{T_2}=\frac{\omega_c'}{5}=0.1\ \text{rad/s}$$

③原系统 $G_0(s)$ 在 ω_c' 处的幅值为

$$L_1(\omega_c')=-20\lg 0.5+20\lg 10=20\lg 20\approx 26\ \text{dB}$$

④滞后校正环节 $G_{c2}(s)$ 在 $\frac{1}{T_2}$ 处的幅值为

$$L_2\left(\frac{1}{T_2}\right)=-L_1(\omega_c')$$

$$L_2\left(\frac{1}{T_2}\right)=-20\lg 20=-20\lg 0.1+20\lg \frac{1}{\beta T_2}$$

$$\frac{1}{\beta T_2}=0.005\ \text{rad/s}$$

则

$$G_{c2}(s)=\frac{10s+1}{200s+1}$$

⑤验算滞后校正后系统 $G_0(s)G_{c2}(s)$ 的幅值裕度，因为零点转折频率 $\frac{1}{T_2}=0.1$ rad/s 之后，则滞后环节带来了幅值下移

$$\Delta L=-20\lg 0.1+20\lg 0.005\approx -26\ \text{dB}$$

而且滞后校正之后 $\omega_g=\sqrt{2}$ rad/s 仍不变，因此，$G_0(s)G_{c2}(s)$ 的幅值裕度为 $(26-13.9)=12.1$ dB，满足要求。相角裕度为50°，也满足要求，但是 $\omega_c'=0.5<1$ rad/s，快速性不满足要求，所以不能只采用滞后校正。

情形二：讨论只采用超前校正方法，有

$$G_{c1}(s)=\frac{T_1s+1}{\alpha T_1s+1}$$

如果像例7.1，采用超前校正网络 $G_{c1}(s)=\frac{T_1s+1}{\alpha T_1s+1}$，其中 $0<\alpha<1$。

①需要超前校正环节增加的相角 $\varphi_m(\omega_m)=40°+33°+5°=78°$，其中5°为估算值。超前校正环节 $G_{c1}(s)$ 在 α 确定的情况下，能够增加的最大角度 φ_m 满足 $\omega_m=\omega_c'$，$\sin\varphi_m=\frac{1-\alpha}{1+\alpha}$，则计算 $\alpha\approx 0.0111$，因为随着 α 的减小，φ_m 增大，所以在 α 的取值问题中，不能采用四舍五入的原则，而是遵循只舍不入的原则。为了满足 $\varphi_m\geqslant 78°$，取 $\alpha=0.011$；

②超前校正环节 $G_{c1}(s)$ 在 ω_m 处的幅值为

$$L_2(\omega_m)=-10\lg\alpha\approx 19.586\ \text{dB}$$

③原系统 $G_0(s)$ 在 ω_m 处的幅值为

$$L_1(\omega_m)=-L_2(\omega_m)=-60\lg\omega_m+20\lg 20=20\lg 20=-19.586\ \text{dB}$$

计算得到 $\omega_c'=\omega_m\approx 5.756$ rad/s。

④根据 $\omega_m=\frac{1}{T\sqrt{\alpha}}$，可以计算得到 $T\approx 1.656$；也可以根据校正环节斜率为 $20\lg\omega$ 的直

线方程 $20\lg\omega+20\lg T$ 过直线上点(ω_m, $-10\lg\alpha$),求得 T,两种方法计算结果一样;

⑤因为在求 φ_m 时使用了估算值5°,需要验算超前校正之后系统 $G_0(s)G_{c1}(s)$ 系统的相角裕度 γ',则

$$G_0(s)G_{c1}(s)=\frac{10}{s(s+1)(0.5s+1)}\times\frac{1.656s+1}{0.018s+1}$$

$$\gamma'=180°-90°-\arctan 5.756-\arctan(0.5\times5.756)-$$
$$\arctan(0.018\times5.756)+\arctan(1.656\times5.756)\approx18°$$

$G_0(s)G_{c1}(s)$ 系统的相角裕度 $\gamma'\approx18°<40°$,不满足要求40°,这是因为从原系统 $G_0(s)$ 经过超前校正 $G_{c1}(s)$ 之后,剪切频率从 $\omega_{c1}\approx2.7$ rad/s 增加至 $\omega_c'\approx5.756$ rad/s,原系统 $G_0(s)$ 在 $\omega_{c1}\approx2.7$ rad/s 处的相角裕度为-33°,在 $\omega_c'\approx5.756$ rad/s 处的相角裕度为-60°,下降了27°,与原来的估算值5°严重不符。因此,只采用超前校正也不能满足要求。

也可以计算 $G_{c1}(s)$ 在 $\omega_c'=5.756$ rad/s 增加的正相角为

$$\Delta\gamma(\omega_c')=\arctan(1.656\times5.756)-\arctan(0.018\times5.756)\approx78°$$

而 $G_0(s)$ 在 ω_c'处的相角为-60°,所以校正之后系统的相角裕度 $\gamma(\omega_c')=78°-60°=18°$。

情形三:讨论采用滞后-超前校正方法,有

$$G_c(s)=G_{c1}(s)G_{c2}(s)=\left(\frac{T_1s+1}{\alpha T_1s+1}\right)\left(\frac{T_2s+1}{\beta T_2s+1}\right)$$

式中,$0<\alpha<1$,$\beta>1$。

①先确定低频率段的校正环节,即滞后环节 $G_{c2}(s)=\frac{T_2s+1}{\beta T_2s+1}$,确定它的零点转折频率 $\frac{1}{T_2}$:根据要求设定新幅值剪切频率 $\omega_{c2}=1$ rad/s,因此,设置滞后环节的零点转折频率 $\frac{1}{T_2}=0.15$ rad/s;

②确定滞后环节的极点转折频率 $\frac{1}{\beta T_2}$:原系统 $G_0(s)$ 在 $\omega_{c2}=1$ rad/s 的幅值为

$$L(\omega_{c2})=-20\lg 1+20\lg 10=20\lg 10\ \text{dB}$$

滞后环节在其零点转折频率 $\frac{1}{T_2}$ 的幅值 $L_{c2}\left(\frac{1}{T_2}\right)=-L(\omega_{c2})$,且

$$L_{c2}\left(\frac{1}{T_2}\right)=L_{c2}(0.15)=-20\lg 0.15+20\lg\frac{1}{\beta T_2}=-20\lg 10$$

则 $\frac{1}{\beta T_2}=0.015$ rad/s ,即

$$G_{c2}(s)=\frac{\frac{1}{0.15}s+1}{\frac{1}{0.015}s+1}=\frac{6.67s+1}{66.7s+1}$$

(3)验算系统 $G_0(s)G_{c2}(s)$ 的幅值和相角裕度:由于串联滞后校正环节对系统相位的影响主要在频率为0.015~0.15 rad/s 之间,因此,在加入串联滞后环节前后,相位穿越频率不变,即 $\omega_{g2}=\sqrt{2}$ rad/s,由于系统 $G_0(s)G_{c2}(s)$ 在 $G_{c2}(s)$ 零点频率0.15 rad/s 之后,幅频

特性曲线向下平移了$-20\lg 0.15+20\lg 0.015=-20$ dB，系统$G_0(s)G_{c2}(s)$的幅值裕度为

$$L_2=20\ \text{dB}-13.9\ \text{dB}=6.1\ \text{dB}$$

$G_0(s)G_{c2}(s)$的相角裕度为

$$\gamma_2=180^\circ-90^\circ-\arctan 1-\arctan 0.5-\arctan 66.7+\arctan 6.67=10^\circ$$

如图7.23所示，虽然系统$G_0(s)G_{c2}(s)$幅值和相角裕度都大于零，系统稳定了，但是都不满足稳定裕度要求，需要在中频段进行超前校正。

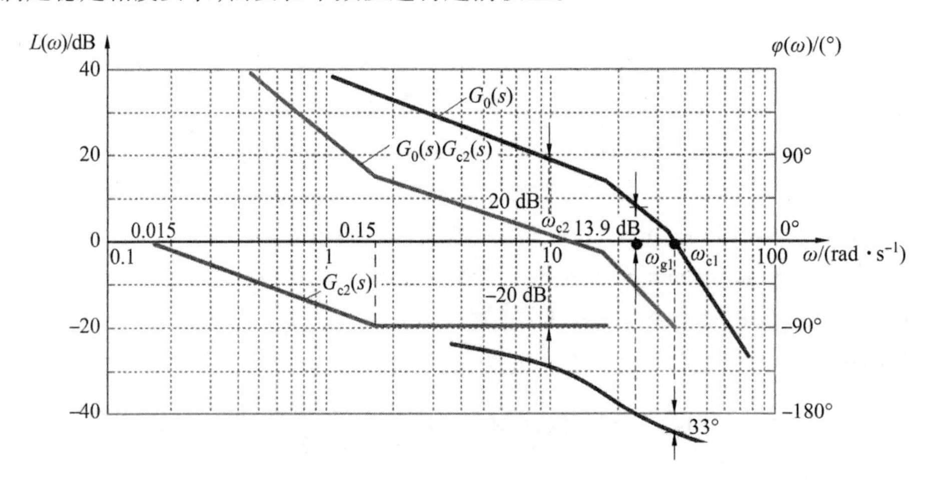

图7.23　系统$G_0(s)G_{c2}(s)$的Bode图

（4）超前校正环节$G_{c1}(s)=\dfrac{T_1s+1}{\alpha T_1s+1}$需要增加的相角$\varphi_m=40^\circ-10^\circ+5^\circ=35^\circ$，其中，估算值5°为幅值穿越频率右移带来的相角减小量。根据$\sin 35^\circ=\dfrac{1-\alpha}{1+\alpha}$，求得$\alpha\approx0.271$，为了保证超前校正环节增加的相角大于35°，按只舍不入的原则，取$\alpha=0.27$。

（5）设超前校正之后系统的剪切频率ω_c处于校正环节最大相角频率处，则$G_{c1}(s)$在ω_c处的幅值

$$L_{c1}(\omega_c)=-\lg\alpha=-10\lg 0.27=5.69\ (\text{dB})$$

根据系统$G_0(s)G_{c2}(s)$在ω_c处的幅值为

$$L_2(\omega_c)=-40\lg\omega_c=10\lg 0.27$$

得到$\omega_c\approx1.39$ rad/s。

根据超前校正环节幅频特性直线方程

$$y=20\lg\omega+20\lg T_1,\quad \omega\in\left(\frac{1}{T_1},\frac{1}{\alpha T_1}\right)$$

代入直线上点$(\omega_c,40\lg\omega_c)$，得到$T_1\approx1.39$。

超前校正环节$G_{c1}(s)=\dfrac{1.39s+1}{0.375s+1}$。

（6）验算相角裕度：$G_0(s)G_{c2}(s)$在$\omega_c\approx1.39$ rad/s处的相角为

$$\gamma_1=180^\circ-90^\circ-\arctan 1.39-\arctan(1.39\times0.5)-\arctan(1.39\times66.7)+$$

$\arctan(1.39\times6.67)\approx-4.4°$

可以看到，当 $G_0(s)G_{c2}(s)$ 从剪切频率 $\omega_{c2}=1$ rad/s 增加至 $\omega_c\approx1.39$ rad/s 处，相角减小了10°+4.4°=14.4°，然而，在第(4)步设计超前环节时，估算值5°，严重不准确，需要重新设计超前校正环节。

在第(6)中验算相角裕度时，可以按 $G_0(s)G_{c1}(s)G_{c2}(s)$ 计算，结果一致，则

$$G_0(s)G_{c1}(s)G_{c2}(s)=\frac{10}{s(s+1)(0.5s+1)}\times\left(\frac{1.39s+1}{0.375s+1}\right)\times\left(\frac{6.67s+1}{66.7s+1}\right)$$

$$\gamma=180°-90°-\arctan1.39-\arctan(1.39\times0.5)-\arctan(1.39\times66.7)+\arctan(1.39\times6.67)+\arctan(1.39\times1.39)-\arctan(1.39\times0.375)\approx30°$$

$G_0(s)G_{c1}(s)G_{c2}(s)$ 在 $\omega_c\approx1.39$ rad/s 处相角裕度为30°，由前面计算可知，即从剪切频率 $\omega_{c2}\approx1$ rad/s 增加至 $\omega_c\approx1.39$ rad/s 处，相角减小了14.4°，但是估算值5°，相差大约10°，因此，$G_0(s)G_{c1}(s)G_{c2}(s)$ 在 $\omega_c\approx1.39$ rad/s 处相角裕度30°与预计的40°也相差了10°。

(7)重新设计超前校正环节 $G_{c1}(s)$，假设超前校正环节 $G_{c1}(s)=\dfrac{T_1s+1}{\alpha T_1s+1}$，它的最大相角频率 $\omega_m\neq\omega_c$。为了省略 $T_1\approx1.39$ 的计算过程，仍延用在前面步骤(5)计算得到的$\omega_c\approx1.39$ rad/s，为了增加超前环节 $G_{c1}(s)$ 增加的角度，将 $G_{c1}(s)$ 极点转折频率$\dfrac{1}{\alpha T_1}$重新设计。

由于 $\omega_c\approx1.39$ rad/s 没变，因此 $G_{c1}(s)$ 与0 dB的交点不变，$T_1\approx1.39$。

超前校正环节 $G_{c1}(s)$ 需要增加的相角 $\varphi=40°+4.4°=44.4°$，

$$\tan44.4°=\frac{T_1\omega_c-\alpha T_1\omega_c}{1+\alpha T^2{}_1\omega_c^2}$$

得 $\alpha\approx0.1706$，按照只舍不入的原则，取 $\alpha=0.17$，则超前环节为

$$G_{c1}(s)=\frac{1.39s+1}{0.2363s+1}$$

经过滞后超前校正之后，系统的开环对数频率特性如图7.24，表达式为

$$G(s)=G_0(s)G_{c1}(s)G_{c2}(s)=\frac{10}{s(s+1)(0.5s+1)}\times\left(\frac{1.39s+1}{0.2363s+1}\right)\times\left(\frac{6.67s+1}{66.7s+1}\right)$$

则 $G(s)$ 相角裕度 $\gamma\approx40.02°$。

在计算 $G(s)$ 相位穿越频率 ω_g 时，只考虑 $G_0(s)G_{c1}(s)$，因为 $G_{c2}(s)$ 对系统 ω_g 没有影响，则 $G(s)$ 相角穿越频率 ω_g 为

$$\begin{aligned}-180°&=-90°-\arctan\omega_g-\arctan(\omega_g\times0.5)+\arctan(\omega_g\times1.39)-\arctan(\omega_g\times0.2363)-\arctan(\omega_g\times1.39)+\arctan(\omega_g\times0.2363)\\&=90°-[\arctan\omega_g+\arctan(\omega_g\times0.5)]\end{aligned}$$

$$\frac{0.2363\omega_g-1.39\omega_g}{1+0.2363\omega_g\times1.39\omega_g}=\frac{1-\omega_g\times0.5\omega_g}{\omega_g+0.5\omega_g}$$

$$\omega_g\approx3.177\ \text{rad/s}$$

因此，幅值裕度 $20\lg k_g\approx14.77$ dB，系统满足要求。

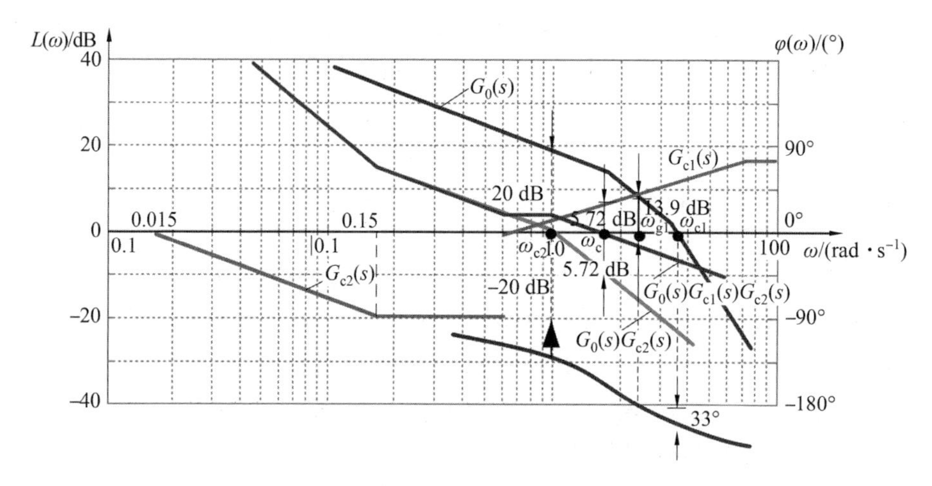

图 7.24　系统 $G_0(s)G_{c1}(s)G_{c2}(s)$ 的 Bode 图(例 7.6)

7.5　PID 校正

前述从校正装置的频率特性的相位关系上划分为相位滞后、相位超前和相位滞后超前环节,而本节将从校正装置的输入和输出的数学关系上划分为比例校正(Proportional)、积分校正(Integral)、微分校正(Derivative)、比例积分(PI)、比例微分(PD)以及比例积分微分(PID),PID 校正装置也称为 PID 调节器,在工业现场广泛应用,主要是因为其结构简单,参数调节相对独立,本节重点讨论 P、PD、PI、PID 这 4 种控制方法。

7.5.1　P 校正

串联校正装置 $G_c(s)$ 的输入为偏差 $\varepsilon(t)$,输出为 $m(t)$,所谓比例调节,就是调节器的输出是输入的 K_p 倍,其时域表达式为

$$m(t)=K_p\varepsilon(t) \tag{7.9}$$

从时域角度分析,比例调节器输出始终与输入成正比,调节过程结束,$\varepsilon(t)\neq 0$,但是 $m(t)=K_p\varepsilon(t)$ 很小,$m(t)$ 不足以改变系统输出 $x_o(t)$,称为有静差校正,通常对于机械系统而言,$K_p\varepsilon(t)$ 对应机械系统的死区。

对式(7.9)进行拉氏变换,得到 P 调节器的传递函数为

$$G_c(s)=\frac{M(s)}{E(s)}=K_p$$

具有 P 调节器的控制框图如图 7.25 所示。

从频域分析,比例调节器不会影响系统的相频特性,只影响系统的幅频特性,幅频特性曲线发生平移,若 $k_p<1$,则①改善系统的相对稳定性;②降低系统的穿越频率,系统的快速性变差;③增益降低使得系统的稳态误差增大;反之亦然。综上所述,调节系统增益,不能同时满足系统稳定性、快速性和稳态精度,只能在几个性能之间做折中选择。

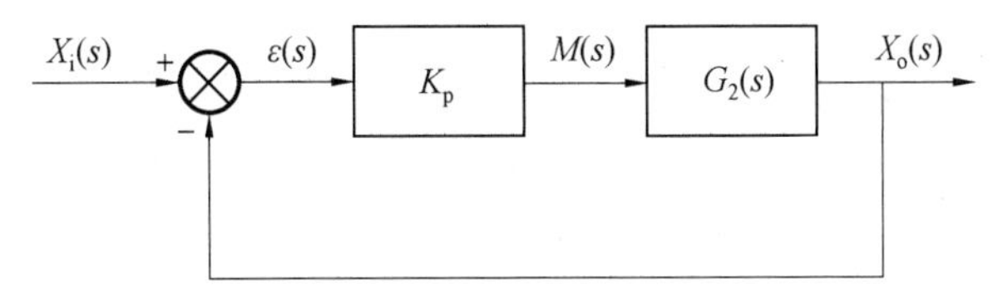

图7.25 具有P调节器的控制框图

【例7.7】 校正前系统开环传递函数为

$$G(s)=\frac{k}{s\left(\frac{s}{\omega_1}+1\right)\left(\frac{s}{\omega_2}+1\right)}=\frac{30}{s(0.5s+1)(0.05s+1)}$$

试分析系统的相对稳定性,并用比例校正环节将系统的稳定裕度提高到 $\gamma_c=25°$。

解 计算得到剪切频率 $\omega_{c1}\approx 8.37$ rad/s,计算相角

$$\gamma_{c1}=180°-90°-\arctan(0.5\times 8.37)-\arctan(0.05\times 8.37)\approx -9.27°$$

现采用比例校正环节,降低增益,要求系统校正后提高相角裕度到 $\gamma_c=25°$,即

$$\gamma_c=180°-90°-\arctan(0.5\omega_c)-\arctan(0.05\omega_c)=25°$$

其中,ω_c 为比例校正之后系统的剪切频率,$\omega_c\approx 3$ rad/s。

由于 $\omega_1<\omega_c<\omega_2$,$L(\omega_c)=0$ 或 $A(\omega_c)=1$,对于 ω_1 来说,ω_c 属于高频段,对于 ω_2 来说,ω_c 属于低频段,所以

$$A(\omega_c)=\frac{k_p k}{\omega_c(0.5\omega_c+0)(0+1)}=1$$

则比例校正环节,$K_p=0.15$。

由上例可以看出,降低增益虽然挖掘系统自身相角,使相角裕度增加了,但减小了系统的快速性,稳态精度也变差。为了不影响稳态精度,提高快速性的同时,提高稳定裕度,通常需要采用相位超前校正,比例微分校正环节PD调节器就是典型的相位超前校正环节。

7.5.2 PD校正

在机电控制系统中,广义对象一般都含有一个或多个惯性环节,它们使输出产生时间上的滞后,使系统的快速性变差,滞后过多,甚至造成系统不稳定,如果只通过降低系统增益提高系统稳定性,通常还会带来响应速度变慢、稳态精度增大等不良效果;而且有时既使大幅度减小系统增益也不一定能使系统稳定。

此时,通常采用在前向通道上串联比例微分(PD)校正装置,这样可以使相位超前,抵消由于惯性环节带来的滞后,同时,只要PD校正装置的参数选择合适,校正装置就可以使幅频特性更远地穿越0 dB线,剪切频率增加,提高系统快速性。

1. PD校正的时域分析

PD校正,就是调节器的输出 $m(t)$ 是偏差 $\varepsilon(t)$ 的比例微分控制,其时域表达式为

$$m(t)=K_p\left[\varepsilon(t)+T_d\frac{d\varepsilon(t)}{dt}\right] \tag{7.10}$$

式中 T_d——微分时间常数。

微分校正的作用是预测PD调节器的输入偏差量 $\varepsilon(t)$ 的变换快慢和变化方向,当调节器本次输入比上次输入大时,即 $\frac{d\varepsilon(t)}{dt}>0$,PD调节器预测下次输入比本次还大,为了提

高快速性,提前增大输出 $\Delta m(t)=k_pT_d\dfrac{d\varepsilon(t)}{dt}>0$,反之亦然。因此,微分作用具有超前预测的作用,可以改善系统的动态性能,加快调节速度,因为微分只对动态偏差起作用,通常和比例或比例积分组合使用,组成 PD 或 PID 校正装置。

2. PD 校正的频域分析

对式(7.10)进行拉氏变换,PD 校正环节的传递函数为

$$G_c(s)=\frac{M(s)}{E(s)}=K_p(1+T_ds)$$

其控制结构框图如图 7.26 所示。

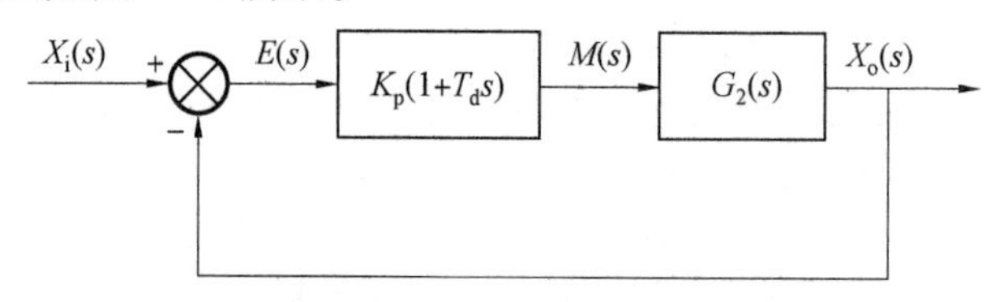

图 7.26 具有 PD 调节器的控制框图

$K_p=1$ 时,$G_c(s)$ 的频率特性为

$$G_c(j\omega)=1+jT_d\omega$$

对应的 Bode 图如图 7.27 所示。显然,PD 校正是一个一阶微分环节,使相位超前,属于相位超前校正。PD 调节器的控制作用如图 7.28 所示,未校正系统虽然稳定,但稳定裕量较小,当采用 PD 控制后,相角裕度增加,稳定性增强;幅值穿越频率 ω_c 增加,系统的快速性提高。归纳为以下两个方面。

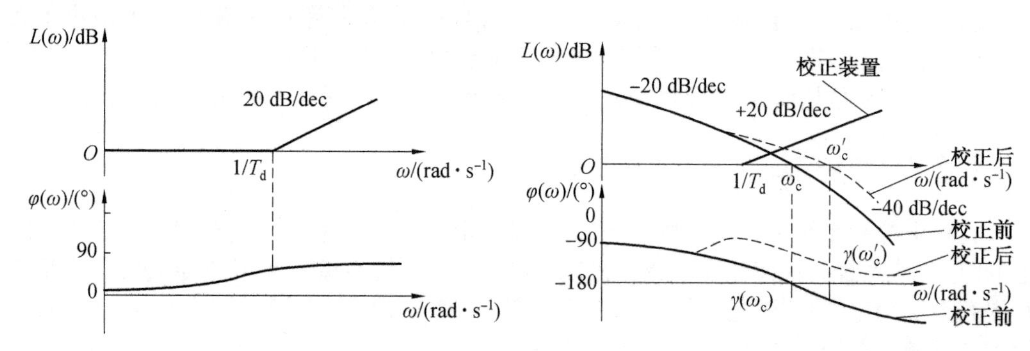

图 7.27 PD 调节器的 Bode 图($K_p=1$)

图 7.28 PD 调节器的控制作用示意图

(1)PD 调节器通常作用在原 ω_c 附近的中频段,如果校正前系统剪切频率 $\omega_c>\dfrac{1}{T_d}$,串联校正 PD 环节增加了系统的相角裕度 $\Delta\gamma=\arctan(T_d\omega_c')$,其中,$\omega_c'$为校正后系统的剪切频率,提高了系统的稳定性,同时允许系统采用更大的开环增益来减小稳态精度。

(2)当系统频率大于$\dfrac{1}{T_d}$时,幅频特性幅度增大,这可以使校正之后系统的剪切频率增加,系统的快速性提高,同时,高频段的增益提高,系统抗高频干扰能力减弱。

【例 7.8】 广义对象的传递函数为 $G_1(s)=\dfrac{35}{s(0.2s+1)(0.01s+1)}$,试串联 PD 校正环节,保证稳态精度不变的条件下,提高系统的相对稳定性。

解 设串联校正环节为 $G_c(s)=0.2s+1$，则校正后系统开环传递函数为

$$G(s)=G_1(s)G_c(s)=\frac{35}{s(0.2s+1)(0.01s+1)}(0.2s+1)=\frac{35}{s(0.01s+1)}$$

串联PD校正环节之前，$\omega_c\approx13.2$ rad/s，相角裕度 $\gamma\approx13.18°$，而串联PD校正环节之后，$\omega_c'=35$ rad/s，相角裕度 $\gamma'\approx70.7°$。比较校正前后可以看出：

(1) PD环节可以抵消一个一阶惯性环节，通过参数设置，通常抵消其中的大惯性环节，改善系统的稳定性，系统的稳定裕度从13.2°提高至70.7°。

(2) PD环节提高了系统的剪切频率，由13.2 rad/s提高到35 rad/s，改善了系统的快速性，减小调节时间。

(3) PD环节使系统的高频段增益增大，容易引入高频干扰信号。

(4) 由于系统开环增益没有改变，所以系统的稳态精度没有改变。

7.5.3 PI校正

1. PI校正的时域分析

所谓PI调节，就是调节器的输出是偏差 $\varepsilon(t)$ 的比例积分控制，其时域表达式为

$$m(t)=K_p\left[\varepsilon(t)+\frac{1}{T_i}\int_0^t\varepsilon(\tau)\mathrm{d}\tau\right] \tag{7.11}$$

式中 $K_p\varepsilon(t)$——比例控制项，K_p 为比例系数；

$\frac{1}{T_i}\int_0^t\varepsilon(\tau)\mathrm{d}\tau$——积分控制项，$T_i$ 为积分时间常数；

$m(t)$——PI调节器的输出；

$\varepsilon(t)$——PI调节器的输入。

从时域的角度分析，PI校正的输出是比例和积分输出之和，积分校正是对输入偏差量的时间积分，换句话说，只要偏差量 $\varepsilon(t)$ 不为零，输出 $m(t)$ 随着时间而增加，其时域响应如图7.29所示，直到调节过程结束，$\varepsilon(t)=0$，$m(t)$ 是恒定值，因此，积分校正是一种无(静)差校正，能减小系统的稳态精度。实际上，积分校正与偏差存在的时间有关，偏差刚出现时，积分调节器的调节作用较弱，随着偏差存在时间的增长，相当于比例系数随时间不断增加，为了减小调节时间，通常采用PI校正，其时域响应如图7.30所示。

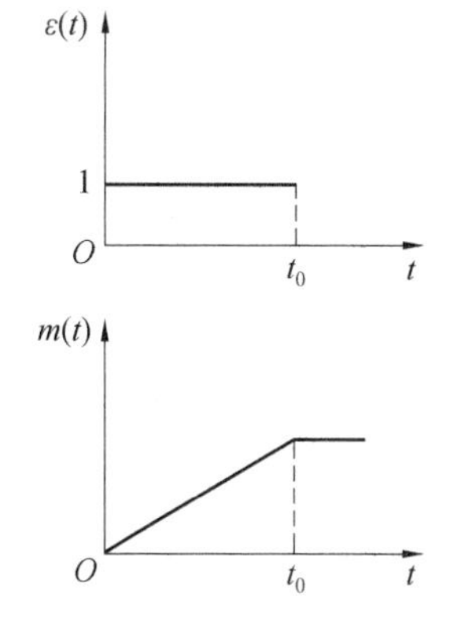

图7.29 积分校正的时域响应

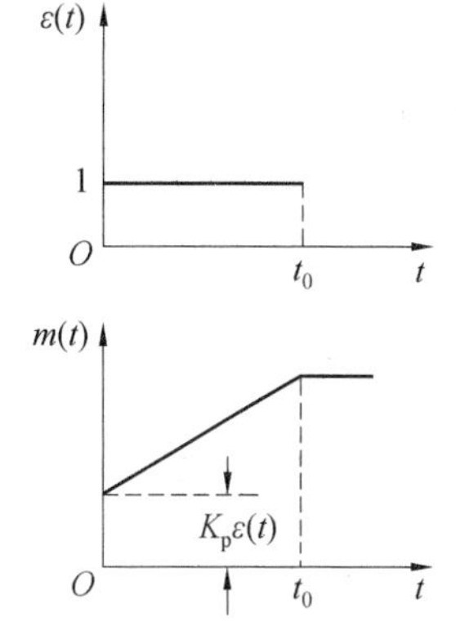

图7.30 比例积分的时域响应

2. PI 校正的频域分析

对式(7.11)进行拉氏变换,得到 PI 调节器的传递函数为

$$G_c(s)=\frac{M(s)}{E(s)}=K_p\left(1+\frac{1}{T_i s}\right)$$

具有 PI 调节器的控制框图如图 7.31 所示。

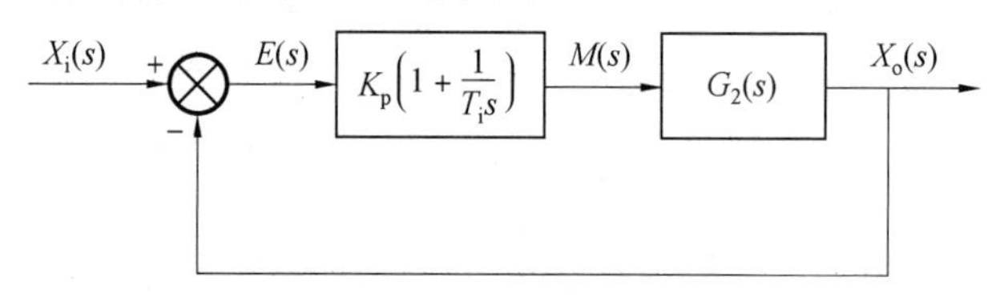

图 7.31 具有 PI 调节器的控制框图

PI 调节器的相频特性为

$$\varphi(\omega)=\angle G_c(j\omega)=-90°+\arctan(T_i\omega)<0°$$

因此,PI 校正环节是典型的相位滞后校正,如果 $K_p=1$,PI 校正环节的 Bode 图如图 7.32所示,PI 校正环节的校正作用可以用图 7.33 加以说明,体现在以下几个方面:①原系统的型数增加,低频段增益增大,使系统的稳态准度提高;②校正之后系统的剪切频率没有改变;③高频段增益不变,抗高频干扰能力不变;④由于 PI 带来了相位滞后,使得相角裕度减小,稳定裕度有所减小,系统的超调量或调节时间将增加而且 T_i 越小,积分作用越强,系统的相角裕度减小越多,系统的起调越大,稳定性变差值得注意,在图 7.33 中,PI 环节为 $G_c(s)=\frac{1+T_i s}{s}$,且一阶微分环节$(1+T_i s)$抵消了原系统的大惯性的一个一阶惯性环节。PI 校正环节是应用最广泛的校正方法之一,在下面的例题中,讨论积分时间常数 T_i 的大小对系统性能的影响。

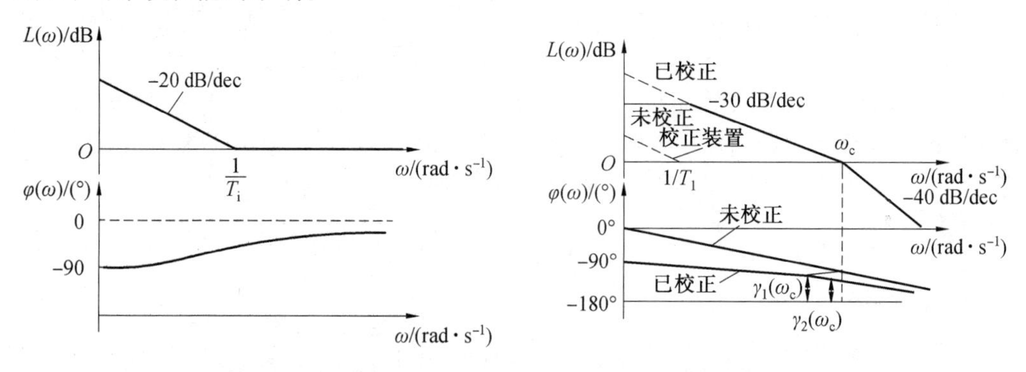

图 7.32 PI 校正的 Bode 图($K_p=1$)

图 7.33 PI 调节器校正作用示意图

【例 7.9】 单位反馈系统如图 7.34 所示,$G_1(s)=\frac{1}{(s+1)(s+2)(s+5)}$,试采用 P、PI 校正装置对系统进行校正,$K_p=2$,比较 T_i 分别为 0.2、2、5 时,系统的单位阶跃响应。

解 当采用 P 校正时,$k_p=2$,系统输出稳态误差大,采用不同 PI 校正环节得到的单位位置阶跃响应曲线,系统由 0 型变成了 1 型,改善了系统的稳态性能,如图 7.35 所示,可知 T_i 越大,积分作用越弱,调节时间变长,但是过强的积分作用,也会使系统超调增加,

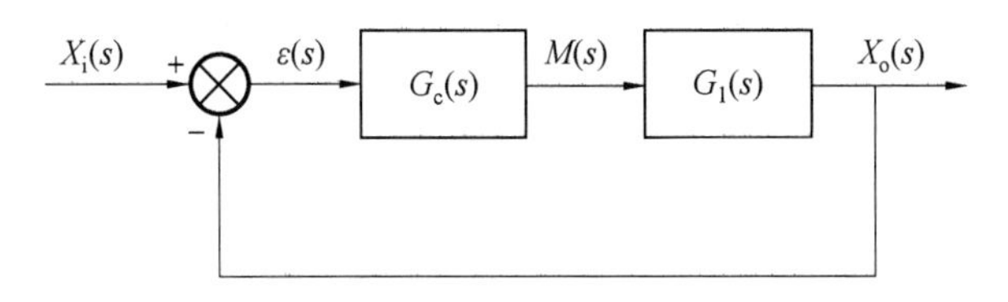

图 7.34 例题 7.9 系统框图

调节时间加长,系统趋于不稳定,因此,要选择合理的 PI 校正参数,才能达到理想的效果。

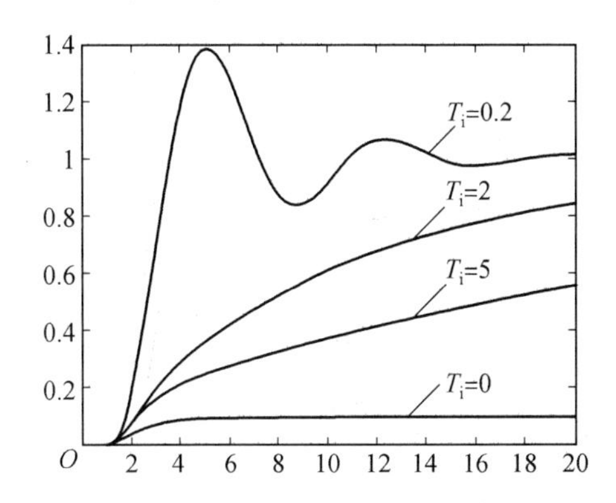

图 7.35 不同参数的 PI 校正环节作用下的单位阶跃响应曲线($k_p=2$)

7.5.4 PID 校正

P、PI、PD 校正各有优缺点,在工程实际中,常常把几种校正环节结合起来使用,即调节器的输出是偏差量 $\varepsilon(t)$(调节器的输入量)的比例、积分和微分,简称 PID 校正,又称为 PID 调节,其结构简单,控制方法易行,各个参数调节相对独立。

式(7.12)表示 PID 调节器的控制规律,其时域表达式和传递函数分别为

$$m(t)=K_p\left[\varepsilon(t)+\frac{1}{T_i}\int_0^t\varepsilon(\tau)\mathrm{d}\tau+T_d\frac{\mathrm{d}\varepsilon(t)}{\mathrm{d}t}\right]$$

$$G_c(s)=\frac{M(s)}{E(s)}=K_p\left[1+\frac{1}{T_is}+T_ds\right] \tag{7.12}$$

式(7.12)可以写成

$$G_c(s)=\frac{K_p'(T_1s+1)(T_2s+1)}{s} \tag{7.13}$$

式中,PID 比例系数 $K_p=(T_1+T_2)K'_p$;积分时间常数 $T_i=T_1+T_2$;微分时间常数 $T_d=\frac{T_1T_2}{T_1+T_2}$。

控制结构框图如图 7.36 所示。

由式(7.13)可知,PID 调节器由两个一阶微分环节$(T_1s+1)(T_2s+1)$和一个积分因子 $\frac{1}{s}$ 组成,只要一阶微分环节的参数选择适当,就可以抵消原系统的两个大惯性环节,改善系统的动态性能;在低频率段,通过对偏差量的时间积分,改善原系统的稳态性能。

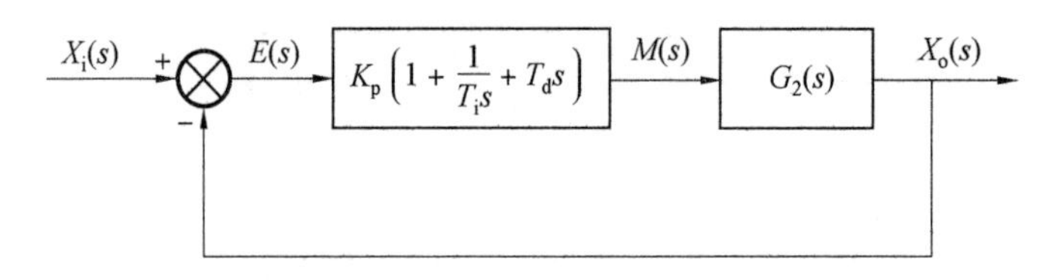

图 7.36 具有 PID 调节器的控制框图

当 $T_i>T_d$ 时,式(7.12)也可以写成

$$G_c(s)\approx\frac{K_p(T_i s+1)(T_d s+1)}{T_i\quad s}$$

PID 调节器的 Bode 图如图 7.37 所示,控制作用有以下几点:

(1)在低频段起积分作用,只要偏差量 $\varepsilon(t)$ 存在,就把它累加起来,增加反馈量 $x_o(t)$ 和输入量 $x_i(t)$ 的偏差,直到 $\varepsilon(t)=0$,改善了系统的稳态性能;但是积分作用使系统的动态过程变长,过强的积分作用还可能使系统不稳定,输出发散。

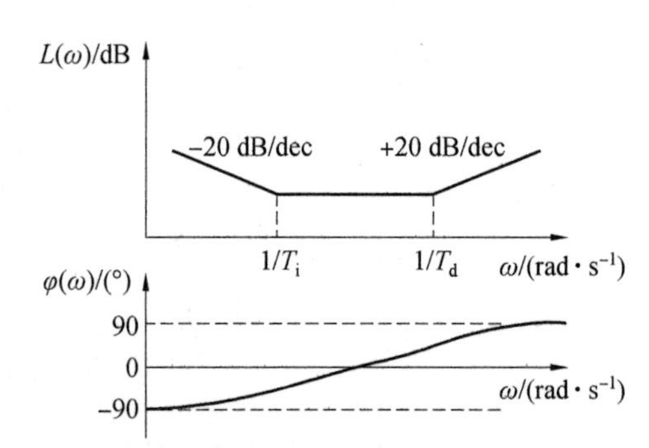

图 7.37 PID 调节器的 Bode 图($T_i>T_d$)

(2)在中频段起微分作用,微分控制则起到预测的作用,当 $\frac{d\varepsilon}{dt}>0$ 时,表明偏差 $\varepsilon(t)$ 正在增大,应及时增大反馈量 $x_o(t)$ 以减小偏差 $\varepsilon(t)$,完成调节过程,即改善系统的动态性能;反之亦然,微分作用的不足之处是引入了高频噪声信号。

(3)加大 K_p,可以减少系统的稳态误差,但 K_p 过大会使系统输出振荡,甚至导致闭环系统不稳定。

7.5.5 PID 校正环节的有源网络

PID 控制规律可用有源校正环节来实现,它由运算放大器和 RC 网络组成。

(1)PD 校正环节。

对于图 7.38 所示的有源网络,根据复阻抗概念,有

$$Z_1=\frac{R_1}{R_1C_1s}$$

$$Z_2=R_2$$

由 $\frac{U_i(s)}{Z_1(s)}=\frac{U_o(s)}{Z_2(s)}$ 可得传递函数为

$$G_c(s)=\frac{U_o(s)}{U_i(s)}=\frac{Z_2(s)}{Z_1(s)}=K_p(T_d s+1)$$

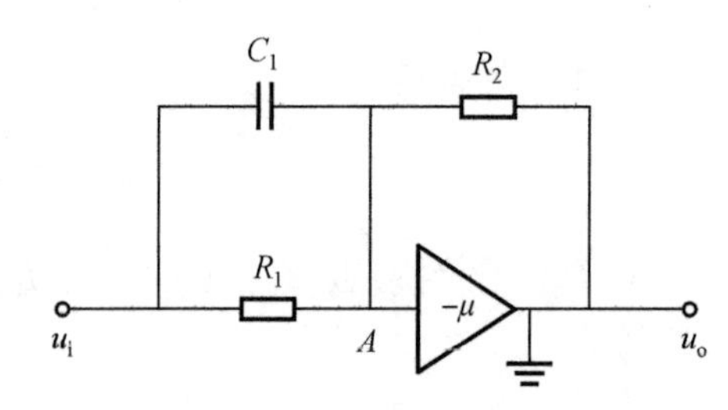

图 7.38 PD 校正环节

式中

$$T_d=R_1C_1,\quad K_p=R_2/R_1$$

可见,图7.38所示网络是PD校正环节(或称PD调节器)。

(2)PI校正环节。

对于图7.39所示的有源网络,根据复阻抗概念,有

$$Z_1=R_1$$

$$Z_2=R_2+\frac{1}{C_2 s}$$

其传递函数为

$$G_c(s)=\frac{U_o}{U_i(s)}=\frac{Z_2(s)}{Z_1(s)}=K_p\left(1+\frac{1}{T_i s}\right)$$

式中

$$T_i=R_2C_2,\quad K_p=R_2/R_1$$

(3)PID校正环节。

对于图7.40所示的有源网络,有

$$Z_1=\frac{R_1\dfrac{1}{C_1 s}}{R_1+\dfrac{1}{C_1 s}},\quad Z_2=R_2+\frac{1}{C_2 s}$$

其传递函数为

$$G_c(s)=\frac{U_o(s)}{U_i(s)}=\frac{Z_2(s)}{Z_1(s)}=K_p\left(1+\frac{1}{T_i s}+T_d s\right)$$

式中

$$T_i=R_1C_1+R_2C_2,\quad T_d=\frac{R_1C_1R_2C_2}{R_1C_1+R_2C_2},\quad K_p=\frac{R_1C_1+R_2C_2}{R_1C_2}$$

可见,图7.40所示网络是PID校正环节(或称PID调节器)。

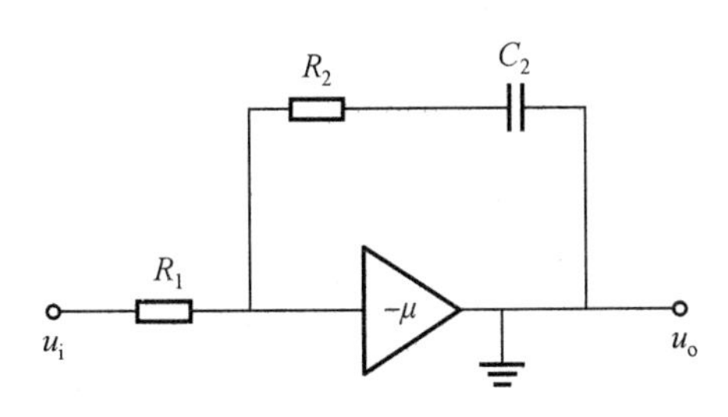

图7.39　PI校正环节

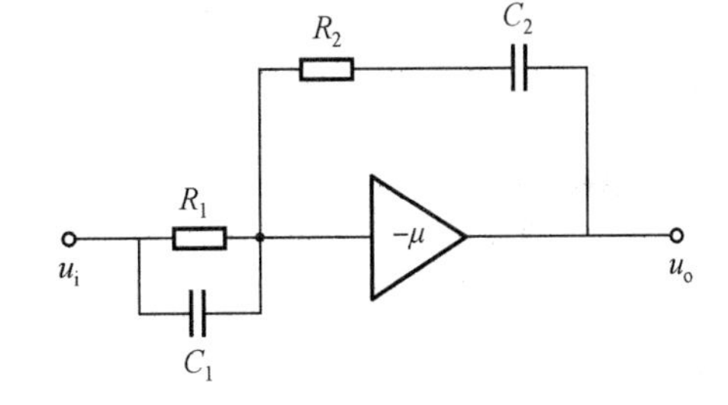

图7.40　PID校正环节

7.6　最优二阶系统模型

工程上,二阶系统是很常见的一种系统,其闭环传递函数的一般形式为

$$\phi(s)=\frac{1}{1+T_1 s+T_2 s^2} \tag{7.14}$$

其对数频率特性为

$$\phi(j\omega)=\frac{1}{1-T_2\omega^2+jT_1\omega}=\frac{1}{\sqrt{(1-T_2\omega^2)^2+(T_1\omega)^2}}\angle-\arctan\frac{T_1\omega}{1-T_2\omega^2}$$

要使二阶系统获得理想的输出,即输出完全跟随输入,幅值没有衰减或增加,相位没有滞后,应满足以下条件:

$$\frac{1}{\sqrt{(1-T_2\omega^2)^2+(T_1\omega)^2}}=1$$

$$\arctan\frac{T_1\omega}{1-T_2\omega^2}\to 0$$

因此,解得

$$T_1^2-2T_2=0,\quad T_2\omega^2\to 0$$

可得到如下结果,$T_1=\sqrt{2T_2}$,代入式(7.14)得到最优的二阶系统闭环传递函数形式为

$$\phi(s)=\frac{1}{1+\sqrt{2T_2}s+T_2s^2}=\frac{\frac{1}{T_2}}{s^2+\sqrt{\frac{2}{T_2}}s+\frac{1}{T_2}}$$

与第3章中的典型二阶系统传递函数 $\phi(s)=\frac{\omega_n^2}{s^2+2\xi\omega_n s+\omega_n^2}$比较,得

$$\omega_n=\sqrt{\frac{1}{T_2}},\quad \xi=\frac{\sqrt{2}}{2}$$

对于单位反馈系统,可根据闭环传递函数推导出开环传递函数 $G(s)$为

$$G(s)=\frac{\varphi(s)}{1-\varphi(s)}=\frac{1}{\sqrt{2T_2}s\left(1+\frac{\sqrt{2T_2}}{2}s\right)}$$

为了便于记忆,可将最优的二阶系统的开环传递函数写成

$$G(s)=\frac{1}{2Ts(1+Ts)}\qquad(7.15)$$

其开环 Bode 图如图 7.41 所示,且 $\omega_c=\frac{1}{2T}$。

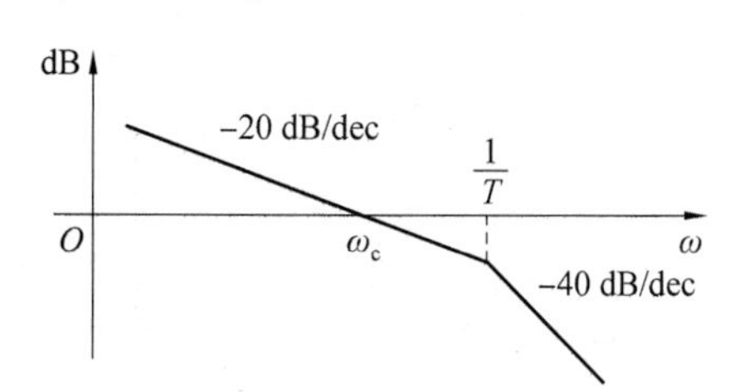

图 7.41 二阶系统最优模型 Bode 图

例如,系统的开环传递函数(单位反馈系统)为

$$G(s)=\frac{K}{s(Ts+1)}$$

其闭环传递函数为

$$G(s)=\frac{K}{Ts^2+s+K}=\frac{\omega_n^2}{s^2+2\xi\omega_n s+\omega_n^2}$$

式中 ω_n——无阻尼固有频率,$\omega_n=\sqrt{\frac{K}{T}}$;

ξ——阻尼比，$\xi=\dfrac{1}{2\sqrt{KT}}$。

根据式(7.15)得，最优的二阶系统的 $\omega_n=\dfrac{\sqrt{2}}{2T}$，$\xi=\dfrac{\sqrt{2}}{2}$。

当阻尼比 $\xi\approx0.707$ 时，超调量 $\sigma_p=e^{\frac{-\xi\pi}{\sqrt{1-\xi^2}}}\times100\%\approx4.32\%$。如果取±5%的误差范围，调节时间 $t_s\approx\dfrac{3}{\xi\omega_n}\approx8.49T$，故 $\xi=0.707$ 的阻尼比称为工程最佳阻尼系数。要保证 $\xi=0.707$，通常取 $0.5\leqslant\xi\leqslant0.8$。

当系统为三阶系统时，为了提高系统的稳态精度，常使低频段有更大的斜率；为了保证系统的稳定性，使中频段斜率为 −20 dB/dec；在高频段，斜率越陡，抗高频干扰能力越强。图7.42为最优三阶系统模型的Bode图。在初步设计时，中频段宽度 h 选为7～12个 ω_c，如希望进一步增大稳定裕量，可把 h 增大至15～18个 ω_c。

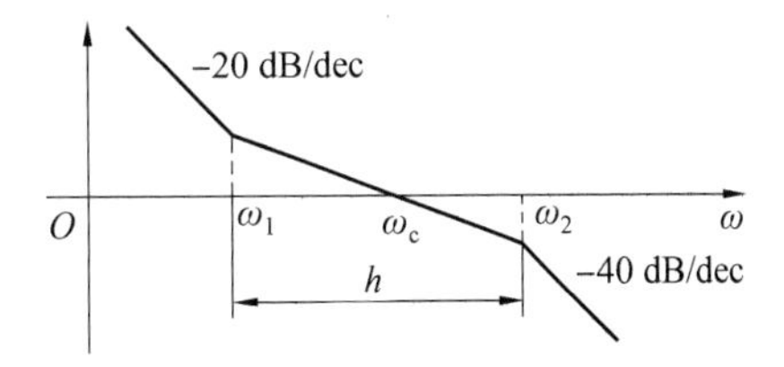

图7.42　三阶系统最优模型Bode图

【例7.10】 某单位反馈系统的开环传递函数为

$$G(s)=\frac{K}{s(0.15s+1)(0.877\times10^{-3}s+1)(5\times10^{-3}s+1)}$$

试设计有源串联校正装置，使系统速度误差系数 $K_v\geqslant40$；幅值穿越频率 $\omega_c\geqslant50$ rad/s，相角裕度 $\gamma\geqslant50°$。

解　未校正系统为Ⅰ型系统，故 $K=K_v$，按设计要求 $K=K_v=40$，转折频率分别为 $\omega_1=\dfrac{1}{0.15}\approx6.67$ rad/s，$\omega_2=\dfrac{1\ 000}{5}=200$ rad/s，$\omega_3=\dfrac{1\ 000}{0.877}\approx1\ 140$ rad/s，其Bode图如图7.43所示，假设剪切频率 $\omega_2<\omega_c<\omega_3$，则有

$$A(\omega_c)=\frac{40}{\omega_c(0.15\omega_c+0)(5\times10^{-3}\omega_c+0)(0+1)}=1$$

$$\omega_c\approx37.6\ \text{rad/s}$$

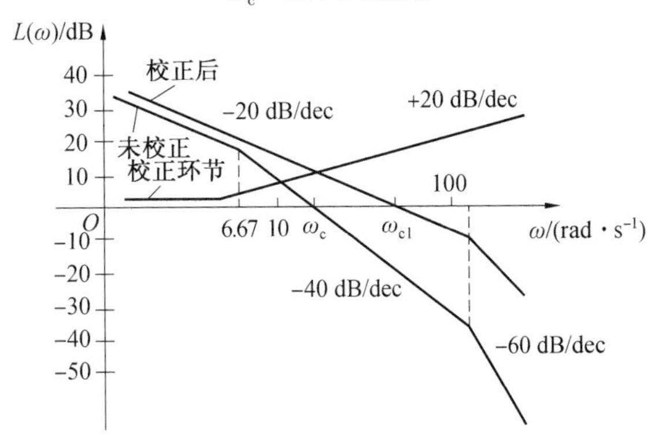

图7.43　PD校正幅频图

所得剪切频率 $\omega_c \approx 37.6$ rad/s 不在设定范围,重新求解 ω_c,假设剪切频率 $\omega_1<\omega_c<\omega_2$,则有

$$A(\omega_c)=\frac{40}{\omega_c(0.15\omega_c+0)(0+1)(0+1)}=1$$

得 $\omega_c \approx 16.33$ rad/s,在设定的剪切频率范围内。

$$\gamma=180°-90°-\arctan(0.15\times\omega_c)-\arctan(0.877\times10^{-3}\times\omega_c)-\arctan(5\times10^{-3}\times\omega_c)\approx17.25°$$

系统虽然稳定,但未校正系统的 ω_c 和 γ 均小于设计要求,为保证系统的稳态精度,提高动态性能,选串联 PD 校正。为了将系统校正成最优二阶模型,对未校正部分的高频段小惯性环节做近似处理,即

$$\frac{40}{(0.877\times10^{-3}s+1)(5\times10^{-3}s+1)}=\frac{40}{1+(5\times0.877\times10^{-3}\times10^{-3})s^2+5.877\times10^{-3}s}$$

$$\approx\frac{40}{5.877\times10^{-3}s+1}$$

近似条件为 $(5\times0.877\times10^{-3}\times10^{-3})\omega^2\ll1$,工程计算中一般允许 10% 以内的误差,$(5\times0.877\times10^{-3}\times10^{-3})\omega^2<0.1$,即系统工作频率在 $\omega<151$ rad/s 范围内,可以高频段小惯性环节做近似,未校正系统的开环传递函数近似为

$$G(s)=\frac{40}{s(0.15s+1)(5.877\times10^{-3}s+1)}$$

已知 PD 校正环节的传递函数为

$$G_c(s)=K_p(T_ds+1)$$

为校正成期望二阶最优模型,消去未校正系统的一个大惯性环节,令 $T_d=0.15$,则

$$G(s)G_c(s)=\frac{40}{s(0.15s+1)(5.877\times10^{-3}s+1)}K_p(T_ds+1)=\frac{40K_p}{s(5.877\times10^{-3}s+1)}$$

与式(7.15)比较可知,校正后的开环放大系数 $K_P=\dfrac{1}{40\times2\times5.877\times10^{-3}}\approx2.13$,校正后系统的开环传递函数为

$$G(s)G_c(s)=\frac{85.2}{s(5.877\times10^{-3}s+1)}$$

校正后系统的剪切频率 $\omega_{c1}\approx85$ rad/s,相角裕度为 $\gamma=180°-90°-\arctan(5.877\times10^{-3}\omega_c)\approx63.46°$,均满足要求,校正后开环对数幅频特性曲线如图 7.43 所示。

习　题

1. 已知串联校正装置的传递函数 $G_c(s)=\dfrac{0.03s+1}{0.02s+1}$,试问其属于哪类的校正?分析该校正装置对系统性能的影响。

2. 已知最小相位系统校正前和校正后的 Bode 图如图 7.44 所示,试:

(1)计算校正前和校正后系统的幅值穿越频率;

(2)计算校正前和校正后系统的相角裕度;

(3)计算校正前和校正后系统的幅值裕度。

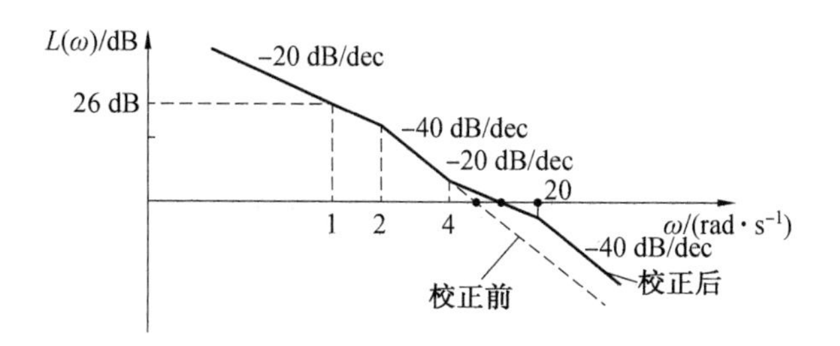

图 7.44　2 题图

3. 已知最小相位系统校正前和校正后的 Bode 图如图 7.45 所示，试：

(1)写出校正前和校正后的系统开环传递函数；

(2)写出该校正装置的传递函数，并在图中画出；

(3)说明该校正装置在该系统中的作用。

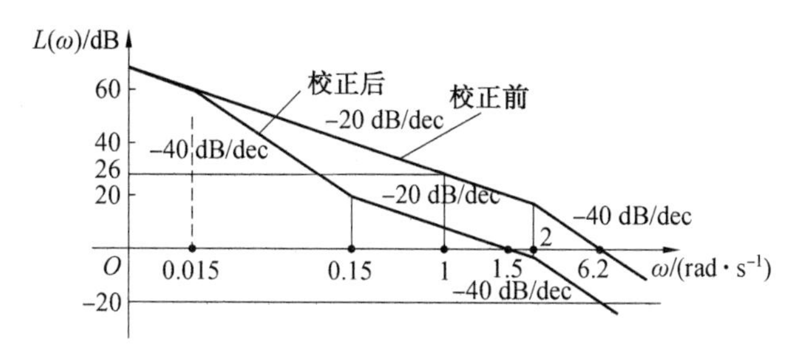

图 7.45　3 题图

4. 已知系统的开环传递函数为 $G(s)=\dfrac{10}{s(s+1)(0.1s+1)}$，试完成：

(1)判断闭环系统的稳定性；

(2)若实施串联校正，校正装置为 $G_c(s)=\dfrac{0.5s+1}{0.2s+1}$，计算校正后的幅值穿越频率 ω_c' 和相角裕量 γ'。

(3)该校正装置是超前还是滞后网络？对系统的动态性能指标有何改善？

(4)该校正装置对系统的稳态精度及高频抗干扰能力有无影响？为什么？

第8章 计算机控制系统

随着数字计算机的出现和迅猛发展,计算机以运算速度快、精度高、大存储容量、强大的逻辑判断和自学习功能、可编程且易于修改系统功能等独特优势,在自动控制领域得到了广泛的应用,承担或部分承担了控制系统中控制器的任务,从而形成了计算机控制系统。

本章首先介绍了计算机控制系统的组成与特点,基于采样信号和零阶保持器的数学描述,详细介绍了采样定理以及应用;由于线性离散控制系统的动态过程用差分方程来描述,为方便了解差分方程,引入 Z 变换和 Z 反变换。本书前面几章的控制器用传递函数描述,为了用计算机取代模拟调节器,在本章中,除了 Z 变换法,重点介绍了数字离散化方法,包括向前差分、向后差分和塔斯廷(tustin)变换法,以及这几种方法在 PID 控制器离散中的应用。

8.1 计算机控制系统的概述

8.1.1 计算机控制系统的组成及特点

由于数字计算机只能识别数字信号,而被控对象及执行部件、测量部件通常都工作在连续状态下,所以连续模拟控制系统还需要加入 A/D 和 D/A 转换器这样的外部设备,图 8.1 为计算机控制系统的组成,其由被控对象、执行机构、测量装置、计算机、A/D 和 D/A 转换器组成。

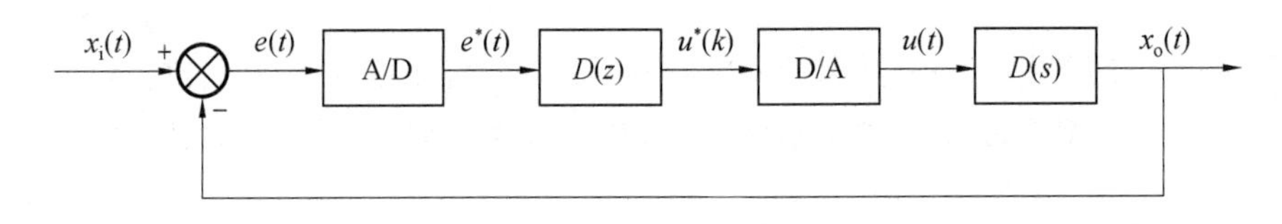

图 8.1 计算机控制系统的组成

(1)信号形式。连续系统中各点均为连续模拟信号,而计算机控制系统有多种信号形式,必须按一定的采样间隔(称采样周期)对连续信号进行采样,将其变成时间上离散的模拟信号,再转换为计算机可以识别的数字量,所以,计算机控制系统是一种模拟数字混合信号形式的系统。

(2)工作方式。在连续控制系统中,控制器通常由不同的电路构成,而在计算机控制系统中,控制方式由软件形成,同一台计算机可以同时对多个控制回路采用串行或分时并行控制。

(3)运算速度和精度。由于计算机的运算速度快、精度高、具有极丰富的逻辑判断功能和大容量的存储能力,因此,能实现复杂的控制规律,如模糊控制、最少拍控制、最优控制、自适应控制及自学习等。

8.1.2 对计算机控制系统的基本要求

计算机控制系统和连续系统类似,可以用稳定性、精确性和快速性等特征来表征,用稳定裕度、稳态误差和动态指标来衡量其性能的优劣。

(1)稳定性。由于机电控制系统都包含储能元件,若参数匹配不当,便会引起振荡而失去工作能力。稳定性就是指动态过程的振荡倾向和系统恢复平衡状态的能力。对于稳定系统,当输出量偏离平衡状态时,应能随着时间收敛且最后回到初始的平衡位置。稳定是保证控制系统正常工作的先决条件。

(2)精确性。控制系统的精确性以稳态误差来衡量,是指在调整过程结束后输出量和给定值之间的偏差,它反映了动态过程的后期性能。因此,希望稳态误差越小越好,稳态误差与控制系统本身的结构有关,也与系统输入信号的形式有关。

(3)快速性。这是在系统稳定的前提下提出的,是指系统的输出量和输入量之间产生偏差时,消除这种偏差的快慢程度。快速性是控制系统的动态指标,能比较直观地反映控制系统的过渡过程。

8.2 信号采样与采样定理

8.2.1 计算机信号处理与传递过程

A/D 变换器将连续模拟信号变换成数字量要经过:采样/保持、量化及编码 3 个顺序步骤。采样/保持是对连续模拟信号 $e(t)$,按一定的时间间隔 T(采样周期)进行采样 $e^*(t)$,并保持一定时间,从而变成时间离散、幅值等于采样时刻输入信号值的方波信号,称为采样信号 $e^*(t)$;量化是将采样时刻的信号幅值按最小量化单位取整;编码是将量化后的信号变换为二进制数码形式的数字量 $e(kT)$。计算机按一定的算法计算数字控制信号 $u(kT)$,一般情况下,可以表达为

$$u(kT)=f[e(kT),e(kT-T),\cdots,u(kT-T),u(kT-2T),\cdots] \tag{8.1}$$

$u(kT)$经过 D/A 转换器变成模拟量 $u^*(t)$。图 8.2 显示了计算机内信号的主要处理过程,即采样/保持、量化、编码、运算、解码及保持。

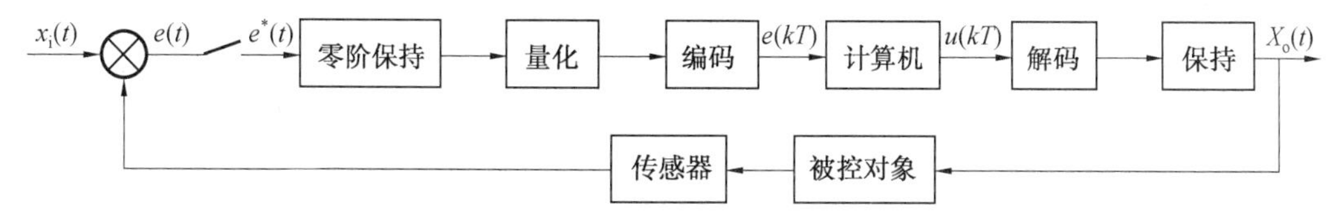

图 8.2 计算机控制系统信号变换结构图

8.2.2 理想采样信号的时域数学描述与采样定理

采样开关从 $t=0$ 时刻开始，每隔一定时间 T（即采样周期）闭合一次，闭合时间为 τ，则模拟信号 $e(t)$ 经采样开关输出的时间上离散、幅值上连续的模拟信号为采样信号 $e^*(t)$。在理想的情况下，采样时间 $t\to 0$，为了数学分析方便，把采样过程看作模拟信号 $e(t)$ 被单位脉冲 $\delta(t)$，$\delta(t-T)$，$\delta(t-2T)$，…组成的单位脉冲链 $\delta_{\mathrm{T}}(t)$ 调制的过程

$$\delta_{\mathrm{T}}(t)=\sum_{k=0}^{\infty}\delta(t-kT) \tag{8.2}$$

其中

$$\delta(t-kT)=\begin{cases}\infty & t=kT\\ 0 & t\neq kT\end{cases}$$

单位脉冲链也可以用图 8.3 表述，在采样时刻 $T,2T,3T,\cdots$ 的垂直箭头代表单位脉冲 $\delta(t)$，$\delta(t-T)$，$\delta(t-2T)$，…

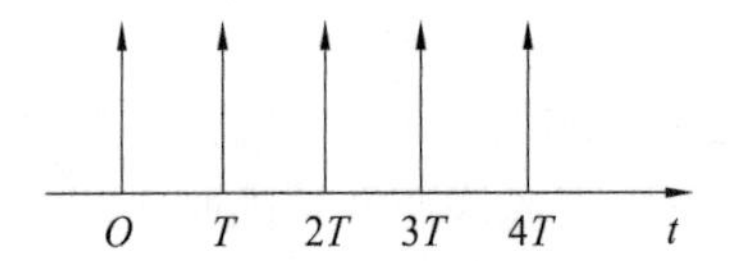

图 8.3 单位脉冲链 $\delta_{\mathrm{T}}(t)$

对式(8.2)中的 $\delta_{\mathrm{T}}(t)$ 进行傅里叶变换得到其频谱，即

$$\Delta_{\mathrm{T}}(\mathrm{j}\omega)=\frac{1}{T}\sum_{k=-\infty}^{+\infty}\delta(\mathrm{j}\omega-\mathrm{j}k\omega_{\mathrm{s}}) \tag{8.3}$$

δ 函数有一个重要性质 —— 筛选性质或采样性质，即

$$\int_{-\infty}^{+\infty}e(t)\delta(t-kT)\,\mathrm{d}t=\begin{cases}e(kT) & t=kT\\ 0 & t\neq kT\end{cases} \tag{8.4}$$

因此，理想采样信号 $e^*(t)$ 可以看作连续信号经过一个理想的采样开关而获得的输出信号，即

$$e^*(t)=e(t)\delta_{\mathrm{T}}(t)=e(t)\sum_{k=-\infty}^{+\infty}\delta(t-kT)=\sum_{k=-\infty}^{+\infty}e(kT)\delta(t-kT) \tag{8.5}$$

根据复位移定理，对采样信号进行傅里叶变换得到其频谱，即

$$E^*(\mathrm{j}\omega)=E(\mathrm{j}\omega)\cdot\Delta_{\mathrm{T}}(\mathrm{j}\omega)=\frac{1}{T}\sum_{k=-\infty}^{+\infty}E(\mathrm{j}\omega-\mathrm{j}k\omega_{\mathrm{s}}) \tag{8.6}$$

图 8.4 给出了周期的连续信号及其采样信号的频谱，可以看出周期连续信号的频谱通常是一个单一的连续频率，其最高频率为 $f_{\max}$，而采样信号的频谱是以采样频率 f_{s} 为周期的无限个频谱之和，且在幅值上为原频谱的 $\frac{1}{T}$ 倍，然而只有在 $-f_{\max}$ 到 $+f_{\max}$ 区间内为原频谱，其余各频谱都是由于采样引起的，为了不失真地恢复原信号，需要加上低通滤波器。值得注意的是，当采样周期 T 太长，采样频率 f_{s} 太小时，就会产生频率“频率混叠”现象，这时加什么样的低通滤波器都无法将原来的信号恢复。如何经过采样后，不失真地反映

原始信号？采样定理又称香农(Shannon)定理、Nyquist 定理，其指出：对于一个具有有限频谱的连续信号$f(t)$，若满足采样频率f_s大于等于两倍的被采样信号频谱的最高频谱f_{max}，再通过低通滤波器，则采样信号能够不失真地复现原来的连续信号$f(t)$。

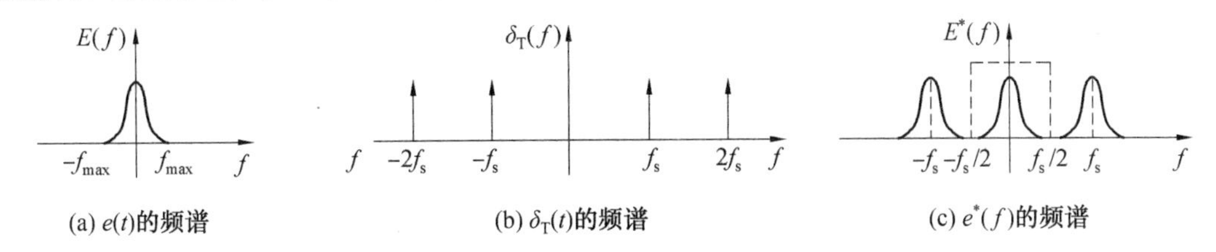

图 8.4 连续周期信号与其采样信号的频谱

应当指出，采样频率f_s一般为 5 ~ 10 倍的f_{max}。采样频率越高，对系统稳定性的影响越小，越能迅速地反映原始信号，而不至于在随动系统中产生大的延迟，而且便于对多个控制回路进行控制，但是采样频率过高，高频干扰对系统的影响明显上升，而且对于大惯性执行机构，前后两次采样的数值之差也可能因为计算机精度受限而反映不出来，此外，系统的采样频率应大于 25 ~ 100 倍闭环系统的带宽。

例如：对有限长序列$x(n)=\sin(2\pi\cdot 100n)+\sin(2\pi\cdot 150n)+\sin(2\pi\cdot 250n)$进行的频谱分析式中，$n=1,2,\cdots,100$，如果$f_s=1\ 000$ Hz，Matlab 程序如下：

```
t=0:0.001:1
x=sin(2*pi*100*t)+sin(2*pi*150*t)+sin(2*pi*250*t)
subplot(2,1,1);
plot(x);
Y=fft(x,512);
f=1000*(0:255)/512;
subplot(2,1,2);
plot(f,abs(Y(1:256)));
grid on;
```

输出的频率谱图如图 8.5(a)所示，如果将得到的频率谱图的频率范围扩展到 1 000 Hz，得到的频率谱图如图 8.5(b)所示。

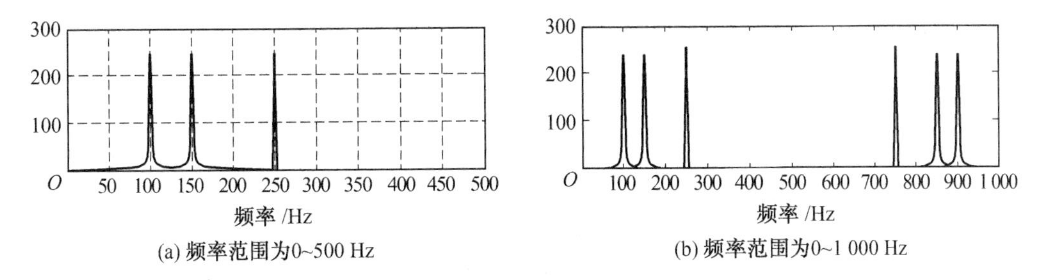

图 8.5 有限序列的频谱图

由图 8.5 可知，对有限长序列$x(n)$进行傅里叶变换得到的频谱图关于$f_s/2=500$ Hz 对称，此外，根据采样定理，由于采样频率f_s大于最高有限频谱 250 Hz，所以频谱图没有频率混叠现象,频谱没有失真。

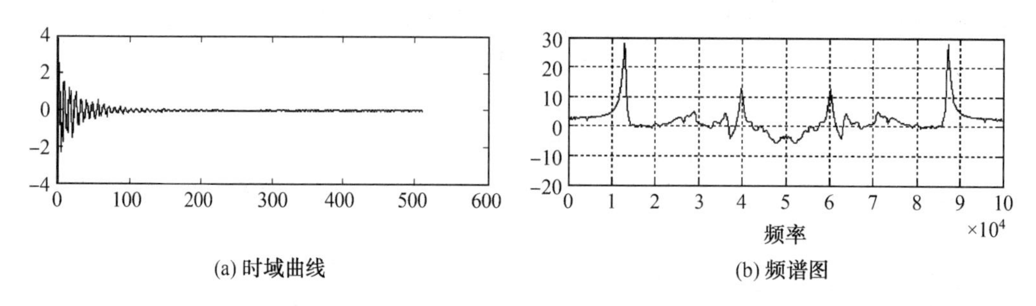

(a) 时域曲线　　(b) 频谱图

图 8.6　振动衰减信号的时域曲线及其频谱图

例如:在对某一机械系统进行固有频率实测时,以采样频率为 100 kHz 获得的时间域振动衰减信号如图 8.6(a)所示,可以表达为

$$y(t)=A_0\sin(2\pi f_p t)\exp(-a_0 t) \tag{8.7}$$

式中　$y(t)$——振动衰减信号在 t 时刻的振幅;

A_0——振动衰减信号振幅初值;

f_p——系统的固有频率;

a_0——系统的阻尼系数。

对式(8.7)进行傅里叶变换得

$$F_y(f)=\frac{2\pi A_0 f_p}{(a_0+2\pi \mathrm{j} f)^2+4\pi^2 f_p^2}$$

对上式取模

$$|F_y(f)|=\frac{2\pi A_0 f_p}{\sqrt{(a_0^2+4\pi^2 f_p^2-4\pi^2 f^2)-16a_0^2\pi^2 f^2}}$$

根据 $\mathrm{d}|F_y(f)|/\mathrm{d}f=0$,得

$$f_{\max}=\sqrt{\frac{(2\pi f_p)^2-a_0^2}{2\pi}}\approx f_p \tag{8.8}$$

由式(8.8)可以获得该机械系统的固有频率 f_p,因此,对实测获得的时间域数据 data01 进行频谱分析,Matlab 程序如下:

```
load data01. txt
load_data = data01
subplot(2,1,1)
plot(load_data)
Y = FFT(load_data,512)
f = 100000 * (0 : 256)/512
subplot(2,1,2)
plot(f,abs(Y(1 : 257)))
grid on
```

频率范围为 $0\sim f_s$,即 0 ~ 100 kHz 的频谱如图 8.6(b)所示,频谱图关于 $f_s/2$ 对称,由

图可知该机械系统的一阶固有频率 f_p 约为 13 kHz。

在实际工程应用中，很多信号是非周期的连续信号，即没有最高有限频谱 f_{max}，例如连续信号 $I(t)=I_0\exp(-t/\tau)$，其频谱中最高频率是无限的，依据采样定理即使采样频率很高，采样后的离散频谱也会出现重叠现象，但是当频率很高时，它的模值很小，因此，可以把高频段切掉，认定为实际信号的有效频谱的最高频率 f_{max}，则信号损失率 $\varepsilon=\dfrac{|I(j2\pi f_{max})|}{|I(0)|}$。

例如：$I(t)=I_0\exp\left(-\dfrac{t}{\tau}\right)$，$\tau=0.01$，$\varepsilon=0.05$，则

$$I(s)=\frac{I_0}{s+1/\tau}$$

$$|I(j2\pi f_{max})|=\frac{I_0}{\sqrt{100^2+(2\pi f_{max})^2}}=\varepsilon\cdot\frac{I_0}{100}$$

$$f_{max}\approx 320\ \text{Hz}$$

根据采样定理，采样频率应选取大于等于 640 Hz。

8.2.3 零阶保持器

实际信号的采样一般在采样时间间隔内信号保持不变，同时，计算机输出的离散信号经 D/A 解码后也将使离散的模拟信号保持不变，即恢复成阶梯形的连续信号，把实现这种保持作用的电路称为零阶保持器，其时域方程为

$$f(t)=f(kT),\quad kT\leqslant t\leqslant(k+1)T$$

式中 T——采样周期。

则零阶保持器的单位脉冲响应为

$$g_0(t)=1(t)-1(t-T)$$

可以用图 8.7 表示。

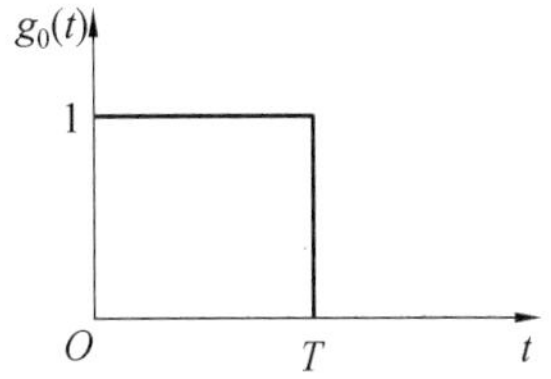

$g_0(t)$ 1 O T t

图 8.7 零阶保持器对脉冲输入信号的响应

由此可求得零阶保持器的传递函数为

$$G_0(s)=\frac{1-e^{-sT}}{s} \tag{8.9}$$

其频率特性函数为

$$G_0(j\omega)=\frac{1-e^{-j\omega T}}{j\omega}=T\frac{\sin\dfrac{\omega T}{2}}{\dfrac{\omega T}{2}}e^{-j\frac{\omega T}{2}} \tag{8.10}$$

在工程应用中，采样频率一般选取闭环系统要求带宽的 25～100 倍，因此零阶保持器工作频率 ω 很低，由于 $\lim\limits_{\omega\to 0}\dfrac{\sin\dfrac{\omega T}{2}}{\dfrac{\omega T}{2}}=1$，所以

$$G_0(j\omega) \approx T e^{-j\frac{\omega T}{2}} = T\angle\left(-\frac{\omega T}{2}\right) \tag{8.11}$$

因此,零阶保持器近似为一个延迟为$\frac{\omega T}{2}$的环节。

8.3 Z 变换及其反变换

线性连续系统用高阶微分方程来描述,高阶微分方程通过拉氏变换后可化为 s 的代数方程,从而简化了微分方程的求解。而对于线性离散控制系统,通常用高阶差分方程来描述,为了求解高阶差分方程的解析解,引入了 Z 变换。

8.3.1 Z 变换的定义

在线性离散系统中,采样信号

$$\begin{aligned} y^*(t) &= \sum_{k=0}^{\infty} y(kT)\delta(t-kT) \\ &= y(0)\delta(t) + y(T)\delta(t-T) + y(2T)\delta(t-2T) + \cdots \end{aligned}$$

对其做拉氏变换,得

$$\begin{aligned} Y^*(s) &= \mathscr{L}(y^*(t)) \\ &= \mathscr{L}\left[\sum_{k=0}^{\infty} y(kT)\delta(t-kT)\right] \\ &= \int_0^{\infty} \sum_{k=0}^{\infty} y(kT)\delta(t-kT) e^{-sT} \\ &= \sum_{k=0}^{\infty} y(kT) L[\delta(t-kt)] \\ &= \sum_{k=0}^{\infty} y(kT) e^{-kTs} \end{aligned}$$

令 $z = e^{Ts}$,则有

$$Y(z) = \sum_{k=0}^{\infty} y(kT) z^{-k} = y(0) + y(T)z^{-1} + y(2T)z^{-2} + y(3T)z^{-3} + \cdots$$

记作 $Y(z)=Z[y(kT)]$,由以上推导可知,$Y(z)$ 可以看作 $y^*(t)$ 的离散拉氏变换或采样拉氏变换,或离散时间序列 $\{y(kT)\}$ 的 Z 变换,它是变量 z 的幂级数形式。比较 $Y(z)$ 和 $y^*(t)$ 两个表达式,它们分别是 Z 域和 s 域的表达式,它们形式上很相似,都用多项式之和表示,加权系数都是 $y(kT)$,在时域中 $\delta(t-kT)$、s 域中 e^{-kTs} 以及 Z 域中 z^{-k} 均表示信号延迟了 z^{-k} 拍,体现了信号的定时关系。

表 8.1 给出了常用函数的 Z 变换,这里需要注意的是,用同样的大写字母来表示拉氏变换和 Z 变换,和讨论拉氏变换时一样,最终感兴趣的是系统的时域输出,因此,必须在 Z 变换的基础之上,进行 Z 反变换得到 $y(t)$。

表8.1 常用函数的Z变换

$x(t)$	$X(s)$	$X(z)$
$\delta(t)=\begin{cases}\dfrac{1}{\varepsilon},t<\varepsilon,\varepsilon\to 0\\ 0,\text{否则}\end{cases}$	1	—
$\delta(t-a)=\begin{cases}\dfrac{1}{\varepsilon},a<t<a+\varepsilon,\varepsilon<0\\ 0,\text{否则}\end{cases}$	e^{-as}	—
$\delta_0(t)=\begin{cases}1,t=0\\ 0,t=kT,k\neq 0\end{cases}$	—	1
$\delta_0(t-kT)=\begin{cases}1,t=kT\\ 0,t\neq kT\end{cases}$	—	z^{-k}
$u(t)$,单位阶跃	$1/s$	$\dfrac{z}{z-1}$
t	$1/s^2$	$\dfrac{Tz}{(z-1)^2}$
e^{-at}	$\dfrac{1}{s+a}$	$\dfrac{z}{z-e^{-aT}}$
$1-e^{-at}$	$\dfrac{1}{s(s+a)}$	$\dfrac{(1-e^{-aT})}{(z-1)(z-e^{-aT})}$
$\sin(\omega t)$	$\dfrac{\omega}{s^2+\omega^2}$	$\dfrac{s\sin(\omega T)}{z^2-2z\cos(\omega T)+1}$
$\cos(\omega t)$	$\dfrac{s}{s^2+\omega^2}$	$\dfrac{z(z-\cos(\omega T))}{z^2-2z\cos(\omega T)+1}$
$e^{-at}\sin(\omega t)$	$\dfrac{\omega}{(s+a)^2+\omega^2}$	$\dfrac{(ze^{-aT}\sin(\omega T))}{z^2-2ze^{-aT}\cos(\omega T)+e^{-2aT}}$
$e^{-at}\cos(\omega t)$	$\dfrac{s+a}{(s+a)^2+\omega^2}$	$\dfrac{z^2-ze^{-aT}\cos(\omega T)}{z^2-2ze^{-aT}\cos(\omega T)+e^{-2aT}}$

【例8.1】 开环采样控制系统如图8.8所示,其中$T=1$,零阶保持器的传递函数$G_0(s)=\dfrac{1-e^{-sT}}{s}$,被控对象的传递函数$G_p(s)=\dfrac{1}{s(s+1)}$,则系统的开环传递函数为

$$G(s)=\frac{C(s)}{R(s)}=G_0(s)G_p(s)=\frac{1-e^{-sT}}{s}\frac{1}{s(s+1)}=(1-e^{-sT})\left(\frac{1}{s^2}-\frac{1}{s}+\frac{1}{s+1}\right)$$

$$G(z)=Z(G(s))=(1-z^{-1})Z\left(\frac{1}{s^2}-\frac{1}{s}+\frac{1}{s+1}\right)$$

对照表8.1,有

$$G(z)=(1-z^{-1})\left[\frac{Tz}{(z-1)^2}-\frac{z}{z-1}+\frac{z}{z-e^{-T}}\right]$$

$$=\frac{(ze^{-T}-z+Tz)+(1-e^{-T}-Te^{-T})}{(z-1)(z-e^{T})}$$

当 $T=1$,有

$$G(z)=\frac{ze^{-1}+1-2e^{-1}}{(z-1)(z-e^{-1})}=\frac{0.3679z+0.2642}{z^2-1.3678z+0.3679}$$

上例中可以利用 Matlab 的 c2d 函数实现将连续系统模型转换成离散系统模型。

```
num=[1]
den=[1,1,0];
sysc=tf(num,den)
T=1
sysd=c2d(sysc,T,'zoh')
```

```
Transfer function
  0.3679z+0.2642
-----------------
z^z-1.368z+0.3679
Sampling time:1
```

为了简便起见,还可以将图 8.8 略去采样开关,用图 8.9 直接给出方框图,其中,Z 域的传递函数定义为

$$G(z)=\frac{C(z)}{R(z)}$$

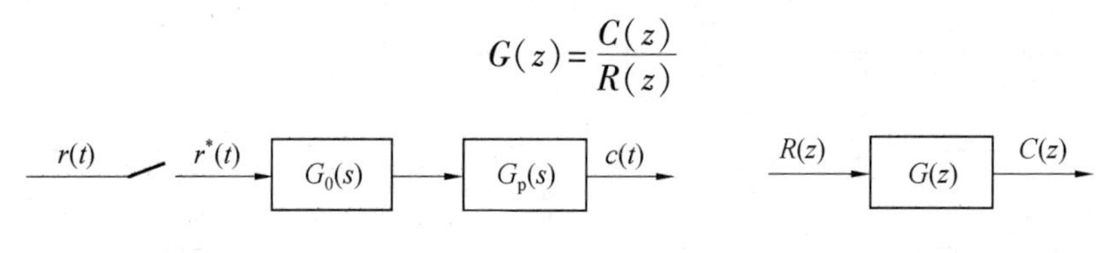

图 8.8 开环采样控制系统　　图 8.9 Z 域内系统传递函数

8.3.2 Z 变换的性质

Z 变换的性质和定理与拉氏变换的性质和定理很相似,下面介绍几种常用的 Z 变换的定理和性质,这些性质和定理都可以用 Z 变换的定义来证明。

(1)滞后定理。

若 $Z[f(t)]=F(z)$,$f(t)=0$,$t<0$ 则

$$Z[f(t-nT)]=z^{-n}F(z)$$

式中 n——正整数。

证明:根据 Z 变换定义

$$Z[f(t-nT)]=\sum_{k=0}^{\infty}f(kT-nT)z^{-k}=z^{-n}\sum_{k=0}^{\infty}f(kT-nT)z^{-(k-n)}$$

令 $m=k-n$,则

$$Z[f(t-nT)]=z^{-n}\sum_{m=-n}^{\infty}f(mT)z^{-m}=z^{-n}F(z)$$

(2) 超前定理。

若 $Z[f(t)]=F(z)$,则

$$Z[f(t+nT)]=z^{n}F(z)-z^{n}\sum_{k=0}^{n-1}f(kT)z^{-k}$$

式中 n—— 正整数。

证明:根据 Z 变换定义

$$Z[f(t+nT)] = \sum_{k=0}^{\infty} f(kT+nT)z^{-k} = z^n \sum_{k=0}^{\infty} f(kT+nT)z^{-(k+n)}$$

令 $m=k+n$,则

$$\begin{aligned} Z[f(t+nT)] &= \sum_{m=n}^{\infty} f(mT)z^{-(m-n)} \\ &= z^n \sum_{m=n}^{\infty} f(mT)z^{-m} + z^n \sum_{m=0}^{n-1} f(mT)z^{-m} - z^n \sum_{m=0}^{n-1} f(mT)z^{-m} \\ &= z^n \sum_{m=0}^{\infty} f(mT)z^{-m} - z^n \sum_{m=0}^{n-1} f(mT)z^{-m} \\ &= z^n F(z) - z^n \sum_{m=0}^{n-1} f(mT)z^{-m} \end{aligned}$$

(3) 初值定理。

如果函数 $f(t)$ 的 Z 变换为 $F(z)$,并存在极限 $\lim\limits_{z\to\infty} F(z)$,则

$$f(0) = \lim_{k\to 0} f(kT) = \lim_{z\to\infty} F(z)$$

证明:根据 Z 变换定义

$$F(z) = \sum_{k=0}^{\infty} f(kT)z^{-k} = f(0) + f(T)z^{-1} + f(2T)z^{-2} + \cdots$$

当 z 趋近于无穷时,上式的两端取极限,得

$$\lim_{z\to\infty} F(z) = f(0)$$

(4) 终值定理。

如果函数 $f(t)$ 的 $t<0$ 时,$f(t)=0$,其 Z 变换为 $F(z)$,并假定 $(1-z^{-1})F(z)$ 在 Z 平面的单位圆上或单位圆外没有极点

$$f(\infty) = \lim_{k\to\infty} f(kT) = \lim_{z\to 1}(1-z^{-1})F(z) = \lim_{z\to 1}(z-1)F(z)$$

证明:考虑两个有限序列

$$\sum_{k=0}^{n} f(kT)z^{-k} = f(0) + f(T)z^{-1} + f(2T)z^{-2} + \cdots + f(nT)z^{-n}$$

和

$$\sum_{k=0}^{n} f(kT-T)z^{-k} = f(-T) + f(0)z^{-1} + f(T)z^{-2} + f(2T)z^{-3} + \cdots + f(nT-T)z^{-n}$$

当 $z\to 1$ 时,以上两式差的极限为

$$\lim_{z\to 1}\left[\sum_{k=0}^{n} f(kT)z^{-k} - \sum_{k=0}^{n} f(kT-T)z^{-k}\right] = f(nT)$$

当 $n\to\infty$ 时,极限为

$$\begin{aligned} \lim_{z\to 1}\left[\sum_{k=0}^{\infty} f(kT)z^{-k} - \sum_{k=0}^{\infty} f(kT-T)z^{-k}\right] &= \lim_{z-1}[[F(z) - z^{-1}F(z)] \\ &= \lim_{z\to 1}[(1-z^{-1})]F(z) = f(\infty) \end{aligned}$$

(5) 叠值定理。

如果函数 $y(t)$、$g(t)$ 的 Z 变换分别为 $Y(z)$、$G(z)$，且 $g(k)=\sum_{i=0}^{k}y(i)$，则

$$G(z)=\frac{1}{1-z^{-1}}Y(z)$$

证明：根据已知条件：$g(k-1)=\sum_{i=0}^{k-1}y(i)$，则

$$g(k)-g(k-1)=y(k)$$

对上式两边同时进行 Z 变换得

$$G(z)-z^{-1}G(z)=Y(z)$$

$$G(z)=\frac{1}{1-z^{-1}}Y(z)$$

(6) 微分性质。

如果函数 $f(t)$ 的 Z 变换为 $F(z)$，则 $tf(t)$ 的 Z 变换为 $-Tz\frac{\mathrm{d}F(z)}{\mathrm{d}z}$。

证明：

$$\frac{\mathrm{d}F(z)}{\mathrm{d}z}=\sum_{k=0}^{\infty}x(kT)\frac{\mathrm{d}(z^{-k})}{\mathrm{d}z}=-kz^{-1}\sum_{k=0}^{\infty}x(kT)z^{-k}$$

$$-Tz\frac{\mathrm{d}X(z)}{\mathrm{d}z}=\sum_{k=0}^{\infty}Tkx(kT)z^{-k}=Z(tx(t))$$

8.3.3 Z 变换的方法

Z 变换的方法有很多种，各种方法得到的 Z 变换的形式不是唯一的，但是它们都具有相同的信息。常用的 Z 变换方法有级数求和法、部分分式法和留数法。

(1)级数求和法。

级数求和法是根据 Z 变换的定义来求函数的 Z 变换，该方法仅用来求简单函数的 Z 变换。

【例 8.2】 试求单位阶跃函数

$$f(t)=\begin{cases}1(t) & t\geqslant 0\\ 0 & t<0\end{cases}$$

的 Z 变换。

解

$$F(z)=Z[1(t)]=\sum_{k=0}^{\infty}z^{-k}=\frac{1}{1-z^{-1}}$$

【例 8.3】 试求单位斜坡函数

$$f(t)=\begin{cases}t & t\geqslant 0\\ 0 & t<0\end{cases}$$

的 Z 变换。

解

$$F(z)=Z[t]=\sum_{k=0}^{\infty}kTz^{-k}=T(z^{-1}+2z^{-2}+3z^{-3}+\cdots)=\frac{Tz^{-1}}{(1-z^{-1})^2}=\frac{Tz}{(z-1)^2}$$

【例8.4】 试求多项式函数

$$f(k)=\begin{cases}a^k & k=0,1,2,\cdots\\ 0 & k<0\end{cases}$$

的 Z 变换。

解
$$F(z)=Z[a^k]=\sum_{k=0}^{\infty}a^kz^{-k}=\frac{1}{1-az^{-1}}=\frac{z}{z-a}$$

【例8.5】 试求指数函数

$$f(t)=\begin{cases}e^{-at} & t\geqslant 0\\ 0 & t<0\end{cases}$$

的 Z 变换。

解

$$F(z)=Z[e^{-at}]=\sum_{k=0}^{\infty}e^{-akT}z^{-k}=\frac{1}{1-e^{-aT}z^{-1}}=\frac{z}{z-e^{-aT}}$$

【例8.6】 试求正弦函数

$$f(t)=\begin{cases}\sin\omega t & t\geqslant 0\\ 0 & t<0\end{cases}$$

的 Z 变换。

解 正弦函数
$$\sin\omega t=\frac{1}{2j}(e^{j\omega t}-e^{-j\omega t})$$

$$F(z)=Z[\sin\omega t]=\frac{1}{2j}\left(\frac{1}{1-e^{j\omega T}z^{-1}}-\frac{1}{1-e^{-j\omega T}z^{-1}}\right)$$
$$=\frac{1}{2j}\left[\frac{(e^{j\omega T}-e^{-j\omega T})z^{-1}}{1-(e^{j\omega T}+e^{-j\omega T})z^{-1}+z^{-2}}\right]=\frac{2\sin\omega T}{z^2-2z\cos\omega T+1}$$

(2)部分分式展开法。

当连续信号 $f(t)$ 没有直接给出，但是给出拉氏变换式 $F(s)$ 时，求它所对应的变换式 $F(z)$。首先，为了进行拉氏变换，将 $F(s)$ 写成部分分式之和的形式，即

$$F(s)=\sum_{i=1}^{n}\frac{A_i}{s-s_i}\tag{8.12}$$

式中 n——$F(s)$ 的极点数目；

A_i—— 常数；

s_i——$F(s)$ 的极点。

由拉氏反变换得

$$f(t)=\sum_{i=1}^{n}A_ie^{s_it}$$

根据级数求和的方法，得

$$F(z)=\sum_{i=1}^{n}\frac{A_i}{z-e^{s_iT}}\tag{8.13}$$

比较式(8.12)和式(8.13)可以看到,只要将 $F(s)$ 写成部分分式之和的形式,求出 A_i 和 s_i,就可以直接根据式(8.12)写出 $F(s)$ 对应的 $F(z)$,从而省去中间的步骤,这就是部分分式展开法。

【例 8.7】 已知 $F(s)=\dfrac{a}{s(s+a)}$,求它所对应的变换式 $F(z)$。

解 先将 $F(s)$ 写成部分分式的形式

$$F(s)=\frac{a}{s(s+a)}=\frac{1}{s}-\frac{1}{s+a}$$

根据式(8.13),可直接写出

$$F(z)=\frac{z}{z-1}-\frac{z}{z-e^{-aT}}=\frac{z(1-e^{-aT})}{z^2-(1+e^{-aT})+e^{-aT}}$$

【例 8.8】 已知 $F(s)=\dfrac{a}{s^2+a^2}$,求它所对应的变换式 $F(z)$。

解 先将 $F(s)$ 写成部分分式的形式

$$F(s)=\frac{-1/2j}{s+ja}+\frac{1/2j}{s-ja}$$

$$F(z)=-\frac{1}{2j}\frac{1}{1-e^{-jaT}z^{-1}}+\frac{1}{2j}\frac{1}{1-e^{jaT}z^{-1}}=\frac{z^{-1}\sin aT}{1-2z^{-1}\cos aT+z^{-2}}$$

【例 8.9】 已知 $F(s)=\dfrac{1}{s^2(s+1)}$,求它所对应的变换式 $F(z)$。

解 设
$$F(s)=\frac{A_1}{s}+\frac{A_2}{s^2}+\frac{A_3}{s+1}$$

用部分分式法求系数 A_1,A_2,A_3。

$$A_1=\frac{d}{ds}[s^2F(s)]|_{s=0}=-\frac{1}{(s+1)^2}=-1$$

$$A_2=[s^2F(s)]|_{s=0}=\frac{1}{(s+1)}=1$$

$$A_3=[(s+1)F(s)]|_{s=-1}=1$$

所以
$$F(s)=\frac{1}{s^2}-\frac{1}{s}+\frac{1}{s+1}$$

$$F(z)=Z[F(s)]=\frac{Tz}{(1-z^{-1})^2}-\frac{1}{1-z^{-1}}+\frac{1}{1-e^{-T}z^{-1}}$$
$$=(T+e^{-T}-1)z^{-1}+(1-e^{-T}-Te^{-T})z^{-2}$$

【例 8.10】 已知 $F(s)=\dfrac{s+2}{s(s+1)^2(s+3)}$,求它所对应的变换式 $F(z)$。

解 设
$$F(s)=\frac{A_1}{s}+\frac{A_2}{s+1}+\frac{A_3}{(s+1)^2}+\frac{A_4}{s+3}$$

用部分分式法求系数 A_1,A_2,A_3,A_4。

$$A_1=sF(s)|_{s=0}=s\cdot\left.\frac{s+2}{s(s+1)^2(s+3)}\right|_{s=0}=\frac{2}{3}$$

$$A_2=\frac{d}{ds}[(s+1)^2F(s)]\Big|_{s=-1}=\frac{d}{ds}\left[(s+1)^2\cdot\frac{s+2}{s(s+1)^2(s+3)}\right]\Big|_{s=-1}=-\frac{3}{4}$$

$$A_3=[(s+1)^2F(s)]|_{s=-1}=\left[(s+1)^2\cdot\frac{s+2}{s(s+1)^2(s+3)}\right]\Big|_{s=-1}=-\frac{1}{2}$$

$$A_4=[(s+3)2F(s)]|_{s=-3}=\left[(s+3)^2\cdot\frac{s+2}{s(s+1)^2(s+3)}\right]\Big|_{s=-3}=\frac{1}{12}$$

将各常数代入部分分式中，有

$$F(s)=\frac{2}{3}\cdot\frac{1}{s}-\frac{3}{4}\cdot\frac{1}{s+1}-\frac{1}{2}\cdot\frac{1}{(s+1)^2}+\frac{1}{12}\cdot\frac{1}{s+3}$$

对应的 Z 变换式为

$$F(z)=Z[F(s)]=-\frac{1}{2}\cdot\frac{Tze^{-T}}{(z-e^{-T})^2}-\frac{3}{4}\cdot\frac{z}{z-e^{-T}}+\frac{2}{3}\cdot\frac{z}{z-1}+\frac{1}{12}\cdot\frac{z}{z-e^{-3T}}$$

$$=\frac{-2Tze^{-T}-3z^2+3ze^{-T}}{4(z-e^{-T})^2}+\frac{2}{3}\cdot\frac{z}{z-1}+\frac{1}{12}\cdot\frac{z}{z-e^{-3T}}$$

(3)留数计算法。

若已知连续函数 $f(t)$ 的拉氏变换式 $F(s)$ 以及全部极点 $s_i(i=1,2,3,\cdots)$，并设 s_1 为 r 重极点，其余为单极点，则 $f(t)$ 的 Z 变换可用留数计算法求取，即

$$F(z)=\mathrm{Re}\,s\left[F(s_1)\frac{z}{z-e^{s_1T}}\right]+\sum_{i=r+1}^{n}\mathrm{Res}\left[F(s_i)\frac{z}{z-e^{s_iT}}\right]$$

$$=\left\{\frac{1}{(r-1)!}\frac{d^{r-1}}{ds^{r-1}}\left[(s-s_1)^rF(s)\frac{z}{z-e^{sT}}\right]\right\}_{s=s_1}+\sum_{i=r+1}^{n}\left[(s-s_i)F(s)\frac{z}{z-e^{sT}}\right]_{s=s_i}$$

【例8.11】 已知 $F(s)=\frac{1}{(s+a)^2}$，求它所对应的变换式 $F(z)$。

解 因为 $F(s)$ 具有二重极点 $s_i=-a$，所以使用留数计算法求 $F(z)$ 时必须求导一次

$$F(z)=\mathrm{Res}\left[F(s)\frac{z}{z-e^{sT}}\right]_{s=-a}=\frac{1}{(2-1)!}\frac{d}{ds}\left[(s+a)^2\frac{1}{(s+a)^2}\frac{1}{1-e^{sT}z^{-1}}\right]_{s=-a}$$

$$=\frac{Te^{sT}z^{-1}}{(1-e^{sT}z^{-1})^2}\Big|_{s=-a}=\frac{Te^{-aT}z^{-1}}{(1-e^{-aT}z^{-1})^2}$$

8.3.4 反变换的方法

由 $F(z)$ 求出响应的离散时间序列 $f(kT)$，称为 Z 反变换，记作

$$f(kT)=Z^{-1}[F(z)]$$

应当注意，由 Z 变换获得的仅仅是采样时刻的数值序列 $f(kT)$，而不是连续函数 $f(t)$，即 Z 反变换和原函数的一连串离散数值一一对应，而和原函数非一一对应。

下面给出几种常用的 Z 反变换的方法。

(1)长除法。

把 $F(z)$ 展开成 z^{-1} 的幂级数，z^{-k} 的系数相对应于采样时刻 kT 时的函数值 $f(kT)$，即

$$F(z)=f(0)+f(T)z^{-1}+f(2T)z^{-2}+f(3T)z^{-3}+\cdots$$

【例 8.12】 已知 $F(z)=\dfrac{11z^2-15z+6}{z^3-4z^2+5z-2}$，求 $f^*(t)$。

解 利用长除法

$$
\begin{array}{r}
11z^{-1}+29z^{-2}+67z^{-3}+145z^{-1} \\
z^3-4z^2+5z-2 \overline{)\,11z^2-15z+6} \\
\underline{-)\,11z^2-44z+55-22z^{-1}} \\
29z-49+22z^{-1} \\
\underline{-)\,29z-116+145z^{-1}-58z^{-2}} \\
67-123z^{-1}+58z^{-2} \\
\underline{-)\,67-268z^{-1}+335z^{-2}-134z^{-3}} \\
145z^{-1}-277z^{-2}+134z^{-3} \\
\vdots
\end{array}
$$

因此，$f^*(t)=11\delta(t-T)+29\delta(t-2T)+67\delta(t-3T)+145\delta(t-4T)+\cdots$

长除法得到的采样时刻函数值 $f(kT)$ 也可以看作系统的单位脉冲输入响应，Matlab 指令如下：

```
num=[0,11,-15,6]
den=[1,-4,5,-2]
[y,x]=dim pulse(num,den)
```

用长除反求 Z 反变换的缺点是计算较烦琐，很难得到 $f(kT)$ 的解析表达式，但是用计算机编程也不会复杂，而且工程上也只需要计算有限项即可以。

(2)部分分式展开法。

当 $F(z)$ 的极点全部是低阶极点，并且至少有一个零点是在原点的情况下，一般采用的反变换求解步骤是，用 z 去除 $F(z)$ 表达式的两端，然后将 $\dfrac{F(z)}{z}$ 展开成部分分式，展开后的部分分式将是下列形式：

$$\frac{F(z)}{z}=\frac{a_1}{z-p_1}+\frac{a_2}{z-p_2}+\cdots+\frac{a_n}{z-p_n}$$

其中，系数 $a_i=\left[(z-p_i)\dfrac{F(z)}{z}\right]_{z=p_i}$，则

$$f(k)=\sum_{i=1}^{n}a_i(p_i)^k$$

值得注意的是，上述确定 a_i 的方法仅适用单极点。

如果 $\dfrac{F(z)}{z}$ 在 $z=p_1$ 有二重极点，且无其他极点，那么 $\dfrac{F(z)}{z}$ 将有如下形式：

$$\frac{F(z)}{z}=\frac{a_1}{(z-p_1)^2}+\frac{a_2}{z-p_1}$$

系数 a_1 和 a_2 可以为

$$a_1=\left[(z-p_1)^2\frac{F(z)}{z}\right]_{z=p_1}$$

$$a_2=\left\{\frac{\mathrm{d}}{\mathrm{d}z}\left[(z-p_1)^2\frac{F(z)}{z}\right]\right\}_{z=p_1}$$

将$\frac{F(z)}{z}$或$F(z)$展开成部分分式后，再将部分分式各项的Z反变换相加，就得到$F(z)$的Z反变换。

【例8.13】 已知$F(z)=\frac{-3z^2+z}{z^2-2z+1}$，求$f(k)$。

解

$$\frac{F(z)}{z}=\frac{1-3z}{(z-1)^2}=\frac{A_1}{(z-1)^2}+\frac{A_2}{(z-1)}$$

$$A_1=(z-1)^2\frac{F(z)}{z}\bigg|_{z=1}=-2$$

$$A_2=\frac{\mathrm{d}}{\mathrm{d}z}\left[(z-1)^2\frac{F(z)}{z}\right]_{z=1}=-3$$

$$F(z)=\frac{-2z}{(z-1)^2}-\frac{3z}{(z-1)}$$

$$f(k)=-2k-3\quad(k\geqslant 0)$$

(3)留数法。

时域函数$f(kT)$可利用$F(z)z^{k-1}$在$F(z)$全部极点上的留数之和求得，即

$$f(kT)=\sum_{i=1}^{n}\mathrm{Res}[F(z)\cdot z^{k-1}]$$

式中 n——$F(z)$的非重极点。

若$F(z)$的极点中有某个r重极点p_{i}，则该极点的留数计算式如下：

$$\mathrm{Res}[F(z)z^{k-1}]=\left\{\frac{1}{(r-1)!}\frac{\mathrm{d}^{r-1}}{\mathrm{d}z^{r-1}}[(z-p_{\mathrm{i}})^rF(z)z^{k-1}]\right\}_{z=p_{\mathrm{i}}}$$

【例8.14】 已知$F(z)=\frac{z}{(z-2)(z-1)^2}$，求$f(k)$。

解 $F(z)$有3个极点，其中有一个重极点

$$\begin{aligned}f(k)&=\sum_{i=1}^{2}\mathrm{Res}[F(z)z^{k-1}]\\&=\frac{z^k}{(z-2)(z-1)^2}(z-2)\bigg|_{z=2}+\frac{1}{(2-1)!}\frac{\mathrm{d}}{\mathrm{d}z}\left[\frac{z^k}{(z-2)(z-1)^2}(z-1)^2\right]_{z=1}\\&=2^k-k-1\quad(k\geqslant 2)\end{aligned}$$

值得注意的是，求z反变换时，需给出k的取值范围.

8.4 线性离散系统

8.4.1 差分方程的一般形式

一个线性连续系统的动态过程，用微分方程来描述；一个线性离散控制系统由于它的

输入和输出是离散序列，它的动态过程则用差分方程来描述。

设连续函数 $c(t)$，采样后为 $c^*(t)$，采样时刻的幅值为 $c(kT)$，在差分方程描述中，为简便起见，将任意数值的采样周期 T 看作一个单位，则 $c(kT)$ 可简写为 $c(k)$。

设 $r(k)(k=0,1,2,\cdots)$ 是计算机控制系统的输入数值序列，$c(k)(k=0,1,2,\cdots)$ 是系统的输出序列，当取后向差分时，输出 $c(k)$ 不仅取决于当时的输入 $r(k)$，还取决于过去的输入 $r(k-1),r(k-2),r(k-3)\cdots$ 和过去的输出 $c(k-1),c(k-2),\cdots$；其常系数线性差分方程一般形式为

$$c(k)+a_1c(k-1)+\cdots+a_nc(k-n)=b_0r(k)+b_1r(k-1)+\cdots+b_mr(k-m)$$

当取前向差分时，输出 $c(k)$ 不仅取决于当时的输入 $r(k)$，还取决于以后的输入 $r(k+1),r(k+2),r(k+3)\cdots$ 和以后的输出 $c(k+1),c(k+2)\cdots$；其常系数线性差分方程一般形式为

$$\begin{aligned}c(k+n)+a_1c(k+n-1)+\cdots+a_{n-1}c(k+1)+a_nc(k)\\=b_0r(k)+b_1r(k+1)+b_2r(k+2)\cdots+b_mr(k+m)\end{aligned}$$

上两式中，$a_1,a_2,\cdots,a_n,b_1,b_2,\cdots,b_m$ 为常系数，对于物理可实现系统有 $n\geqslant m$，n 为差分方程的阶数，下面用例子说明微分方程、差分方程以及 Z 变换函数之间的关系。

【例 8.15】 用后向差分方法将微分方程 $m\dfrac{\mathrm{d}^2x}{\mathrm{d}t^2}+c\dfrac{\mathrm{d}x}{\mathrm{d}t}+kx=0$ 化为差分方程。

解 用差分代替微分，根据后向差分的定义，一阶后向差分为

$$\Delta x(n)=x(n)-x(n-1)$$

二阶后向差分为

$$\begin{aligned}\Delta^2x(n)&=\Delta[\Delta x(n)]=\Delta[x(n)-x(n-1)]\\&=\Delta x(n)-\Delta x(n-1)\\&=[x(n)-x(n-1)]-[x(n-1)-x(n-2)]\\&=x(n)-2x(n-1)+x(n-2)\end{aligned}$$

$$\frac{\mathrm{d}^2x}{\mathrm{d}t^2}\approx\frac{\Delta^2x(n)}{T^2}=\frac{x(n)-2x(n-1)+x(n-2)}{T^2}$$

$$\frac{\mathrm{d}x}{\mathrm{d}t}\approx\frac{\Delta x(n)}{T}=\frac{x(n)-x(n-1)}{T}$$

$$x(t)\approx x(n)$$

将以上 3 式代入微分方程，得到所求的二阶差分方程为

$$(m+cT+kT^2)x(n)-(2m+cT)x(n-1)+kT^2x(n-2)=0$$

【例 8.16】 已知离散系统输出的 Z 变换函数为 $C(z)=\dfrac{1+z^{-1}+2z^{-2}}{2+3z^{-1}+5z^{-2}4z^{-3}}R(z)$，且系统的初始条件为零，求系统的差分方程。

解 Z 变换函数有

$$(2+3z^{-1}+5z^{-2}+4z^{-3})C(z)=(1+z^{-1}+2z^{-2})R(z)$$

对等式两边进行 Z 反变换，并根据滞后定理，得系统的差分方程为

$$2c(k)+3c(k-1)+5c(k-2)+4c(k-3)=r(k)+r(k-1)+2r(k-2)$$

8.4.2 差分方程的解法

在线性连续系统中引入拉氏变换后,把高阶微分方程变成 s 的代数方程,在线性离散系统中引入 Z 变换后,同样,把高阶差分方程变成 z 的代数方程。在这里介绍两种差分方程解法:迭代法和 Z 变换法。

(1)迭代法。

用迭代法解差分方程,即根据差分方程的初始条件或边界条件,用迭代的方法逐项求出。

【例8.17】 已知系统的差分方程为

$$c(k)+c(k-1)=r(k)+2r(k-2)$$

输入信号为

$$r(k)=\begin{cases} k & k\geqslant 0 \\ 0 & k<0 \end{cases}$$

初始条件为 $c(0)=2$,试求输出 $c(k)$。

解 令 $k=1$,则

$$c(1)=r(1)+2r(-1)-c(0)=-1$$

令 $k=2$,则

$$c(2)=r(2)+2r(0)-c(1)=3$$

依次令 $k=3,4,5\cdots$,就可以求出前次 k 的输出 $c(k)$。

从例8.17可以看出,用迭代方法解差分方程时,只能求出前次 k 的输出 $c(k)$,虽然用计算机编程计算很方便,但是很难写出 $c(k)$ 的解析表达式。

(2)Z 变换法。

与拉氏变换法解高阶微分方程类似,利用 Z 变换可以将高阶的差分方程变换为 z 的代数方程,再利用 Z 反变换求出输出的解析表达式。通常解差分方程时,需要利用 Z 变换性质中的滞后定理和超前定理。

【例8.18】 用 Z 变换解下面的二阶差分方程

$$c(k+2)+3c(k+1)+2c(k)=0$$

初始状态为 $c(0)=0,c(1)=1$。

解 对上述差分方程两端进行 Z 变换,并利用超前定理得

$$z^2c(z)-z^2c(0)-zc(1)+3zc(z)-3zc(0)+2c(z)=0$$

代入初始条件,得

$$(z^2+3z+2)c(z)=z$$

$$c(z)=\frac{z}{(z^2+3z+2)}$$

$$\frac{c(z)}{z}=\frac{A_1}{z+1}+\frac{A_2}{z+2}=\frac{1}{z+1}-\frac{1}{z+2}$$

$$c(z)=\frac{z}{z+1}-\frac{z}{z+2}$$

Z 反变换得

$$c(k)=(-1)^k-(-2)^k=\cos k\pi-2^k\cos k\pi$$

在本例中,输入信号为零,上式解即为输出,是由初始状态引起的自由振动,如图 8.10 所示,该自由振动以圆频率 $\omega=\dfrac{\pi}{T}$(rad/s)振荡发散,其中 T 为采样周期。

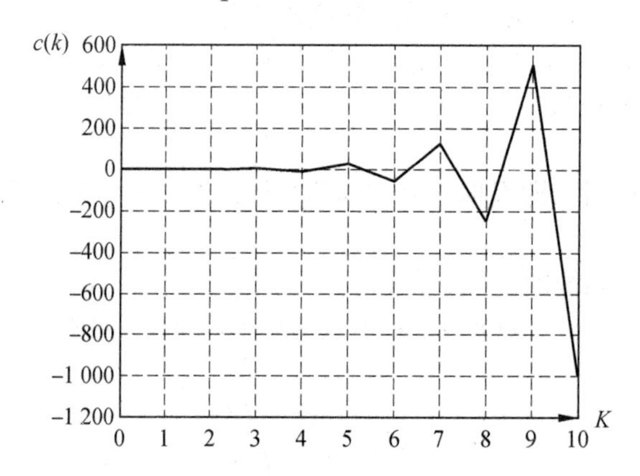

图 8.10 例 8.18 的输出 $c(k)$ 的形式

与迭代法比较,Z 变换法的优点很明显,它可以将差分方程简化为代数方程求解,写出 $c(k)$ 的通式。

【例 8.19】 用 Z 变换解下面的差分方程

$$c(k+2)-4c(k+1)+3c(k)=\delta(k)$$

已知 $c(k)=0, k\leqslant 0$。

解 对差分方程两端做 Z 变换,得

$$z^2c(z)-z^2c(0)-zc(1)-4zc(z)+4zc(0)+3c(2)=1$$

已知 $c(0)=0$,将 $k=-1$ 代入差分方程得

$$c(1)=0$$

$$z^2c(z)-4zc(z)+3c(z)=1$$

$$c(z)=\frac{1}{z^2-4z+3}=\frac{1}{(z-3)(z-1)}$$

利用留数法,得

$$c(k)=\lim_{z\to 1}(z-3)\frac{z^{k-1}}{(z-3)(z-1)}+\lim_{z\to 1}(z-1)\frac{z^{k-1}}{(z-3)(z-1)}$$

$$=\frac{1}{2}(3)^{k-1}-\frac{1}{2}\quad(k\geqslant 1)$$

在本例中,输入为脉冲函数 $\delta(k)$,上式解 $c(k)$ 即为输出,且单调发散。

8.4.3 脉冲传递函数

在线性连续系统中通过传递函数研究系统的动态特性,而在线性离散系统中通过脉冲传递函数研究系统的动态特性,其中,输出的 Z 变换与输入的 Z 变换之比称为脉冲传递函数或 Z 传递函数。

(1)含有零阶保持器环节的开环脉冲传递函数。

如图 8.11 所示,假设在传递函数 $G_1(s)$ 之前含有零阶保持器 $H_0(s)=\frac{1-e^{-Ts}}{s}$,那么 $H_0(s)G(s)$ 的 Z 变换可以写为

$$G(z)=Z(H_0(s)G_1(s))=(1-e^{-Ts})Z\left(\frac{G_1(s)}{s}\right)=(1-z^{-1})Z\left(\frac{G_1(s)}{s}\right)$$

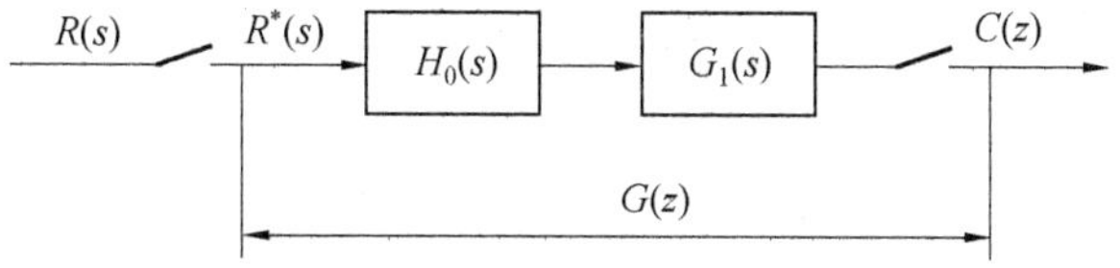

图 8.11　含有零阶保持器的开环系统

(2)串联环节的开环脉冲传递函数。

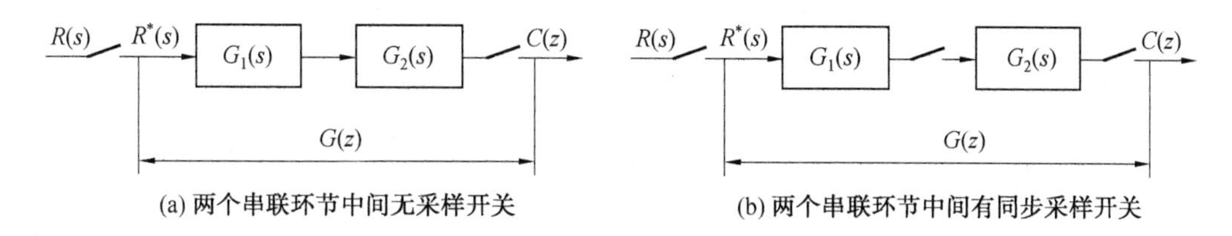

图 8.12　含有两个串联环节的开环系统

如图 8.12 所示两个子图中采样开关位置不同,开环脉冲传递函数的结果完全不同,在图 8.12(a)中开环脉冲传递函数为

$$G(z)=Z[G_1(s)G_2(s)]=Z[G(z)]$$

或写成

$$G(z)=G_1G_2(z)$$

这里符号 $G_1G_2(z)$ 表示两个串联环节之间无采样开关的脉冲传递函数,即两个传递函数先乘再求 Z 变换。

在图 8.12(b)中两个环节的脉冲传递函数分别为 $G_1(z)$ 和 $G_2(z)$,两个环节串联后的脉冲传递函数为两个单独的脉冲传递函数的乘积,即

$$G(z)=G_1(z)G_2(z)$$

(3)闭环系统的脉冲传递函数。

如图 8.13 所示为采样开关在反馈通道的闭环系统,首先列出基本方程。

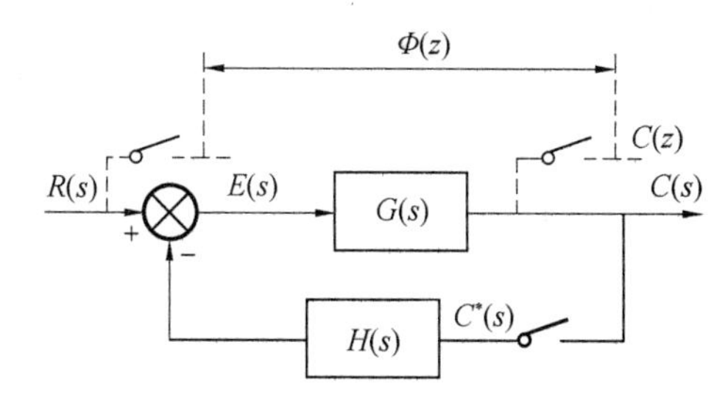

图 8.13　采样开关在反馈通道的闭环系统

误差节点：

$$E(s)=R(s)-H(s)C^*(s)$$

输出通道：

$$C(s)=G(s)E(s)$$

将误差节点表达式代入输出通道得

$$\begin{aligned}C(s)&=G(s)(R(s)-H(s)C^*(s))\\&=G(s)R(s)-G(s)H(s)C^*(s)\end{aligned}$$

将上式两边同时离散化得

$$C(z)=GR(z)-GH(z)C(z)$$

整理得

$$C(z)=\frac{GR(z)}{1+GH(z)}$$

由于没有输入采样开关，图 8.13 所示的闭环系统不能将输入 $R(z)$ 独立出来，不能写成$\frac{C(z)}{R(z)}$的形式，只能写成 $C(z)$ 的形式，这是与连续系统不同的地方。

根据采样开关的位置不同，闭环脉冲传递函数推导比较烦琐，但是只要按着一定的法则，闭环系统的脉冲传递函数很容易写出，其法则如下：

①将输入 $R(s)$ 当作前向通道上的一个独立环节，画在方框图上；

②把凡是没有被实际采样开关分割的所有 s 环节先相乘后作为一个独立环节，则闭环系统的输出 Z 变换为

$$C(z)=\frac{\text{前向通道上所有独立环节 } Z \text{ 变换的乘积}}{1+\text{闭环回路所有独立环节 } Z \text{ 变换的乘积}}$$

8.5 模拟化设计方法

设计计算机控制系统，就是设计数字控制器，而计算机控制系统的数字控制器通常用计算机的软件编程来实现，由于人们对于模拟系统的设计方法已经比较熟悉，因此，首先设计出符合技术要求的连续控制系统，然后用离散化方法离散模拟控制器，即先求出校正环节的传递函数 $D(s)$，最后对 $D(s)$ 离散化，得到能由计算机实现的控制算法 $D(z)$，只要选择足够高的采样频率，计算机控制系统就可以近似看作连续系统。

$D(s)$ 逼近 $D(z)$ 的程度取决于采样频率和离散化方法，在本节中，以广泛应用的 PID 控制器为例，主要讲述脉冲响应不变法（Z 变换法）、前向差分法、后向差分法、和 tustin 变换法。

8.5.1 脉冲响应不变法（Z 变换法）

脉冲响应不变法的基本思想是让数字校正环节 $D(z)$ 的单位脉冲响应与连续校正环节 $D(s)$ 在采样时刻相等，如图 8.14 所示，所以脉冲响应不变法的离散化公式就是对 $D(s)$ 做 Z 变换，所以也称为 Z 变换法。

$$D(Z)=Z(D(s))$$

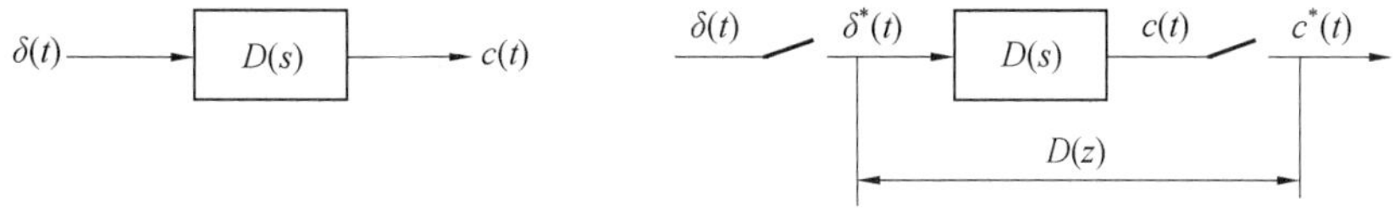

$\delta(t)$ → $D(s)$ → $c(t)$

(a) $D(s)$ 脉冲响应

$\delta(t)$ $\delta^*(t)$ $D(s)$ $c(t)$ $c^*(t)$ $D(z)$

(b) $D(z)$ 脉冲响应

图 8.14 脉冲响应不变法

脉冲响应不变法即 Z 变换法，存在

$$z=e^{Ts}$$

式中 T——采样周期，$T=\frac{2\pi}{\omega_s}$；

ω_s——采样圆频率。

假设 $s=\sigma+jI_m$，则

$$z=e^{Ts}=e^{T\sigma}\cdot e^{jTI_m}=e^{T\sigma}\cdot e^{j\frac{2\pi}{\omega_s}I_m}$$

从上式可以看出，s 平面与 z 平面的映射关系是：s 平面的虚轴（$\sigma=0$）映射为 z 平面以原点为圆心的单位圆周（$|z|=1$）；s 平面的右半平面（$\sigma>0$）映射为 z 平面以原点为圆心的单位圆外（$|z|>1$）；s 平面的左半平面（$\sigma>0$）映射为 z 平面以原点为圆心的单位圆内（$|z|<1$）；s 平面的虚轴平行线（σ 常数）映射为 z 平面以原点为圆心的同心圆；s 平面的实轴平行线（I_m 为常数）平行于实轴映射为 z 平面为射线；此外，s 平面与 z 平面存在多对一的映射关系，只要 s 平面每个宽 $\omega_s=2\pi/T$ 的带子都映射为 z 平面，所以，脉冲响应不变法只有在窄带滤波器的场合方能使用，否则会出现频率混叠现象，而且 Z 变换无串联性质。总结脉冲响应不变法的特点如下：

（1）$D(s)$ 和 $D(z)$ 的脉冲响应在采样时刻相等。

（2）多对一映射，只在窄带滤波器场合使用，否则会出现频率混叠现象。

（3）无串联性质，对复杂系统离散将造成不便。

【例 8.20】 已知连续校正环节 $D(s)=\frac{k}{s+a}$，试用脉冲响应不变法求 $c(k)$。

解

$$D(z)=Z[D(s)]=\frac{k}{1-e^{-aT}z^{-1}}=\frac{C(z)}{R(z)}$$

$$(1-e^{-aT}z^{-1})C(z)=kR(z)$$

将上式取 Z 反变换，可得差分方程为

$$c(k)=e^{-aT}c(k-1)+kr(k)$$

上式即为可用计算机编程实现的控制算法。

8.5.2 前向差分法

前向差分法是指用一阶前向差分近似替代微分所推出的置换公式。

设连续环节的传递函数为

$$D(s)=\frac{C(s)}{R(s)}=\frac{1}{s} \tag{8.14}$$

上式可以改写成微分方程形式

$$\frac{\mathrm{d}c(t)}{\mathrm{d}t}=r(t) \tag{8.15}$$

用一阶前向差分近似代替微分,即

$$\left.\frac{\mathrm{d}c(t)}{\mathrm{d}t}\right|_{t=k}\approx\frac{c(k+1)-c(k)}{T} \tag{8.16}$$

式中　T——采样周期。

将式(8.16)代入式(8.15),得

$$c(k+1)=c(k)+Tr(k)$$

令上式 $k+1=n$,则

$$c(n)=c(n-1)+Tr(n-1)$$

对上式做 Z 变换

$$D(z)=\frac{C(z)}{R(z)}=\frac{Tz^{-1}}{1-z^{-1}}=\frac{T}{z-1} \tag{8.17}$$

比较式(8.14)和式(8.17)得 s 和 z 的置换公式为

$$s=\frac{z-1}{T} \tag{8.18}$$

推广到一般,一阶向前差分法的离散化公式为

$$D(z)\overset{\mathrm{def}}{=\!=}D(s)\mid_{s=\frac{z-1}{T}} \tag{8.19}$$

令 $s=\sigma+jI_{\mathrm{m}}$,将公式(8.18)改写为

$$z=1+Ts=(1+T\sigma)+\mathrm{j}TI_{\mathrm{m}}$$

两端取模,并令 $|z|^2=1$,有

$$|z|^2=(1+T\sigma)^2+(TI_{\mathrm{m}})^2=1$$

$$\frac{1}{T^2}=\left(\frac{1}{T}+\sigma\right)^2+I_{\mathrm{m}}^2$$

只有 $D(s)$的所有极点位于 s 平面以$\left(-\frac{1}{T},0\right)$为圆心、$\frac{1}{T}$为半径的圆内,离散化后的 $D(z)$的极点才位于 z 平面单位圆内。因此,采用前向差分方法离散化,$D(s)$稳定,$D(z)$不一定稳定。

前向差分的物理意义如图8.15所示,即用矩形面积之和 $T\sum_{i=0}^{k-1}r(i)$ 来近似代替积分项 $\int_0^{kT}r(\tau)\mathrm{d}\tau$。显然,采样周期 T 越小,等效精度就越高。

总结前向差分法的特点如下:

(1)是一种基于数值积分的简单代数置换方法,置换公式为 $D(z)\overset{\mathrm{def}}{=\!=}D(s)\mid_{s=\frac{z-1}{T}}$。

(2)具有串联性质,工程应用方便。

(3)采样周期越大,等效精度越差。

(4)$D(s)$稳定,$D(z)$不一定稳定。

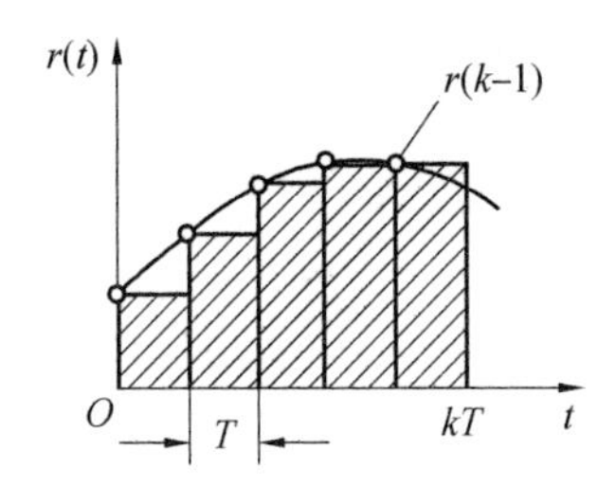

图 8.15 前向差分的物理意义示意图

(5)稳态增益不变,即 $D(z)|_{z=1}=D(s)|_{s=0}$。

【例 8.21】 已知连续校正环节 $D(s)=\dfrac{k}{s+a}$,试用前向差分法求 $c(k)$。

解

$$D(z)=\frac{k}{s+a}\bigg|_{s=\frac{z-1}{T}}=\frac{kT}{z+aT-1}=\frac{kTz^{-1}}{1+(aT-1)z^{-1}}=\frac{C(z)}{R(z)}$$

$$[1+(aT-1)z^{-1}]C(z)=kTz^{-1}R(z)$$

将上式取 Z 反变换,可得 $c(k)$差分方程为

$$c(k)=kTr(k-1)-(aT-1)c(k-1)$$

上式即为可用计算机编程实现的控制算法。

8.5.3 后向差分法

后向差分法是指用一阶后向差分近似替代微分所推出的置换公式。与前向差分法类似,仍以连续环节 $D(s)=\dfrac{C(s)}{R(s)}=\dfrac{1}{s}$为例,推导后向差分的离散化公式,用一阶后向差分近似代替微分,即

$$\frac{\mathrm{d}c(t)}{\mathrm{d}t}\bigg|_{t=k}\approx\frac{c(k)-c(k-1)}{T} \tag{8.20}$$

将式(8.20)代入式(8.15),得

$$c(k)=c(k-1)+Tr(k)$$

对上式做 Z 变换

$$(1-z^{-1})C(z)=TR(z)$$

$$D(z)=\frac{C(z)}{R(z)}=\frac{T}{1-z^{-1}}=\frac{Tz}{z-1} \tag{8.21}$$

比较式(8.21)和式(8.14),得 s 和 z 的置换公式为

$$s=\frac{z-1}{Tz}=\frac{1-z^{-1}}{T} \tag{8.22}$$

推广到一般,一阶后向差分法的离散化公式为

$$D(z)\overset{\text{def}}{=\!=\!=}D(s)|_{s=\frac{z-1}{Tz}} \tag{8.23}$$

由公式(8.23)推导得到

$$z=\frac{1}{1-Ts}=\frac{1}{2}+\frac{1}{2}\cdot\frac{1+Ts}{1-Ts} \tag{8.24}$$

对式(8.24)取模,并代入 $s=\sigma+\mathrm{j}I_{\mathrm{m}}$,则有

$$\left|z-\frac{1}{2}\right|^2=\frac{1}{4}\frac{(1+T\sigma)^2+(TI_{\mathrm{m}})^2}{(1-T\sigma)^2+(TI_{\mathrm{m}})^2} \tag{8.25}$$

只要 $D(s)$ 的所有极点位于 s 平面左半平面,离散化后的 $D(z)$ 的极点就位于 z 平面以 $\left(-\frac{1}{2},0\right)$ 为圆心、$\frac{1}{2}$ 为半径的圆内。因此,采用后向差分方法离散化,$D(s)$ 稳定,$D(z)$ 一定稳定。

比较式(8.18) 和式(8.22),后向差分方法比前向差分方法滞后一拍 z^{-1},其余相似,其物理意义如图 8.16 所示,用矩形面积 $T\sum_{i=1}^{k}r(i)$ 等效分项 $\int_0^{kT}r(\tau)\mathrm{d}\tau$。

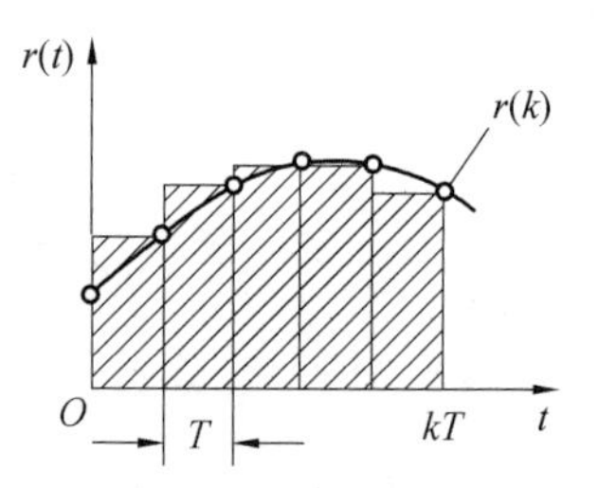

图 8.16 后向差分的物理意义示意图

【例 8.22】 已知连续校正环节 $D(s)=\dfrac{k}{s+a}$,试用后向差分法求 $c(k)$。

解

$$D(z)=\left.\frac{k}{s+a}\right|_{s=\frac{z-1}{Tz}}=\frac{kTz}{(1+aT)z-1}=\frac{kT}{(1+aT)-z^{-1}}=\frac{C(z)}{R(z)}$$

$$[(1+aT)-z^{-1}]C(z)=kTR(z)$$

将上式取 Z 反变换,可得 $c(k)$ 差分方程为

$$c(k)=\frac{1}{1+aT}c(k-1)+\frac{kT}{1+aT}r(k)$$

8.5.4 tustin 变换法

一后向差分和一前向差分方法是用矩形面积近似数值积分,如果用梯形面积近似,则会更准确,这种方法称为 tustin 变换法或双线性变换法。如图 8.17 所示,仍以连续环节 $c(t)=\int_0^t r(t)\mathrm{d}t$ 为例。

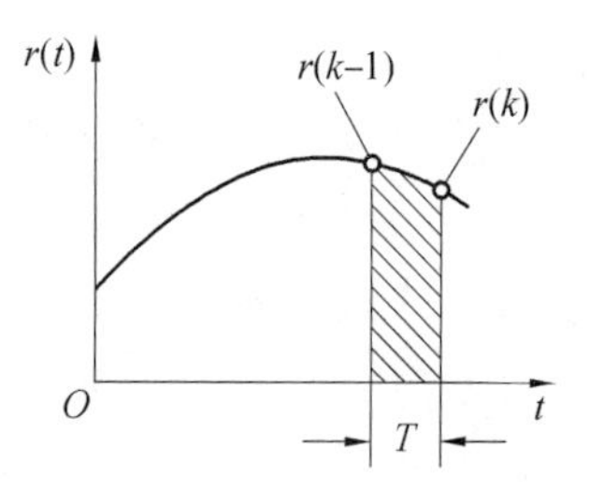

图 8.17 tustin 数值积分

用矩形面积近似数值积分

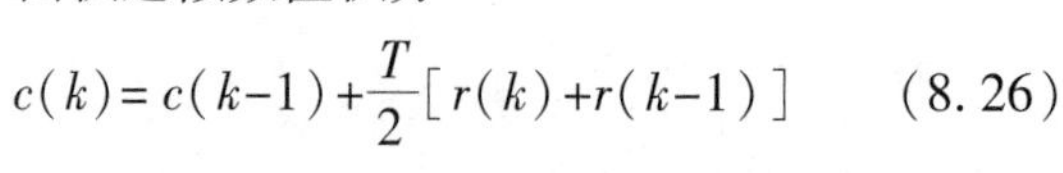

$$c(k)=c(k-1)+\frac{T}{2}[r(k)+r(k-1)] \tag{8.26}$$

式中,$c(k-1)$ 为前 $(k-1)$ 个梯形面积之和。

对式(8.26)两边做 Z 变换有

$$C(z)=z^{-1}C(z-1)+\frac{T}{2}[R(z)+z^{-1}R(z)]$$

$$D(z)=\frac{C(z)}{R(z)}=\frac{T}{2}\frac{1+z^{-1}}{1-z^{-1}}=\frac{1}{\frac{2}{T}\frac{z-1}{z+1}}$$

s 平面的积分环节 $D(s)=\frac{1}{s}$，可得 tustin 变换的置换公式为

$$s=\frac{2}{T}\frac{z-1}{z+1} \quad 或 \quad z=\frac{1+\frac{T}{2}s}{1-\frac{T}{2}s} \tag{8.27}$$

如果已知连续函数 $D(s)$，采用 tustin 变换的离散化公式为

$$D(z)\overset{\text{def}}{=\!=\!=}D(s)\big|_{s=\frac{2}{T}\frac{z-1}{z+1}} \tag{8.28}$$

将 $s=\sigma+\mathrm{j}I_{\mathrm{m}}$ 代入式(8.27)得

$$z=\frac{1+\frac{T}{2}s}{1-\frac{T}{2}s}=\frac{(1+\frac{T}{2}\sigma)+\mathrm{j}\frac{TI_{\mathrm{m}}}{2}}{(1-\frac{T}{2}\sigma)-\mathrm{j}\frac{TI_{\mathrm{m}}}{2}}$$

两边取模的平方得

$$|z|^2=\frac{\left(1+\frac{T}{2}\sigma\right)^2+\left(\frac{TI_{\mathrm{m}}}{2}\right)^2}{\left(1-\frac{T}{2}\sigma\right)^2+\left(\frac{TI_{\mathrm{m}}}{2}\right)^2} \tag{8.29}$$

由上式可知，s 平面的虚轴映射 z 平面的单位圆，s 平面的左半平面映射 z 平面的单位圆内，s 平面的右半平面映射 z 平面的单位圆外，因此，$D(s)$ 这种离散化方法保持了稳定性不变，值得注意的是，z 变换的映射是重叠映射，而 tustin 变换的映射是一对一映射。

【例 8.23】 已知连续校正环节 $D(s)=\frac{k}{s+a}$，试用 tustin 变换法求 $c(k)$。

解

$$D(z)=\frac{k}{s+a}\bigg|_{s=\frac{2}{T}\frac{z-1}{z+1}}=\frac{kT(z+1)}{(2+aT)z+(aT-2)}=\frac{kT(1+z^{-1})}{(2+aT)+(aT-2)z^{-1}}=\frac{c(z)}{R(z)}$$

$$[(2+aT)+(aT-2)z^{-1}]c(z)=kT(1+z^{-1})R(z)$$

将上式取 Z 反变换，可得 $c(k)$ 差分方程为

$$c(k)=\frac{aT-2}{2+aT}c(k-1)+\frac{kT}{2+aT}[r(k)+r(k-1)]$$

tustin 变换的特点可以总结如下：

(1) $D(s)$ 和 $D(z)$ 是一对一映射。

(2) $D(s)$ 稳定，$D(z)$ 一定稳定。

(3) 具有串联性，工程应用方便。

(4) 稳态增益维持不变，即 $D(z)|_{z=1}=D(s)|_{s=0}$。

(5) 无频率混叠现象。

8.6 数字 PID 控制器设计

在连续控制系统中,输出按偏差量的比例(proportional)、积分(integral)、微分(differential)进行控制。如图 8.18 所示,连续系统的 PID 控制又称为 PID 调节,是最常见的一种控制规律,由于 PID 控制原理简单、易于实现、适用范围广,并且其参数比例系数 K_P、积分系数 K_I、微分系数 K_D 相互独立、参数整定比较方便,随着计算机技术的发展,模拟 PID 可以改为数字控制器,并朝着更加灵活和智能化的方向发展。

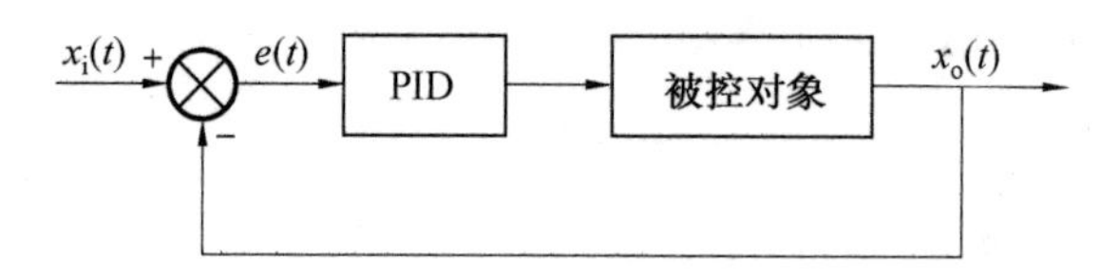

图 8.18 连续系统的 PID 控制

8.6.1 模拟 PID 控制规律的离散化

在连续控制系统中,模拟 PID 控制规律的形式为

$$u(t) = K_P\left(e(t) + \frac{1}{T_I}\int_0^t e(\tau)\,d\tau + T_D\frac{de(t)}{dt}\right) \tag{8.30}$$

也可以写成传递函数的形式

$$\frac{U(s)}{E(s)} = K_P\left[1+\frac{1}{T_I s}+T_D s\right] \tag{8.31}$$

式中 T_I——积分时间常数;

T_D——微分时间常数;

$e(t)$——偏差量输入;

$U(s)$——控制器输出。

1. 后向差分法离散模拟 PID 控制器

为了用计算机实现 PID 控制规律,需要将式(8.30)离散化成差分方程的形式,式中各项可以用后向差分的方法近似表示为

$$\begin{cases} t \approx kT \\ e(t) \approx e(kT) \\ \int_0^k e(\tau)\,d\tau \approx T\sum_{j=1}^{k} e(jT) \\ \dfrac{de(t)}{dt} \approx \dfrac{e(kT) - e[(k-1)T]}{T} \end{cases} \tag{8.32}$$

为了书写方便,采样时间序列 kT 简化为 k,则式(8.30) 用后向差分方法离散为

$$u(k) = K_P\left\{e(k) + \frac{T}{T_I}\sum_{j=1}^{k} e(j) + \frac{T_D}{T}[e(k) - e(k-1)]\right\} \tag{8.33}$$

上式称为位置型 PID 算法,该算式在使用过程中,需要保存 k 次的偏差输入量 $e(j)$

$(j=1,2,\cdots,k)$，并对它们求和，由于采样过程中的干扰信号可能会影响某次偏差量的采样值，从而直接影响输出 $u(k)$，造成执行机构位置的突变，在某些场合容易发生事故。

由式(8.33)可以写出前一时刻的输出量

$$u(k-1)=K_P\left\{e(k-1)+\frac{T}{T_I}\sum_{j=1}^{k-1}e(j)+\frac{T_D}{T}[e(k-1)-e(k-2)]\right\} \tag{8.34}$$

式(8.33)减去式(8.34)得到第 k 时刻的输出增量

$$\Delta u(k)=K_P\{e(k)-e(k-1)+\frac{T}{T_I}e(k)+\frac{T_D}{T}[e(k)-2e(k-1)+e(k-2)]\} \tag{8.35}$$

上式称为增量式算法，该算法克服了位置式算法的缺点，将输出增量传输给具有积分作用的执行机构，如步进电机。这样一旦某次采样输入出现偏差，不会影响执行机构位置的突变，可以避免某些事故的发生。

由式(8.33)、式(8.34)和式(8.35)可知输出量为

$$\begin{aligned}u(k)&=u(k-1)+\Delta u(k)\\&=u(k-1)+K_P[e(k)-e(k-1)]+K_P\frac{T}{T_I}e(k)+K_P\frac{T_D}{T}[e(k)-2e(k-1)+e(k-2)]\\&=u(k-1)+K_P[e(k)-e(k-1)]+K_Ie(k)+K_D[e(k)-2e(k-1)+e(k-2)]\end{aligned} \tag{8.36}$$

式中 K_I——积分系数，$K_I=K_P\dfrac{T}{T_I}$；

K_D——微分系数，$K_D=K_P\dfrac{T_D}{T}$。

式(8.36)可以改写为工程实现方便的算式：

$$\begin{aligned}u(k)&=u(k-1)+\left(K_P+K_P\frac{T}{T_I}+K_P\frac{T_D}{T}\right)e(k)-\left(K_P+2K_P\frac{T_D}{T}\right)e(k-1)+K_P\frac{T_D}{T}e(k-2)\\&=u(k-1)+a_0e(k)+a_1e(k-1)+a_2e(k-2)\end{aligned} \tag{8.37}$$

式中 $a_0=K_P+K_P\dfrac{T}{T_I}+K_P\dfrac{T_D}{T}$， $a_1=-\left(K_P+2K_P\dfrac{T_D}{T}\right)$， $a_2=K_P\dfrac{T_D}{T}$

在工程应用中，式(8.37)中的各系数 a_0、a_1、a_2 为常数，可以离线算出，计算机每次输出 $u(k)$ 只需做两次加法、一次减法和3次乘法，这就加快了运算速度。

2. 前向差分法离散模拟PID控制器

将式(8.30)采用前向差分方法离散化成差分方程的形式，各项可以近似表示为

$$\begin{cases}t\approx kT\\e(t)\approx e(kT)\\\displaystyle\int_0^t e(\tau)\mathrm{d}\tau\approx T\sum_{j=0}^{k-1}e(jT)\\\dfrac{\mathrm{d}e(t)}{\mathrm{d}t}\approx\dfrac{e[(k+1)T]-e(kT)}{T}\end{cases}$$

为了书写方便，采样时间序列 kT 简化为 k，则式(8.30)用前向差分方法离散为PID位置型算法如下：

$$u(k)=K_{\mathrm{P}}\left\{e(k)+\frac{T}{T_{\mathrm{I}}}\sum_{j=0}^{k-1}e(j)+\frac{T_{\mathrm{D}}}{T}[e(k+1)-e(k)]\right\} \tag{8.38}$$

前一时刻的输出量为

$$u(k-1)=K_{\mathrm{P}}\left\{e(k-1)+\frac{T}{T_{\mathrm{I}}}\sum_{j=0}^{k-2}e(j)+\frac{T_{\mathrm{D}}}{T}[e(k)-e(k-1)]\right\} \tag{8.39}$$

式(8.38)减去式(8.39)得到第 k 时刻的输出增量,为增量型 PID 算法:

$$\Delta u(k)=K_{\mathrm{P}}\left\{e(k)-e(k-1)+\frac{T}{T_{\mathrm{I}}}e(k-1)+\frac{T_{\mathrm{D}}}{T}[e(k+1)-2e(k)+e(k-1)]\right\}$$

$$\Delta u(k)=K_{\mathrm{P}}\left[\left(1-\frac{2T_{\mathrm{D}}}{T}\right)e(k)+\left(\frac{T}{T_{\mathrm{I}}}+\frac{T_{\mathrm{D}}}{T}-1\right)e(k-1)+\frac{T_{\mathrm{D}}}{T}e(k+1)\right] \tag{8.40}$$

假设 $e(0)=0$,运用 Z 变换性质中的超前和滞后定理,可以得到增量型 PID 算法式(8.40),在公式(8.40)中,第 k 次输出 $u(k)$ 不但和 $u(k-1)$、$e(k)$、$e(k-1)$ 有关,还和第 $k+1$ 次输入 $e(k+1)$ 有关。

8.6.2 PID 控制规律的脉冲传递函数

在连续控制系统中,常用传递函数的形式表示模拟控制器,与此类似,在计算机控制系统中,用输出的 Z 变换除以输入的 Z 变换之比表示,称为脉冲传递函数。若采用公式(8.19)一阶前向差分法的离散化公式,代入公式(8.31),得到位置型 PID 控制器的脉冲传递函数为

$$\begin{aligned}\frac{U(z)}{E(z)}&=K_{\mathrm{P}}\left[1+\frac{1}{T_{\mathrm{I}}}\frac{T}{z-1}+T_{\mathrm{D}}\frac{z-1}{T}\right]\\&=K_{\mathrm{P}}\left[\frac{\left(-1+\frac{T}{T_{\mathrm{I}}}+\frac{T_{\mathrm{D}}}{T}\right)+z-\frac{2T_{\mathrm{D}}}{T}z+\frac{T_{\mathrm{D}}}{T}z^{2}}{z-1}\right]\\&=K_{\mathrm{P}}\left[\frac{\left(-1+\frac{T}{T_{\mathrm{I}}}+\frac{T_{\mathrm{D}}}{T}\right)z^{-1}+\left(1-\frac{2T_{\mathrm{D}}}{T}\right)+\frac{T_{\mathrm{D}}}{T}z}{1-z^{-1}}\right]\end{aligned}$$

$$U(z)-z^{-1}U(z)=K_{\mathrm{P}}\left[\left(-1+\frac{T}{T_{\mathrm{I}}}+\frac{T_{\mathrm{D}}}{T}\right)z^{-1}+\left(1-\frac{2T_{\mathrm{D}}}{T}\right)+\frac{T_{\mathrm{D}}}{T}z\right]E(z)$$

同理,将后向差分方法离散得到的位置型 PID 控制算法(如式(8.33))进行 Z 变换,则

$$Z(u(k))=U(z)$$

$$Z(e(k))=E(z)$$

$$Z(e(k-1))=z^{-1}E(z)$$

$$Z\left(\sum_{j=1}^{k}e(j)\right)=\frac{E(z)}{1-z^{-1}}$$

PID 控制规律的脉冲传递函数形式为

$$D(z)=\frac{U(z)}{E(z)}=K_{\mathrm{P}}\left[1+\frac{T}{T_{\mathrm{I}}(1-z^{-1})}+\frac{T_{\mathrm{D}}}{T}(1-z^{-1})\right]$$

8.6.3 控制器参数对控制系统性能的影响

比例调节器对于偏差量 e 的反应是即时的,偏差一出现,调节器立即产生控制作用,朝着减小偏差的方向变化,比例控制作用的强弱取决于比例系数 K_P 的大小,增大比例系数 K_P,系统的响应速度加快,对于有静差的系统可以减小静差,但是不能从根本上消除静差。而且 K_P 过大会导致系统超调增加,振荡次数增多,调节时间加长,稳定性变坏甚至使系统不稳定。但 K_P 过小,会使系统动作迟缓。

积分控制通常和比例控制联合使用,构成 PI 控制。PI 调节器对于偏差的阶跃响应除按比例变化外,还带有积累的成分,因此积分环节消除在比例调节中的静差,只要偏差 e 不为零,它将通过积累作用影响输出量 u,以求减小偏差,直至偏差为零,输出 u 不再变化,系统达到稳态。

如图 8.19 所示给出了 PI 调节器的阶跃响应,积分时间 T_I 大,则说明积分作用弱,反之,则积分作用强。增大 T_I,消除静差的时间延长,可以减小超调,提高系统稳定性。对于滞后较大的大惯性环节,T_I 可以选取得大一些。

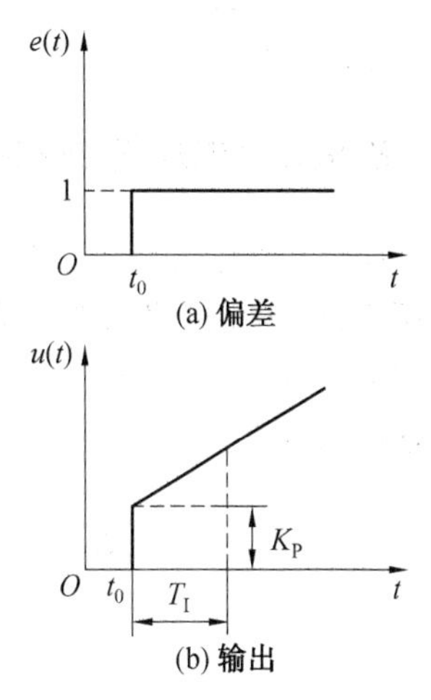

图 8.19 PI 调节器的阶跃响应

积分作用的加入,虽然可以消除静差,但是降低了响应速度。为了加快控制,不仅要对偏差的变化做出即时的反应,而且要预测偏差的变化趋势,即在上述比例积分控制的基础之上,再加入微分调节环节 $U_D=K_PT_D\dfrac{de}{dt}$,偏差变化越快,u_D 越大,反馈校正量越大,因此,微分作用的加入将有助于减小超调,克服振荡,加快了系统的动作速度,减小了调整时间,从而改善了系统的动态性能。在工业过程控制中,模拟调节器用理想运算放大器来实现模拟 PID 调节规律,而数字 PID 调节是使用计算机软件程序实现的。

习 题

1. 试说明计算机控制系统的基本组成以及各部分的特点。

2. 讨论差分方程 $f(k)-af(k-1)=1(k)$,其中,$-1<a<1$,式中,$k<0$ 时,$f(k)=0$,且 $1(k)$ 是单位阶跃序列,求 $f(0)$ 和 $f(\infty)$。

3. 由脉冲传递函数 $D(z)=\dfrac{u(z)}{E(z)}=\dfrac{z^4+3z^3+2z^2+z+1}{z^4+4z^3+5z^2+3z+2}$,求差分方程表达式。

4. 系统输入为单位阶跃函数,如图 8.20 所示,采样周期 $T=0.07$ s,则闭环系统输出 $c(k)$ 和稳态误差是多少?

5. 若系统差分方程为 $y(k+2)-0.1y(k+1)-0.2y(k)=x(k+1)+x(k)$,输入 $x(k)=1(k)$,初始条件 $y(0)=y(1)=0$,$x(0)=0$,试求输出 $y(k)$,并分析输出是否收敛以及收敛形式?若收敛,输出的稳态值是多少?

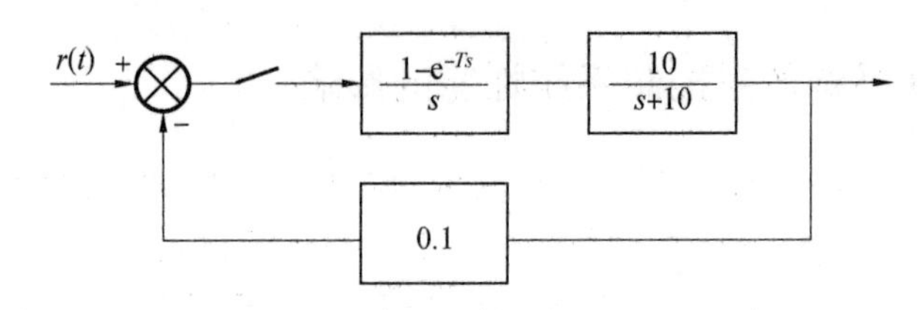

图 8.20　4 题图

6. 已知一计算机控制系统的特征方程为 $z^2-0.632z+0.368=0$,试判断系统的稳定性。

7. 某数字控制系统,在连续域内设计的控制器传递函数 $D(s)=\dfrac{s+1}{0.1s+1}$,采样周期 $T=0.05$ s,试用双线性变换法求数字控制器的传递函数,并写出输出 $c(k)$ 的差分方程。

附录

数学基础

附 1.1　复数和复变函数

本节将介绍复变函数中的一些基本概念、运算法则和性质,这是本书内容的基础。

(1)复数的定义。

把形如 $x+\mathrm{i}y$ 的数称为复数,记为

$$z=x+\mathrm{i}y$$

其中,x 称为复数 z 的实部(real part),y 称为复数 z 的虚部(imaginary part),分别记为

$$x=\mathrm{Re}(z),\quad y=\mathrm{Im}(z)$$

或

$$x=\mathrm{Re}\,z,\quad y=\mathrm{Im}\,z$$

复数 $z_1=x_1+\mathrm{i}y_1$ 和 $z_2=x_2+\mathrm{i}y_2$ 相等是指它们的实部与虚部分别相等。

如果 $\mathrm{Im}\,z=0$,则 z 可以看成一个实数;如果 $\mathrm{Im}\,z\neq0$,那么 z 称为一个虚数;如果$\mathrm{Im}\,z\neq0$,而 $\mathrm{Re}\,z=0$,则称 z 为一个纯虚数。

复数的共轭定义为

$$\bar{z}=x-\mathrm{i}y$$

复数的四则运算定义为

①加减法:

$$(a_1+\mathrm{i}b_1)\pm(a_2+\mathrm{i}b_2)=(a_1\pm a_2)+\mathrm{i}(b_1\pm b_2)$$

②乘法:

$$(a_1+\mathrm{i}b_1)(a_2+\mathrm{i}b_2)=(a_1a_2-b_1b_2)+\mathrm{i}(a_1b_2+a_2b_1)$$

③除法:

$$\frac{a_1+\mathrm{i}b_1}{a_2+\mathrm{i}b_2}=\frac{a_1a_2+b_1b_2}{a_2^2+b_2^2}+i\,\frac{a_2b_1-a_1b_2}{a_2^2+b_2^2}$$

复数在四则运算这个代数结构下,构成一个复数域,记为 C。

(2)复变函数的概念。

设在复平面 C 上给出点集 E,如果有一个法则 f,使得 $\forall z=x+\mathrm{i}y\in E$,$\exists w=u+\mathrm{i}v\in C$ 同它对应,则称 f 为在 E 上定义了一个复变数函数,简称复变函数,记为 $w=f(z)$。

注解 1:同样可以定义函数的定义域与值域。

注解 2:此定义与传统的定义不同,没有明确指出是否只有一个 w 和 z 对应。

注解 3:复变函数等价于两个实变量的实值函数:若 $z=x+\mathrm{i}y$,$w=\mathrm{Re}\,f(z)+\mathrm{iIm}\,f(z)=u(x,y)+\mathrm{i}v(x,y)$,则 $w=f(z)$ 等价于两个二元实变函数 $u=u(x,y)$ 和 $v=v(x,y)$。

附 1.2 拉普拉斯变换

拉普拉斯(拉氏)变换是将时间函数 $f(t)$ 变换为复变函数 $F(s)$,或做相反变换。时域 $f(t)$ 变量 t 是实数,复频域 $F(s)$ 变量 s 是复数。变量 s 又称复频率。拉氏变换建立了时域与复频域(s 域)之间的联系。

拉氏变换是一种函数的变换,经变换后,可将时域的微分方程变换成复数域的代数方程。并且在变换的同时,即将初始条件引入,避免了经典解法中求积分常数的麻烦,可使解题过程大为简化。因此,对于那些以时间 t 为自变量的定常线性微分方程来说,拉氏变换求解法是非常有用的。

在经典自动控制理论中,自动控制的数学模型是建立在传递函数基础之上的,而传递函数的概念又是建立在拉氏变换的基础上,因此,拉氏变换是经典控制理论的重要数学基础,是分析研究线性动态系统的有力数学工具。本节着重介绍拉氏变换的定义、一些常用时间函数的拉氏变换、拉氏变换的性质以及拉氏反变换的方法。最后,介绍用拉氏变换解微分方程的方法。在学习中应注重该数学方法的应用,为以后的学习奠定基础。

附 1.2.1 拉氏变换的定义

若 $f(t)$ 为实变量时间 t 的函数,且 $t<0$ 时,函数 $f(t)=0$,则函数 $f(t)$ 的拉氏变换记作 $\mathscr{L}[f(t)]$ 或 $F(s)$,并定义为

$$\mathscr{L}[f(t)] = F(s) = \int_0^{+\infty} f(t)\mathrm{e}^{-st}\mathrm{d}t \tag{1}$$

式中,$s=\sigma+\mathrm{j}\omega$ 为复变量,$F(s)$ 称为 $f(t)$ 的象函数,称 $f(t)$ 为 $F(s)$ 的原函数。原函数是实变量 t 的函数,象函数是复变量 s 的函数。所以拉氏变换是将原来的实变量函数 $f(t)$ 转化为复变量函数 $F(s)$ 的一种积分运算。在本书中,将用大写字母表示相对应的小写字母所代表的函数的拉氏变换。

若式(1)的积分收敛于一确定的函数值,则 $f(t)$ 的拉氏变换 $F(s)$ 存在。这里 $f(t)$ 必须满足狄利克雷条件。这些条件在工程上常常是可以满足的。

附 1.2.2 典型时间函数的拉氏变换

1. 单位阶跃函数

单位阶跃函数的定义为

$$f(t) = 1(t) = \begin{cases} 0 & (t<0) \\ 1 & (t\geqslant 0) \end{cases}$$

由式(1)可得

$$\mathscr{L}[1(t)] = \int_0^{+\infty} 1 \cdot \mathrm{e}^{-st}\mathrm{d}t = -\left.\frac{\mathrm{e}^{-st}}{s}\right|_0^{+\infty} = \frac{1}{s}$$

在自动控制系统中,单位阶跃函数相当于一个施加作用信号,如开关的闭合(或断开),加(减) 负载等。

2. 单位脉冲函数

单位脉冲函数的定义为

$$\delta(t)=\begin{cases}\infty & t=0\\ 0 & t\neq 0\end{cases}$$

同时，$\int_0^{+\infty}\delta(t)\mathrm{d}t=1$，即脉冲面积为1。而且有如下特性：

$$\int_{-\infty}^{+\infty}\delta(t)\cdot f(t)\mathrm{d}t=f(0)$$

$f(0)$ 为 $f(t)$ 在 $t=0$ 时刻的函数值。

由式(1) 求 $\delta(t)$ 的拉氏变换：

$$\mathscr{L}[\delta(t)]=\int_0^{+\infty}\delta(t)\cdot \mathrm{e}^{-st}\mathrm{d}t=\mathrm{e}^{-st}\mid_{t=0}=1$$

3. 单位斜坡函数

单位斜坡函数的定义为

$$f(t)=\begin{cases}0 & (t<0)\\ t & (t\geqslant 0)\end{cases}$$

由式(1) 有

$$\begin{aligned}\mathscr{L}[t]&=\int_0^{+\infty}t\cdot \mathrm{e}^{-st}\mathrm{d}t=-t\frac{\mathrm{e}^{-st}}{s}\Bigg|_0^{+\infty}-\int_0^{+\infty}-\frac{\mathrm{e}^{-st}}{s}\mathrm{d}t\\&=\int_0^{+\infty}\frac{\mathrm{e}^{-st}}{s}\mathrm{d}t=-\frac{1}{s^2}\mathrm{e}^{-st}\Bigg|_0^{+\infty}=\frac{1}{s^2}\end{aligned}$$

4. 指数函数

$$\mathscr{L}[\mathrm{e}^{at}]=\int_0^{+\infty}\mathrm{e}^{at}\cdot \mathrm{e}^{-st}\mathrm{d}t=\int_0^{+\infty}\mathrm{e}^{-(s-a)t}\mathrm{d}t=\frac{1}{s-a}$$

同理 $$\mathscr{L}[\mathrm{e}^{-at}]=\frac{1}{s+a}$$

5. 正弦函数

由欧拉公式 $\sin\omega t=\frac{1}{2\mathrm{j}}(\mathrm{e}^{\mathrm{j}\omega t}-\mathrm{e}^{-\mathrm{j}\omega t})$，可得

$$\begin{aligned}\mathscr{L}[\sin\omega t]&=\int_0^{+\infty}\sin\omega t\cdot \mathrm{e}^{-st}\mathrm{d}t=\frac{1}{2\mathrm{j}}\int_0^{+\infty}(\mathrm{e}^{\mathrm{j}\omega t}-\mathrm{e}^{\mathrm{j}\omega t})\mathrm{e}^{-st}\mathrm{d}t\\&=\frac{1}{2\mathrm{j}}\left(\frac{1}{s-\mathrm{j}\omega}-\frac{1}{s+\mathrm{j}\omega}\right)\\&=\frac{\omega}{s^2+\omega^2}\end{aligned}$$

6. 余弦函数

由欧拉公式 $\cos\omega t=\frac{1}{2}(\mathrm{e}^{\mathrm{j}\omega t}+\mathrm{e}^{-\mathrm{j}\omega t})$，可得

$$\mathscr{L}[\cos\omega t]=\int_0^{+\infty}\cos\omega t\cdot \mathrm{e}^{-st}\mathrm{d}t=\frac{1}{2}\int_0^{+\infty}(\mathrm{e}^{\mathrm{j}\omega t}+\mathrm{e}^{\mathrm{j}\omega t})\mathrm{e}^{-st}\mathrm{d}t$$

$$= \frac{1}{2}\left(\frac{1}{s - \mathrm{j}\omega} + \frac{1}{s + \mathrm{j}\omega}\right)$$

$$= \frac{s}{s^2 + \omega^2}$$

7. 幂函数

$$\mathscr{L}[t^n] = \int_0^{+\infty} t^n \cdot \mathrm{e}^{-st}\mathrm{d}t$$

令 $u = st$,则

$$t = \frac{u}{s}, \quad \mathrm{d}t = \frac{1}{s}\mathrm{d}u$$

则有 $$\mathscr{L}[t^n] = \int_0^{+\infty} t^n \cdot \mathrm{e}^{-st}\mathrm{d}t = \int_0^{+\infty} \frac{u^n}{s^n} \cdot \mathrm{e}^{-u} \cdot \frac{1}{s}\mathrm{d}u = \frac{1}{s^{n+1}}\int_0^{+\infty} u^n \cdot \mathrm{e}^{-u}\mathrm{d}u$$

式中,$\int_0^{+\infty} u^n \mathrm{e}^{-u}\mathrm{d}u = \Gamma(n + 1)$ 为 Γ 函数,而

$$\Gamma(n + 1) = n!$$

故 $$L[t^n] = \frac{n!}{s^{n+1}}$$

上面求取了几个简单函数的拉氏变换式。用类似的方法可求出其他时间函数的拉氏变换式。实际上,常把原函数与象函数之间的对应关系列成对照表的形式。通过查表,就能知道原函数的象函数,或象函数的原函数。常用函数的拉氏变换对照表见附表1。

附表1 常用函数拉氏变换对照表

	原函数$f(t)$	象函数 $F(s)$
1	$\delta(t)$	1
2	$1(t)$	$\frac{1}{s}$
3	t	$\frac{1}{s^2}$
4	e^{-at}	$\frac{1}{s+a}$
5	$t\mathrm{e}^{-at}$	$\frac{1}{(s+a)^2}$
6	$\sin \omega t$	$\frac{\omega}{s^2+\omega^2}$
7	$\cos \omega t$	$\frac{\omega}{s^2+\omega^2}$
8	$t^n(n=1,2,3,\cdots)$	$\frac{n!}{s^{n+1}}$
9	$t^n\mathrm{e}^{-at}(n=1,2,3,\cdots)$	$\frac{n!}{(s+a)^{n+1}}$
10	$\frac{1}{b-a}(\mathrm{e}^{-at}-\mathrm{e}^{-bt})$	$\frac{1}{(s+a)(s+b)}$

续附表 1

	原函数 $f(t)$	象函数 $F(s)$
11	$\frac{1}{b-a}(be^{-bt}-ae^{-at})$	$\frac{s}{(s+a)(s+b)}$
12	$\frac{1}{ab}\left[1+\frac{1}{a-b}(be^{-at}-ae^{-bt})\right]$	$\frac{1}{s(s+a)(s+b)}$
13	$e^{-at}\sin\omega t$	$\frac{\omega}{(s+a)^2+\omega^2}$
14	$e^{-at}\cos\omega t$	$\frac{s+a}{(s+a)^2+\omega^2}$
15	$\frac{1}{a^2}(e^{-at}+at-1)$	$\frac{1}{s^2(s+a)}$
16	$\frac{\omega_n}{\sqrt{1-\xi^2}}e^{-\xi\omega_n t}\sin(\omega_n\sqrt{1-\xi^2}t)$	$\frac{\omega_n^2}{s^2+2\xi\omega_n s+\omega_n^2}$ $(0<\xi\leqslant 1)$
17	$\frac{-1}{\sqrt{1-\xi^2}}e^{-\xi\omega_n t}\sin(\omega_n\sqrt{1-\xi^2}t-\varphi)$ $\varphi=\arctan\frac{\sqrt{1-\xi^2}}{\xi}$	$\frac{s}{s^2+2\xi\omega_n s+\omega_n^2}$ $(0<\xi\leqslant 1)$
18	$1-\frac{-1}{\sqrt{1-\xi^2}}e^{-\xi\omega_n t}\sin(\omega_n\sqrt{1-\xi^2}t-\varphi)$ $\varphi=\arctan\frac{\sqrt{1-\xi^2}}{\xi}$	$\frac{\omega_n^2}{s(s^2+2\xi\omega_n s+\omega_n^2)}$ $(0<\xi\leqslant 1)$

附 1.2.3 拉氏变换的性质

下面介绍几个本书中将直接用到的拉氏变换的重要性质。

1. 线性性质

拉氏变换是一个线性变换，若有常数 K_1、K_2，函数 $f_1(t)$、$f_2(t)$，则

$$\mathscr{L}[K_1f_1(t)+K_2f_2(t)]=K_1\mathscr{L}[f_1(t)]+K_2\mathscr{L}[f_2(t)]$$
$$=K_1F_1(s)+K_2F_2(s)$$

上式可由拉氏变换的定义式直接得证。

线性性质表明，时间函数的拉氏变换等于每个时间函数拉氏变换之和；原函数乘以常数 K 的拉氏变换就等于原函数拉氏变换的 K 倍。

【例 1】 自 $f(t)=1-2\cos\omega t$，求 $F(s)$

解
$$F(s)=\mathscr{L}[f(t)]=\mathscr{L}[1-2\cos\omega t]$$
$$=\frac{1}{s}-\frac{2s}{s^2+\omega^2}=\frac{-s^2+\omega^2}{s(s^2+\omega^2)}$$

2. 实数域的位移定理（延时定理）

若有一函数 $f_1(t)$ 相当于 $f(t)$ 从坐标轴右移一段时间 τ，即 $f_1(t)=f(t-\tau)$，称函数 $f_1(t)$ 为 $f(t)$ 的延迟函数。

那么,$f_1(t)$和$f(t)$的象函数之间具有下列关系：

$$\mathscr{L}[f_1(t)]=\mathscr{L}[f(t-\tau)]=\mathrm{e}^{-s\tau}F(s)$$

可见,比$f(t)$延迟τ的$f_1(t)$的象函数只要把$f(t)$的象函数$F(s)$乘以$\mathrm{e}^{-s\tau}$即可求得。

3. 复数域的位移性质(平移定理)

若$\mathscr{L}[f(t)]=F(s)$,对任一常数a,有

$$\mathscr{L}[\mathrm{e}^{-at}f(t)]=F(s+a)$$

4. 相似性质

若$\mathscr{L}[f(t)]=F(s)$,如将$f(t)$波形相对于时间轴t进行压缩(或伸长)a倍(或$\frac{1}{a}$),成为$f(t/a)$,则

$$\mathscr{L}[f(t/a)]=aF(as)$$

上式表明,当原函数$f(t)$的自变量t变化$1/a$时,则它对应的象函数$F(s)$及变量s按比例变化a倍。

5. 原函数导数的象函数(微分定理)

若$\mathscr{L}[f(t)]=F(s)$,则导数$\frac{\mathrm{d}}{\mathrm{d}t}f(t)$的象函数为

$$\mathscr{L}\left[\frac{\mathrm{d}}{\mathrm{d}t}f(t)\right]=sF(s)-f(0)$$

式中,$f(0)$是当$t=0$时函数$f(t)$的值,即原函数的初始条件。

上式表明,在初始条件为零的前提下,原函数n阶导数的拉氏变换就等于其象函数乘以s^n。

6. 原函数积分的象函数(积分定理)

若$\mathscr{L}[f(t)]=F(s)$,则$f(t)$的积分$\int f(t)\mathrm{d}t$的象函数为

$$\mathscr{L}\left[\int f(t)\mathrm{d}t\right]=\frac{F(s)}{s}+\frac{f^{(-1)}(0)}{s}$$

式中

$$f^{(-1)}(0)=\int f(t)\mathrm{d}t\Big|_{t=0}$$

7. 终值定理

若$\mathscr{L}[f(t)]=F(s)$,则原函数$f(t)$的终值为

$$\lim_{t\to+\infty}f(t)=\lim_{s\to 0}sF(s)$$

上式表明,原函数$f(t)$在$t\to+\infty$的数值(稳态值)可以通过将象函数$F(s)$乘以s后,再求$s\to 0$的极限来求得。条件是当$t\to+\infty$和$s=0$时,等式两边各个极限存在。

8. 初值定理

若$\mathscr{L}[f(t)]=F(s)$,则原函数$F(t)$的初值为

$$\lim_{t\to}f(t)=\lim_{s\to+\infty}sF(s)$$

上式表明,原函数$f(t)$在$t=0$时的数值(初始值)可以通过将象函数$F(s)$乘以s后,再求$s\to+\infty$的极限来求得。条件是在$t=0$和$s\to+\infty$时等式两边各有极限存在。

9. 卷积定理

若 $\mathscr{L}[f(t)]=F(s)$，$\mathscr{L}[g(t)]=G(s)$，则有

$$\mathscr{L}\left[\int_0^t f(t-\tau)g(\tau)\mathrm{d}\tau\right]=F(s)\cdot G(s)$$

式中，积分$\int_0^t f(t-\tau)g(\tau)\mathrm{d}(\tau)=f(t)*g(t)$，称作和$f(t)$ 和 $g(t)$ 的卷积。

上式表明，两个时间函数$f(t)$和 $g(t)$卷积的拉氏变换等于两个时间函数拉氏变换的乘积。这个关系式在拉氏反变换中可简化计算。

附 1.2.4 拉氏反变换

拉氏反变换是指将象函数 $F(s)$变换成与其对应的原函数$f(t)$的过程。采用拉氏反变换符号 $\mathscr{L}^{-1}$，可以表示为

$$\mathscr{L}^{-1}[F(s)]=f(t)$$

拉氏反变换的求算有多种方法，其中比较简单的方法是由 $F(s)$查拉氏变换表得出相应的$f(t)$及部分分式展开法。

如果把$f(t)$的拉氏变换 $F(s)$分成若干分量的和，即

$$F(s)=F_1(s)+F_2(s)+\cdots+F_n(s)$$

并且 $F_1(s)$，$F_2(s)$，$\cdots$，$F_n(s)$的拉氏反变换很容易由拉氏变换表查得，那么即得

$$f(t)=\mathscr{L}^{-1}[F(s)]=\mathscr{L}^{-1}[F_1(s)+F_2(s)+\cdots+F_n(s)]=f_1(t)+f_2(t)+\cdots+f_n(t)$$

可见，应用叠加原理即可求得原函数$f(t)$。

但是 $F(s)$有时比较复杂，当不能很简便地分成若干分量之和时，可采用部分分式展开法对 $F(s)$进行分解，也就是说，部分分式展开法是一种将较复杂的象函数分解成若干简单的很容易从拉氏变换表中查到其原函数的求算方法。

参考文献

[1] 陈维山,赵杰. 机电系统计算机控制[M]. 哈尔滨:哈尔滨工业大学出版社,1999.
[2] 杨叔子,杨克冲. 机械工程控制基础[M]. 6 版. 武汉:华中科技大学出版社,2011.
[3] 董景新,赵长德,郭美凤,等. 控制工程基础[M]. 3 版. 北京:清华大学出版社,2009.
[4] RICHARD C D, ROBERT H B. Modern control systems[M]. 11th ed. New Jersey: Pearson Prentice Hall,2008.
[5] 冯勇. 现代计算机控制系统[M]. 哈尔滨:哈尔滨工业大学出版社,1997.
[6] 杨前明,吴炳胜,金晓宏. 机械工程控制基础[M]. 武汉:华中科技大学出版社,2010.
[7] 宋志安,徐瑞银. 机械工程控制基础——MATLAB 工程应用[M]. 北京:国防工业出版社,2008.
[8] 胡国清,刘文艳. 工程控制理论[M]. 北京:机械工业出版社,2004.
[9] 陈玉宏,向凤红. 自动控制原理[M]. 重庆:重庆大学出版社,2003.
[10] 胡寿松. 自动控制原理[M]. 5 版. 北京:科学出版社,2007.
[11] 李友善. 自动控制原理[M]. 3 版. 北京:国防工业出版社,2005.
[12] 张彬. 自动控制原理[M]. 北京:北京邮电大学出版社. 2002.
[13] 卢京潮. 自动控制原理[M]. 西安:西北工业大学出版社,2004.
[14] 谢克明,王柏林. 自动控制原理[M]. 北京:电子工业出版社,2007.
[15] 邹伯敏. 自动控制理论[M]. 北京:机械工业出版社,2007.
[16] 薛定宇. 控制系统计算机辅助设计[M]. 北京:清华大学出版社,1996.
[17] 于长官. 现代控制理论[M]. 哈尔滨:哈尔滨工业大学出版社,1997.
[18] 张晋格,王广雄. 自动控制原理[M]. 哈尔滨:哈尔滨工业大学出版社,2002.
[19] KATSUHIKO O. 现代控制工程[M]. 卢伯英,于海勋,译. 8 版. 北京:电子工业出版社,2000.
[20] 孙虎章. 自动控制原理[M]. 北京:中央广播电视大学出版社,1984.
[21] NORMAN S N. Control system engineering [M]. 4th ed. New Jersey: John Wiley & Sons, Inc. , 2004.
[22] 徐丽娜. 数字控制[M]. 哈尔滨:哈尔滨工业大学出版社,1991.
[23] 钱学森,宋健. 工程控制论(修订本):上册[M]. 北京:科学出版社,1980.
[24] 胡国清. 机电控制工程理论与应用基础[M]. 北京:机械工业出版社,1997.
[25] 夏德钤. 自动控制理论[M]. 2 版. 北京:机械工业出版社,2004.
[26] 杨克冲,司徒忠. 机电工程控制基础[M]. 武汉:华中理工大学出版社,1997.
[27] 张伯鹏. 控制工程基础[M]. 北京:机械工业出版社,1983.
[28] 吴麒. 自动控制原理[M]. 北京:清华大学出版社,1990.
[29] 陈康宁. 机械工程控制基础[M]. 西安:西安交通大学出版社,1999.

[30] 何克忠,李伟. 计算机控制系统[M]. 北京:清华大学出版社,1998.
[31] 柳洪义,李伟刚,原所先,等. 机械工程控制基础[M]. 北京:科学出版社,2007.
[32] 王彤主. 自动控制原理试题精选与答题技巧[M]. 哈尔滨:哈尔滨工业大学出版社,2000.
[33] 陈复扬,姜斌. 自适应控制与应用[M]. 北京:国防工业出版社,2009.
[34] 李国勇. 最优控制理论及参数优化[M]. 北京:国防工业出版社,2006.
[35] 周献中,盛安东,姜斌. 自动化导论[M]. 北京:科学出版社,2009.
[36] 王万良. 自动控制原理[M]. 北京:科学出版社,2001.